W0016683

मानव शरीर रचना और क्रिया विज्ञान

क्लीनिकल महत्त्व सहित

Anatomy and Physiology

with Clinical Importance

फार्मेसी एवं एलाइड हैल्थ साइंसेज के विद्यार्थियों के लिए

for Pharmacy and Allied Health Sciences Students

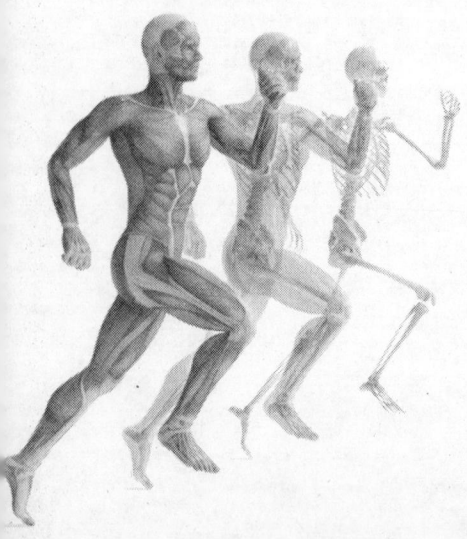

मानव शरीर रचना और क्रिया विज्ञान

क्लीनिकल महत्त्व सहित

Anatomy and Physiology

with Clinical Importance

फार्मेसी एवं एलाइड हैल्थ साइंसेज के विद्यार्थियों के लिए

for Pharmacy and Allied Health Sciences Students

Krishna Garg MBBS MS PhD FAMS FASI
former Professor and Head
Department of Anatomy
Lady Hardinge Medical College, New Delhi
Consultant and Guest Faculty, Pt Deendayal Upadhyaya National Institute
for the Persons with Physical Disabilities, New Delhi

Medha Joshi MBBS FCGP
former Lecturer in Anatomy
Krishna Dental College and HD Dental College, Ghaziabad, UP
Guest Faculty, Pt Deendayal Upadhyaya National Institute
for the Persons with Physical Disabilities, New Delhi, and
Amar Jyoti Institute of Physiotherapy, Delhi, and
Kalka Dental College, Meerut, UP

CBSPD

CBS Publishers & Distributors Pvt Ltd

New Delhi • Bengaluru • Chennai • Kochi • Kolkata • Lucknow • Mumbai
Hyderabad • Jharkhand • Nagpur • Patna • Pune • Uttarakhand

Disclaimer

Science and technology are constantly changing fields. New research and experience broaden the scope of information and knowledge. The authors have tried their best in giving information available to them while preparing the material for this book. Although all efforts have been made to ensure optimum accuracy of the material, yet it is quite possible some errors might have been left uncorrected. The publisher, the printer and the authors will not be held responsible for any inadvertent errors, omissions or inaccuracies.

मानव शरीर रचना और क्रिया विज्ञान

क्लीनिकल महत्तव सहित

Anatomy and Physiology

with Clinical Importance

फार्मेसी एवं एलाइड हैल्थ साइंसिज के विद्यार्थियों के लिए

for Pharmacy and Allied Health Sciences Students

ISBN: 978-93-88327-59-6

Copyright © Authors and Publisher

First Edition: 2019

Reprint: 2024

All rights reserved. No part of this book may be reproduced or transmitted in any form or by any means, electronic or mechanical, including photocopying, recording, or any information storage and retrieval system without permission, in writing, from the authors and the publisher.

Published by Satish Kumar Jain and produced by Varun Jain for

CBS Publishers & Distributors Pvt Ltd

4819/XI Prahlad Street, 24 Ansari Road, Daryaganj, New Delhi 110 002, India

Ph: 011-23289259, 23266838 Website: www.cbspd.com

e-mail: delhi@cbspd.com

Corporate Office: 204 FIE, Industrial Area, Patparganj, Delhi 110 092

Ph: 011-4934 4934 Fax: 011-4934 4935 e-mail: publishing@cbspd.com; publicity@cbspd.com

Branches

- **Bengaluru:** Seema House 2975, 17th Cross, K.R. Road, Banasankari 2nd Stage, Bengaluru 560 070, Karnataka, India
  Ph: +91-80-26771678/79 Fax: +91-80-26771680 e-mail: bangalore@cbspd.com
- **Chennai:** 7, Subbaraya Street, Shenoy Nagar, Chennai 600 030, Tamil Nadu, India
  Ph: +91-44-26680620, 26681266 Fax: +91-44-42032115 e-mail: chennai@cbspd.com
- **Kochi:** 42/1325, 1326, Power House Road, Opp KSEB, Power House, Ernakulam 682 018, Kerala, India
  Ph: +91-484-4059061-65 Fax: +91-484-4059065 e-mail: kochi@cbspd.com
- **Kolkata:** 147, Hind Ceramics Compound, 1st Floor, Nilgunj Road, Belghoria, Kolkata-700056 West Bengal, India
  Ph: 033-25633055, 033-25633056 e-mail: kolkata@cbspd.com
- **Lucknow:** Basement, Khushnuma Complex, 7-Meerabai Marg (Behind Jawahar Bhawan), Lucknow 226001, India
  Ph: 0522-4000032 e-mail: tiwari.lucknow@cbspd.com
- **Mumbai:** PWD Shed. Gala no. 25/26, Ramchandra Bhatt Marg, Next to JJ Hospital Gate no. 2, Opp. Union Bank of India Noorbaug Mumbai-400009, Maharashtra, India
  Ph: 022-66661880/89 e-mail: mumbai@cbspd.com

Representatives

- **Hyderabad** 0-9885175004 • **Jharkhand** 0-9811541605 • **Nagpur** 0-8692091830
- **Patna** 0-9334159340 • **Pune** 0-9664372571 • **Uttarakhand** 0-9716462459

Printed at Mudrak, Noida, UP, India

भूमिका

यह पुस्तक शरीर रचना एवं शरीर क्रिया विषयों का संकलन है जिसमें इन विषयों का अत्यन्त सरल भाषा में वर्णन किया गया है।

यह पुस्तक फार्मेसी एवं एलाइड हैल्थ साइंसेज के विद्यार्थियों को विशेष रूप से ध्यान में रखकर लिखी गयी है। इस पुस्तक को हिन्दी व अंग्रेजी दोनों ही माध्यम के विद्यार्थी आसानी से पढ़ व समझ सकते हैं।

इसमें हिन्दी भाषा के साथ-साथ तकनीकी शब्दों को अंग्रेजी भाषा में लिखा गया है। इस पुस्तक को लिखने का विचार मेध ाावी छात्रों को भाषा के कारण होनेवाली कठिनाई व असहजता है, जिसे लेखकों ने मेडिकल शिक्षा के क्षेत्र में अपने लम्बे अनुभव के दौरान महसूस किया।

भाषा में कठिनाई के कारण विषयों का ज्ञान रखने वाले विद्यार्थी भी अपने ज्ञान को व्यक्त करने में असहज व असमर्थ रहते हैं।

पुस्तक में विषयों के सभी महत्त्वपूर्ण पहलुओं को संक्षेप में व सरलता से समझाने का प्रयास किया गया है।

इस पुस्तक की तैयारी में श्री एस.के. जैन (CMD), वाई. एन. अर्जुना (वरिष्ठ उपप्रबंधक), श्रीमति रितु चावला प्रोडक्शन संपादक (सी.बी.एस. पब्लिशर्स और डिस्ट्रीब्यूटर्स प्राइवेट लिमिटेड) का सहयोग सधन्यवाद स्वीकार करते हैं और उनके प्रति कृतज्ञता प्रकट करते हैं।

इस पुस्तक को बेहतर बनाने के लिए आपके सभी सुझाव आमंत्रित हैं।

कृष्णा गर्ग
मेधा जोशी

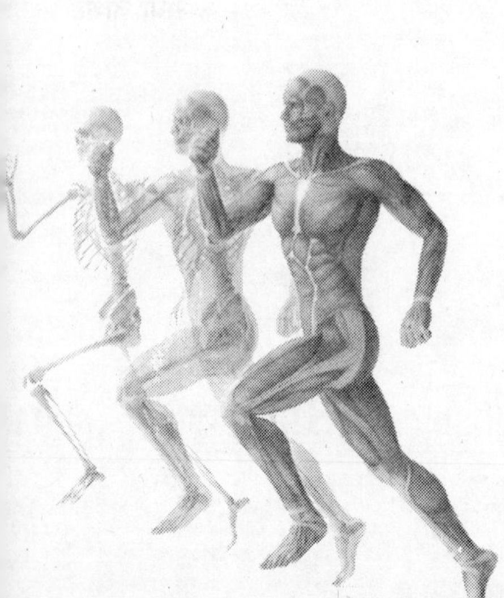

विषय सूची

CHAPTER

1

परिचय
Introduction

मानव शरीर अद्‌भुत है, इसमें बहुत से organs और तंत्र हैं। जो अपने आप और एक दूसरे पर जरूरतों के हिसाब से निर्भर होते हैं। मानव शरीर का अध्ययन सामान्य बनावट और क्रिया के तरीके से किया जाता है। एक बार यह सामान्य क्रिया समझ ली जाती है, तो बीमारी के बारे में समझा जा सकता है और जरूरी चिकित्सा से फिर शरीर को सामान्य किया जा सकता है।

मानव शरीर रचना विज्ञान (Anatomy) इसके सामान्य बनावट के बारे में ज्ञान देता है। शरीर क्रिया विज्ञान काम करने के बारे में बताता है। इस तरह यह दोनों विषय एक ही सिक्के के दो पहलू हैं। इसीलिए इन दोनों का एक घनिष्ठ रिश्ता है।

शरीर रचना विज्ञान (Anatomy) के निम्नलिखित विभाजित हिस्से हैं।

Gross anatomy – स्थूल शरीर रचना विज्ञान

ऊत्तती विज्ञान जो सूक्ष्मदर्शी यन्त्रों द्वारा किया जाता है।

Embryology developmental (विकासात्मक) शरीर विज्ञान

Surface Anatomy—शरीर की बाहरी सतह पर अंदर के structures को दिखाना।

Clinical Anatomy—विज्ञान रचना किस तरह चिकित्सक, शल्य चिकित्सक व दंत विशेषज्ञ के लिए अहम् होती है।

Radiological and Imaging Anatomy—इसमें शरीर रचना विज्ञान का अध्ययन एक्सरे, सी.टी. स्कैन व एम.आर.आई. से किया जाता है।

Genetics—व आनुवंशिकता की जानकारी देता है।

Systemic Anatomy—शरीर के विभिन्न तंत्रों की रचना का अध्ययन। जैसे upper and lower limbs, thorax, abdomen, head, neck and brain.

इसी तरह शरीर क्रिया विज्ञान की निम्नलिखित भागों में विभाजित किया जाता है।

Renal Physiology—गुर्दे के क्रिया विज्ञान।

Endocrinology—अंतःस्रावों के क्रिया विज्ञान का अध्ययन और उनका शरीर पर असर।

Cardiac Physiology—हृदय, शिराओं व शरीर की धमनियों की क्रिया का अध्ययन।

Respiratory Physiology—फेंफड़ों और श्वास मार्ग की क्रिया का अध्ययन।

Neurophysiology—'स्नायु तंत्र और मस्तिष्क के अंदर सब तंत्रिकाओं की क्रिया और शरीर पर नियंत्रण और प्रभाव।

SYSTEMS

मुख्यतः शरीर रचना और क्रिया विज्ञान को 12-खंडों Systems में विभाजित किया जा सकता है। यह स्वेच्छा से और एक दूसरे पर निर्भर होते हुए सब सामान्य क्रियाएं पूरी करते हैं और स्वास्थ्य को कायम रखते हैं। ये खण्ड निम्न प्रकार हैं।

1. **Integumentary System (Dermatology)**—ऊपरी खाल और इसके साथ–बाल, पसीने की ग्रंथियां, व नाखून आदि इस तंत्र में आते हैं। (Fig.1.1) हमारी खाल सबसे बाहरी रक्षा कवर है और यह बहुत ही संवेदनशील है।

2. **Skeletal System (अस्थि विज्ञान)** इसमें शरीर की हड्डियों, cartilages, आते हैं जो कि शरीर को सहारा व मजबूती देती हैं–शरीर को आकार प्रदान करती है (Fig. 1.2) cartilage—श्वास के रास्ते का खुला रखती है। जोड़ों के हिलाने डुलाने में मदद करती हैं। हड्डियां calcium का सबसे बड़ा store house हैं। मांसपेशियां इनसे मजबूती से जुड़ी रहती है जिनसे हम शरीर को हिलाते हैं। हड्डियां इस तरह

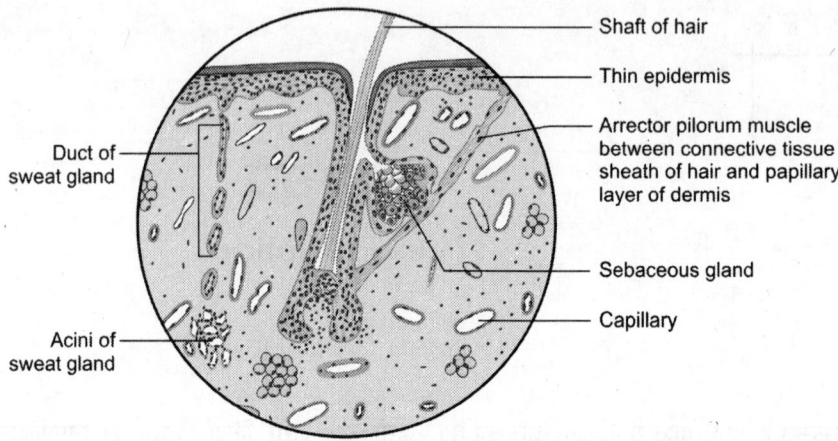

Fig.1.1: त्वचीय तंत्र

से cavities बनाती हैं जिनसे हृदय, फेफड़े, प्रजनन अंग और मस्तिष्क व स्नायु की नसें व प्रजनन तंत्र सुरक्षित रह सकें।

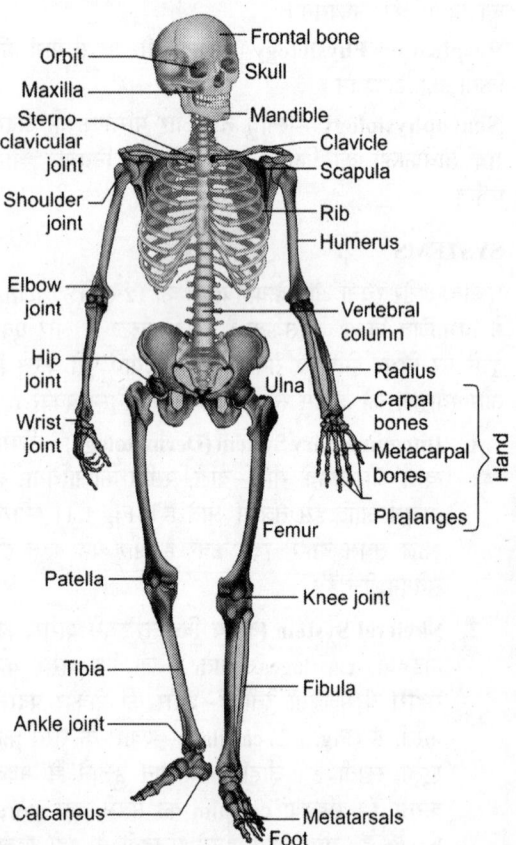

Fig.1.2: मानवीय कंकाल तंत्र

3. **Muscular System**—ऐच्छिक मांसपेशियां : शरीर को एक जगह से दूसरी जगह चलने फिरने में मदद करती हैं। चेहरे की मांसपेशियों आंख, मुंह को हिलने डुलने में मदद करती हैं। (Fig. 1.3) अनैच्छिक मांसपेशियों के द्वारा पाचन तंत्र को गति मिलती है जिससे खाना पचा कर, शरीर को पोषण प्रदान करता है। तीसरी तरह की मांसपेशियां दिल में पायी जाती हैं। जो कि रक्त की ऑक्सीजन को शरीर में सब तरफ पहुंचा देता है।

4. **Arthrology**—जोड़ों का तंत्र–इनका अध्ययन हिलने-डुलने में किया जाता है। Cartilaginous जोड़ और fibrous जोड़ शरीर को स्थिरता प्रदान करते हैं।

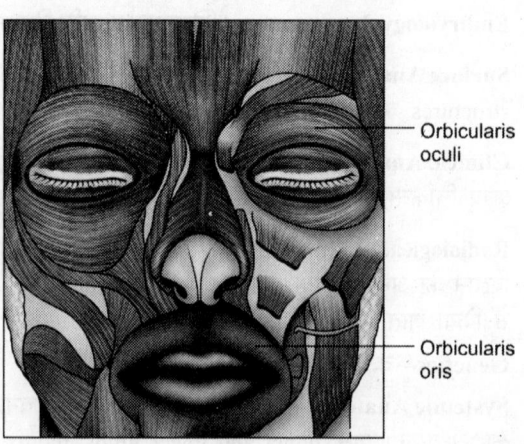

Fig. 1.3: कंकाल पेशियाँ

5. **Respiratory System: Nose, pharynx, trachea, bronchi and lungs** मिलकर श्वसन तंत्र बनाते हैं श्वसन में ribs व diaphragm भी सहायता प्रदान करते हैं। श्वसन की क्रिया में आक्सीजन व कार्बन डाईआक्साइड का आदान प्रदान होता है।(Fig. 1.4)

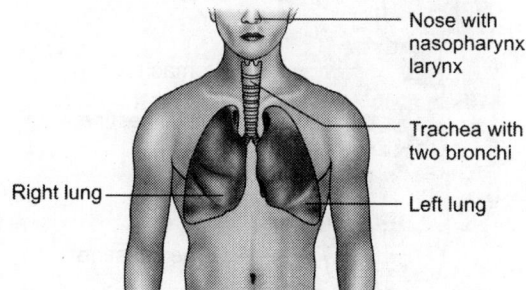

Fig. 1.4: श्वसन तंत्र

6. **Circulatory System (परिसंचरण तंत्र)** इसमें हृदय-रक्त वाहिनी कोशिकाएं शामिल हैं। (Figs. 1.5 and 1.6) रक्त द्वारा शरीर के सब हिस्सों को पोषक तत्व व ऑक्सीजन मिलती हैं और कार्बन डाइऑक्साइड तथा अन्य व्यर्थ तत्व निकाले जाते हैं – जिससे शरीर का अम्ल, संतुलन, तापमान और जल की मात्रा को ठीक व्यवस्था में रखा जाता है। रक्त के सभी घटक शरीर की रक्षा सभी बीमारियों से और कीटाणुओं से करते हैं।

   Lymphatic System (लसीकीय तंत्र) इसमें लसीकीय वाहिकाऐं लसीका को लसीकीय ग्रंथियों से छानते हुए शिराओं में पहुंचा देते हैं। (Fig. 1.7)

7. **Digestive System (पाचन तंत्र)** इस तंत्र में भोजन के आरंभ में खाने को चबाने के बाद, निगलने, और इसके पचाने में, उससे प्राप्त पोषक तत्व absorb करने तक शामिल हैं। तत्पश्चात् waste matter, शरीर से निकालने तक भी सम्मिलित हैं। अर्थात् यह एक नली की तरह हैं–जो कि मुंह से शुरू होकर-खाने की नली, पेट (आमाशय) अंतड़ियों से anus तक होती है। (Fig. 1.8)

8. **Nervous System (स्नायु तंत्र)** Central nervous system करोड़ों स्नायु कोशिकाओं का बना होता है यह brain तथा spinal cord में विभाजित होता हैं। Peripheral स्नायु तंत्र में cranial व spinal तंत्रिकाऐं

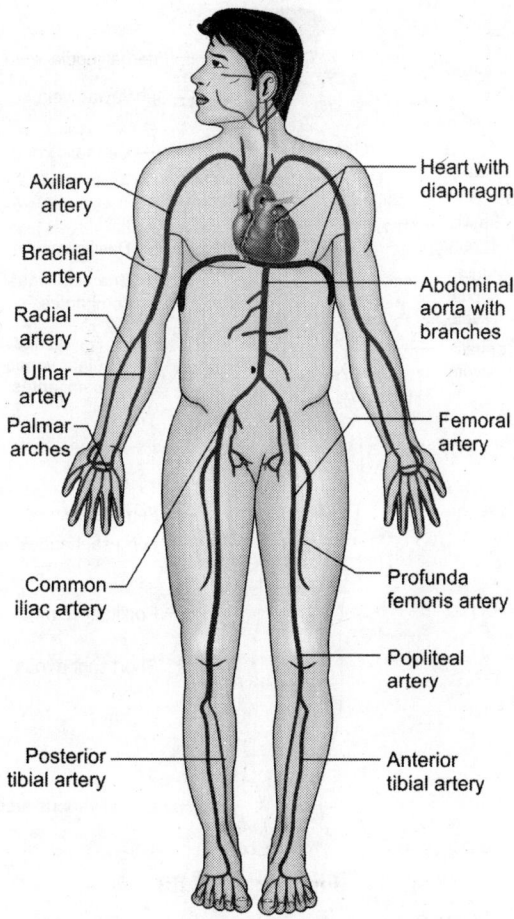

Fig. 1.5: धमनी तंत्र

शामिल हैं। (Fig. 1.9) यह तंत्र पूरे शरीर की मांसपेशियां, ग्रंथियां और organs को कंट्रोल करता है और स्वैच्छिक और अनैच्छिक मांसपेशियों को भी कंट्रोल करता है। किसी भी मनुष्य की व्यक्तित्व स्नायु, तंत्र के ठीक काम करने पर निर्भर करता है।

9. **Urinary/Excretory System (उत्सर्जन तंत्र)** urology—इससे तरल-अवांछनीय पदार्थ शरीर से बाहर निकाले जाते हैं। यह kidneys (गुर्दा), ureters (मूत्रवाहिनी नलियां) urinary bladder (मूत्राशय) urethra (मूत्र मार्ग से बनता है (Fig. 1.10) खून को छानकर गुर्दे द्वारा मूत्र नली से मूत्राशय में पहुंचाया जाता है। मूत्राशय में इसकी कुछ समय तक संचय होता है। जब मूत्राशय भर जाता है, तब मनुष्य की मूत्र त्याग की इच्छा होती है।

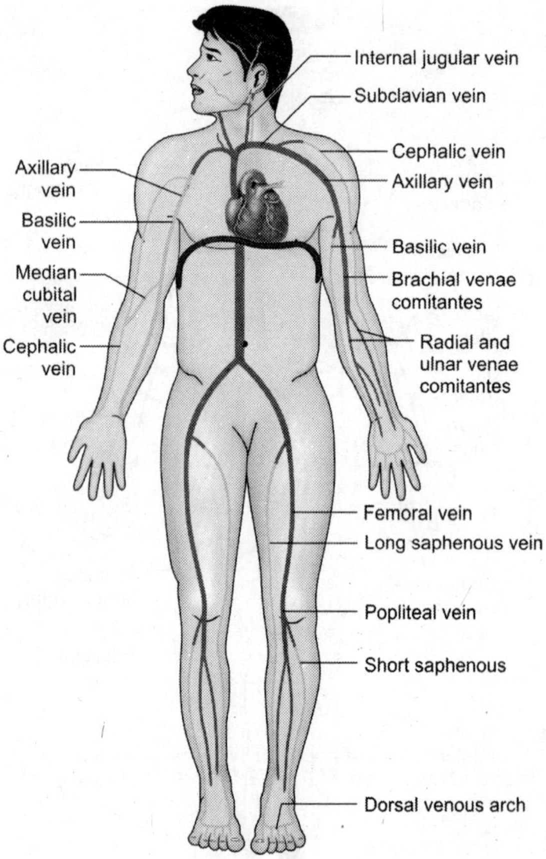

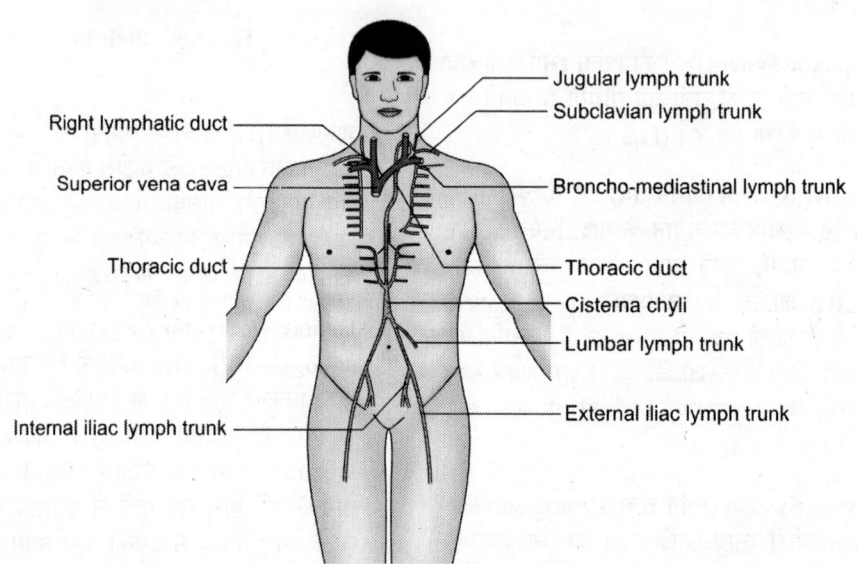

Internal jugular vein
Subclavian vein
Cephalic vein
Axillary vein
Axillary vein
Basilic vein
Basilic vein
Median cubital vein
Brachial venae comitantes
Cephalic vein
Radial and ulnar venae comitantes
Femoral vein
Long saphenous vein
Popliteal vein
Short saphenous
Dorsal venous arch

Fig. 1.6: शिराऐं तंत्र

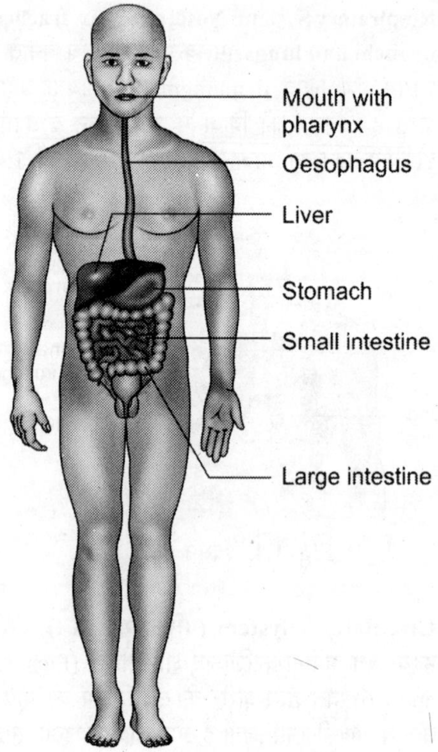

Mouth with pharynx
Oesophagus
Liver
Stomach
Small intestine
Large intestine

Fig. 1.8: पाचन तंत्र

Jugular lymph trunk
Subclavian lymph trunk
Right lymphatic duct
Superior vena cava
Broncho-mediastinal lymph trunk
Thoracic duct
Thoracic duct
Cisterna chyli
Lumbar lymph trunk
External iliac lymph trunk
Internal iliac lymph trunk

Fig. 1.7: लसीका तंत्र

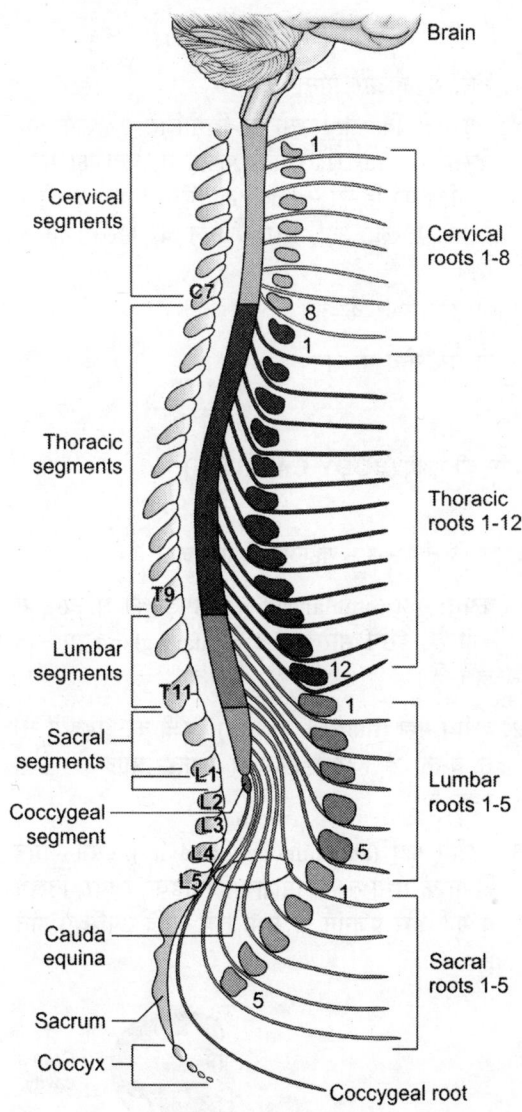

Fig. 1.9: तंत्रिका तंत्र

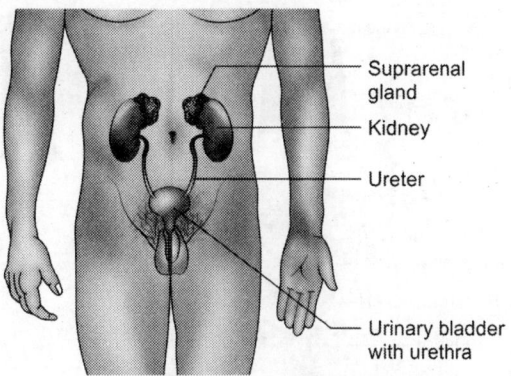

10. Reproductive System (प्रजनन तंत्र) तंत्र पुरुष और स्त्री में अलग-अलग होते हैं। पुरुषों में Testes, vas deferens, seminal vesicles, prostate gland, ejaculatory duct, penis आदि मिलकर प्रजनन तंत्र बनाते हैं। (Fig. 1.11)।

स्त्रियों में ovary (अंडाशय), fallopian tube (अंडवाहिनी नालिका) uterus (गर्भाशय) और vagina (योनि) शामिल हैं (Fig. 1.12) इन दो प्रकार के तंत्रों द्वारा–अंडा और शुक्राणु का मिलन या निषेचन कर इसको गर्भाशय में

Fig. 1.10: उत्सर्जन तंत्र

डालकर, पर्याप्त पोषण द्वारा — Fetus बनता है। इसके करीब नौ माह एक सप्ताह बाद एक नवजात शिशु का जन्म होता है।

11. Endocrine System (अंतस्रावी तंत्र) इसमें नलिका रहित ग्रंथियां–इसमें hypothalamus, pituitary, thyroid, parathyroid, suprarenal और pancreas शामिल हैं। यह जो हारमोन्स उत्पादन करते हैं–वे रक्त के द्वारा–बहुत से तंत्र तक पहुंचाते हैं (Fig. 1.11 and 1.12)/ इन हारमोन्स द्वारा शरीर के बहुत सी Metabolic क्रियाऐं होती हैं। शुक्राणुओं का उत्पादन होता है। और मासिक धर्म के परिपक्व होने को प्रभावित करते हैं। (Fig. 1.13)

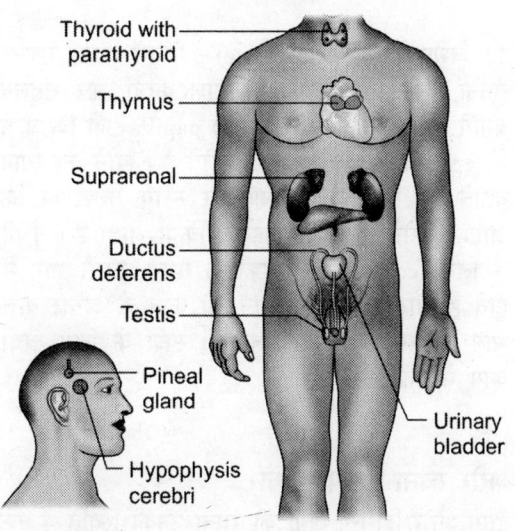

Fig. 1.11: पुरुष प्रजनन तंत्र और अंतःस्रावी संस्थान

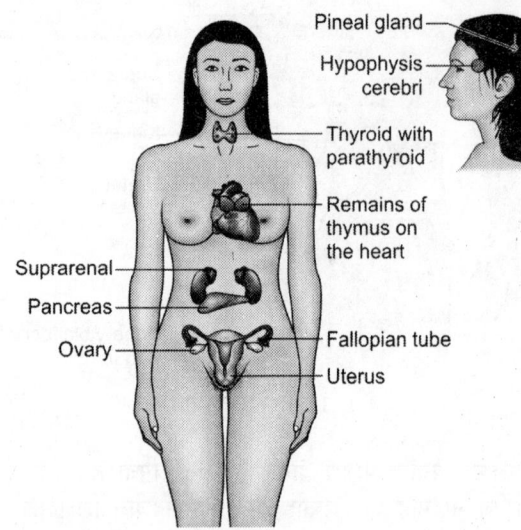

Fig. 1.12: स्त्री प्रजनन तंत्र और अंतःस्रावी संस्थान

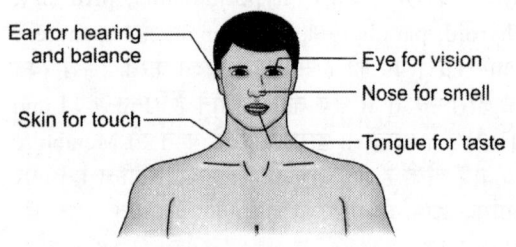

Fig. 1.13: विशिष्ट संवेदाग

12. विशेष तंत्र (Special Sense) – जिनमें देखना, सूंघना, सुनना, चखने की क्रिया और स्पर्श करना और संतुलन बनाये रखना आदि आते हैं। कुछ papillae जो कि जीभ में, epiglottis व soft तालु में होते हैं। खाने का स्वाद बताते हैं। दृष्टि को रेटिना और स्नायु सतह जो कि आंख में होती है, उससे महसूस किया जाता है। सूंघने के लिये receptors—नासिका के सबसे ऊपरी भाग में होते हैं और सुनने व संतुलन को कान के अन्दर वाले भाग से कन्ट्रोल किया जाता है। स्पर्श के लिये त्वचा काम में आती है।

शरीर रचना की परिभाषा

इसमें शरीर विभिन्न अंगों की रचना उनकी स्थिति व एक दूसरे से संबंध का अध्ययन किया जाता है।

शरीर के विभिन्न भाग

1. सिर, गर्दन और मस्तिष्क
2. धड़—जो कि दो हिस्सों में विभाजित है—ऊपर का हिस्सा—thorax (दिल और फेफड़े व छाती का भाग) — नीचे का हिस्सा—abdomen (जिसमें पेट, अंतड़ियां जिगर, तिल्ली, गुर्दे और प्रजनन् के हिस्से शामिल हैं)।
3. दो हाथ ऊपर के अंग
4. दो पैर, नीचे के अंग

शरीर की गुहाएँ (BODY CAVITIES)

शरीर के तंत्र - 3 - गुहाओं में पाये जाते हैं।

1. कपाल गुहा (cranial cavity) खोपड़ी की अस्थियों से बनी है। इसमें मस्तिष्क व pilutary gland उपस्थित होते हैं।
2. वक्षीय गुहा (thoracic cavity) (वक्षी की हड्डियों से) से बनती हैं जिसमें हृदय व फेफड़े आदि उपस्थित रहते हैं।
3. उदरीय गुहा (abdominopelvic cavity): इसमें पाचन क्रिया के सभी तंत्र आमाशय, अंतड़ियां, जिगर, तिल्ली व गुर्दे और प्रजनन के सभी तंत्र आदि उपस्थित होते हैं।

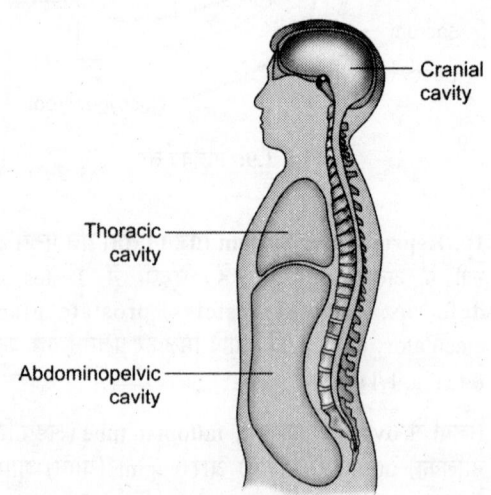

Fig. 1.14: शरीर की गुहाएँ

ANATOMICAL TERMS

शरीर के विभिन्न भाग

सिर या शीर्ष–शरीर का सबसे ऊपर का भाग है। कपाल हड्डी में मस्तिष्क और सुनने (कान) देखने (आँख) सूंघने (नाक) व खाने (मुंह-दांत आदि) के अंग पाये जाते हैं।

इसके बाद-गर्दन आती है, इसमें cervical-vertebrae हैं। इसमें बड़ी रक्त (खून) की धमनियां व शिराएं होती हैं और स्नायु तंत्र व सांस लेने की नली (trachea) व भोजन की नली (oesophagus) होती हैं।

धड़ (Trunk)—यह दो हिस्सों में विभाजित है–

(1) ऊपर का भाग वक्ष (thorax)

(2) नीचे का भाग उदरीय व pelvic cavity

वक्ष–गर्दन के नीचे होता है। इसकी हड्डिया 1-12 thoracic vertebrae होती हैं। आगे स्टरनम (sternum) होता है और दोनों तरफ vertebrae और sternum को जोड़ने के लिये rips (12-जोड़े) और costal cartilages होती हैं। इन सबसे मिलकर वक्ष गुहा बनती है। इस वक्ष गुहा में एक दिल जिसका ज्यादा भाग बाईं तरफ को होता है - और दो फेफड़े (एक बाईं और दाईं तरफ) और साँस की नली trachea इसकी शाखायें bronchi, खाने की नली (esophagus), और लसिका की ग्रंथियाँ और स्नायु की नाड़ियां होती हैं।

Mediastinum (मीडियास्टाईनम)—यह जगह दोनों फेफड़ों के बीच की जगह है। वहाँ दिल, खाने की नली और रक्त धमनियां आदि होते हैं।

Abdominal (उदरीय) Cavity—वक्षस्थल के नीचे होता है। यहाँ एक diaphragm (मध्यपट होता है) जो वक्षस्थल और उदरीय गुहा को अलग-अलग रखता है। यहाँ, 5 रीड़ की हड्डियों (lumbar vertebrae) पीछे की दीवार से स्थित होती है। उदर गुदा में पाचन तंत्र और गुर्दे व उसकी नलियां होती हैं। यहाँ तिल्ली, गुर्दे के ऊपर suprarenal glands, रक्त की धमनियां और शिराएं, स्नायु नड़ियां और लसिका ग्रंथियां होती हैं।

उदरीय गुहा के निचले भाग को pelvis कहते हैं। इसके पिछला भाग (कूल्हे की हड्डियां) sacrum और coccyx का बना होते हैं। इस pelvic cavity में पाचन और मूत्र तंत्र के निचले भाग होते हैं। और इन्हीं के बीच में प्रजनन तंत्र भी होते हैं, जो कि स्त्री और पुरुष में भिन्न-भिन्न होते हैं। उदरीय गुहा का सबसे निचले हिस्से में पाचन तंत्र व मूत्र तंत्र की बाह्य निकाय के छिद्र होते हैं। स्त्री में प्रजनन तंत्र का भी छिद्र- vagina होती है।

ऊपरी भुजा Upper Limb

यह निम्नलिखित भागों के बनते हैं।

1. **Pectoral Girdle** दो हड्डियों से बनती है—एक clavicle (हंसली की हड्डी) व scapula — इसमें छाती के सामने का हिस्सा pectoral region, छाती के पीछे का हिस्सा scapular region, व कंधा शामिल हैं। Axilla (बगल का हिस्सा) वक्षस्थल के ऊपरी भाग और ऊपरी भुजा के बीच का भाग है। (Fig. 1.15)

2. **Arm**—ऊपर का बांह का भाग : यह कंधे और कोहनी के बीच का भाग है। इसमें एक हड्डी—humerus (ह्यूमरस) होती है।

3. **Forearm**—बाँह का नीचे का हिस्सा : यह कोहनी और कलाई के बीच का भाग है इसमें दो हड्डियां रेडियस (radius) और अल्ना (ulna) होती हैं। Radius ulna के सहारे घूमती है जिससे इस हिस्से की हरकत होती है। जिसमें हथेली सामने (supination) और पीछे (pronation) की ओर घूमती है।

4. **Hand and Wrist (हाथ और कलाई का भाग)** : कलाई से ऊँगलियों तक होता है इसमें कलाई की 8 हड्डियां (carpals), 5 हथेली की (metacarpals) और 14 ऊँगलियों की हड्डियाँ होती हैं। Phalanges पाँच ऊँगलियां-पार्श्व (lateral) से मध्यस्थ (medial) तरह से होती हैं।

पहली ऊँगली–अंगूठा (thumb) दूसरी ऊँगली (index finger); तीसरी ऊँगली मध्य (middle finger), चौथी ऊँगली (ring finger); पाँचवीं ऊँगली (कनिष्ठ ऊँगली) little finger.

नीचे की भुजा (Lower Limb)

यह भी दो एक ही तरह के होते हैं : एक बाईं और एक दाईं तरफ।

—इनके विभिन्न भाग हैं।

1. **Pelvic girdle** — जिसमें कूल्हे की दो हड्डियां और sacrum होते हैं। कूल्हे की हड्डियां हैं — (1) ईलियम (ilium) (2) ईस्कियम (ischium) और (3) प्यूबिक (pubic) जो बाईं और दाईं तरफ जुड़ कर कूल्हे की हड्डी

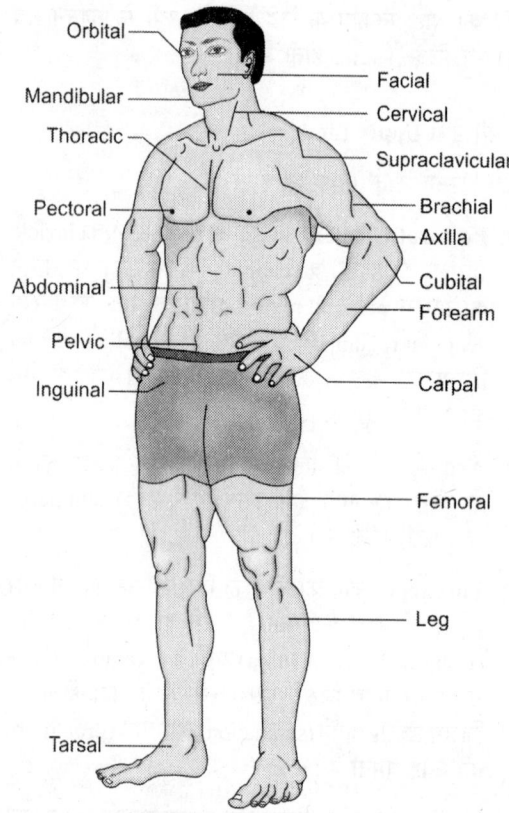

Fig. 1.15: शारीरिक क्षेत्र

बनाती हैं। Inguinal region (इनग्वाइनल हिस्सा) उदरीय का नीचे के भाग (जांघ की शुरुआत के जंकशन पर होता है। और gluteal region (नितम्ब) ilium और Ischium हड्डियों के पीछे का हिस्सा होता है।

2. **जाँघ (thigh)**—यह कूल्हे के जोड़ से घुटने तक होता है। इसमें 1-हड्डी (femur) फीमर होती है।

3. **टाँग (leg)**—यह घुटने से टखने के बीच का भाग है। इसमें दो हड्डियां - tibia (टिबिया) और पतली सी (fibula) (फिबुला) होती हैं।

4. **पैर (foot)**—यह टखने के बाद का भाग है जिसमें 7 टखने की हड्डियाँ, पाँच पैर की हड्डियों (metatarsals) और 14 पैर की ऊँगलियों की (phalanges) होती हैं। यह भी पार्श्व से मध्यस्थ तक पहला पैर का अंगूठा big toe; दूसरा 2nd toe, और इस तरह 3rd (तीसरा) 4th (चौथा) व fifth (पाँचवां) toe होते हैं – पैर का तलवा नीचे की तरफ होता है। (Fig. 1.15)।

Anatomical Position –कोई भी मानव जब सीधा खड़ा होता है, आँखें सामने, हाथ शरीर से लगे हुए –हथेली सामने की तरफ, और दोनों पैर जुड़े हुए - इसे शरीर कीAnatomical Position कहते हैं। (Fig. 1.16)।

Supine Position

इसी अवस्था में अगर मानव शरीर लेटा होता है अर्थात् आँखें ऊपर की तरफ हथेलियां भी ऊपर की तरफ और पैर जुड़े हुए उसे हो Supine Position कहते हैं।

Prone Position—मानव जो कि अपने चेहरे छाती और पेट के बल लेटा होता है

Lithotomy Position—इसमें मानव अपनी पीठ पर लेटा होता है और पैर उठा कर उनको Rings में लटकाया होता है। इसमें perineal भाग ठीक से नजर आता है। यह अधिकतर बच्चा पैदा होने की स्थिति में प्रयोग में लाते हैं। (Fig. 1.17)

Planes

वह लाइन जो शरीर के बीचों-बीच जाती है - उसको दाँये व बाँयें बराबर के दो हिस्सों में विभाजित करती है - उसे **मीडियन प्लेन** या **मिड-सैजिटल प्लेन** कहते हैं। (Fig. 1.18)

जो प्लेन इसके समानांतर होता है - उसे **सैजिटल प्लेन** कहते हैं।

जो लाइन इस सैजिटल प्लेन के समकोण पर होती है उसे कोरोनल **(coronal)** प्लेन कहते हैं। यह शरीर को एक **anterior** (सामने) का, और एक **posterior** (पीछे) हिस्से में विभाजित करती है।

वह प्लेन जो कि शरीर के sagittal (सैजिटल और कोरोनल प्लेन को समकोण पर विभाजित करता है उसे ट्रांसवर्स (transverse) प्लेन कहते हैं। यह शरीर को ऊपरी व निचले भाग में विभाजित करता है।

Trunk में प्रयोग में आने वाली terms

Ventral or Anterior—यह सामने का भाग होता है। (Figs. 1.19 and 1.20)

Dorsal or Posterior—यह पीछे का हिस्सा है।

Medial (मीडियल)–यह मीडियन प्लेन (मध्य रेखा) के नजदीक का प्लेन है।

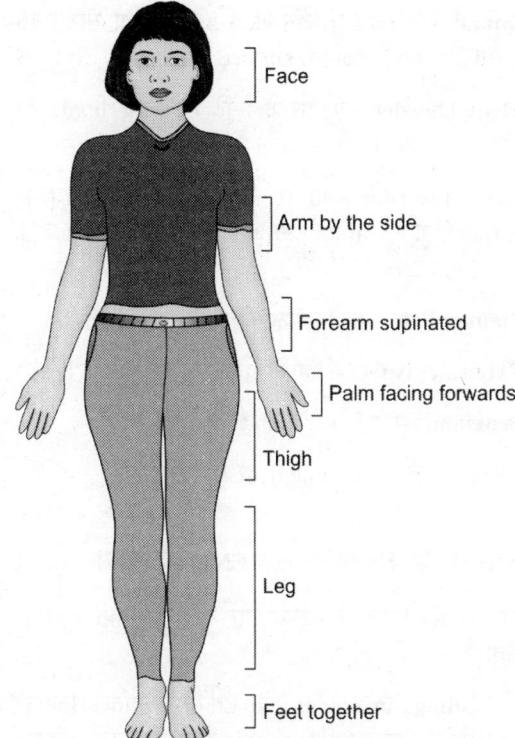

Face

Arm by the side

Forearm supinated

Palm facing forwards

Thigh

Leg

Feet together

Fig. 1.16: शारीरिक स्थिति

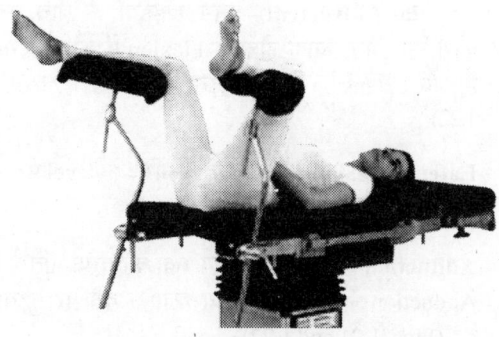

Fig. 1.17: शारीरिक स्थिति—लिथोटॉमी पोजीशन

Lateral—(लैटरल) - यह मीडियल प्लेन से दूर का प्लेन है।

Cranial/Superior—यह धड़ के ऊपर का हिस्सा जो सिर के नजदीक है।

Caudal/Inferior—यह धड़ के नीचे की तरफ का हिस्सा है।

Superficial—यह त्वचा के नज़दीक होता है या शरीर की बाहरी सतह की तरफ।

Deep—गहराई में यह त्वचा से दूर होता है।

Ipsilateral—यह शरीर की उसी तरफ होता है, जिस तरफ दूसरा भाग जैसे—दायाँ upper limb और दायां lower limb

Contralateral—जैसे—दायां upper limb और बांया lower limb

ऊपरी अंग के बारे में भाषा का उपयोग।

Ventral or Anterior—यह सामने का भाग या जो flexor की तरफ है। (Fig. 1.20)

Dorsal or Posterior—यह पीछे का भाग

Medial border—यह कनिष्ठ ऊँगली के साथ का border है।

Lateral border—यह अंगूठे के साथ का border है।

Proximal—यह कंधे के पास का हिस्सा है। (Fig. 1.20)

Distal—कंधे से दूर का हिस्सा है।

Palmar—हथेली की तरफ का हिस्सा है।

Dorsal—हथेली के पीछे का हिस्सा है।

Flexor—ऊपरी बांह का सामने का हिस्सा है।

Extensor—यह ऊपरी बाँह का पीछे का हिस्सा है।

नीचे के अंग के लिये भाषा or lower limb के लिए terms

Ventral—यह नीचे के अंग का पीछे का हिस्सा है (Fig. 1.20)।

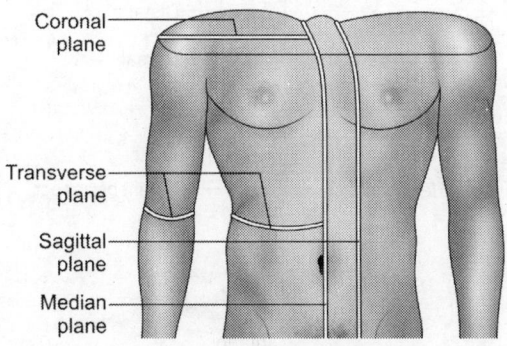

Coronal plane

Transverse plane

Sagittal plane

Median plane

Fig. 1.18: शारीरिक तल

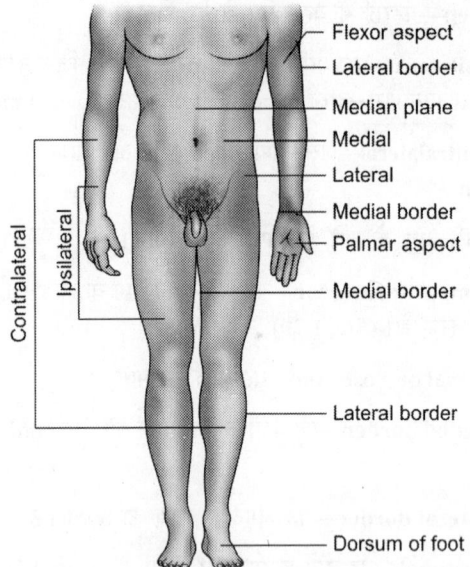

Flexor aspect
Lateral border
Median plane
Medial
Lateral
Medial border
Palmar aspect
Medial border
Lateral border
Dorsum of foot

Contralateral
Ipsilateral

Fig. 1.19: शारीरिक शब्दावली

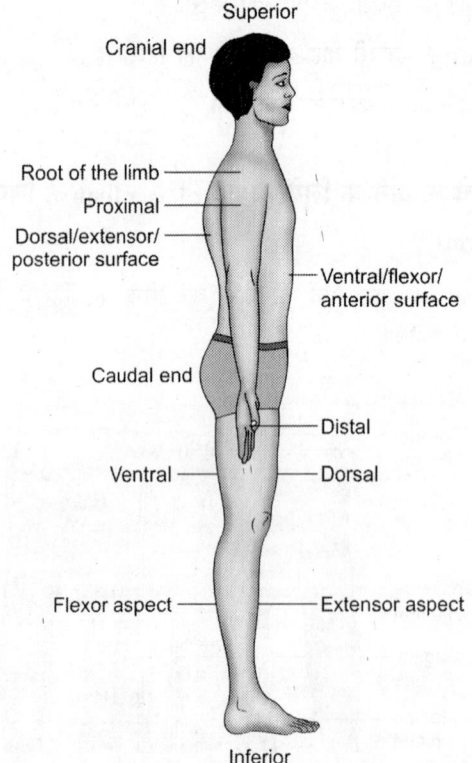

Superior
Cranial end
Root of the limb
Proximal
Dorsal/extensor/
posterior surface
Ventral/flexor/
anterior surface
Caudal end
Distal
Ventral
Dorsal
Flexor aspect
Extensor aspect
Inferior

Fig. 1.20: शारीरिक शब्दावली

Dorsal—यह नीचे के अंग (lower limb) का सामने का हिस्सा है। यह extensor surface है।

Medial border—यह पैर के अंगूठे के साथ का border जो टांग और जांघ की तरफ जाती है।

Lateral Border—यह पेर की छोटी ऊँगली के साथ का border होता है। जो कि टांग और जांघ से होता हुआ जाता है। (Fig. 1.19)

Plantar/Sole—यह पैर का नीचे का भाग है।

Extensor Aspect—यह पैर के ऊपर का भाग है।

Proximal—यह lower limb के शुरू का भाग है।

Distal—यह lower limb से दूर का भाग है।

शरीर की हरकत (MOVEMENT) की भाषा

जो synovial जोड़ हैं—उनमें चार तरह की movements होती हैं—

1. **Gliding Movement**—यह तकरीबन समतल सतह पर आगे से पीछे या side to side होती हैं। दोनों हड्डियों के बीच के कोण में कोई बदलाव नहीं होता।

2. **Angular Movement**—इसमें हड्डियों के बीच का कोण कम और ज्यादा होता है Flexion में कोण घटता है, और extension में कोण बढ़ता है। (Figs. 1.21 and 1.22)

Lateral Flexion—इसमें धड़ नाभि के level पर - दोनों तरफ दायें या बायें झुकता।

Adduction—इसमें limb मध्य रेखा की तरफ गति है। **Abduction**—इसमें limb मध्य रेखा से दूरी पर मुड़ता है। (Figs. 1.21 and 1.22)

3. **Rotation**—इसमें हड्डी अपने लंबाई के axis पर गोल घूमती है। Medial rotation में हड्डी का सामने का भाग मध्य रेखा की तरफ घूमता है। और Lateral rotation में हड्डी का सामने का भाग मध्य रेखा से दूर घूमता है।

4. **स्पेशल हरकत**—ये हरकतें कुछ ही जोड़ों पर होती हैं। जैसे forearm में pronation और supination; temporo-mandibular जोड़ में protraction and retraction.

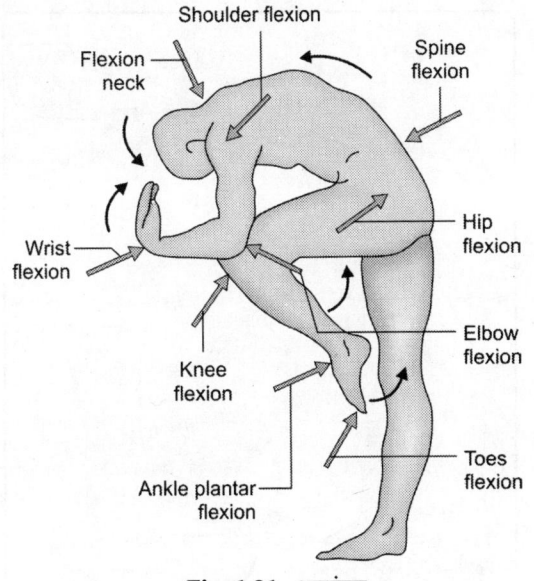

Fig. 1.21: आकुंचन

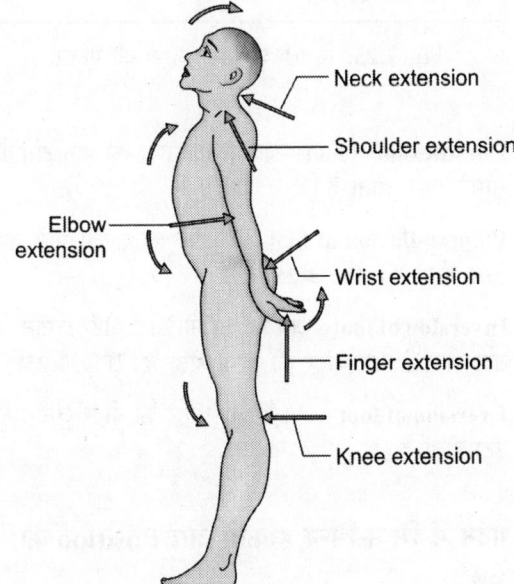

Fig. 1.22: प्रसारण

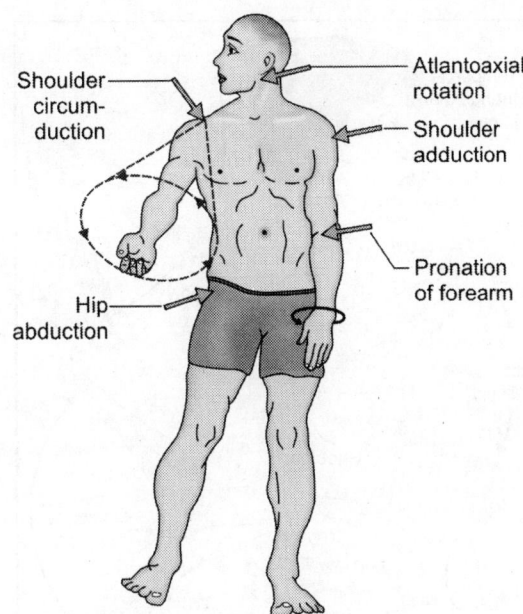

ऊपरी भुजा (ऊपरी शाखा)/Upper limb Flexion—जब ऊपरी बांह के आगे के हिस्से आपस में पास आते हैं। (Fig. 1.21) और दोनों के बीच angle कम होता है।

Extension—जब arm और foream एक दूसरे के पास आते हैं। जैसे कि कोहनी के जोड़ पर बांह को सीधा करना, (Figs. 1.22 and 1.23)

Fig. 1.23: गतियाँ

Abduction—जब बांह को शरीर से दूर ले जाया जाए।

Adduction—जब बांह को शरीर के पास लाया जाए।

Circumduction—इसमें शरीर के दूरी वाले हिस्से को एक वृत्तीय (circle) में घुमाया जाए। Flexion, abduction - extension और adduction सब हरकतें इसी क्रम में की जाती हैं। जैसे bowling करते वक्त (Fig. 1.23)

Medial Rotation—इसमें बांह को छाती के पार सामने रखा जाता है।

Lateral Rotation—इसमें बांह को शरीर से दूर ले जाया जाता है।

Supination—जब हथेली सामने या ऊपर की तरफ रखते हैं जैसे कि खाना मुंह में रखते समय (Fig. 1.24)

Pronation—जब हथेली नीचे या पीछे की तरफ होती है - जैसे कि खाना उठाते वक्त (Fig. 1.23)

Adduction of digits/fingers—इसमें सब ऊँगलियां एक साथ मिल जाती हैं।

Abduction—इसमें सब ऊँगलियां अलग-अलग हो जाती हैं। यह हरकत बीच की ऊँगली (middle finger) के axis पर होती है।

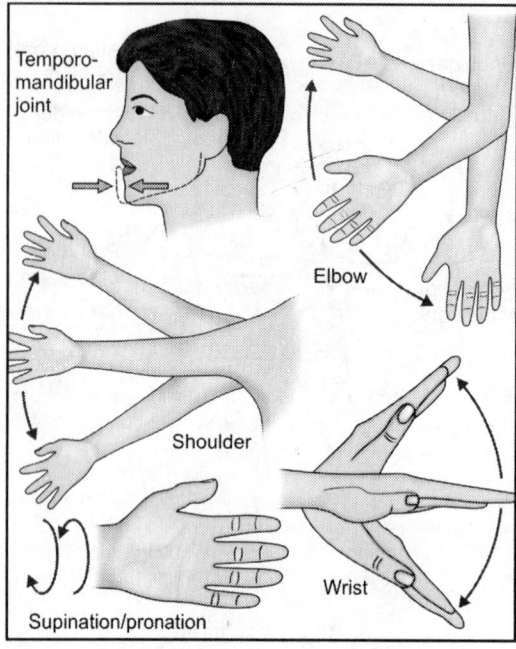
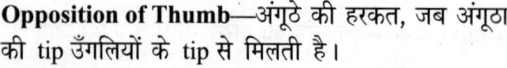

Fig. 1.24: ऊपरी शाखा की गतियाँ

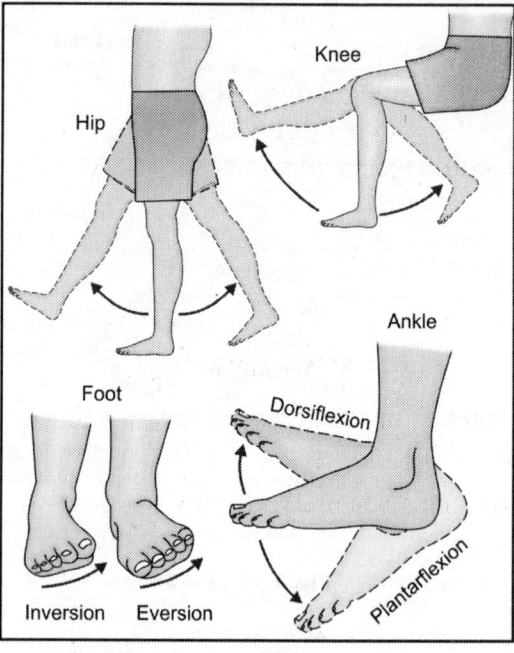

Fig. 1.25: निचली शाखा के जोड़ों की गतियाँ

Opposition of Thumb—अंगूठे की हरकत, जब अंगूठा की tip उँगलियों के tip से मिलती है।

Circumduction—यह भी अंगूठे का गोल-गोल घुमाना अर्थात् flexion, abduction, extension और adduction के क्रम में होता है।

नीचे का अंग (निचली शाखा) / Lower limb

Flexion of thigh—जब जांघ का सामने का भाग पेट के साथ मिलता है। (Fig. 1.21 and 1.25)

Extension of thigh—जब मानव सीधा खड़ा होता है। या सीधा लेटा (Fig. 1.22 and 1.25) हुआ हो।

Abduction—जब जांघ को मध्य रेखा से परे या दूर ले जाया जाता है।

Adduction—जब जांघ को मध्य रेखा की तरफ लाते हैं।

Flexion of knee—जब जांघ का और टांग का पिछला हिस्सा आपस में मिलते हैं। (Fig. 1.25)

Extension of knee—जब जांघ और टांग एक लाइन में सीधी अवस्था में होते हैं।

Dorsiflexion of foot—जब पैर का ऊपर का भाग टांग के सामने पास आता है।

Plantar-flexion of foot—जब पैर का तलवा पीछे की तरफ होता है। (Fig. 1.25)

Inversion of foot—जब पैर का मीडियल बोर्डर जमीन से उठा होता है और अंदर की तरफ होता है। (Fig. 1.25)

Eversion of foot—जब पैर का बाहर का बोर्डर जमीन से उठा होता है।

गर्दन में भिन्न-भिन्न हरकतों और Position का अर्थ

Flexion—जब चेहरा छाती के करीब या पास आता है।

Extension—जब चेहरा छाती से दूर हो जाता है। (Fig. 1.22)

Lateral flexion—जब कान को कंधे के पास लाया जाता है।

Opening the mouth—जब नीचे के जबड़े को ओर नीचे लाकर मुख खोलते हैं।

Protraction—जब नीचे के जबड़े को अपने socket में से आगे को खिसका कर लाते हैं। (Fig. 1.24)

Retraction—जब नीचे के जबड़े को वापस अपने socket में पीछे ले जाते हैं।

धड़ में अलग-अलग Movements (हरकतें)

Forward bending—आगे की तरफ झुकना - flexion होता है। (Fig. 1.21)

Backward bending—पीछे की तरफ को झुकना extension कहलाता है।

Sideward movement—एक तरफ को झुकना lateral flexion कहलाता है।

Sideward rotation—एक तरफ से दूसरी तरफ को गोल-गोल घूमना lateral rotation कहलाता है।

वातावरण (Environment)

शरीर के चारों तरफ का वातावरण जो शरीर को ऑक्सीजन व पोषक तत्व प्रदान करता है। उसे बाह्य वातावरण कहते हैं। त्वचा वह अंग है जो शरीर बाह्य वातावरण के सम्पर्क में रहता है। कोशिकाओं के चारों तरफ एक तरल पदार्थ होता है–जिसे Interstitial fluid कहते हैं। यह शरीर का अंदरूनी वातावरण है। पोषक तत्व कोशिकाओं को इसी interstitial तरल पदार्थ के द्वारा पहुंचाते हैं और कोशिकाओं से waste भी इसी तरल पदार्थ में पहुंचती है। फिर यह लसीकाओं द्वारा (lymphatic system) द्वारा शिराओं में जाता है।

कोशिकाओं की covering–कोशिकाओं के अंदर और बाहर के वातावरण के बीच की रुकावट है।

HOMEOSTASIS का अर्थ जो नहीं बदला जाता है स्थायी संतुलन की स्थिति :

अंदर का वातावरण कुछ थोड़ी सी हद के अंदर बदल सकता है। इसको कंट्रोल करने का भी एक तंत्र है।

कंट्रोल केंद्र यह हदें निर्धारित करता है। जिसमें एक factor को रखा जा सकता है। यह केंद्र उन sensors से सूचना को प्राप्त करके और जिस भी संतुलन की जरूरत होती है उसके अनुसार निर्देश भेज देता है। और इसी तरह संतुलन कायम रखा जाता है। अर्थात् शरीर के द्वारा रखा जाता है। इसके अतिरिक्त जो तरल पदार्थ उनके अंदर होता है उसका संतुलन भी उसके volume और composition द्वारा रखा जाता है।

नकारात्मक संदेश की क्रिया–इसमें कंट्रोल केंद्र जो इसके पास संदेश आता है–अपने निर्देश कम भेजता है। ओर संतुलन रखता है।

$\uparrow$ Thyroxine $\rightarrow$ Hypothalamus $\rightarrow\downarrow$ Thyrotropin releasing factor $\rightarrow$ Anterior pituitary
$$\downarrow$$
Thyroxine lowered $\leftarrow\downarrow$ TSH

सकारात्मक संदेश की क्रिया–यह कंट्रोल केंद्र का निर्देश बढ़ा देता है। बच्चे पैदा होने से पहले Thyroxine की मात्रा ज्यादा होती है। इससे गर्भाशय की गतिविधि बढ़ जाती है। इससे बच्चे का सिर गर्भाशय की नली की तरफ जाता है। और उस नली को फैलने में मदद मिलती है। इस तरह फिर से और oxytocin हारमोन निकलता है। और गर्भाशय के सिकुड़ने में मदद करता है और बच्चे को पैदा करने की क्रिया को और बढ़ाता है। जब बच्चा जन्म ले लेता है, oxytocin का निकलना बन्द हो जाता है।

CHAPTER

2 कोशिकाओं का निर्माण व क्रियाएं

Cells and their Functions

कोशिकाओं (CELLS) का निर्माण व क्रियाएं–कोशिकाएं शरीर की सबसे सूक्ष्म इकाई होते हैं जहां शरीर की सब क्रियाएं होती हैं। हर कोशिका cell में एक बाहर की covering —plasma membrane, अंदर cytoplasm व nucleus होता है। Cytoplasm में ही कोशिका के सब वस्तुएं रहती हैं। इसमें cytosol (तरल पदार्थ) व organelles होते हैं।

तरल पदार्थ में पानी, आयेन्स (ions), ग्लूकोज, अमाइनो उपमा वसा अम्ल, व प्रोटीन, वसा, A.T.P. और जो बेकार की वस्तु होते हैं शामिल हैं। इसमें बहुत सी कैमिकल क्रियाएं होती हैं जो कोशिका को जीवित रखने के लिए आवश्यक है। Organelles विशेष structures होते हैं जिनसे विशेष क्रियाएं होती हैं। (Fig. 2.1)

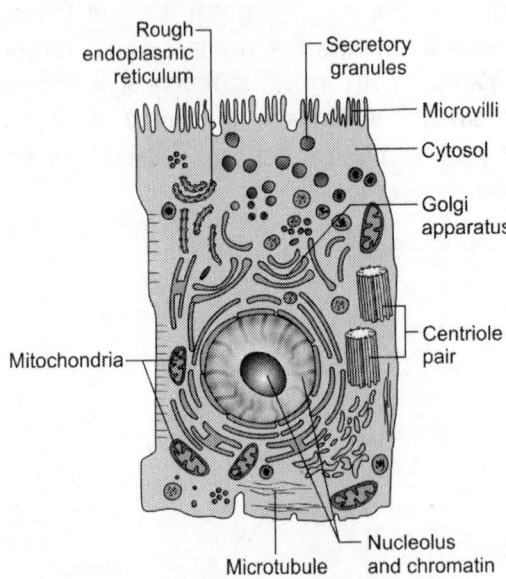

Rough endoplasmic reticulum
Secretory granules
Microvilli
Cytosol
Golgi apparatus
Centriole pair
Mitochondria
Microtubule
Nucleolus and chromatin

Fig. 2.1: कोशिका

Nucleus (केंद्रक)

हर कोशिका में एक Nucleus होता हे जिसके चारों तरफ cytoplasm होता है, और बाहर एक प्लाज्मा membrane उसे cover करता है। जो हड्डियों के ऊपर की मांसपेशियां हैं उनमें कई nuclei होते हैं जबकि परिपक्व लाल रक्त की कोशिकाओं में nucleus नहीं होता, इस nucleus में ऐसा genetic तत्व होता है जो कि कोशिकाओं की सब क्रियाओं की निर्देश देता है। यह genetic तत्त्व - Chromosomes (क्रोमोसोम) होता है। हर क्रोमोसोम - DNA मौलिक्यूल से बनता है। DNA और प्रोटीन (जिनको हिस्टोन) कहते हैं - न्यूक्लियस के अंदर एक गुच्छी की तरह मिलकर एक महीन झिल्ली धागों, बनाते हैं - जिसे क्रोमेटिन कहते हैं। इस कसे हुए क्रोमेटिन के गुच्छे को क्रोमोसोम कहते हैं। हर Nucleus में एक न्यूक्लिओलस और ग्रैन्यूल्स का patchwork होता है जिसमें RNA अधिकतम मात्रा में पाया जाता है। क्रिया करने वाली chromosome की ईकाई को जीन (gene) कहते हैं। कोशिकाएं पहले से निश्चित प्रोटीन ही बनाते हैं, जो कि उनकी क्रियाओं के लिए उपयुक्त होती है। फिर भी हर कोशिका में पूर्ण जीन्ज को बनाने की क्षमता होती है। मानव शरीर के हर कोशिका में 46 क्रोमोसोम होते हैं। 23 विरासत में माँ और 23 पिता से मिले हुए।

Mitochondria माइटोकोन्ड्रिया–यह एक sausage की शक्ल में organelle होती है जिससे ऊर्जा बनाई जाती है। इनका नंबर cytoplasm में कोशिका की क्रियाओं के अनुपात में होता है।

इनमें enzymes (एन्जाइम्स) होते हैं जो कि ग्लूकोज, अमाइनो अम्ल और वसा अम्ल के oxidation की क्रिया में मदद करते हैं और कैमिकल ऊर्जा ATP पैदा करते हैं।

लाइसोसोम–(Lysosomes)—यह बड़े और अनियमित (irregular) रचना कण होते हैं जिनको एक झिल्ली cover करती है। इनमें पाचन करने के enzymes (एन्जाइम्स) होते हैं जो कि बड़े DNA, RNA, प्रोटीन और कारबोहाइड्रेट्स के कणों को तोड़ कर कोशिकाओं में छोटे कणों में बदल देते हैं।

परआक्सीसोम (Peroxisomes)—ये झिल्ली से चारों तरफ cover होते हैं। इनसे उपस्थित एन्जाइम्स बहुत सी बनाने और तोड़ने की क्रियाओं में शामिल होते हैं।

Endoplasmic Reticulum (ER)

एन्ड्रोप्लाजमिक रेटिक्यूलम यह एक पेचीदा प्रकार की पतली गलियां होती हैं। इनकी दीवार दो तरह की झिल्ली से बनती है - एक smooth (सादा) और दूसरी खुरदुरी smooth ER से वसा और स्टीरायड हारमोन बनाये जाते हैं।

खुरदुरा ER के सतह पर ribosomes (राईबोसोम लगे होते हैं ये प्रोटीन बनाते हैं।

Ribosomes राईबोसोम्स - में महीन कण RNA और प्रोटीन के होते हैं। ये अमाइनो अम्ल से प्रोटीन बनाते हैं।

Golgi apparatus - इनमें झिल्ली का बनी नलियां एक से जुड़े रहती हैं ये बने हुऐ प्रोटीन का संचय अपनी सतह पर उपस्थित कणों में करते हैं।

Cytoskeleton - यह ऐसे fibres जो कि अतिसूक्ष्म कणों से बनते हैं - यह कोशिकाओं को और सहारा भी देते है इनसे कोशिकाओं की organelle की क्रियायें होती है।

कोशिकाओं का विभाजन (Cell division) - विभाजन के द्वारा कोशिकाऐं अपनी संख्या को बढ़ाती है कोशकीय विभाजन दो प्रकार का होता है। (Fig 2.1)

MITOSIS (समसूत्री)—इसमें पहले क्रोमोसोम्स की संख्या दुगनी हो जाती है जो cytoplasm व nucleus के विभाजन के समय दो बड़ी कोशिकाओं में आधे-आधे चले जाते हैं इसमें पैतृक कोशिका के जैसी दो बड़ी कोशिकाऐं बन जाती है। (Fig 2.2)

MEIOSIS (अर्धसूत्री)—ऐसा विभाजन जिसमें अंडकीय और शुक्राणु बनते हैं, वह अर्धसूत्री विभाजन होता है। इस विभाजन को मियोसिस meiosis कहते हैं। इसमें दो steps (भागों) में कोशिकाओं का विभाजन होता है। इनमें क्रोमोसोम का नंबर-न्यूक्लिअस में आधा होता है। और इसके बाद साइटोप्लाज्मिक विभाजन होता है। मियोटिक विभाजन में चार बेटी कोशिकाएं होती है। (Fig 2.3)

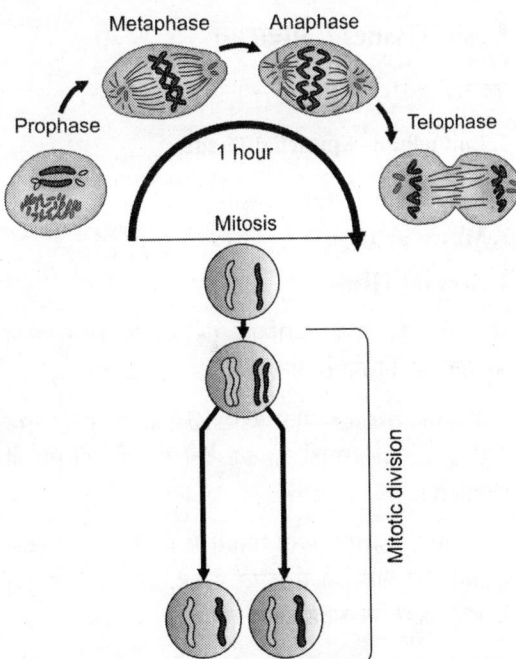

Fig. 2.2: समसूत्री विभाजन

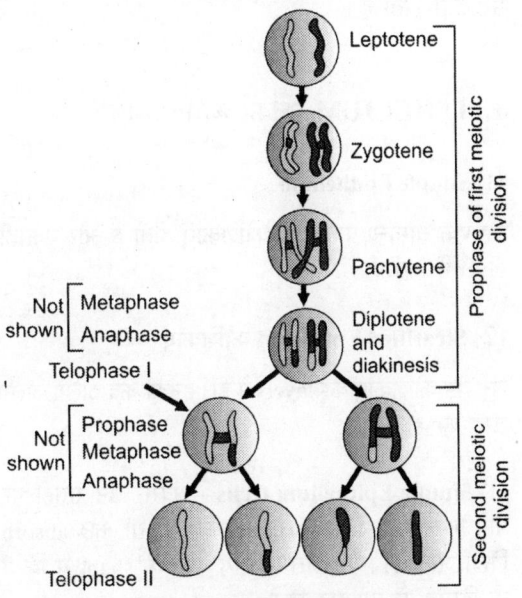

Fig. 2.3: अर्धसूत्री विभाजन

स्त्री में केवल एक ही कोशिका कार्यकुशल होती है–और बाकी अंडकीय कोशिकाएं कार्यकुशल नहीं होते हैं। पुरुष में चारों कोशिकाएं कार्यकुशल होती हैं।

Basic Tissues / आधारभूत

यह चार प्रकार के होते हैं –

1. Epithelium - Epithelial Tissue

2. Connective Tissue

3. Muscular Tissue

4. Nervous Tissue

हर शरीर का भाग-उपलिखित tissues के भिन्न-भिन्न अनुपातों के मिलने से बनता है।

Epithelial tissues—एक बड़ी sheet या चादर की तरह बहुत सी cavities सतहों को ढ़क देती हैं। और ग्रंथियां भी बनाती हैं।

उदाहरणत : यह एक सतह बनाती है हमारे चर्म या खाल के लिये और बाहर की सतह पर फेफड़े, पेट और अंतड़ियों के लिये अंदर भी सतह।

यह सब कोशिकाएं बहुत ही नजदीकी से जुड़े रहते हैं - और कोशिकाओं के बीच का substance मेट्रिक्स कम मात्रा में होता है। यह कोशिकाएं एक connective tissue की सतह पर खड़ी होती है।

EPITHELIUM उत्तकों का विभाजन

(1) Simple Epithelium

यह एक सामान्य प्रकार की कोशिकाएं होती हैं और एक ही layer में होती है।

(2) Stratified Epithelial कोशिकाएं

जब यह कोशिकाएं कई layers में हों! इनका कद अलग-अलग तरह का होता है।

(1) Simple Epithelium Cells—अक्सर उन सतहों पर पाये जाते हैं जहां कुछ secrete होता हो या कुछ absorb किया जाता हो। यह अलग-अलग तरह के shape व क्रिया के हिसाब से वर्गीकृत किये जाते हैं।

Simple Squamous (epithelium)—यह फेफड़े के अंदर की alveoli, रक्त की धमनियों/शिराओं या lymphatics की अंदर की सतह बनाते हैं। यह बहुत ही पतले flat कोशिकांए होती हैं और बहुत ही मुलायम covering होती हैं। इस कोशिकाओं की सतह से gases (oxygen/carbon) या अन्य पदार्थों का आदान्-प्रदान् होता है। (Fig. 2.4)

(b) Simple Cuboidal Epithelium—यह thyroid gland, kidney की बारीक नलियां और ग्रंथियों की छोटी नलियों की अंदर की सतह में होते हैं।

यह secretion, absorption और excretion का काम करते हैं। (Fig. 2.5)

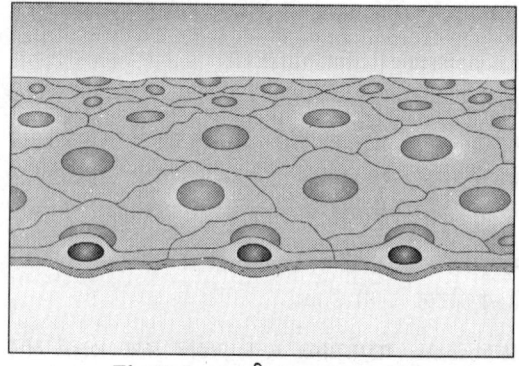

Fig. 2.4: शल्की आच्छादक उपकला

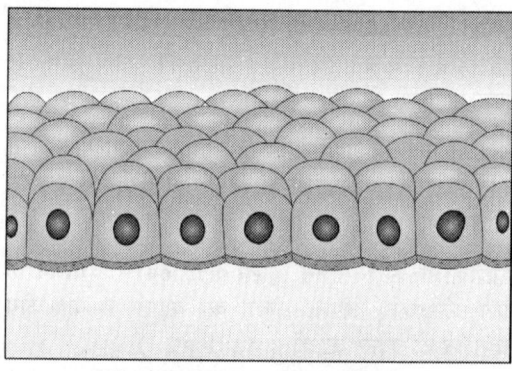

Fig. 2.5: घनाकार आच्छादक उपकला

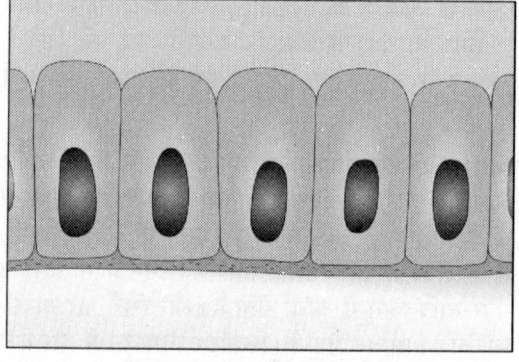

Fig. 2.6: स्तम्भकार उपकला

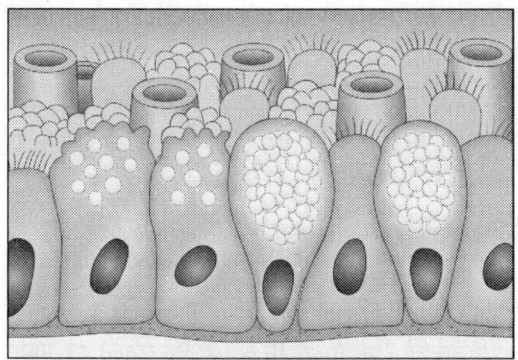

Fig. 2.7: रोमिक स्तम्भकार उपकला

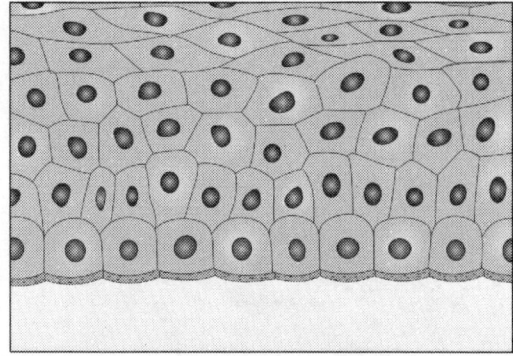

Fig. 2.9: स्तरित शल्की उपकला

(1) Simple Columnar Epithelium—यह लंबे-आयताकार शक्ल के होते हैं और यह पेट और अंतड़ियों में पाये जाते हैं। इनका काम पाचन के बाद पोषक तत्वों को Absorb करना हैं और mucous को secrete करना है (Fig. 2.6)

(b) Pseudostratified Epithelium—यह सांस की नली Trachea में पाये जाते हैं। इनकी ऊँचाई अलग-अलग किस्म की होती है और यह ऐसा दिखते हैं - जैसे कि मानो इनमें बहुत सी सतहें हैं। (Fig. 2.7) जबकि वास्तव में एक सतह (layer) ही होती हैं।

(c) Ciliated Epithelium—यह लंबे columnar cells की तरह होते हें जिनमें बहुत से बारीक-बाल की तरह processes लगे होते हैं। यह प्रजनन की नलियों और सांस के नलियों और उनके रास्तों में होते हैं। इनcilia (बालों जैसे processes की हरकत से) से जो इन नलियों पदार्थ में होते हैं उनको आगे खिसकाने में मदद करते हैं। (Fig. 2.8)

(2) Stratified Epithelium—इसके नीचे के tissues उत्तकों

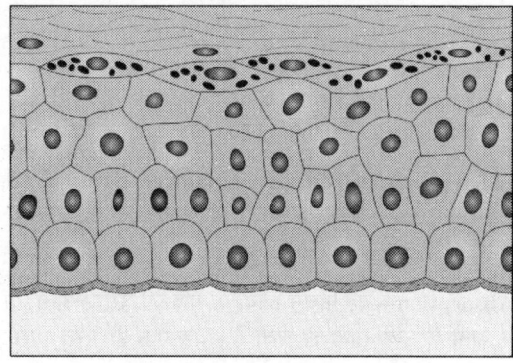

Fig. 2.10 : केरातिन शल्की उपकला

को घर्षण व चोट से सुरक्षा प्रदान करता है। यह इस तरह विभाजित होता है। वर्गीकृत किया गया है।

(a) Stratified Squamous Epithelium—इसमें कई सतहें होती हैं। यह अलग-अलग शक्ल के होते हें। सबसे गहराई की सतह पर ज्यादातर लंबे आयताकार कोशिकाएं और जैसे-जैसे यह ऊपर या बाहर की तरफ आते हैं धीरे-धीरे चपटे किस्म के हो जाते हें यह भोजन नली (Oesophagus), vagina और मुख की cavity में non-keratinised कोशिकाएं (Fig. 2.9) हैं। चर्म, बाल और नाखून stratified squamous keratinised कोशिकाएं हैं। इनमें सबसे बाहर की सतह keratin में बदल जाती है। Fig. 2.10)

(c) Transitional Epithelium—यह मूत्राशय में होता है। इसके बाहर की सतह में कोशिकाएं चपटी नहीं बल्कि गुंबदकार होती हैं। और नीचे की सतह में नाशपाती के आकार और लंबे आकार की कोशिकाएं होती हैं। और इस तरह यह epithelium organ को फैलने में मदद करता है। (Fig. 2.11)

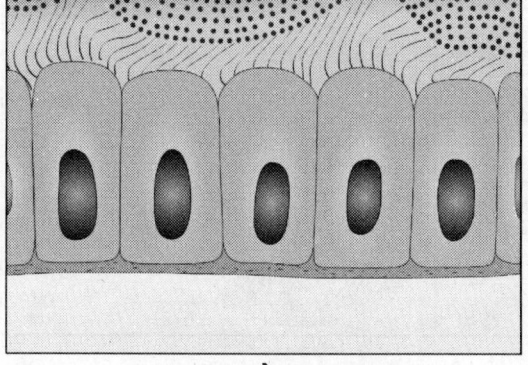

Fig. 2.8 : रोमक उपकला

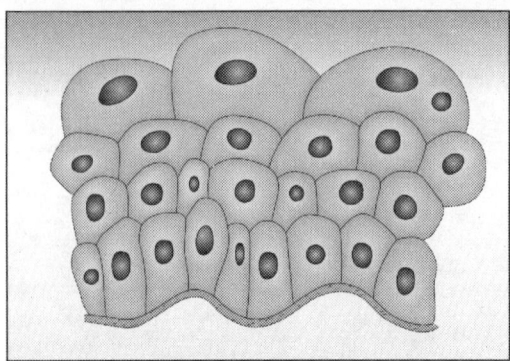

Fig. 2.11: परिवर्ती उपकला

Epithelium का कार्य

(1) **Mechanical Protection** के यह एक तरह से रक्षा करता है जिससे गहराई के उत्तकों को चोट न पहुंचे।

(2) Conservation of Moisture Stratified Epithelium—शरीर से पानी के कम होने को रोकता है।

Absorption—यह पाचन क्रिया के बाद जो वस्तुएं अंतड़ियों में होती हैं उन्हें सोख ले लेता है। यह एक ही परत वाली epithelium करती है।

Secretion—स्राव - कुछ कोशिकांए ग्रंथि भी बनाती हैं। (exocrine/endocrine glands)

Excretion (उत्सर्जन) शरीर से हानिकारक या बेकार तत्वों के निकालने में उदाहरणतः गुर्दे से urine का!

Sensory Perception—बहुत-सी कोशिकाएं इस तरह modify हो जाती हैं कि वह मस्तिष्क और स्नायु तंत्र को impulses भेज सकें।

Chemoreception—जीभ की कोशिकांए इस तरह की होती हैं कि वह chemical वस्तुओं के बारे में बता सकें।

Connective Tissue—यह शरीर में अत्याधिक मात्रा में पाया जाता है। यह सहारा भी देता है और उत्तकों को आपस में जोड़ता है। इसमें कोशिकाएं भी होती हैं और कोशिकाओं के बीच का material होता है।

Matrix में **Fibres** और पदार्थ होती हैं और बड़े-बड़े molecules होते हैं।

CONNECTIVE TISSUE की कोशिकाएं (Cells)

इनमें Fibroblasts, (Fig. 2.12) **Macrophages, Plasma कोशिकाएं, Mast कोशिकाएं** व fat कोशिकाएं होती हैं।

Fibroblasts—सबसे ज्यादा अहम् कोशिकाएं होती हैं जो कि fibres और आधारभूत पदार्थ बनाती है। वसा कोशिकाएं चपटी होती हैं, जिनके बहुत से बेतरतीब processes होते हैं। यह collagen, elastic और reticulin (बहुत ही बारीक) fibres बनाती हैं। यह घाव के या उत्तक की मरम्मत में बहुत मदद करते हैं।

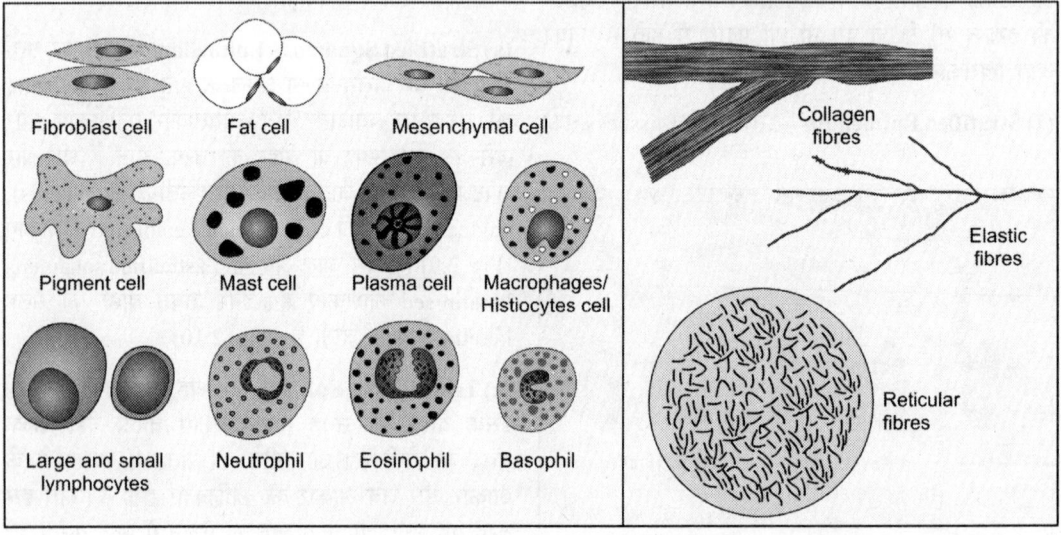

Fig. 2.12: संयोजी ऊत्तक की कोशिकाएँ और तंतु

वसा कोशिकाएं

अकेले या एक समूह में होते हैं। यह वसा उत्तक में अधिकतम् मात्रा में होते हैं।

Macrophages—यह टेढ़े-मेढ़े कोशिकाएं होते हैं जिनमें granular cytoplasm होता है। यह शरीर की सुरक्षा के लिये महत्त्वपूर्ण होते हैं जो निर्जीव कोशिकाओं को हटाने में, कीटाणु और बाहर की वस्तुओं को हटाने में मदद करता है।

श्वेत रक्त कोशिकाएं भी connective उत्तक में होते हैं। यह ऐसी antibodies का निर्माण करते हैं जिससे उत्तक की सुरक्षा की जा सके।

Mast cells—यह heparin (हेपेरिन), histamine (हिस्टेमीन) आदि वस्तुएं बनाते हैं। जब उत्तक को चोट आदि से नुकसान पहुंचता है, तब इनका secretion होता है।

Fibres

यह collagenous, elastic or reticular होते हैं। **Collagenous fibres** मजबूत होते हैं। संख्या में बहुत अधिक हैं।

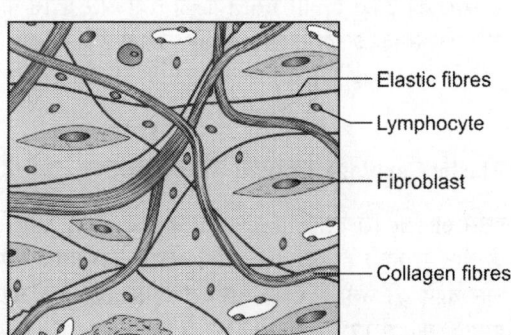

Elastic fibres
Lymphocyte
Fibroblast
Collagen fibres

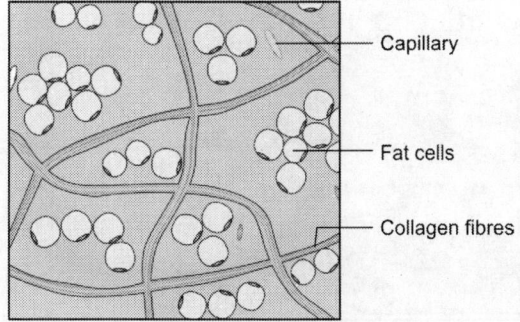

Fig. 2.13: अंतराजलीय संयोजी ऊत्तक

Capillary
Fat cells
Collagen fibres

Fig. 2.14: वसीय ऊत्तक

Elastic fibres को खींचा जा सकता है, ये पतले होते हैं और शरीर के बहुत से भागों में पाये जाते हैं।

Reticular fibres पतले collagenous fibres होते हैं। इनमें शाखाएं होती हैं जो दूसरे fibres की शाखाओं से जुड़ी होती है।

Loose Connective Tissues—यह तीन प्रकार के होते हैं।

1. Loose Areolar Tissue—यह सबसे अधिकतम होता है। Fibres दूर बिखरे रहते हैं। इनके बीच में कोशिकाएं भी होते हैं। (Fig. 2.13) यह elastic होता है और फैलने की ताकत रखता है। यह शरीर को मजबूती देता है और मांसपेशियों को और ग्रंथियों को सहारा देता है।

2. Adipose Tissue—इसमें वसा कोशिकाएं होती हैं। इसमें एक बड़ी triglyceride की बूंद होती है जो कि nucleus को एक तरफ कर देती है। यह उत्तक दो प्रकार का होता है सफेद और भूरा। सफेद adipose उत्तक गुर्दे, आँखों, माँसपेशियों, त्वचा को सहारा देता है और गर्मी से संरक्षण में मदद करता है। (Fig. 2.14)

भूरा adipose tissue जन्मजात शिशु में होता है। इसमें रक्त की मात्रा अधिक होती है। इसमें गर्माई होती है जो बच्चों के शरीर का तापमान बनाए रखता है। बड़े होकर इसकी मात्रा कम हो जाती है।

3. Reticular Connective Tissue–यह आपस में जाल की तरह बुने हुए Fibres होते हैं। यह जिगर-तिल्ली व ग्रंथियों का सहारे का उत्तक होता है। औरsmooth मांसपेशियों को भी बांधे रखता है।

Dense Connective Tissues

इसमें मोटे और घने fibres होते है कोशिकाओं की संख्या कम होती हैं (Fig. 2.15) इसमें fibres के बंडल या समूह बहुत ही पास-पास होते हैं और matrix की मात्रा बहुत कम होती है। इन बंडल के बीच में fibroblast कोशिकाएं होती हैं। ये tendons, ligaments or fasciae जैसी मजबूत संरचनाएं बनाता है। Fascia (फेशिया) त्वचा के नीचे और मांसपेशियों के चारों तरफ होता है। यह एक सुरक्षित कवच की तरह हड्डियों के चारों ओर periosteum बनाता है। जोड़ों की capsule (कैप्सूल) व गुर्दे, जिगर और मस्तिष्क का कवर बनाता है।

Cartilage और bone के matrix में बहुत से fibres होते हैं। Matrix cartilage (कार्टिलेज) में मजबूत होती है क्योंकि

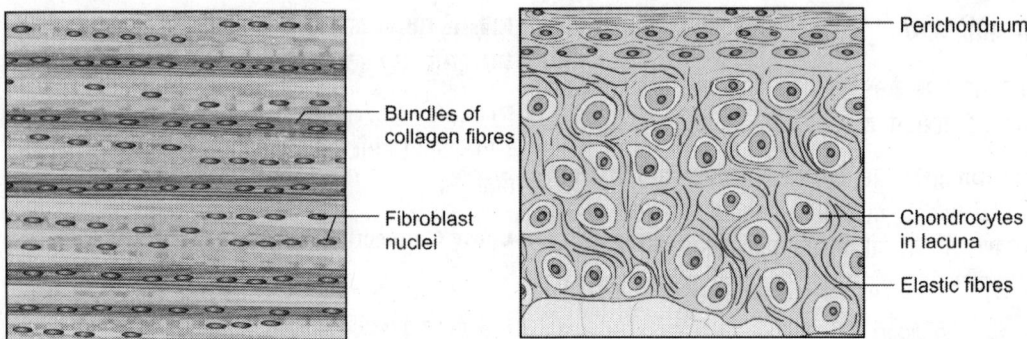

Fig. 2.15: तंतुमय संयोजी ऊत्तक कंडरा

Fig. 2.17: लोचदान उपास्थि

इसमें कौन्ड्रोयटिन सल्फ्यूरिक अम्ल (chondroitin sulphuric acid) और हायलयूरोनिक अम्ल (hyaluronic acid) होते हैं। हड्डियों के matrix में (calcium) कैल्शियम होता है।

1. Blood (रक्त)

यह भी एक तरह से connective उत्तक है, जहां matrix तरल पदार्थ यानि प्लाज्मा (plasma) होता है। इसमें लाल रक्त कोशिकाएं, सफेद रक्त कोशिकाएं व प्लेटलेट्स होती हैं।

2. Lymph (लसायनिक-तरल)

यह भी कोशिकाओं के बाहर तरल पदार्थ है जो लसायनिक नली में बहता है। यह भी रक्त के प्लाज्मा (plasma) की भांति होता है पर इसमें प्रोटीन की मात्रा बहुत कम होती है।

Specialised Dense Connective Tissue

यह एक प्रकार का उत्तक है जिसमें कोशिकाएं chondrocytes और fibres एक जैली की तरह की मेट्रिक्स में होते हैं।

Matrix में कुछ खाली अर्थात् रिक्त स्थानों में chondrocytes अकेले या समूह में होते हैं। ये एक membrane से ढके रहते हैं जिसे perichondrium कहते हैं। Cartilage मजबूती और लचीलापन प्रदान करती है यह तीन प्रकार का होता है।

Hyaline Cartilage (हायलाईन कार्टिलेज)

यह सबसे अधिकतम मात्रा में पाया जाता है। ये हड्डियों के सिरों को ढकते हैं और पसलियों की तथा और श्वास की नली और उसकी शाखाओं की cartilage बनाता है। (Trachea or bronchi) (Fig. 2.16)

Elastic Cartilage (लचीली कार्टिलेज)

इसमें elastic (लचीली) fibres होती है। कोशिकाएं fibres के बीच में होती हैं। यह epiglottis, कान का बाहरी भाग और कान की नली में पाया जाता है। इनमें calcium नहीं होता। (Fig. 2.17)

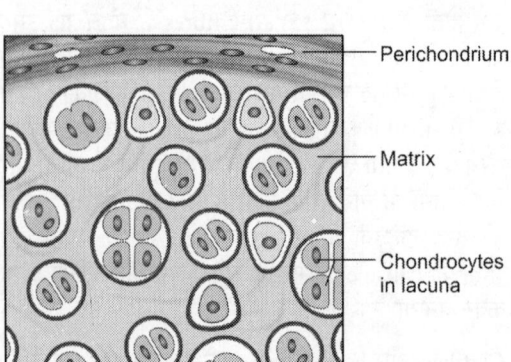

Fig. 2.16: हाएलाइन उपास्थि

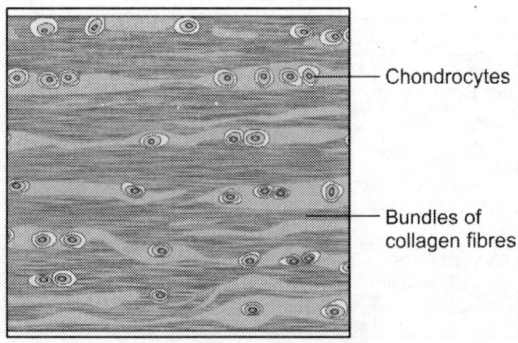

Fig. 2.18: तंतुमय उपास्थि

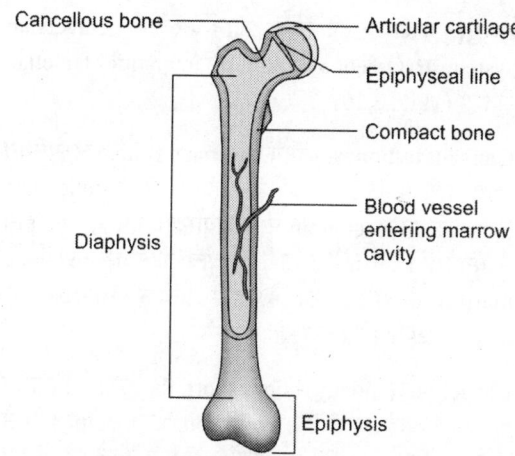

Fig. 2.19: लम्बी अस्थि की संरचना

Fibrocartilage

इसमें ज्यादा collagen का भाग होता है। यह रीढ़ की हड्डियों के बीच में, घुटने के मिनिस्कस (miniscus) और pubic symphysis में पायी जाती है। Fibrocartilage में perichondrium नहीं होता। (Fig. 2.18)

Cartilage में रक्त की नलियां नहीं होतीं, इनको पोषण matrix से मिलता है। यह perichondrium की कोशिकाओं और chondrocytes के बढ़ने से भी बढ़ती है।

Bone (हड्डी)

यह एक विशेष प्रकार का connective tissue (उत्तक) है। इसमें बाकी सब वस्तुएं connective tissue की होती हैं और साथ में कैल्शियम और फौस्फेट के salts होते हैं।

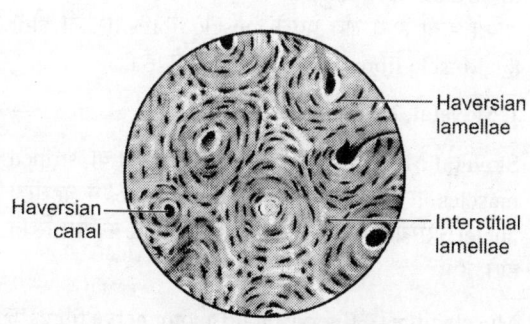

Fig. 2.20: ठोस अस्थि

Structure of Bone (हड्डी की रचना)

हड्डी के विभिन्न भाग।

1. Diaphysis (डायाफीसिस) –यह लंबी हड्डी का shaft (शाफ्ट) होता है।

2. Epiphysis (एपीफीसिस) – Long bone के सिरे पर होते हैं।

3. Metaphysis हड्डी में यह हिस्सा है जहां epiphysis diaphysis मिलते हैं। इसमें हर सिरे पर एक epiphyseal प्लेट होती है hyaline कार्टिलेज - जो कि shaft या diaphysis को बढ़ने में मदद करती है। जब हड्डी का बढ़ना रुक जाता है तो epiphyseal प्लेट को epiphyseal line कहते हैं। (Fig. 2.19)

4. Articular cartilage – यह एक पतली सतह hyaline cartilage की होती है जो कि epiphysis को ढकती है जहां पर epiphysis दूसरी हड्डी के साथ एक जोड़ बनाता है।

5. Medullary Cavity — (Marrow Cavity) –यह diaphysis के अंदर एक जगह होती है जिसमें वसा युक्त (पीले) हड्डी की कोशिकाएं होती हैं।

6. Periosteum – यह एक मजबूत (connective) उत्तक की articular covering होती है जो कि हड्डी के (सिवाय cartilage वाले भाग को छोड़कर) सब तरफ से ढ़कती है। इसमें हड्डी को बनाने वाले कोशिकाएं होती हैं और यह हड्डी की मोटाई को बढ़ाने में मदद करते हैं।

PERIOSTEUM (पैरीओस्टियम)

Periosteum fracture की मरम्मत में भी मदद करता है। और इसके साथ ligaments और tendons जुड़ते हैं।

7. Endosteum—यह एक पतली झिल्ली है जो कि marrow cavity की lining बनाती है। इसमें हड्डी बनाने वाली कोशिकाएं होती हैं और थोड़ा सा संयोगी उत्तक होता है।

Bone की Histology

Bone की histology—Bone में कोशिकाएं होती हैं इन कोशिकाओं के बीच में जो पदार्थ होता है। उसे matrix कहते हैं। Matrix में 25% water, 25% collagen fibres तथा 50% crystallised mineral salts होते हैं। Mineral salts

में मुख्यतः calcium phosphate व calcium carbonates होते हैं। Matrix के collagen fibres जो ढांचा बनाते हैं ये salts उसी में जमा होते हैं। Bone cells चार प्रकार की होती हैं।

1. Osteogenic cells—ये stem cells हैं जिनके विभाजन से osteoblast cells का निर्माण होता है। ये cells periosteum, endosteum तथा bones के canal में उपस्थित होती हैं।

2. Osteocyte cells— ये bones को बनाने वाली cells है। इन cells से collagen fibres व अन्य कार्बनिक पदार्थों का स्राव व निर्माण होता है। ये cells अपने द्वारा निर्मित matrix में धंसी रहती है। तथा osteocytes में परिवर्तित हो जाती है।

3. Osteoblast—ये परिपक्व bone cells हैं तथा bone की मुख्य cells हैं।

4. Osteoclasts—ये बड़ी cells endosteum में पाई जाती है ये bone के matrix को तोड़ती है जिसको bones का resorption कहते हैं। यह bone के विकास की सामान्य प्रक्रिया है।

Bone में matrix तथा cells के व्यवस्थित होने के व उनके बीच के स्थान के आधार पर compact व cancellous bones में वर्गीकृत किया गया है।

Compact bone—Compact bones में matrix व cells के बीच के स्थान कम व छोटे होते हैं। यह bones की बाहरी सतह में होती है जो long bone की shaft का मुख्य भाग बनाती है यह bone को सुरक्षा व सहारा प्रदान करती है व भार पड़ने तथा stress से bone को बचाती है।

Compact bone की इकाई osteon या haversian system हैं।

Blood vessels, lymphatics एवं nerve: Periosteum से Volkmann's canal के द्वारा bone को मोटाई में भेदते हुए harversian canal, medullary cavity व periosteum की blood vessels व nerve के साथ जुड़ जाती है।

Haversian (central) canal bone की लंबाई के साथ स्थित होती है।

Central canal के चारों ओर कठोर lamellae के बीच में छोटे-छोटे स्थान होते हैं जिन्हें lacunae कहते हैं जिनमें osteocyte उपस्थित रहते हैं। canaliculi lacunae को एक दूसरे से तथा haversian canal से जोड़ती है ये canaliculi oxygen व पोषण को रास्ता प्रदान करती है। Haversian system या Osseous के बीच के interstitial lamellae होते हैं। (Fig. 2.20)

Cancellous bones—इनमें haversian system अनुपस्थित रहता है ये trabeculae की बनी होती है। ये trabeculae bones के पतले column में अव्यवस्थित रूप से जुड़े होने से बनते हैं। इन trabeculae के बीच के स्थान red bone marrow से भरा रहता है, इन्हें प्रत्येक trabecula में octeocytes उपस्थित रहते हैं।

Cancellous (spongy) bones short, flat तथा अनियमित bones में पाई जाती है। Long bones की epiphysis में तथा medullary cavity के चारों ओर एक पतले घेरे के रूप में उपस्थित रहती है। व्यस्कों में red bone marrow, hip bones, ribs, sternum एवं vertebrae के cancellous bone पायी जाती है।

Connective tissue के कार्य-ऊत्तक के प्रकार के अनुसार इनके निम्नलिखित कार्य होते हैं।

1. Mechanical—ये शरीर को सहारा देते हैं इसमें bones व cartilage शरीर का ढांचा बनाते हैं जिन पर muscles जुड़ी रहती हैं तथा muscles से skin जुड़ी होती है।

2. Nutrition (पोषण)–Connective tissue के matrix में अधिक मात्रा में पानी होता है। जिसमें electrolytes घुले रहते हैं। जिससे cells व intercellular space में पानी तथा ions का अनुपात बना रहता है तथा पोषक तत्त्व भी cells को प्राप्त होते रहते हैं।

3. Defence (रक्षा) कुछ cells शरीर की सुरक्षा के लिए होती हैं जो phagocytosis व शरीर की प्रतिरोधक क्षमता बढ़ाकर शरीर की सुरक्षा देती है।

MUSCULAR TISSUE—इनमें विशेष रूप से संकुचन की शक्ति होती है ये लंबे पतले muscle fibres से बनी होती है। Muscle fibres तीन प्रकार के होते हैं।

1. Skeletal, 2. Smooth, 3. Cardiac

Skeletal Muscles—ये muscles, striated या striped muscles भी कहलाती हैं इनके muscle fibres में बहुसंख्य nuclei उपस्थित होते हैं जो cells membrane के पास स्थित होते हैं।

Muscle fibres की nerve आपूर्ति motor nerve fibres के द्वारा होती है। इसीलिए ये muscle fibres मनुष्य की

इच्छाशक्ति के नियंत्रण में रहती हैं। इन muscles को voluntary muscles fibres कहते हैं। (Fig. 2.21)

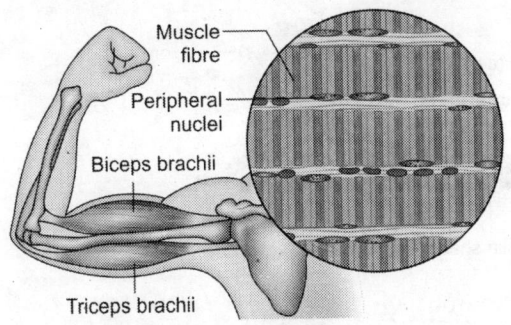

Fig. 2.21: Skeletal muscle (देखें प्लेट 1)

ये muscles limbs, body wall, larynx व tongue में पायी जाती हैं।

Smooth Muscles—इनमें striation नहीं पाये जाते इसलिए इन्हें unstriated या smooth muscles कहते हैं। ये muscles blood vessels, आंते–urinary bladder तथा गर्भाशय की दीवारें बनाती हैं। (Fig. 2.22)

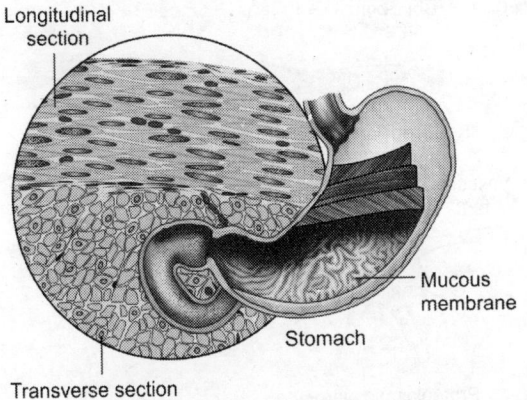

Fig. 2.22: Smooth muscle (देखें प्लेट 1)

ये fibres spindle के आकार के होते हैं जिनके केंद्र में एक nucleus होता है, इनकी nerve आपूर्ति autonomic nerve के द्वारा होती है। जिन fibres को nerve fibres से आपूर्ति नहीं होती उनमें impulses दूसरे fibres के बीच में जोड़ के द्वारा आती है। ये जोड़ gap junctions कहलाते हैं।

Cardiac Muscles—ये muscle केवल heart में उपस्थित होती है। इन muscle fibres में striations पाये जाते हैं, प्रत्येक fibre के केंद्र में एक nucleus होता हैं ये muscle fibres छोटे व cylinder के आकार के होते हैं इनकी शाखाएं दूसरे fibres की शाखाओं से जुड़ी रहती है। Fibres के सिरे जहां एक दूसरे के साथ जुड़ते हैं वहां पर कोशिका झिल्ली मुड़कर intercalated disc बनाती है जो electric impulse को तेजी से फेलने में मदद करती हैं। इनमें से कुछ muscles fibres की ही nerve आपूर्ति होती हैं। (Fig. 2.23)

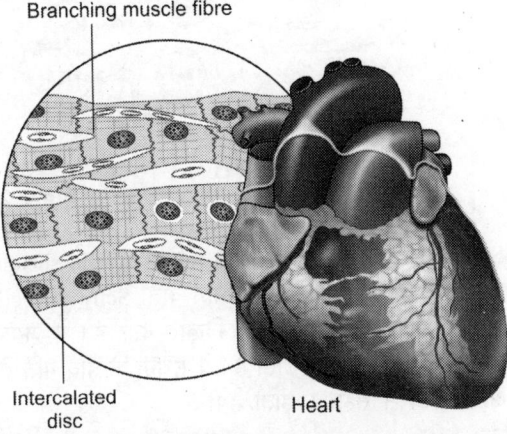

Fig. 2.23: Cardiac muscle (देखें प्लेट 1)

Cardiac Muscles में rhythmicity का जन्मजात लक्षण होता है इनमें भ्रूणावस्था से लेकर मृत्यु तक नियमित contraction व relaxation होता रहता है। Hear rate का नियंत्रण autonomic nerves के द्वारा होता है।

NERVOUS TISSUE

इनमें neurons तथा इनको सहारा देने वाली neurogial हैं। Neurons, nervous system की anatomical व physiological इकाई है।

Neurons—Neurons उत्तेजित होने वाली कोशिकाएं हैं। ये कोशिकाएं information ग्रहण कर आगे बढ़ाती हैं। इसमें एक cell body होती है जिससे एक axon तथा बहुत से dendrite जुड़े रहते हैं। (Fig. 2.24) ये neurons multipolar neurons होते हैं। Neurons की cells bodies में Nissl granule, mitochondria एवं Golgi apparatus आदि उपस्थित रहते है।

Dendrites सूचना को cells body की ओर ले जाते हैं तथा axon cells body से दूसरे neuron या muscle fibres या gland की ओर।

Axon का अंतिम सिरा बहुत से छोटे-छोटे axon terminals में विभाजित होकर समाप्त होता है। Axon की झिल्ली को axolemma कहते हैं। अधिकांश peripheral nerve के axons

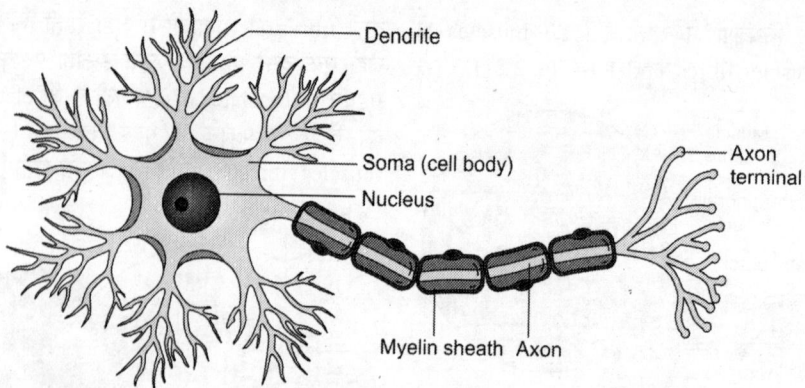

Fig. 2.24: Neuron

Schwann cells के द्वारा घिरे रहते हैं जिसे myelin sheath कहते हैं। Myelin sheath को बनाने वाली Schwann cell के बीच जगह पर axolemma दिखाई देती है। ये जगह Nodes of Ranvier कहलाती है। ये सूचना के तीव्र गति से आगे बढ़ाने में सहायक होता है।

Nervous tissue grey व white matter में बंटा होता है।

Grey Matter—यह cells bodies तथा neuroglia से बनता है। neurons की cell bodies के एक स्थान पर समूह में एकत्र होने से nuclei बनते हैं। इन cell bodies के central nervous system के बाहर एकत्र होने से ganglia बनते हैं।

White Matter—यह केवल axons और dendritis के द्वारा बनता है white रंग myelin sheath के कारण होता है। Axons brain व, spinal cord में एकत्र होकर tracts बनाते हैं तथा peripheral nervous system में peripheral nerve बनाते हैं।

Supporting cells—Central nervous system में इन सहायक कोशिकाओं को neuroglia कहते हैं। Peripheral nervous system में सहायक cells Schwann cells हैं।

Neuroglial cells की संख्या neurons से भी अधिक होती है। ये cells चार प्रकार की होती हैं।

1. Astrocytes 2. Oligodendrocytes 3. Microglia 4. Ependymal cells (Fig. 2.25)

Astrocytes—ये central nervous system की मुख्य सहायक cells हैं, ये cells neurons को पोषण प्रदान करती हैं। तथा blood—brain barrier बनाती हैं।

Oligodendrocytes—ये आकार में astrocytes से छोटी

होती है तथा central nervous system में axon की myelin sheath बनाती हैं।

Microglia cells phagocytosis के द्वारा सुरक्षा प्रदान करती हैं।

Ependymal cells—ये cells brain की cavities जिन्हें ventricles कहते हैं तथा spinal cord की central canal को घेरे रहती है। ये cerebrospinal fluid का स्राव करती है व इसको फैलाती है।

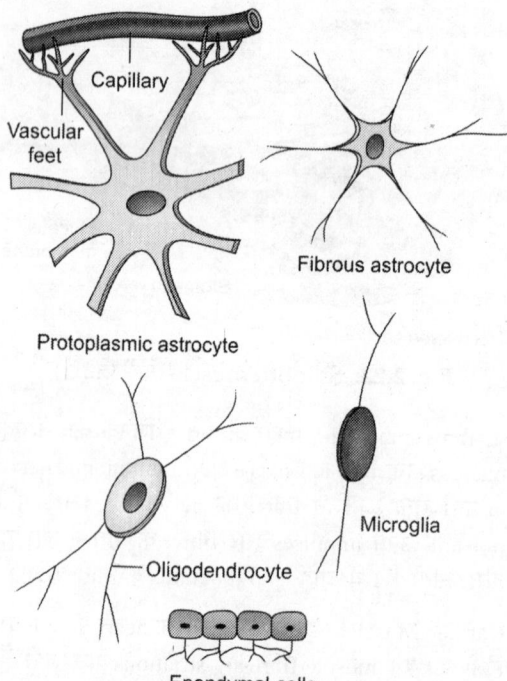

Fig. 2.25: Neurological cells

Nervous system में tumors भी इन्हीं cells से बनते हैं ।

Membranes

ये epithelial tissues की बनी परत होती हैं यह बाहरी या अंदरूनी सतह में पाई जाती है ।

Mucous membrane/Mucosa—ये alimentary tract, respiratory tract, genitourinary tract की अंदरूनी सतह पर स्थित होती है जो mucus का स्राव करती है । ये घर्षण व रासायनों से भी सुरक्षा प्रदान करती हैं ।

Serous Membrane/Serosa—यह membrane simple squamous epithelium से बनी होती है इसकी दो परतें होती हैं visceral व parietal. Visceral सीधी अंगों के संपर्क में रहती है जबकि parietal बाहरी परत है । दोनों परतों के बीच के स्थान को cavity कहते हैं जिनमें इनके द्वारा स्रावित fluid उपस्थित रहता है, जो अंगों के movement को आसान करता है । ये membrane heart, lungs व abdomen में पाई जाती है ।

Heart को ढ़के रहने वाली परतें pericardium, lungs को घेरे रहने वाली परतें pleura तथा abdomen में इस membrane को peritoneum कहते हैं ।

Synovial Membrane—यह membrane जोड़ों के बीच की गुहा व muscles के tendons को घेरे रहती है । यह एक चिपचिपा पदार्थ का स्राव करती है जो चिकनाहट बनाये रखता है ।

Glands

ये भी epithelial cells के बने होते हैं जो एक विशेष पदार्थ का स्राव करते हैं । ये दो प्रकार के होते हैं ।

1. Endocrine gland—ये अपना स्राव सीधा blood में release करते हैं । इनके उदाहरण हैं pituitary, thyroid, parathyroid, suprarenal glands.

2. Exocrine gland—इनको स्राव duct के द्वारा target organ में पहुंचता है । उदाहरण salivary gland.

CLINICAL ASPECTS

Tumours—Cells के समूह का बिना लक्ष्य अनियंत्रित विभाजन इस प्रकार की स्थिति का कारण है । ये दो प्रकार के हैं benign व malignant.

Benign tumours—इसकी cells धीमी गति से विभाजित होती है तथा tumours capsule से घिरा रहता है । जो इसको फैलने से रोकता है ।

Malignant tumours—ये बहुत तेजी से बढ़ते हैं । इनमें capsule अनुपस्थित रहता है । इन tumours से cells दूसरे अंगों में भी जाकर जमा हो जाती है तथा वहां विभाजित भी होने लगती है । Cells का इस प्रकार एक स्थान के tumour से दूसरे स्थान पर जाकर जमा होने को metastases कहते हैं ।

Tumours बनने के कारण—इसका एकदम सही कारण ज्ञान नहीं है परंतु सिगरेट, बीड़ी, गुटखा, aniline dyes, X-rays, UV rays (सूर्य के द्वारा) तथा कुछ viruses इसके कारण माने जाते हैं । उम्र, खान-पान, आनुवांशिकता भी tumours की growth को प्रभावित करते हैं ।

CHAPTER

3

रक्त

Blood

FUNCTIONS OF BLOOD

रक्त एक प्रकार का connective tissue है जो निम्नलिखित कार्य करता है। **रक्त के कार्य**

1. पाचन तंत्र में खाने के पाचन के बाद स्रावित तत्त्वों को शरीर के ऊतकों व अंगों में पहुंचाना।
2. यह endocrine glands के द्वारा स्रावित hormones को विभिन्न अंगों में पहुंचाता है जहां पर ये hormone कार्य करते हैं।
3. रक्त की red blood cells में उपस्थित haemoglobin oxygen को विभिन्न अंगों में तथा CO_2 को विभिन्न अंगों से lungs में ले जाता है।
4. रक्त में उपस्थित WBC (white blood cells) bacteria जैसे जीवाणुओं से शरीर को सुरक्षा प्रदान करती है तथा antibody का निर्माण कर शरीर की प्रतिरोधक क्षमता को बढ़ाती है।
5. रक्त में उपस्थित platelets तथा अन्य chelating factors के द्वारा थक्के का निर्माण होता है जो चोट लगने या अन्य कारणों से होने वाले रक्त के बहाव को रोकता है।
6. Blood के बहाव से शरीर को उष्मा मिलती है।

रक्त शरीर के कुल भार का 7% होता है 70 किलोग्राम के व्यक्ति में blood लगभग 5.6 लीटर होता है यह blood vessels में नियमित बहता रहता है।

COMPOSITION OF BLOOD

Blood के दो भाग होते हैं। 1. Cellular part 2. Plasma cells, plasma blood का 55% तथा cells 45% बनाते हैं। Plasma में निम्नलिखित घटक होते हैं।

1. **Proteins**—Albumin, globulin, fibrinogen, clotting factors
2. **Minerals**—Calcium, phosphorus, iron, copper एवं magnesium
3. **Electrolytes**—Sodium, potassium, chloride व bicarbonate.
4. **Nutrients**—Glucose, amino acids, fatty acids, glycerol तथा vitamins
5. **Waste products**—Urea, uric acid, creatinine
6. **Gases**—Oxygen, carbon dioxide, nitrogen
7. **Hormones**—Thyroxine, cortisone, आदि
8. **Enzymes.**

Plasma Proteins

Plasma proteins plasma का 7% भाग बनाता है जो रक्त में ही उपस्थित रहता है। यह protein blood के osmotic pressure को बढ़ाये रहता है जिसके कारण plasma fluid blood vessels के अंदर बना रहता है। यदि किसी कारणवश blood में plasma protein का स्तर कम हो जाता है तब इससे blood vessels में osmotic pressure कम हो जाता है, और Fluid capillaries से बाहर ऊतकों में आ जाता है। उस स्थिति को oedema कहते हैं। यह oedema उन भागों में होती है जो जमीन की ओर या नीचे की ओर स्थित होते हैं।

Albumin इनका निर्माण liver में होता है तथा यह सामान्य osmotic pressure को नियमित रखता है।

Globulin—यह मुख्यतः liver में ही बनते हैं तथा निम्नलिखित कार्य करते हैं :

1. ये immunoglobulins (antibodies) बनाते हैं जो शरीर की प्रतिरोधक क्षमता को बनाये रखने में महत्त्वपूर्ण भूमिका निभाता है।

2. कुछ hormones के लिए globulins कारक की भांति कार्य करता है जैसे thyroglobulin thyroxine hormones के लिए।

Clotting Factors: इनकी आवश्यकता थक्का के निर्माण के लिए होती है। Plasma में से यदि clotting factors को घटा दिया जाये तो शेष बने पदार्थ को serum कहते हैं। Fibrinogen नामक clotting factors बहुत महत्त्वपूर्ण होता है जिसका निर्माण liver में होता है।

Mineral Salts

ये cells के बनने, muscles के contraction, nerve में तरंग के आगे बढ़ने, pH को नियमित करने (7.35 से 7.45) तथा बहुत सी रासायनिक क्रियाओं के द्वारा buffer तंत्र को बनाये रखता है। (Fig. 3.1)

Nutrients

भोजन का पाचन, पाचन तंत्र के द्वारा होता है जिसके द्वारा glucose, amino acid, glycerol एवं vitamins जैसे पोषक तत्व आँत में absorb होकर blood के द्वारा शरीर के विभिन्न अंगों में पहुंचते है। पोषक तत्व minerals के साथ मिलकर शरीर को विभिन्न कार्य करने के लिए ऊर्जा प्रदान करते हैं। ये शरीर में विभिन्न कोशिकाओं का निर्माण करते हैं जो मृत कोशिकाओं के स्थान पर नई कोशिकाओं का निर्माण कर चोट के ठीक होने में भी सहायक होते हैं।

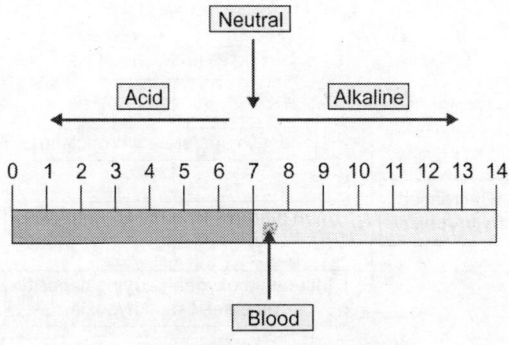

Fig. 3.1: मध्यवर्ती तंत्र

Waste products: Urea, uric acid, creatinine आदि protein metabolism के waste पदार्थ हैं। ये waste products blood के द्वारा kidney में पहुंचकर उत्सर्जित होते हैं। Carbon dioxide विभिन्न कोशिकाओं से blood के द्वारा lung में मुक्त होकर expiration के द्वारा शरीर से बाहर निकल जाती है।

Hormones

इनका निर्माण endocrine glands के द्वारा होता है जिनके लिए blood एक vehicle की भांति कार्य करता है तथा hormones को target organ तक ले जाता है।

Gases

रक्त के द्वारा oxygen, carbon dioxide व nitrogen गैस transport होती है। Oxygen, RBC में उपस्थित haemoglobin के साथ oxyhaemoglobin बनाकर CO_2 plasma में bicarbonate ion बनाकर transport होती है, Nitrogen भी lungs में जाती है परंतु इसका अनुपात inspiration व expiration में एक समान रहता है। शरीर क्रिया में इसका कोई कार्य नहीं है।

TYPES OF BLOOD CELLS

रक्त में तीन प्रकार की cells पायी जाती हैं।

(i) Erythrocyte or red blood cells (RBC)

(ii) Leukocytes or white blood cells (WBC)

(iii) Thrombocytes a platelets

ये सारी कोशिकाएं pleuripotent stem cells से आती हैं तथा विकास की विभिन्न अवस्थाओं से होते हुए अलग-अलग प्रकार से विकसित होती हैं। Blood cells red bone narrow के द्वारा बनती हैं यह प्रक्रिया haemopoiesis कहलाती है।

RED BLOOD CELLS (RBC)

ये biconcave disc के आकार की cells हैं इनका diameter 7 µm होता है इनमें nucleus अनुपस्थित होता है। RBCs से संबंधित कुछ मुख्य बातें निम्न प्रकार हैं।

Packed Cells Volume—एक लीटर या एक मि. मी.^{3} blood से RBCs के Volume को packed cells volume (PCV), सामान्य packed cell volume (PCV) 40–50/mm^3 होता है।

RBC Count—एक लीटर या एक मि.मी. blood में RBCs की संख्या को RBC count कहते हैं।

Haemoglobin—100 मि. ली. blood में haemoglobin की ग्राम में मात्रा को blood haemoglobin की मात्रा माना जाता है। यह haemoglobin की मात्रा इसलिए महत्त्वपूर्ण है कि इससे हमें blood की oxygen ले जाने की क्षमता का पता चलता है। यदि haemoglobin की मात्रा सामान्य से कम है तो इस स्थिति को anaemia कहते हैं। पुरुषों में सामान्य haemoglobin 13–18 gm% तथा स्त्रियों में 12 से 16.5 gm% होता है।

Mean Cell Volume (MCV)—Cells का औसत volume जिसे femtoliters में नापा जाता है। (FL = 10^{-15} lit)

Mean Cell Haemoglobin (MCH)—प्रत्येक RBC में औसत haemoglobin को MCH कहते हैं इसे picogram में नापा जाता है। (Pg-10^{-12} gm)

FATE OF RED BLOOD CELLS

एक RBC की औसत आयु 120 दिन होती है इसके बाद reticuloendothelial cells के द्वारा RBCs haemolyse हो जाती है। (Fig. 3.2)

RBC, red bone marrow में बनती है puberty से पहले red bone narrow सभी long bones की medullary cavities तथा flat bones के marrow space में उपस्थित होती है। Puberty के बाद अधिकतर red bone marrow की जगह yellow bone marrow ले लेती है। Red bone marrow, long bones के सिरे पर तथा flat bones जैसे iliac crest तथा sternum तक सीमित हो जाती है इसके अतिरिक्त यह irregular bones में भी उपस्थित होती है।

Pluripotent cells से RBCs के बनने में पहले proerythroblast उसके बाद erythroblast, reticulocyte तब परिपक्व RBCs बनती है। परिपक्व RBCs के बनने में 7 दिन लगते हैं।

RBCs के परिपक्व होने के समय cells का आकार घटता है इसके अंदर nucleus समाप्त हो जाता है। इसके लिए Vitamin B_{12} व folic acid की आवश्यकता होती है।

RBC जब विकसित हो रही होती है तभी ये haemoglobin प्राप्त करती है। Haemoglobin का निर्माण globin नामक प्रोटीन तथा iron substance haem के जुड़ने से होता है। यह निर्माण विकसित हो रही RBCs के अंदर होता है।

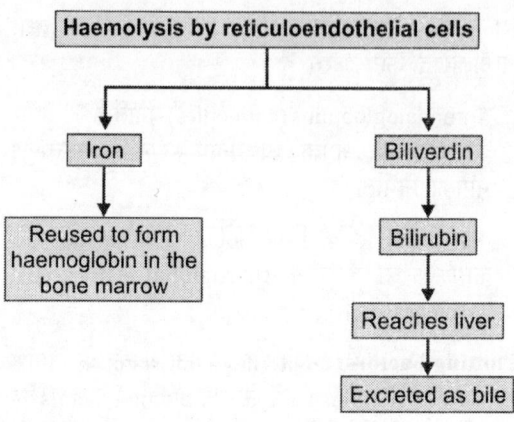

Fig. 3.2: RBC का रक्तलयन

Haemoglobin आक्सीजन के साथ जुड़कर oxyhaemoglobin बनाता है जो artery में blood को तेज लाल रंग प्रदान करता है। Oxyhaemoglobin oxygen को शरीर की विभिन्न कोशिकाओं में ले जाता है। प्रत्येक haemoglobin मे iron के चार atoms होते हैं। प्रत्येक atom ऑक्सीजन के एक molecule को ले जाता है। इस प्रकार एक haemoglobin molecule ऑक्सीजन के चार molecules को ले जाने की क्षमता रखता है।

Haemoglobin शरीर की कोशिकाओं से कुछ O_2 को lungs में भी ले जाती हे जहां से यह बाहर निकल जाती है। शेष CO_2 का transportation bicarbonate ions के रूप में plasma proteins में होता है।

Control of RBC formation—सामान्यत: RBCs के बनने व नष्ट होने की समान गति होती है जिसके कारण इनकी संख्या समान बनी रहती है। वातावरण में आक्सीजन की कमी होने या शरीर से रक्त स्राव होने पर या रक्तदान करने पर RBC का निर्माण अधिक होता है। (Fig. 3.3)

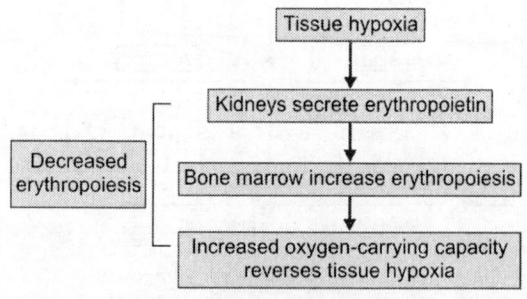

Fig. 3.3: ऊत्तक आक्सीक्षीणता में RBCs का निर्माण

Graveyard for RBCs: RBCs की आयु पूरी हो जाने पर ये नष्ट (haemolysis) हो जाती है यह प्रक्रिया मुख्यतः spleen में होती है।

Blood Groups

ये आनुवांशिकी से नियंत्रित होते हैं। मनुष्यों में चार प्रकार के blood group होते हैं (Table 3.1)। ये blood group दो allelic genes पर निर्भर होते हें, ये genes RBCs की सतह पर Agglutinogen A व Agglutinogen B नामक antigen का निर्माण करने के लिए उत्तरदायी है। यही genes blood serum के अंदर α व β agglutinins के निर्माण को नियंत्रित करती हैं। Agglutinin α उन RBCs के agglutination के लिए उत्तरदायी है, जिन पर agglutinogen A उपस्थित हो। परंतु blood में इस प्रकार का pattern होता है कि जहां RBCs पर agglutinogen A उपस्थित होता है। वहां serum में agglutinin B होता है जिससे serum अपनी स्वयं की RBCs को agglutinate नहीं करता।

Blood के transfusion के पहले व्यक्ति का blood group देख लेना चाहिए यह A, B, AB, O जो भी blood group रोगी का हो वही blood देने वाले का हो। (Table 3.1)

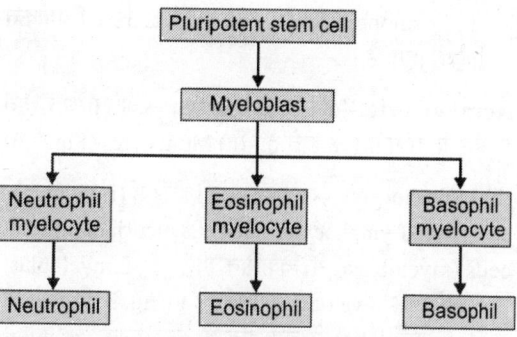

Fig. 3.4: ग्रेनुलोसाइट्स की निर्माण प्रक्रिया

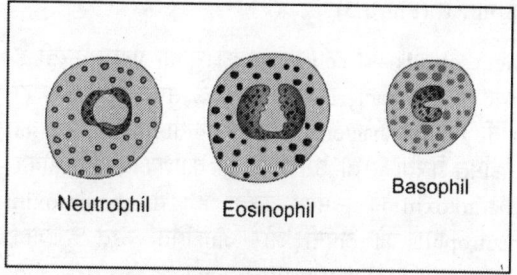

Fig. 3.5: ग्रेनुलोसाइट्स (देखें प्लेट 1)

Table 3.1: Blood Group

Blood group	Agglutinogen	Agglutinin	Can receive blood
A	A	B	A and O
B	B	a	B and O
AB	A&B	—	AB, A, B and O
O	—	a, b	O only

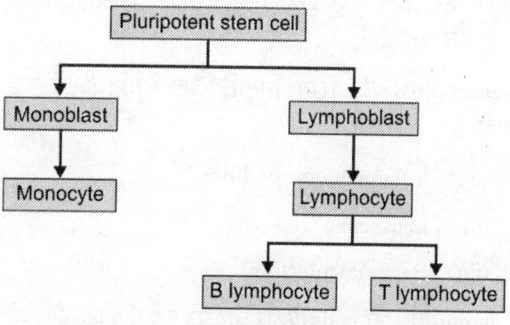

Fig. 3.6: एग्रेनुलोसाइट्स की निर्माण प्रक्रिया

Rhesus System—यह system भी आनुवांशिकी से नियंत्रित होता है। अधिकांशतः व्यक्ति Rh+ve होते हैं जिनमें antigen उपस्थित होता है तथा antibodies अनुपस्थित होती है। Rh−ve में antigen तथा antibodies दोनों अनुपस्थित होते हैं यह 15% व्यक्ति में होता है Rh+ve व्यक्तियों का blood यदि Rh−ve के संपर्क में आता है तब उससे antibody का निर्माण होता है। यदि माँ Rh−ve है ऐसे में यदि कुछ Rh+ve (RBCs with antigen) blood गर्भ के अंदर शिशु से माता के अंदर चला जाता है। तब गर्भवती माँ के blood के अंदर antibodies का निर्माण हो जाता है जहां से ये antibodies foetus में आ जाती है जो गर्भ के अंदर शिशु के लिए बहुत हानिकारक होता है। ये antibodies pregnancy की पहली तिमाही में कम होती है इसके बाद इनकी संख्या बढ़ने लगती है।

WHITE BLOOD CELLS (WBCS)

ये cells आकार में बड़ी होती हैं जिनमें nucleus व granules होते हैं परंतु haemoglobin अनुपस्थित रहता है इसीलिए ये white blood cells कहलाती हैं (Figs 3.4–3.6)। WBCs दो प्रकार की होती हैं।

1. Graulocytes या polymorphonuclear leukocytes: Granules के आधार पर फिर से इन्हें (a) Neutrophils

(b) Eosinophils (c) Basophils (Fig. 3.5) में वर्गीकृत किया गया है।

Agranulocytes—इन cells में granules अनुपस्थित रहते हैं और ये दो प्रकार के होते हैं। (a) Monocytes (Fig. 3.6)

(b) Lymphocytes—ये दो प्रकार की होती हैं (i) Tlymphocyte (ii) B-Lymphocytes—ये cells pleuripotent stem cells (myeloblast) से विकसित होती हैं ये myeloblast तीन प्रकार के myelocytes बनाते हैं। (Fig. 3.4) cells के nucleus कई lobes के बने होते हैं तथा इनके granules विशेष रंग ग्रहण कर लेते हैं जिसके अनुसार ही इन cells के नाम हैं (Fig. 3.5)

Neutrophils—ये cells शरीर को सुरक्षा प्रदान करती है तथा शरीर में bacteria के संक्रमण के समय क्रियाशील हो जाती है। जब bacteria शरीर के किसी विशेष भाग को संक्रमित करता है तो उसे भाग की कोशिकाएं नष्ट होकर chemotoxin का निर्माण करती है। ये chemotoxin neutrophils को अपनी ओर आकर्षित करते हैं जहां neutrophil capillary wall से amoeba की तरह गति करके पहुंचते हैं। संक्रमण के स्थान पर WBC bacteria को निगल कर अपने अंदर granules से निकले chemicals के द्वारा भार देता है।

Neutrophils की संख्या निम्नलिखित स्थितियों में बढ़ जाती है।

(i) Inflammatory condition

(ii) Leukaemia

(iii) Bacterial infection

Eosinophil—ये cells विशेष तौर पर पेट में कीड़े, हो जाने तथा allergy, की अवस्था में जैसे asthma, allergic rhinitis तथा दूसरी त्वचा की allergic अवस्था होती है।

Basophils—इन cells में नीले बड़े आकार के granules होते हैं। इन granules के अंदर heparin नामक पदार्थ होता है जो anticoagulant है। granules से allergan की प्रतिक्रिया में जो पदार्थ निकलते हैं वो allergy करने वाले पदार्थ को साफ कर शरीर के protect करते हैं।

Mast cells—ये basophil के समान है जो allergic पदार्थ पर त्वरित क्रिया करती है और उसको नष्ट कर देते हैं।

Agranulocyte—इनमें nucleus बड़ा होता है तथा granules अनुपस्थित होते हैं ये WBCs का 25 से 50%

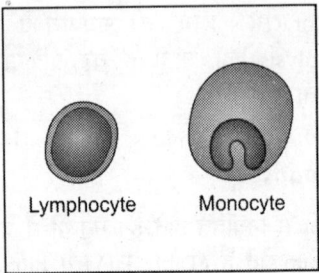

Fig. 3.7: एग्रैनुलोसाइट्स

बनाती है agranulocyte दो प्रकार के होते हैं।

(i) Lymphocytes (Fig. 3.7)
(ii) Monocytes

Lymphocytes—ये cells छोटे आकार की होती है जिनमें एक बड़ा nucleus होता है। ये cells bone marrow में उत्पन्न होकर thymus व lymph nodes में पहुंचती है जहाँ पर ये cells सक्रिय हो जाती है और antigen पर प्रभावशाली ढंग से कार्य करती है। ये lymphocyte दो प्रकार की है।

T lymphocyte—ये lymphocyte thymus ग्रंथी में उसके hormone thymosin के द्वारा परिपक्व होती हैं तथा इनकी इस प्रकार से programming भी होती है T-Lymphocyte का एक set केवल एक प्रकार के ही antigen को पहचान पाता है। ये thymus gland से blood में circulate हो जाती है जहाँ ये cells mediate immunity प्रदान करती हैं।

जब ये T lymphocytes antigens के संपर्क में आती है तो इनकी संख्या बढ़ने लगती है।

विशेष T cells निम्न हैं।

a. Cytotoxic 'T' cells—ये cells उन cells को नष्ट करती हैं जो infected होती हैं या cancer cells होती है ये ऐसा strong toxin के द्वारा करती है।

b. Memory T cells—एक बार शरीर में प्रवेश करने वाले antigen को यह भविष्य में भी पहचान लेती हैं और उस antigen के पुनः शरीर में संक्रमण करने पर उसे तुरंत नष्ट करती हैं।

c. Helper T cells—ये cells cytokines, i.e. interferons व lymphocyte के द्वारा antibodies बनाने में मदद करती हैं।

B-lymphocytes—ये lymphocytes humoural antibody mediated immunity प्रदान करती है। इनकी programming

तथा processing bone marrow में होती है B-lymphocyte भी T-lymphocyte की तरह एक प्रकार के antigen के लिए एक विशेष set में परिपक्व होती है।

Humoural immunity or antibody mediated immunity एक बार B lymphocyte antigen का पहचान लेती है तो B lymphocytes की संख्या व आकार बढ़ने लगता है ये cells निम्नलिखित दो प्रकार की होती है।

a. Plasma cells—ये B lymphocytes के रूपांतरण से बनती हैं। विशेष plasma cells विशेष प्रकार के antigen के विरुद्ध antibodies बनाती है।

Memory B cells—ये विशेष cells antigen की छाप के साथ शरीर में उपस्थित रहती है यदि वही antigen फिर से शरीर में प्रवेश करता है तो ये B cells क्रियाशील होकर उससे लड़ती हैं।

सामान्यतः lymphocyte शरीर की अपनी cells को पहचानती है परंतु autoimmune बीमारियों में ये lymphocyte शरीर की स्वयं की cell के विरुद्ध ही antibodies बना लेती हैं।

Monocyte—ये cells आकार में बड़ी होती हैं। तथा इनमें single nucleus होता है। इनमें granules नहीं पाये जाते। कुछ monocytes blood में ही उपस्थित रहकर phagocytes की तरह कार्य करती है तथा अन्य tissues में जाकर macrophage में परिवर्तित हो जाती है। Monocytes व macrophage interleukin बनाती हैं जो निम्न प्रकार से कार्य करता है।

a. यह सक्रिय programmed T lymphocytes की संख्या को बढ़ाता है।

b. Bacteria संक्रमण के समय hypothalamus पर क्रिया करके शरीर का तापमान बढ़ाती है।

Reticuloendothelial System—इस system में monocyte-macrophage cells आती हैं। Macrophage ना केवल blood में उपस्थित होती हैं, बल्कि दूसरे अंगों जैसे brain, liver, alveolar wall, spleen, lymph node में भी उपस्थित रहती हैं।

यह system शरीर को प्रतिरोधक क्षमता प्रदान करता है।

Thrombocyte or Platelets

ये 2 से 4 μm आकार की disc shape cells हैं जिनमें nucleus अनुपस्थित रहता है, ये bone marrow में megakaryocytes से विकसित होती है। Fig. 3.8 में platelets

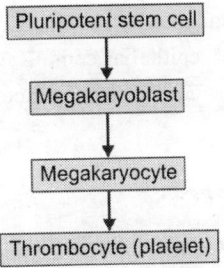

Fig. 3.8: प्लेटलैट्स के निर्माण की प्रक्रिया

का मुख्य कार्य रक्तस्राव को रोकना तथा थक्का जमने को प्रोत्साहित करना है।

सामान्यतः blood में platelet की संख्या 200,000 से 350,000/mm^3 होती है। Platelet की आयु 8 से 11 दिन होती है, ये thrombopoietin नामक पदार्थ का उत्पादन करती हैं।

Blood vessels में चोट के कारण होने वाले रक्तस्राव को रोकने की क्रिया निम्नप्रकार से है।

1. **Vasoconstriction**—रक्तस्राव के स्थान पर platelets के द्वारा serotonin नामक पदार्थ का स्राव होता है। serotonin के कारण रक्तस्राव के स्थान पर blood vessel में संकुचन हो जाता है तथा रक्त का बहाव कम हो जाता है।

2. **Platelet Plug का बनना**–Platelets एक दूसरे के साथ चिपक कर रक्तस्राव के स्थान को बंद कर देती है इन्हीं platelets पर और अधिक platelets आकर चिपक जाते हैं और अस्थायी रूप से उसे सील कर देती है।

3. **Blood Clotting या Coagulation**—Plasma में उपस्थित prothrombin, protein, prothrombin activator के द्वारा thrombin में परिवर्तित हो जाता है। Thrombin fibrinogen को fibrin में परिवर्तित करता है। Fibrin धागे के समान होता है जो blood vessel के रक्तस्राव के स्थान पर जाल बना लेते हैं। इस जाल से cells बाहर नहीं निकल पाती।

4. **Breakdown of Clot (Fibrinolysis)**—अब clot टूटने लगता है तथा घाव के स्थान पर blood vessel wall ठीक होने लगती है। इसके बाद clot हट जाता है तथा नई wall बन जाती है।

Control of coagulation—प्राकृतिक रूप से उपस्थित anticoagulant heparin तथा blood vessels की दीवारों

का चिकनापन coagulation को नियंत्रित रखता है। Heparin blood vessels की epithelial cells में उपस्थित विशेष thrombin receptor को तथा clotting factors को निष्क्रिय कर देता है।

CLINICAL ASPECTS

Anaemia—यह वह अवस्था है जिसमें haemoglobin का स्तर सामान्य से कम होता है यह निम्न प्रकार से हो सकता है।

a. अधिक RBCs के नष्ट होने पर जैसा कि haemolytic anaemia में।

b. Decreased RBCs manufacture—यह मुख्यतः iron की कमी से परंतु बहुत से लोगों में vitamin B$_{12}$ या folic acid की कमी से भी होती है।

Haemolytic Anaemia

जब RBC अपनी 120 दिन की आयु पूरी होने से पहले ही नष्ट होने लगती है। ये दो प्रकार के होते हैं।

1. **Congenital Haemoloytic Anaemia**—यह आनुवांशिक बीमारी है जिसमें haemoglobin असामान्य तथा RBC fragile होती है। यह स्थिति दो प्रकार की बीमारियों में होती हैं।

   a. **Sickle cells anaemia**—Haemoglobin असामान्य होता है तथा RBCs हांसिये के आकार की होती है। इन RBCs की आयु कम होती है।

   b. **Thalassaemia**—इसमें globin नामक protein का synthesis कम होता हे जिसके कारण haemoglobin भी कम ही बनता है ये RBCs भी बहुत कमजोर होती है।

2. **Acquired Haemolytic Anaemia**—इसके कारण निम्नलिखित हैं—

1. Malaria

2. Chemicals जैसे lead, arsenic

3. Drugs जैसे sulphonamides, primaquine लंबे समय तक उपयोग करने पर।

4. X-rays तथा radio isotopes

RBCs का कम उत्पादन

1. **Iron deficiency anaemia**—यह भारत में anaemia की सर्वाधिक पाई जाने वाली स्थिति है। यह खाने में iron की कमी, आँत के द्वारा absorption के कम होने

या रक्त के अधिक स्राव के कारण होने वाली दशा है। Anaemia के कारण सांस फूलना, घबराहट व heart beat (हृदय की धड़कन) का तेज हो जाना जैसे लक्षण मिलते हैं। 1 से 3 मि. ग्रा. iron की प्रतिदिन आवश्यकता होती है बच्चों तथा स्त्रियों में iron की आवश्यकता अधिक होती है। Iron की कमी से होने वाले anaemia microcytic, hypochromic होता है जिसमें cell आकार में छोटे व रंग में पीले होते हैं।

Megaloblastic Anaemia

इस प्रकार का anaemia folic acid व vitamin B$_{12}$ की कमी से होता है। रक्त में असामान्य रूप से बड़ी RBCs पाई जाती है।

Hypoplastic Anaemia

इसमें bone marrow के द्वारा cells का उत्पादन कम होता है यह hepatitis, ionising radiations तथा cytotoxic drugs के कारण हो सकता है।

Polycythemia

इस अवस्था में RBCs की संख्या सामान्य से अधिक होती है इससे blood की viscosity बढ़ जाती है और blood, blood vessels के अंदर ही clot होने लगता है।

Leukopenia

जब कुल WBCs की संख्या 4000/mm^3 से कम हो जाता है तो उस स्थिति को leukopenia कहते हैं।

Neutropenia

जब neutrophil असामान्य रूप से संख्या में कम हो जाती है तो यह अवस्था neutropenia कहलाती है। यह leukaemia bacterial infections, cytotoxic drugs जैसे sulphonamide, तथा कुछ antibiotics के कारण होती है। Neutropenia में शरीर की प्रतिरोधक क्षमता कम हो जाती है तथा infections के chances बढ़ जाते हैं।

Leukocytosis

जब असामान्य रूप से संख्या में बढ़ जाती है तो यह स्थिति leukocytosis कहलाती है। यह बहुत सी बीमारियों में सुरक्षा प्रदान करने के लिए बढ़ती है विशेषतयाः संक्रमण में।

Leukaemia

जब अपरिपक्व व परिपक्व WBCs का अनियंत्रित उत्पादन होता है तो यह स्थिति leukaemia कहलाती है। इसका

कारण आनुवांशिकता, रासायनिक पदार्थ जैसे cytotoxic drugs या ionising radiation हो सकते हैं।

Leukaemia दो प्रकार के होते हैं।

a. Acute Leukaemia—इसमें blast cells का अधिक उत्पादन होता है यह acute myeloblastic या lymphoblastic हो सकता है।
b. Chronic leukaemia—इसमें myelocyte cells का अधिक उत्पादन होता है।

Thrombocytopenia: Platelets की संख्या का असामान्य रूप से 150,000/- से कम हो जाना। यह platelets के उत्पाद में कमी या उनके नष्ट होने की तीव्रता के कारण होता है। इसका एक बहुत आम कारण dengue नामक मच्छर बुखार है यह एक virus के द्वारा होता है और यह viruse Aedes नामक मच्दर के द्वारा एक से दूसरे व्यक्ति में फैलता है। जब platelets की संख्या 30,000/mm^3 से कम हो जाती है तो खून का रिसाव होने लगता है।

Vitamin K की कमी

Vitamin K की आवश्यकता liver के द्वारा clotting factor II, VII, IX तथा बनाने में होती है। Vitamin K की कमी से रक्तस्राव की बीमारियां हो जाती हैं। यह कमी भोजन में Vitamin K की कमी या आंत में इसके कम absorption के कारण हो सकती है।

Haemophilias

यह लिंग से संबंधित आनुवांशिक रोग है जिसमें स्त्रियां इसकी संवाहक तथा पुरुषों में यह अपना प्रभाव दिखाता है। यदि माता संवाहक व पिता सामान्य हैं तो बच्चों में सामान्य लड़की, सामान्य लड़का, संवाहक लड़की व रोग ग्रस्त लड़के के chances होंगे। इस रोग से ग्रस्त व्यक्ति में हल्की चोट में भी अधिक रक्तस्राव होता है।

रक्त के उत्पाद और उनके उपयोग

Packed red blood cells: एक unit blood contrifuge के द्वारा plasma को निकालने के पश्चात शेष बचा हुआ पदार्थ packed red Blood Cells कहलाता है। यह उन patients में दिया जाता है जिनमें haemoglobin 7-8 gm & Oxygen saturation बहुत कम हो या orthostatic hypertension हो। ये factors, patients की oxygen carrying capacity की अतिरिक्त आवश्यकता की ओर इशारा करते हैं।

Fresh Frozen Plasma—इसमें घुलनशील coagulation system के समकारक पाये जाते हैं। यह सामान्यत उन patients के लिये होता है। जिनमें बहुसंख्य कारक अनुपस्थित हों ओर bleeding हो रही हो वह thrombotic thrombocytopenic purpura (TTP) मे भी दिया जाता है। यह prothrombin time को बढ़ाता है तथा स्राव की समस्या के लिए दिया जाता है।

Platelets—एक unit blood से प्राप्त platelets की भाषायी एक unit ही होती है। Platelets का संचय room temperature पर किया जाता है Fridge में नहीं। और इनको पांच दिन के अंदर उपयोग में लेना चाहिये। यह उन patients में दिये जाते हैं जिनमें platelets की संख्या 50,000/microliter से कम होती है और रक्त का स्राव हो रहा हो या surgery की जा रही हो।

Cryoprecipitate—यह Fresh Frozen Plasma की concentrates form हे। इसमें fibrinogen, factor VIII coagulant, Von Willebrand factor तथा factor XIII पाये जाते हैं। Cryoprecipitate का उपयोग hypofihrinogenemia तथा Von Willebrand disease में होता है।

CHAPTER

4

हृदय रक्तवाहिनी तंत्र

Circulatory System

Cardiovascular system एक transport system है। जो blood एवं lymph को शरीर के एक भाग से दूसरे भाग में ले जाता है।

Cardiovascular system दो भागों में विभाजित है।

1. **Circulatory System**—इसमें heart एवं blood vessels आते हैं। Heart का कार्य blood को pump करना तथा blood vessel का कार्य रक्त को heart से शरीर के अंगों व अंगों से वापिस heart में लाना है।
2. **Lymphatic System**—इसमें lymph nodes एवं lymph vessels आते हैं। इसके द्वारा lymph का प्रवाह होता है।

Heart blood को दो तरफ pump करता है। Pulmonary circulation एवं systemic circulation में।

Right ventricle से deoxygenated blood, pulmonary arteries में pump होता है। ये arteries deoxygenated blood को oxygenation के लिए lungs में ले जाती है।

Left ventricle से oxygenated blood, systemic circulation में pump होता है यह blood, oxygen एवं nutrients को शरीर के सभी ऊत्तकों तक पहुंचाता है।

HEART

Heart, thoracic cavity में स्थित होता है। Thoracic cavity इसे सुरक्षा प्रदान करती है। Thoracic cavity के अलावा यह lung और pericardium के द्वारा भी सुरक्षित रहता है।

Pericardium दो sacs का बना होता है। बाहरी sac, fibrous tissue का बना होता है तथा fibrous pericardium कहलाता है। भीतरी sac दो परतों वाली serous membrane से बना होता हे जिसे serous pericardium कहते हैं। Serous pericardium की दो परतों के बीच के space को pericardial cavity कहते हैं। यह cavity, pericardial fluid से भरी रहती है जो यह fluid, heart के contraction के समय pericardium की layers को घर्षण से मुक्त रखता है। Serous pericardium की भीतरी परत को epicardium कहते हैं। (Fig. 4.1)

Heart एक pumping station की तरह कार्य करता है। यह लगभग हाथ की मुट्ठी के आकार का होता है। Heart का 2/3 भाग मध्य रेखा के बांई ओर तथा 1/3 दांई ओर होता है। Heart का apex पांचवें बॉय intercostal space में मध्य रेखा से 9 cm की दूरी पर होता है। यहां पर heart beat को palpate किया जा सकता है।

Relations

Anterior : Heart के सामने की ओर sternum, costal cartilage एवं ribs होती है।

Posterior—पीछे : Oesophagus, aorta एवं thoracic vertebrae होती हैं।

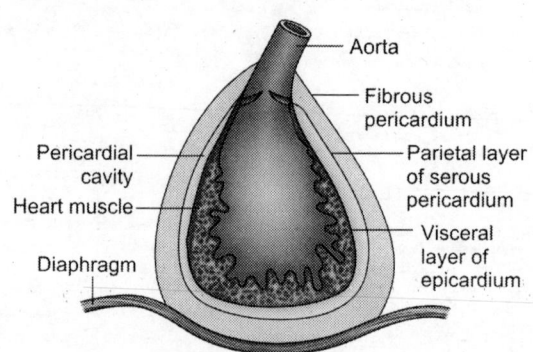

Fig. 4.1: परिहृय स्तर के अन्दर हृदय

Lateral—दायें एवं बायें : Pleura तथा lungs होते हैं।

External Features of Heart

Heart की तीन सतह होती हैं, anterior या sternocostal, posterior या base, inferior या diaphragmatic.

इसके चार borders होते हैं right, left, upper तथा inferior

इसमें चार chambers होते हैं दो atria तथा दो ventricles जिनमें बायें ventricle की दीवारें सबसे अधिक मोटी होती हैं।

Sternocostal surface को बनाने में right atrium, 2/3 भाग of right venticle 1/3 भाग of left ventricle हिस्सा लेते हैं। (Fig. 4.2A)

Diaphragmatic surface का 2/3 भाग left. ventricle से और 1/3 भाग right ventricle से बनता है।

Posterior surface or base का अधिकतर भाग left atrium से तथा कुछ भाग right atrium से बनता है। (Fig. 4.2B)

Heart का apex left ventricle से बनता है।

Borders of Heart

Upper border को बनाने में right एवं left दोनों atria भाग लेते हैं। Right border right atrium से बनता है। Inferior border right ventricle से तथा left border, left ventricle से बनता है।

Grooves

Heart में atria एवं ventricles के बीच में groove होता है इस groove को atrioventicular (AV) groove कहते हैं। दो ventricle के बीच में जो groove होता है उसे interventricular groove कहते हैं। Anterior inter- ventricular groove, sternocostal surface पर एवं posterior interventricular groove, diaphragmatic surface पर होते हैं।

Chambers of the Heart

Heart में चार chamber होते हैं।

Right atrium—यह heart का right border, upper border, sternocostal surface तथा base बनाता है। इसके अंदर एक चिकना एवं एक खुरदुरा भाग होता है। यह chamber शरीर से systemic रक्त को receive करता है। यह blood right atrium में superior vena cava, inferior vena cava तथा coronary sinus के द्वारा आता है। Right atium से रक्त right ventricle में tricuspid valve के द्वारा जाता है।

Right Ventricle—यह heart inferior border, sternocostal surface का दो तिहाई भाग एवं diaphragmatic surface का एक तिहाई भाग बनाता है। यह left ventricle से interventricular septum के द्वारा अलग होता है। इसकी दीवारें left ventricle की दीवारों की 1/3 मोटी होती हैं। इसमें तीन papillary muscles होती हैं जिनसे chordae tendinae जुड़ी रहती हैं। इन chordae tendinae का दूसरा सिरा cusps से जुड़ा होता है। ये cusps, AV valve में होते हैं। इनके अतिरिक्त ventricle की अन्य muscles को trabeculae carnae कहते हैं। इस channel में blood, tricuspid valve के द्वारा आता है तथा pulmonary trunk के द्वारा निकल कर lungs में जाता है।

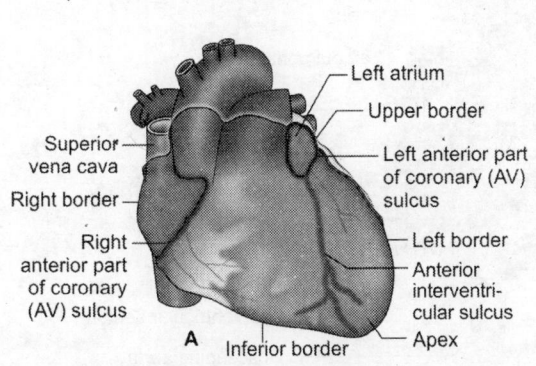

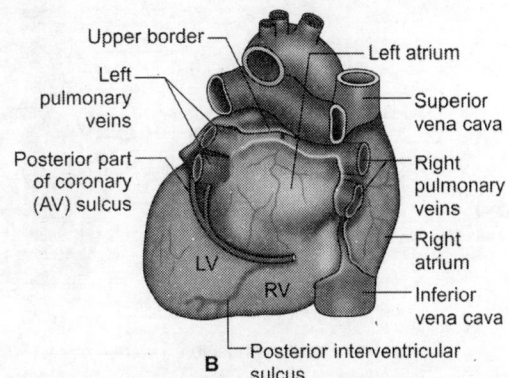

Figs 4.2A and B: A. Sternocostal सतह **B.** हृदयाधार (देखें प्लेट 1)

Left Atrium—यह मुख्यतः heart का base या posterior surface बनाता है। इसमें रक्त दोनों lungs से 4 pulmonary veins के द्वारा आता है तथा bicuspid या mitral valve के द्वारा left ventricle में जाता है। (Fig. 4.3)

Left Ventricle— यह diaphragmatic surface का 2/3 भाग तथा sternocostal surface का 1/3 भाग बनाता है यह heart का apex भी बनाता है। इस chamber में दो strong papillary muscles तथा बहुत से trabeculae carnae होते हैं। इसमें blood, mitral valve के द्वारा आता है तथा aortic opening के द्वारा शरीर के विभिन्न भागों को जाता है।

Structure of the Heart

Heart की दीवारें तीन परतों की बनी होती हैं। Epicardium, myocardium and endocardium. Epicardium को visceral layer of serous pericardium भी कहते हैं।

Myocardium

यह cardiac muscles का बना है। Cardiac muscle के fibers में branches होती हैं। इन muscles में skeletal muscles की तरह striations होते हैं। प्रत्येक muscle fiber तथा उसकी branches दूसरे muscles fiber तथा उसकी branches के छोर से intercalated disc द्वारा जुड़ी जाती हैं।

Endocardium

यह myocardium की भीतरी सतह को cover करती है तथा चपटी epithelial cells की बनी होती है। यह heart के अंदर blood के smooth बहाव के लिए सहायता करती है।

Valves of the Heart

Valve के द्वारा blood एक chamber से दूसरे में जाता है। ये valve cusps के द्वारा ढके रहते हैं और रक्त के प्रवाह को एक ही दिशा में होने देते हैं।

Right atrium एवं right ventricle के बीच में tricuspid valve होता है यह रक्त के प्रवाह को right atrium से right ventricle में allow करता है।

Pulmonary valve: इस valve में 3 cusp होते है तथा रक्त के प्रवाह को right ventricle से pulmonary trunk में allow करता है।

Bicuspid or Mitral Valve

यह valve रक्त के प्रवाह को left atrium से left ventricle में जाने के लिए रास्ता देता है।

Aortic Valve में तीन cusp (कपाट) होते हैं जो aorta की ओर खुलते हैं। इसके द्वारा रक्त left ventricle से ascending aorta में जा सकता है लेकिन वापिस ventricle में नहीं आ सकता।

Cusp (कपाट) के केवल एक ही दिशा में खुलने से blood का unidirectional flow होता है रक्त के backflow होने पर कपाट बंद हो जाते हैं।

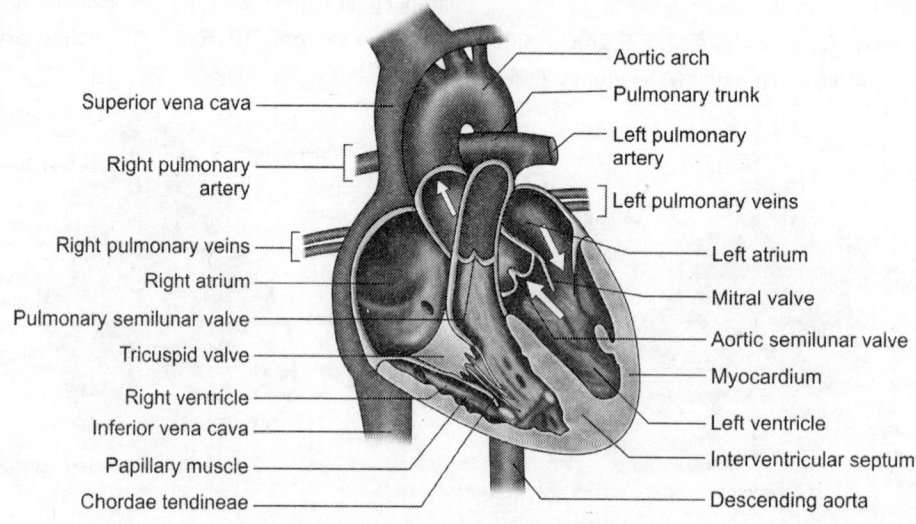

Aortic arch
Pulmonary trunk
Left pulmonary artery
Left pulmonary veins
Left atrium
Mitral valve
Aortic semilunar valve
Myocardium
Left ventricle
Interventricular septum
Descending aorta

Superior vena cava
Right pulmonary artery
Right pulmonary veins
Right atrium
Pulmonary semilunar valve
Tricuspid valve
Right ventricle
Inferior vena cava
Papillary muscle
Chordae tendineae

Fig. 4.3: हृदय की आंतरिक रचना (देखें प्लेट 2)

Blood Supply of Heart

Heart की स्वयं की blood supply, coronary artery के द्वारा होती है। ये coronary arteries, ascending aorta से आती है ये arteries, functional end arteries हैं।

Right Coronary Artery—आरंभ में यह artery right atrioventricular sulcus के आगे के भाग में होती है इसके बाद यह right border से घूमकर arioventricular (AV) sulcus के पिछले भाग में पहुंच जाती है। जहां यह left coronary artery की circumflex branch के साथ anastomose करती है। (Fig. 4.4)

Right coronary artery से right atrium, right ventricle, तथा Left ventricle की blood आपूर्ति करती हैं।

Left atrium का कुछ भाग तथा interventricular septum के पिछले भाग के लिए शाखाएं जाती हैं इसकी मुख्य branches हैं।

i. Marginal Artery— Heart के inferior border पर होती है। ii. interventricular branch जो posterior interventricular groove में स्थित होती है।

Left Coronary Artery बड़ी होती है इसका छोटा सा भाग ही sternocostal surface पर होता है जो left interventricular sulcus के अगले भाग में स्थित होती है। यह एक large anterior IV branch देती है। उसके बाद इस artery को circumflex branch कहते हैं। यह पीछे की घूमकर posterior atrioventricular sulcus में पहुंचती हैं जहां पर यह right coronary artery के साथ anastomosis करती हैं।

Anterior IV branch के अतिरिक्त यह left ventricle को भी branches देती है।

Heart से deoxygenated or venous blood, coronary sinus के द्वारा right atrium में पहुंचता है। Coronary sinus में blood, small, middle तथा great cardiac vein के द्वारा एकत्र होता है। (Fig. 4.5)

CIRCULATION OF BLOOD

रक्त के अनेक कार्य होते हैं और ये तभी संभव हैं जबकि blood circulation में रहे circulatory system में heart एवं blood vessels आते हैं। Blood vessels तीन प्रकार की होती हैं। (Fig. 4.6)

1. Arteries
2. Veins
3. Capillaries

Arteries—यह blood को heart से विभिन्न अंगों की ओर ले जाती है। Arteries से पेड़ की शाखाओं की तरह branches निकलती हैं। पहले large artery होती है जिनसे small arteries निकलती हैं। Small arteries से very small arteries जिन्हें arteriole कहते हैं निकलती हैं arteriole का अंत होकर capillaries में होता है।

Arteries एवं arteriole की दीवारें ऊत्तकों की तीन परतों से बनी होती हैं। इनमें सबसे बाहरी परत को tunica adventitia

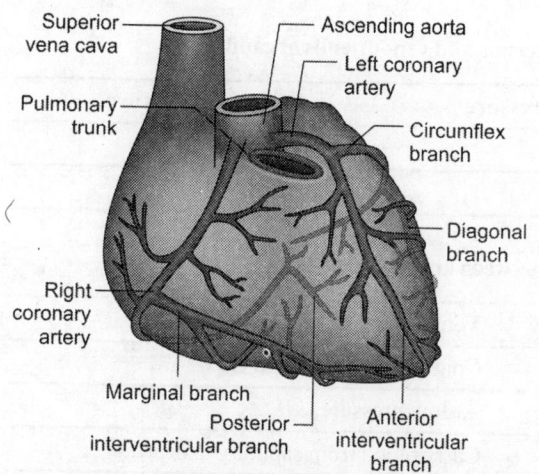

Fig. 4.4: हृदय की धमनियाँ (देखें प्लेट 2)

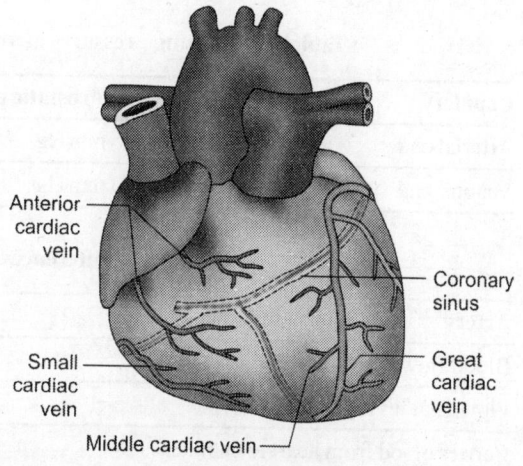

Fig. 4.5: हृदय की शिराएँ (देखें प्लेट 2)

कहते हैं । यह परत fibrous tissue (ऊतक) की बनी होती है ।

Middle layer को tunica media कहते हैं यह परत smooth muscles एवं elastic tissue की बनी होती है ।

भीतरी परत को tunica intima कहते हैं । यह endothelium की बनी होती है । Endothelium squamous cells की बनी epithelium होती है ।

Arteries की दीवारें मोटी होती हैं उसमें muscular एवं elastic tissue की भिन्न मात्राएं होती हैं जो कि arteries के size पर निर्भर करती है ।

Capillaries—बहुत छोटे आकार की blood vessels होती है जो arteries और veins को connect करती है । Capillaries की दीवारें cells की single layer से बनी होती है जिसके द्वारा gases, nutrients तथा waste products का diffusion होता है । Diffusion के द्वारा गैसों का आदान-प्रदान होता है । Nutrients रक्त से ऊत्तकों में जाते हैं तथा waste product ऊत्तकों से blood में जाकर शरीर के बाहर निकाले जाते हैं ।

Capillary Exchange—Capillaries के arterial end पर hydrostatic pressure (35 mm Hg), osmotic pressure (25 mm Hg) से अधिक होता है इसे अंतर के कारण fluid capillaries से निकल कर tissues में चला जाता है । बचा हुआ रक्त capillaries में arterial end से venous end की ओर धीमी गति से बहता है । Capillaries का venous end पर hydrostatic pressure, osmotic pressure से कम होता है जिसके कारण capillaries से ऊत्तकों में आये हुए

fluid का 9/10 भाग वापिस capillary के venous end के द्वारा suck कर लिया जाता है । (Table 4.1)

शेष 1/10 भाग जो lymph capillaries के द्वारा drain होता है, lymph capillaries के द्वारा यह fluid जो कि अब lymph कहलाता है, lymph vessels से होता हुआ lymphatic ducts और ducts से blood stream में चला जाता है ।

Veins: Veins की दीवारें पतली तथा lumen बड़ा होता है । ये capillaries के venous end से deoxygenated blood प्राप्त कर उसे right atrium में ले जाती है सबसे छोटी veins को venule कहते हैं तथा largest veins को vena cava कहते हैं ।

Artery और veins के बीच अंतर Table 4.2

Systemic Circulation

इस circulation में blood left ventricle से शरीर के विभिन्न भागों से जाता है तथा शरीर के इन भागों से वापिस right atrium में आता है । Left ventricle से oxygenated blood, aorta तथा इसकी branches के द्वारा शरीर के विभिन्न ऊत्तकों में जाता है, जहां पर blood के द्वारा ले जायी गई oxygen एवं nutrient का उपयोग होता है । इन ऊत्तकों से निकलने वाली कार्बन डाई ऑक्साइड blood में mix होकर deoxygenated blood बनाती है । यह deoxygenated blood, veins के द्वारा right atrium में वापिस जाता है । Heart से blood, left ventricle के contraction के द्वारा pump होता है परंतु ऊत्तकों से

Table 4.1: Showing pressures at arterials and venour ends of capillary

Capillary	Hydrostatic pressure	Osmotic pressure
Arterial end	35 mm Hg	25 mm Hg
Venous end	13 mm Hg	25 mm Hg

Table 4.2: Differences between artery and vein

Artery	Veins
Blood flow is in spurts	Continuous blood flow
Flow is at high pressure	At low pressure
Carries blood from heart to capillaries	Carry blood from capillary to heart
Offers resistance under pressure	Easily flattened under pressure

Flowchart 4.1: रक्त प्रवाह

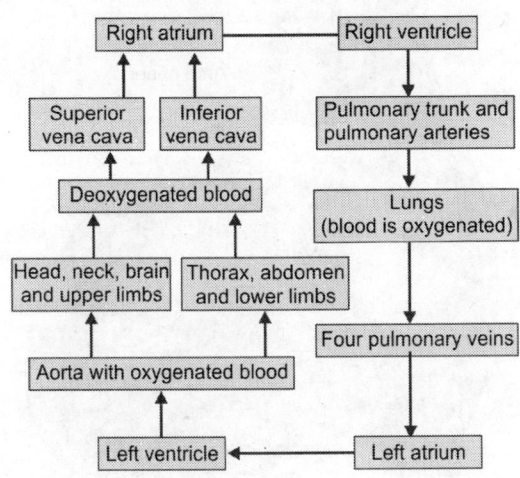

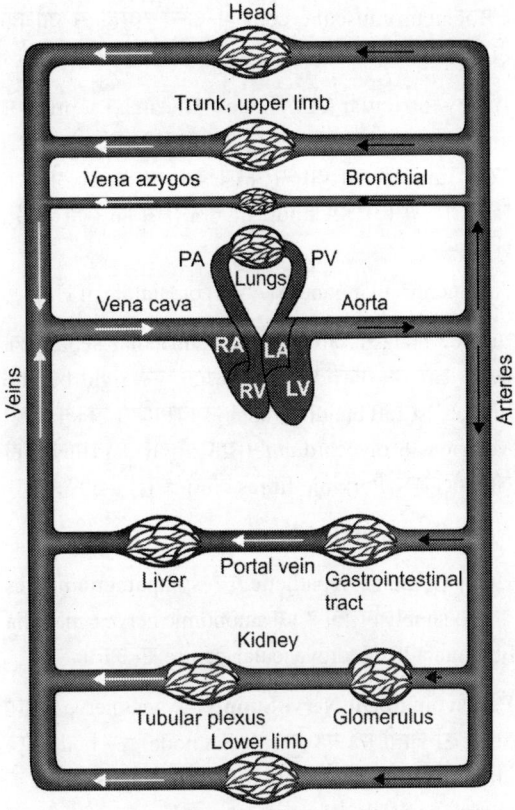

Fig. 4.6: रक्त प्रवाह

venous blood के वापिस heart में लौटने के लिए निम्नलिखित factors उत्तरदायी होते हैं :

1. Veins में एक ही ओर को खुलने वाले valve होते हैं जो blood को वापिस जाने से रोकते हैं क्योंकि lower limb से आने वाला blood, gravity के विपरीत, heart में जाता है।

2. Head एवं neck से blood, heart के right atrium में gravity के कारण आता है।

3. Skeletal muscles का contraction विशेष रूप से lower limb में veins के ऊपर pressure डालता है जिससे venous blood के वापिस heart के right atrium में जाने में सहायता मिलती है।

शरीर में कुल 5 litres blood होता है जिसका 84% systemic circulation में एवं 16% pulmonary circulation में उपस्थित रहता है।

84% Systemic circulation में से 64% blood venous sinuses तथा veins में; 13% arteries में और 7% capillaries में रहता है।

PULMONARY CIRCULATION

इस प्रकार के circulation में blood right ventricle से lungs के द्वारा left atrium में जाता है। Right ventricle से blood (deoxygenated) pulmonary trunk में जाता है। Pulmonary trunk से deoxygenated blood इसकी right एवं left pulmonary arteries के द्वारा oxygenation के लिए lungs में चला जाता है। Lungs से oxygenation

के बाद blood pulmonary veins के द्वारा heart के left atrium में वापिस आता है।

Flowchart 4.1: Circulation of blood

Fig. 4.6 Circulation of blood

CONDUCTING SYSTEM OF HEART

Cardiac muscles में एक आंतरिक system होता है जो संकुचन के लिए स्वतः stimulated हो जाता है। यह आंतरिक system मस्तिष्क में उत्पन्न होने वाली impulses या hormones के द्वारा stimulated या depressed होता है।

संकुचन के लिए myocardium में विशेष neuromuscular cells के छोटे-छोटे समूह होते हैं। (Fig. 4.7)

Sinoatrial node (SA node) right atrium की दीवार में उपस्थित होता है तथा heart के pacemaker की तरह कार्य करता है क्योंकि इसमें impulse को उत्पन्न करने की

क्षमता neuromuscular cells के अन्य समूहों से अधिक होती है।

Atrioventricular (AV) node—यह atrial septum में sinoventricular valve के समीप स्थित होता है। इसमें impulse को आरंभ करने की क्षमता तो होती है किंतु यह क्षमता SA node की तुलना में कम होती है। (Fig. 4.7)

Atrioventricular bundle (AVB) or Bundle of HIS

यह AV node से आरंभ होकर ventricular septum के ऊपरी छोर पर पहुंचता है तथा यहां पर right bundle branch एवं left bundle branch में विभाजित हो जाता है। Ventricle के myocardium में यह तंतुओं में विभाजित हो जाते हैं जिन्हें Purkinje fibres कहते हैं।

Nerve Supply of Heart

Heart को parasympathetic एवं sympathetic nerves के द्वारा supply मिलती है। ये autonomic nerves, medulla oblongata के cardiovascular centre से आती हैं।

Parasympathetic Nerve Supply—Vagus nerve के द्वारा heart को जाती है। यह मुख्यतः SA node, AV node, एवं atrial muscles को supply करता है। Vagus nerve के stimulation से heart rate एवं heart beat का force कम हो जाता है।

Sympathetic nerve से SA node, AV node, atria एवं ventricles के myocardium की supply होती है इसके stimulation से heart rate तथा heart beat का force बढ़ जाता है।

FACTORS AFFECTING HEART RATE

Heart rate घबराहट, उत्साह, व्यायाम तथा शरीर के तापमान के बढ़ने पर भी बढ़ जाता है।

CARDIAC CYCLE

शरीर में लगातार रक्त के संचार के लिए heart एक pump की तरह कार्य करता है।

प्रत्येक cardiac cycle में heart contract एवं relax करता है। heart के contraction को systole एवं relaxation को diastole कहते हैं।

एक heart beat से दूसरी heart beat के बीच होने वाले events के sequence को cardiac cycle कहते हैं इसका duration 0.8 sec होता है।

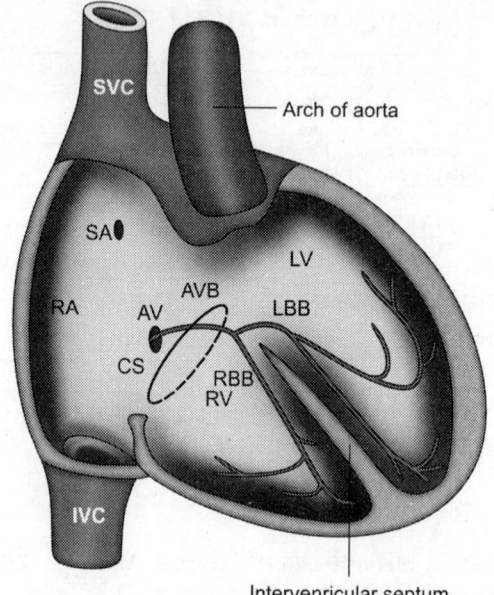

SA	: Sinoatrial node	LV	: Left ventricle
RA	: Right atrium	LBB	: Left bundle branch
AV	: Atrioventricular node	RBB	: Right bundle branch
CS	: Coronary sinus	RV	: Right ventricle
AVB	: Atrioventricular bundle		

Fig. 4.7: हृदय का संचालन तंत्र

Atrial Cycle

* Atrial systole 0.1 second
* Atrial diastole 0.7 second

Ventricular Systole

* Ventricular systole : 0.3 second
* Ventricular diastole : 0.5 second

Diastole के समय heart के चारों chambers, relax करते हैं। Blood receive करते हैं। Systole के समय cardiac chambers कार्य करते हैं। Atria एवं entricle अलग-अलग समय पर contract करते हैं किंतु relax करने का समय एक ही होता है।

जब atria relaxation की स्थिति में होते हैं। तब superior vena cana, and inferior vena cava के द्वारा right atrium में तथा 4 pulmonary veins के द्वारा left atrium में रक्त पहुंचता है।

Atria के द्वारा receive किये गये blood का 70% blood, AV opening के द्वारा ventricles में relaxation के समय

ही चला जाता है और शेष 30% blood, atria के contraction के द्वारा जाता है।

Left venttricle के contraction से blood, aorta में पहुंचता है। तथा aorta से यह blood, systemic circulation मे जाता है एक contraction में pump होने वाले blood का volume 80 ml होता है। इसी प्रकार से right ventricle से blood, pulmonary circulation में जाता है। Blood को circulation के लिए एक पर्याप्त blood pressure की आवश्यकता होती है।

Heart एवं great vessels के valve, heart के chambers में pressure के अनुसार खुलते एवं बंद होते हैं। Valve के खुलने एवं बंद होने की क्रिया इस प्रकार होती है, blood का बहाव एक ही दिशा में हो।

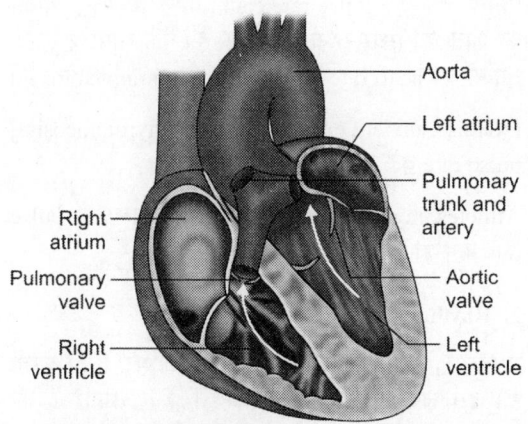

Fig. 4.8: हादकी चक्र का संकुचना (देखें प्लेट 3)

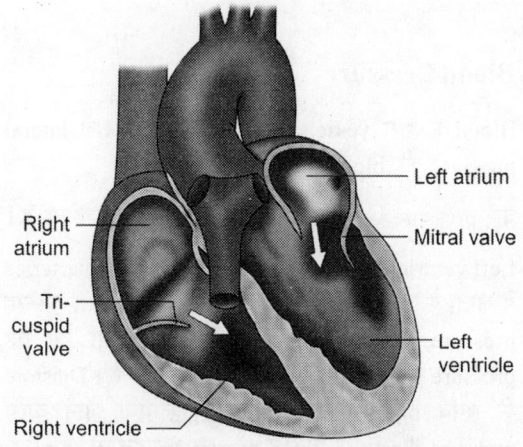

Fig. 4.9: हादकी चक्र का शिथिलन (देखें प्लेट 3)

Atria के blood receive करने एवं atria में systole तथा ventricle में relaxation के समय AV valve (mitral and tricuspid) खुल जाते हैं। Ventricles के contract करने पर ventricular pressure बढ़ जाता है और AV valve बंद हो जाते हैं जब यह pressure से अधिक हो जाता है तो aortic एवं pulmonary valve खुल जाते हैं तथा blood aorta एवं pulmonary artery में बहने लगता है जब vantricle relax करता है तो ventricular pressure कम हो जाता है। तब पहले pulmonary एवं aortic valve बंद होते हैं उसके बाद AV valve खुले जाते हैं यह cycle चलती रहती है।

Heart Sound—Cardiac cycle में heart valve के बंद होने से जो ध्वनि उत्पन्न होती है उसे heart sound कहते हैं। यह heart sound बाईं ओर के fifth intercostal space में stethoscope की मदद से आसानी से सुनी जा सकती है।

एक cardiac cycle में सामान्यतः दो heart sound सुनी जाती हैं जो एक छोटे अंतराल पर उत्पन्न होती है। पहली sound, lub लंबी व धीमी होती है और AV valve के बंद होने के कारण सुनाई देती है। (Fig. 4.8) दूसरी heart sound dub छोटी, तीव्र तथा aortic एव pulmonary valve के बंद होने से उत्पन्न होती है (Fig. 4.9) lub ventricular systole तथा dub ventricular diastole के साथ correspond करती हे।

Electrocardiogram—जैसे ही cardiac impulse heart से गुजरती है उसका कुछ भाग body surface पर भी फैलता है इस impulse के द्वारा electrical potential generate होता है और इस electric potencial का chest wall पर electrodes के द्वारा ग्रहण कर उसकी paper पर recording को electrocardiogram ECG कहते हैं। Recording की यह प्रक्रिया electrocardiography कहलाती है। (Fig. 4.10)

सामान्यतः ECG में पांच waves होती हैं।

1. P-wave—यह wave, atrial contraction के लिए आवश्यक electric potential के उत्पन्न होने से प्राप्त होती है।

2. QRS complex—यह ventricular contraction के लिए आवश्यक electric potential के उत्पन्न होने से प्राप्त होती है।

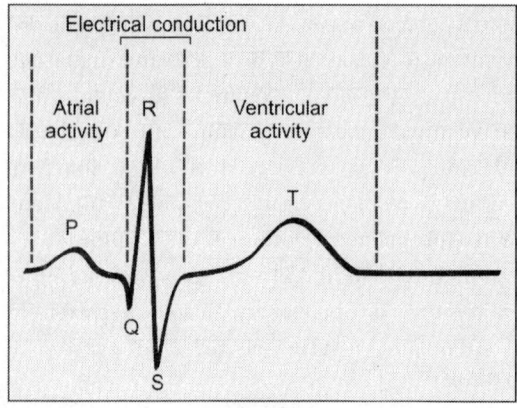

Normal ECG

Fig. 4.10: हृदय विद्युत लेखी

3. T-wave—यह ventricle के relax होने के समय उत्पन्न electric potential को दर्शाता है।

P-wave = Atrial depolarisation

QRS complex = Ventricular depolarisation

T-wave = Ventricular repolarisation

इन wave एवं cycles के बीच time interval का निरीक्षण करके physician, myocardium तथा conducting system के बारे में महत्त्वपूर्ण जानकारी प्राप्त करते हैं।

Cardiac Output

Heart के द्वारा प्रति मिनट pump होने वाला blood का volume cardiac output कहलाता है। Blood का वह volume जो प्रत्येक मिनट right atrium में वापिस लौटता है, venous return कहलाता है तथा ventricle के प्रत्येक contraction के द्वारा pump होने वाली blood की मात्रा को stroke volume कहते हैं।

Cardiac output = stroke volume heart rate/minute स्वस्थ वयस्क मनुष्य का rest के समय stroke volume 70 ml, heart rate 72/minute तथा cardiac output 5 litres/minute होता है। यह cardiac output व्यायाम के समय 25 litres/minute होती है। Exercise के समय होने वाली यह वृद्धि cardiac reserve कहलाती है।

PULSE

जब artery पर bone या चपटी muscles के विपरीत दिशा से बीच की तीन उंगलियों से दबाव डालते हैं तब pulse (नाड़ी) को feel करते हैं। यह सामान्यतः radial, brachial carotids, femorals तथा dorsalis pedis artery के द्वारा feel की जाती है। Pulse के द्वारा निम्नलिखित तथ्यों की जानकारी मिलती है।

1. Rate
2. Rhythm
3. Character
4. Volume
5. Condition of arterial wall

1. Rate

Pulse rate यह दर्शाता है कि एक मिनट में heart कितनी बार धड़कता है। यह role कम से कम एक मिनिट तक गिनना चाहिए। Pulse rate count करने के लिए व्यक्ति का शांत एवं स्थिर रहना आवश्यक है। एक सामान्य स्वस्थ व्यक्ति का heart rate 72+10 beats per minute होता है।

Exercise, anxiety, excitement, fever, thyrotoxicosis में pulse rate बढ़ जाता है।

Athletes, myxoedema एवं sleep की अवस्था में pulse rate कम हो जाता है।

2. Rhythm

सामान्यतः pulse एक नियमित अंतराल पर beat करती है। इसीलिए इसको regular कहते हैं। बीमारियों की अवस्था में pulse अनियमित हो सकती है।
3-5 तथ्यों से कई बिमारियों का पता लगता है।

Blood Pressure

Blood के द्वारा vessels की wall पर लगने वाले lateral pressure को blood pressure कहते हैं।

यह pressure veins के अंदर arteries से कम होता है।

Left ventricle के contraction करने पर blood arteries मे जाता है और उनकी दीवारों पर pressure डालता है। यह pressure, systolic blood pressure कहलाता है। यह pressure स्वस्थ adult में 120 mm Hg होता है। Diastole के समय blood द्वारा arteries पर लगाया जाने वाला pressure diastolic blood pressure कहलाता है। यह स्वस्थ adult में 80 mmHg होता है। (Fig. 4.11)

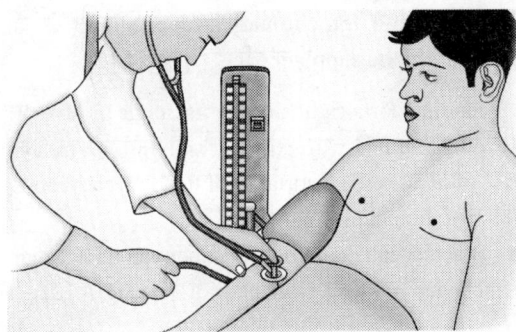

Fig. 4.11: श्रवण विधि द्वारा रक्त चाप नापना

Factor affecting blood pressures are :

a. Age

b. Body built

c. Posture

d. Exercise

5. Sleep

Blood pressure नापने वाले apparattus को sphygnomanometer कहते हैं।

Blood pressure दो तरीकों से नापा जाता है।

1. Palpatory method
2. Ausculatory method

Palpatory method

जिस व्यक्ति का blood pressure लेना होता है उसको comfortable position में बिठाकर या supine position में लेटाकर cuff को 2 level 5–3 cm तक कोहनी के ऊपर बांधते हैं तथा instrument को heart के स्तर पर रखते हैं।

Radial pulse को feel करते हैं एवं cuff को inflate करते हैं। हम radial pulse के गायब होने के 20–30 mmHg के ऊपर तक cuff को inflate करते हैं। उसके बाद धीरे-धीरे cuff को deflate करते हैं जब radial pulse दोबारा से feel होने लगती हे तो उस reading को note कर लेते हैं। यह systolic blood pressure होता है। इस method के द्वारा diastolic blood pressure नहीं नापा जा सकता।

Ausculatory Method

इस method में व्यक्ति का posture cuff एवं apparatus palpatory method के समान स्थिति में होते हैं परंतु radial pulse feel करने के स्थान पर इसमें stethoscope के diaphragm को brachial artery के ऊपर रखते हैं। Cuff को 180 mmHg तक या उससे ऊपर भी inflate करते हैं उसके बाद cuff को deflate करते हैं जब stethoscope के द्वारा साफ tapping sound सुनाई दे उसको note कर लेते हैं, यह systolic blood pressure कहलाता है। इसके बाद sound धीमी होने लगती है। जब यह sound सुनाई देना बंद हो जाती है उस point को diastolic blood pressure कहते हैं। इसे SBP/DBP में दर्शाते हैं।

व्यस्क व्यक्ति का सामान्य blood pressure 120/80 mmHg होता है।

Factors Influencing Blood Pressure

1. Cardiac output यह ejected blood के volume एवं heart rate पर निर्भर करता है।
2. Peripheral resistance—यह arteries की wall की elasticity एवं tone पर depend करती है।

Regulation of Blood Pressure

Blood pressure दो तरीकों से control होता है।

1. **Short-Term Control**—यह मुख्यतः baroreceptors के द्वारा होता है। उसके अतिरिक्त chemoreceptors, higher centres तथा circulating hormones भी short-term control में सहायक होते हैं।
2. **Long-Term Control**—Blood के volume को control करके जो कि kidneys तथा renin angiotensin-aldosterone के द्वारा होता है।

Pons एव medulla में स्थित cardiovascular centre, sympathetic एवं parasympathetic nerves के द्वारा heart rate तथा blood vessels का फैलना एवं सिकुड़ना control करके blood pressure को नियमित करता है।

Baroreceptors: ये nerve endings carotid sinus एवं arch of aorta में present होती हैं जो pressure के control के लिए महत्त्वपूर्ण है। जब blood pressure बढ़ता है तो baroreceptor सक्रिय होकर parasympathetic activity को बढ़ा देता है तथा sympathetic activities को कम करता है। इससे blood vessels फैलती है तथा blood pressure कम हो जाता है। जब blood pressure कम होता है तो यह sympathetic क्रिया को बढ़ा देते हैं जिससे heart rate बढ़ जाता है तथा blood vessels सिकुड़ जाती है और blood pressure बढ़ जाता है।

Chemoreceptors: ये nerve endings carotid एवं aortic bodies में उपस्थित होता है ये receptors blood में CO_2, O_2 तथा pH में change से प्रभावित होते हैं।

Higher Centres—जैसे कि hypothalamus, cerebral cortex भी blood pressure को नियमित करते हैं।

Renin-Angiotensin-Aldosterone System—जब kidneys में blood का flow कम हो जाता है तो उसके प्रभाव से renal tubule की cells renin नामक enzyme secrete करती है। Renin liver के द्वारा उत्पादित plasma protein angiotensinogen को angiotensin I में convert कर देता है। Angiotensin converting enzyme, जो lungs में उत्पन्न होता है। Angiotensin I को angiotensin II में convert कर देता है। Angiotensin II aldosterone के secretion को बढ़ाता है। यह vasoconstriction करता है तथा blood pressure को बढ़ाता है।

MAJOR ARTERIES AND VEINS OF THE BODY

Arterial Supply

Left ventricle से आने वाली artery को ascending aorta कहते हैं। Aorta सबसे बड़ी artery है, इसकी शुरुआत के भाग से right व left coronary arteries निकलती है जो heart को blood supply करती है। (Fig. 4.12)

Ascending aorta right side sternal angle के level पर समाप्त हो जाता है तथा उसके आगे का भाग जो Arch की तरह होता है arch of aorta कहलाता है। Arch of aorta की तीन branches हैं।

1. Brachiocephalic जो right common carotid तथा right subclavian नामक दो branches देती है। (Fig. 4.12)

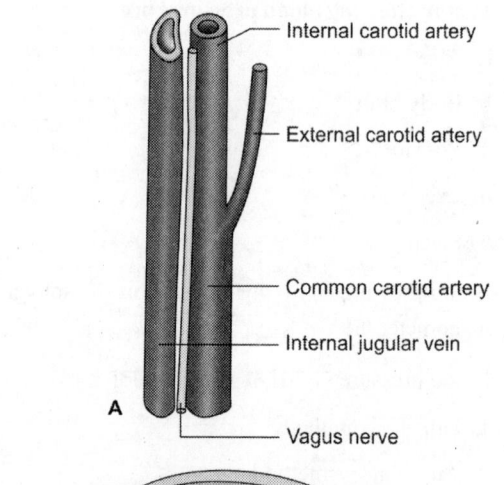

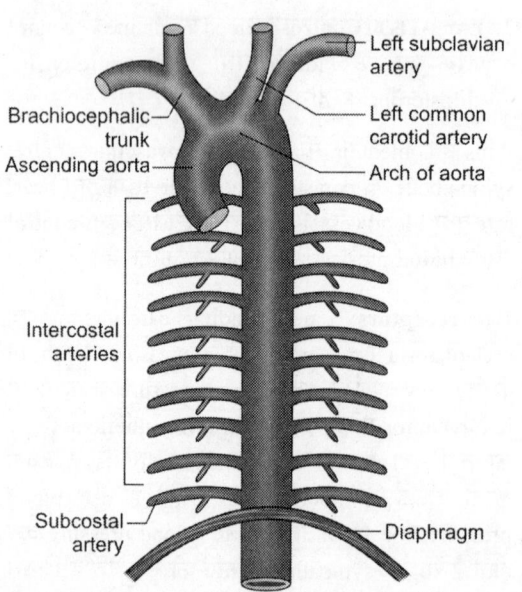

Fig. 4.12: महाधमनी चाप और वक्ष धमनी में शाखाएँ

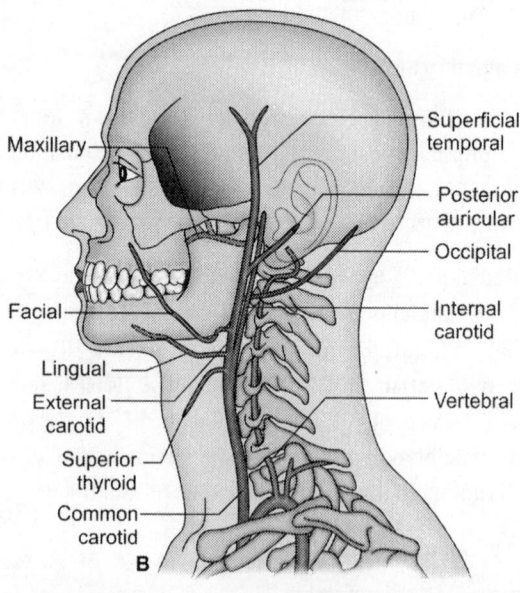

Fig. 4.13A and B: A. सिर और ग्रीवा की धमनियां; B. बाह्य कैराटिड धमनी की शाखाएँ

2. Left subclavian artery
3. Left common carotid artery

Blood Supply to Head and Neck—Head व neck की blood supply paired carotid एवं vertebral arteries के द्वारा होती है । प्रत्येक common carotid artery, sternocleidomastoid muscle के anterior border के साथ होती है और यहां पर इसको palpate कर धड़कन महसूस की जा सकती है । Common carotid artery चौथी cervical vertebra के level पर external एवं internal carotid artery में विभाजित हो जाती है । (Fig. 4.13A & 4.14)

External Carotid Artery—यह अपनी निम्नलिखित शाखाओं के द्वारा head तथा neck को blood की supply देती है ।

1. Superior thyroid artery—Thyroid gland को blood supply करती है ।

2. Lingual artery—Tongue एवं tonsils को blood supply करती है ।

3. Facial artery—Face के muscles तथा submandibular gland को supply करती है । यह artery mandible के angle के आगे से होकर गुजरती है । इस स्थान पर स्पर्श करने से इस artery में धड़कन का पता चलता है । (Fig. 4.13B)

4. Posterior auricular artery—Auricle को blood supply करती है ।

5. Ascending pharyngeal artery—Pharynx एवं prevertebral muscles को supply करती है ।

Venous Return from Head and Neck

Intracranial Venous Sinuses—Brain से venous blood इन्हीं venous sinuses में एकत्र होता है । ये venous sinuses cranial cavity के बाहर की veins से emissary

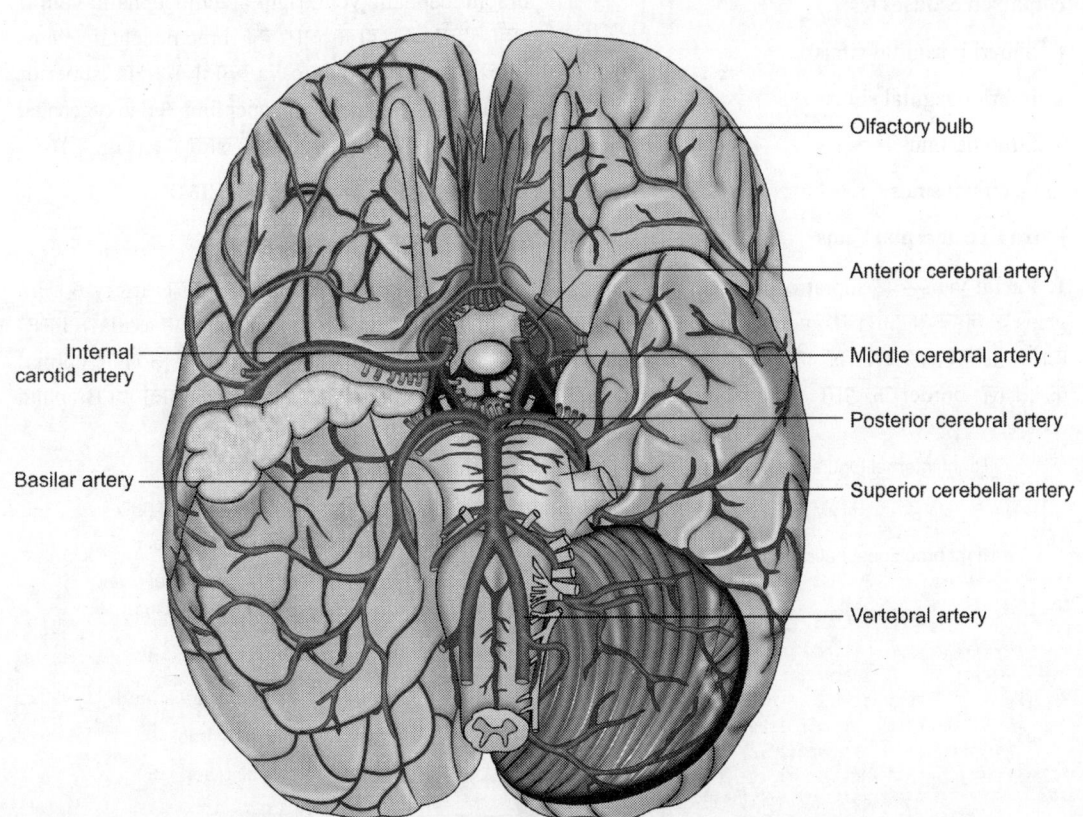

— Olfactory bulb

— Anterior cerebral artery

Internal carotid artery —

— Middle cerebral artery

— Posterior cerebral artery

Basilar artery —

— Superior cerebellar artery

— Vertebral artery

Fig. 4.14: मस्तिष्क की मुख्य धमनियाँ

veins के द्वारा जुड़ती है। इसीलिए कभी-कभी बाह्य infection in venous sinuses में फैल जाता है।

CSF (Cerebrospinal Fluid) भी इनमें से कुछ venous sinuses में drain होता है।

इनमें कुछ sinus paired होते हैं तथा कुछ unpaired.

Paired Sinuses हैं :

1. Cavernous sinus (Fig. 4.15)

2. Superior petrosal sinus

3. Inferior petrosal sinus

4. Sphenoparietal sinus

5. Transverse sinus

6. Sigmoid Sinus—यह sinus जब Jugular foramen के द्वारा बाहर आता है तो internal jugular vein कहलाता है।

Unpaired Sinuses हैं :

1. Superior sagittal sinus

2. Inferior sagittal sinus

3. Straight sinus

4. Occipital sinus

Extra Extracranial Veins

1. **Facial Vein**—यह supratrochlear तथा supra orbital veins के जुड़ने से आँख के medial angle के पास बनती है। उसके बाद यह नीचे की ओर जाती है तथा mandible के निचले border के पास retromandibular vein के

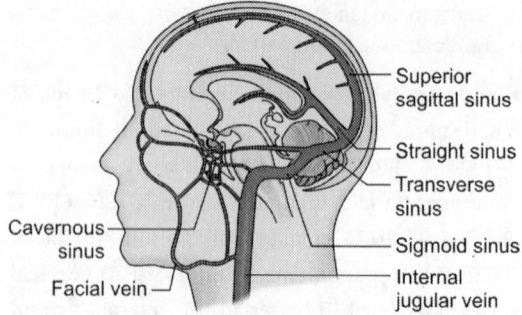

Fig. 4.15: सिर और ग्रीवा की शिराएँ (देखें प्लेट 2)

anterior division के साथ मिलकर common facial vein बनाती है। यह common facial, internal jugular vein में blood को drain करती है।

Internal jugular vein, sternocleidomastoid के anterior border के साथ नीचे आकर subclavian vein के साथ जुड़ जाती है और brachiocephalic vein बनाती है। Left brachiocephalic vein, right brachiocephalic vein से लंबी होती है। दोनों ओर की brachiocehalic veins मिलकर superior vena cava बनाती है। यह superior vena cava, head, neck एवं upper limb से deoxygenated blood heart के right atrium में लाती है। (Fig. 4.16)

BLOOD SUPPLY OF UPPER LIMB

Arterial Supply

Axillary artery, upper limb की मुख्य artery है। यह suclavian artery का continuation है यह axilla के निचले सिरे तक जाती है। Axilla के निचले सिरे से लेकर cubital fossa तक का भाग brachial artery कहलाता है। Brachial

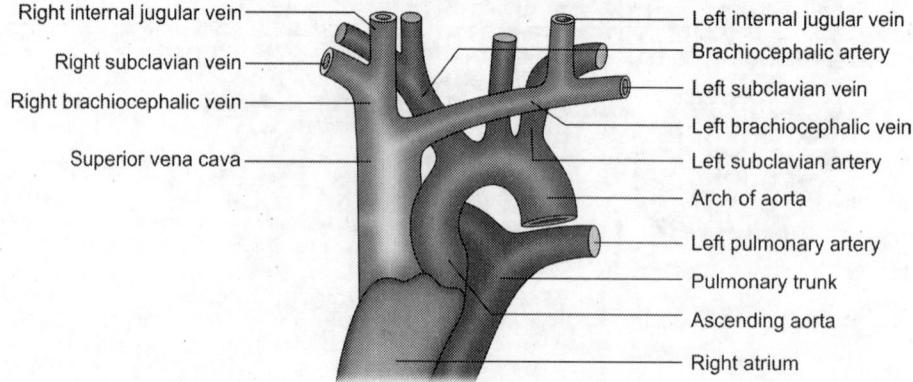

Fig. 4.16: ऊर्ध्व महाशिरा का निर्माण

artery cubital fossa में radial एवं ulnar artery में विभाजित हो जाती है। (See Fig. 1.5)

Radial Artery, forearm के lateral side में होती है यह artery कोहनी से लेकर कलाई तक जाती है। कलाई के पास यह superficial अर्थात त्वचा के करीब आ जाती है। इस स्थान पर ऊंगली रखने से नाड़ी के धड़कने का पता चल जाता है। रोग की अवस्था में सामान्यतः नब्ज इसी स्थान पर देखी जाती है। कलाई के बाद यह artery हथेली में पहुंच कर ulnar artery के साथ superficial एवं deep palmar arches बनाती है जो हाथ को blood supply करती है।

Ulnar Artery—यह artery forearm की medial side पर होती है, यह कोहनी से लेकर हथेली में पहुंचती है वहां superficial एवं deep palmar arches बनाती है।

इस प्रकार axillary, brachial, radial एवं ulnar artery के द्वारा upper limb को blood supply करती है।

Venous Drainage of Upper Limb

ऊपरी भुजा से अशुद्ध blood लाने वाली मुख्य शिराएं हैं–

1. Cephalic vein (See Fig. 1.6)
2. Basilic vein
3. Median cubital vein

Cephalic Vein

यह vein हाथ के पिछले भाग से आरंभ होकर axilla में axillary vein में आकर मिलती है। यह forearm एवं arm की lateral side में होती है।

Basilic vein

यह भी हाथ के पार्श्व भाग से आरंभ होती है तथा axilla में axillary vein के रूप में समाप्त होती है। यह forearm तथा arm के medial side पर होती है।

Median Cubital Vein

यह vein cubital fossa में स्थित होती है तथा basilic एवं cephalic veins को जोड़ती है यह vein blood के sample लेने तथा intravenous injection द्वारा दवाइयां देने के काम में आती है।

BLOOD SUPPLY OF THORAX & ABDOMEN

Descending Thoracic Aorta

यह arch of aorta से निरंतरता बनाये रहता है। इसका प्रारंभ 4th thoracic vertebra से होकर अंत 12th thoracic vertebra के स्तर पर होता है जहां यह aortic opening से

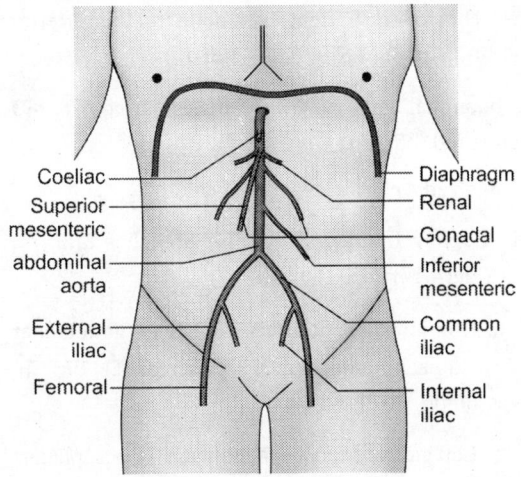

Fig. 4.17: उदरीय महाधमनी की शाखाएँ

गुजरती हुई abdomen में पहुंच कर abdominal aorta के साथ निरंतरता बनाता है।

Descending thoracic aorta की branches:

1. **Bronchial arteries**—ये lungs को blood की आपूर्ति करती है।
2. **Oesophageal arteries**—Oesophagus को रक्त की आपूर्ति देती है।
3. **Intercostal arteries**—ग्यारह जोड़े intercostal arteries पसलियों के costal groove में स्थित होती है। यह thorax एवं abdomen की wall को रक्त की आपूर्ति करती है। (Fig. 4.12)
4. **Subcostal Arteries**—यह एक जोड़ा arteries बारहवीं पसली के एकदम नीचे होती है एवं thoracic तथा abdominal wall को रक्त की आपूर्ति देती है।

Return of Venous Blood From Thoracic Cavity

Thorax से blood azygos एवं hemiazygos veins के द्वारा drain होता है। Azygos एवं hemiazygos veins की tributaries bronchial, oesophageal एवं intercostal veins है। Hemiazygos vein, azygos vein में जुड़कर blood उसमें drain करती है तथा azygos vein, superior vena cava में जाकर खुलती है।

ABDOMINAL AORTA

यह बारहवीं thoracic vertebra के स्तर पर thoracic aorta की निरंतरता के द्वारा आरंभ होकर चौथी lumbar vertebra के स्तर पर right व left common iliac arteries में विभाजित होकर समाप्त हो जाता है।

Abdominal aorta की कुछ branches paired तथा कुछ unpaired होती है।

Unpaired Arteries

1. **Coeliac trunk**—इसकी तीन branches होती हैं। (Fig. 4.17)
   a. Common hepatic artery—यह liver, gallbladder stomach, duodenum एवं pancreas को रक्त की आपूर्ति करती है।
   b. Left gastric artery—यह stomach एवं oesophagus के कुछ भाग को रक्त supply करती है।
   c. Splenic artery—यह spleen, pancreas, stomach को blood supply करती है।
2. **Superior mesenteric artery:** यह jejunum, ilieum caecum, appendix, ascending colon को रक्त की आपूर्ति करती है।
3. **Inferior mesenteric artery**—यह transverse, descending, sigmoid colon एवं rectum को रक्त supply करती है।
4. **Median sacral artery**—Sacrum, coccyx एवं rectum को रक्त की आपूर्ति करती है।

Paired Arteries

1. **Inferior phrenic arteries**—Diaphragm तथा suprarenal gland को रक्त आपूर्ति करती है।
2. **Renal arteries**—Kidneys तथा suprarenal gland को रक्त आपूर्ति करती है।
3. **Suprarenal arteries**—Suprarenal glands को रक्त की आपूर्ति करती है।
4. **Gonadal arteries**—पुरुषों में testicular arteries, testis को रक्त supply करती है। स्त्रियों में ovarian arteries, ovary को रक्त की आपूर्ति करती है।
5. **Lumbar arteries (4 pairs):**—Lumbar region में पीठ की skin एवं muscles को रक्त की आपूर्ति करती है। इसके अतिरिक्त ये arteries, spinal cord एवं उसकी meningise को भी ये रक्त आपूर्ति करती हैं।

इस प्रकार abdominal aorta, abdomen की wall एवं abdomen की cavity में visceral organs को भी रक्त की आपूर्ति करता है।

Venous Return from Abdominal Region

यह inferior vena cava द्वारा होता है। Inferior vena cava शरीर की सबसे बड़ी vein है जो right एवं left common iliac veins के पांचवीं lumbar vertebra के स्तर पर आपस में जुड़ने से बनती है। सभी abdominal viscera से रक्त ग्रहण कर यह vein, diaphragm के central tendon में छिद्र के द्वारा thorax में प्रवेश करती है यह छिद्र आठवीं lumbar vertebra के स्तर पर होता है। (Fig. 4.18)

पांचन तंत्र से nutrients वाला रक्त portal system के द्वारा liver में पहुंचता है। liver से ये रक्त hepatic veins के द्वारा inferior vena cava में जाता है। Nutrients liver में store हो जाते हैं।

PORTAL CIRCULATION

इसमें vein capillaries से आरंभ होकर capillary के दूसरे set में समाप्त होती है। अर्थात् venous blood बिना heart से गुजरे capillaries के दो set से pass होता है। Portal vein, alimentary canal के abdominal भाग pancreas gallbladder तथा spleen से रक्त को liver में ले जाती है। जहाँ यह sinusoids में विभाजित हो जाती है। Nutrients liver में store हो जाते है। Sinusoids से blood hepatic vein में तथा इनके द्वारा inferior vena cava में जाता है। (Fig. 4.19)

Tributaries

1. Superior mesenteric vein
2. Splenic vein
3. Right gastric vein
4. Cystic vein

Circulation of Blood in Pelvis

Arterial Supply

Right एवं left common iliac arteries के द्वारा pelvis में रक्त की आपूर्ति होती है। ये arteries, abdominal aorta की अंतिम branches हैं। प्रत्येक common iliac artery internal एवं external iliac artery में विभाजित हो जाती

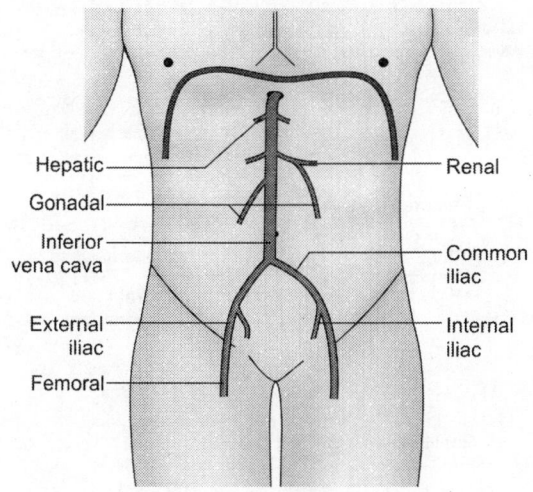

Fig. 4.18: उदर की शाखाएँ

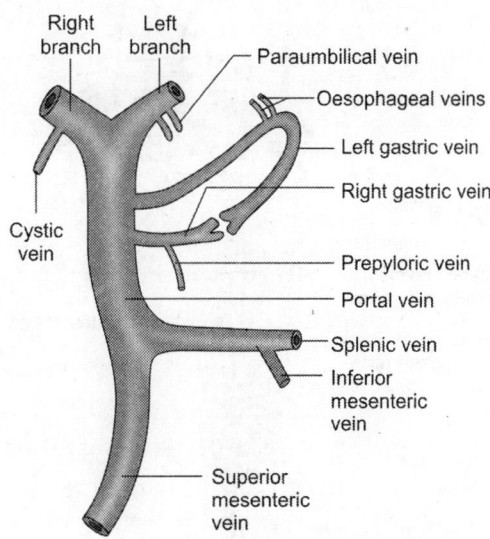

Fig. 4.19: पोर्टल शिरा

है। Internal iliac artery pelvis में उपस्थित अंग जैसे urinary bladder, rectum पुरुषों में prostate gland एवं vas deferens तथा स्त्रियों में uterus एवं vagina को रक्त की आपूर्ति करती है।

External iliac artery नीचे की ओर जाती है और thigh में पहुंच कर femoral artery कहलाती हैं।

VENOUS DRAINAGE OF PELVIS

Pelvis से अशुद्ध रक्त internal iliac vein के द्वारा drain होता है।

BLOOD SUPPLY OF LOWER LIMB

Arterial Supply

Femoral artery lower limb की मुख्य artery है यह inguinal के मध्य बिंदु से आरंभ होती है। उसके बाद femoral triangle से गुजरती हुई adductor canal में पहुंचती है Adductor canal के निचले सिरे से यह poplitial fossa में जाती है वहां इस artery को popliteal artery कहते हैं। Femoral artery की शाखायें muscles, skin एवं जोड़ों को रक्त supply करती हैं। (Fig. 4.20)

Popliteal Artery—इस artery का नाम popliteal fossa के स्थित होने के कारण popliteal artery है। यह artery popliteal muscle के निचले किनारे पर anterior व postarior tibial arteries में विभाजित होकर समाप्त हो जाती है। अगर lower limb से BP लेना हो तो popliteal artery पर stethoscope रखा जाता है।

Posterior Tibial Artery—यह artery leg के पिछले भाग में muscles के बीच में निरंतरता बनाये रहती है। इसको palpate कर सकते हैं। यह artery ankle joint के medial side पर medial एवं lateral plantar arteries में विभाजित हो जाती है।

Medial Plantar Artery—यह artery तलवे की medial side में muscles tendons तथा skin को रक्त की आपूर्ति करती है यह artery ankle joint तथा medial 3½ ऊंगलियों को भी रक्त आपूर्ति करती है।

Lateral Plantar Artery—यह तलवे के lateral side में स्थित muscles, tendon तथा lateral 1½ पैर की ऊंगलियों को रक्त supply करती है। इसके साथ ही यह ankle joint को भी रक्त supply करती है।

Anterior Tibial Artery—यह leg के अगले भाग में घुटने से आरंभ होकर नीचे जाती है और ankle joint तक पहुंचती है। Ankle से जब यह artery पैर के dorsal सतह तक पहुंचती है यहां इसे dorsalis pedis artery कहते हैं। यह artery इस भाग में muscles, skin एवं joints को रक्त आपूर्ति करती है। Dorsalis pedis artery को palpate कर सकते हैं।

VENOUS DRAINAGE OF LOWER LIMB

Venous drainage superficial एवं deep veins के द्वारा होता है।

Superficial veins में dorsal venous plexus, great saphenous तथा small saphenous veins सम्मिलित हैं।

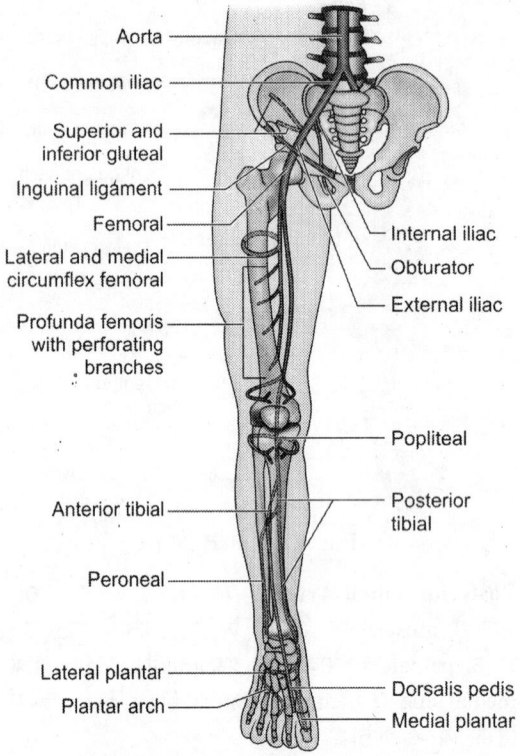

Fig. 4.20: निचली भुजा की घमनियाँ

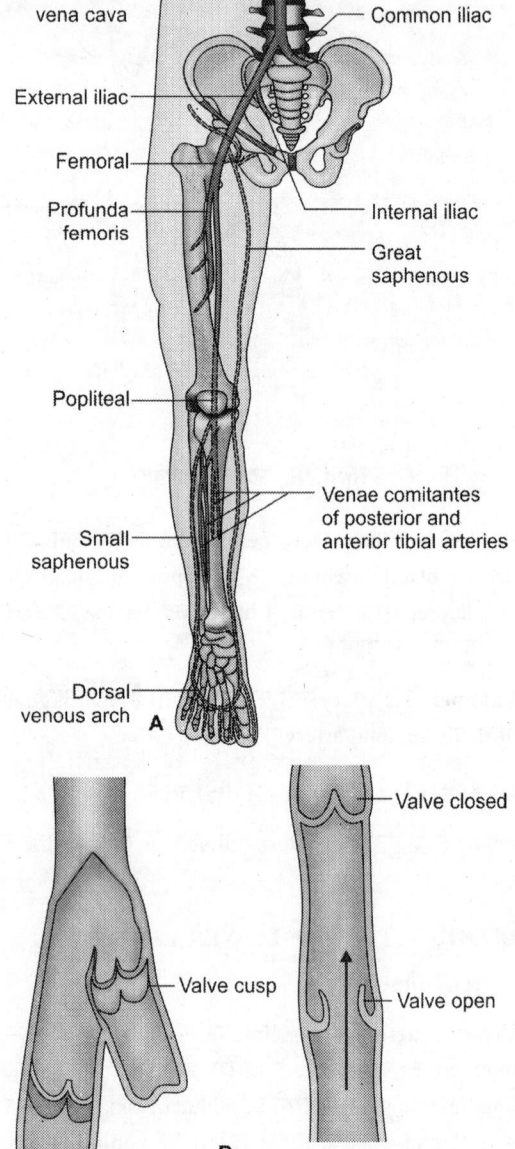

Fig. 4.21A and B: A. निचली भुजा की शिराएँ;
and **B.** शिरा के कपाट

Great saphenous vein का आरंभ dossal venous plexus के medial end से होता है यह टांग एवं जांघ में ऊपर की ओर जाती है तथा inguinal region के कुछ नीचे femoral vein में खुलती है। इस vein में बहुत से valve होते हैं। ये valve रक्त को वापिस नीचे आने से रोकते हैं जिसमें रक्त का प्रवाह एक ही दिशा में हृदय की ओर होता है। (Fig. 4.21A & B)

Small saphenous vein का आरंभ dorsal venous plexus के lateral end से होता है। यह टांग में ऊपर जाती है तथा popliteal fossa में पहुंचकर poplitial vein में खुलती है।

Deep veins में plantar arch, anterior एवं posterior tibial veins के vena comitantes आते हैं। ये vena comitants, popliteal vein बनाते हैं। Popliteal vein, femeral vein के रूप में निरंतरता बनाये रखती है।Femoral vein, external iliac vein के रूप में निरंतर बनी रहती है।

CLINICAL ASPECTS

Arteries—इनमें होने वाली मुख्य बीमारियां निम्नलिखित हैं:

Atheroma—बड़ी व मीडियम आकार की arteries की tunica intima में cholesterol एवं अन्य lipid compound के संग्रहित होने से उसमें धब्बों जैसे plaque बन जाते हैं उसके बाद ये plaque size में बढ़ने लगते हैं जो artery के lumen को संकरा कर रक्त के बहाव में बाधा उत्पन्न करता है। यह सबसे ज्यादा heart, brain, kidney एवं lower limb

की arteries को प्रभावित करता है आनुवांशिकता, वृद्धावस्था उच्च रक्तचाप, मधुमेह, धूम्रपान, बसायुक्त भोजन, मोटापा आदि atheroma के लिए मुख्य कारक है। इन arteries में रक्त का बहाव आंशिक या पूर्ण रूप से बाधित हो जाता है। यह artery जिस अंग की रक्त की आपूर्ति करती हैं उसको रक्त की आवश्यकतानुसार आपूर्ति नहीं कर पाती जिससे उसमें cramp ischaemic pain होने लगते हैं रक्त के बहाव के पूर्ण बाधित होने पर tissue भी death हो जाती है।

कभी-कभी यह plaque अपने स्थान से हट जाता है और रक्त के साथ blood vessels में घूमता है यह गतिमान plaque, embolus कहलाता है। यह embolus छोटे आकार की artery में फंसकर उसको block कर देता है और जो tissue इससे रक्त ग्रहण करते हैं रक्त के द्वारा आने वाली O_2 की कमी के कारण उनकी मृत्यु हो जाती है।

Arteriosclerosis—इसमें arteries की दीवारों में degenerative changes होते हैं और उसकी elasticity कम हो जाती है यह मुख्यतः उच्च रक्त चाप तथा आयु से संबंधित है।

Hypertension—Systemic circulation में जब blood का arteries पर दबाव सामान्य से अधिक होता है तो इसे hypertension कहते हैं 85–90% patients में इसका कारण अज्ञात होता है। Hypertension से शरीर के बहुत से दूसरे तंत्र भी प्रभावित होते हैं। Hypertension से brain haemorrhage, myocardial infarction एवं heart failure जैसी अन्य समस्याएं भी हो सकती हैं।

Veins

Superficial Thrombophlebitis—Limbs की superficial veins को inflamed होने की दशा को superficial thrombophlebitis कहते हैं। यह inflammation intravenous fluid के infusion के कारण हो सकती है। Thrombophlebitis में thrombus बनता है जो सामान्यतः blood में पूर्णरूप से घुल जाता है।

Deep Vein Thrombosis—किसी भी कारण से जब व्यक्ति की vessels के wall में क्षय होने लगता है तो इसके परिणामस्वरूप deep veins में रक्त का थक्का बन जाता है। थक्के के द्वारा बना thrombus veins की walls में अलग होकर veins के द्वारा heart तथा heart से pulmonary artery में जाता है। वहां यह thrombus, pulmonary artery या उसकी branch में फंस जाता है व massive lung infaretion का कारण बनता है।

Varicose Veins—**Superficial vein** या perforator के valve के incompetent (पूर्ण रूप से बंद नहीं होना) होने से यह स्थिति उत्पन्न होती है, valve के incompetent होने पर रक्त का प्रवाह पीछे की ओर भी होने लगता है जिससे vein मोटी एवं बलदार आकार में दिखने लगती है। इसका एक कारण काफी समय तक खड़े होना है।

Heart—

Congenital abnormalities:

1. **Patent foramen ovale**—Right एवं left atria के बीच के septa के पूर्णतयाः बंद नहीं होने की स्थिति को patent foramen ovale कहते हैं इसमें शुद्ध एवं अशुद्ध रक्त आपस में मिल जाता है।
2. **Patent interventricular foramen**—इस स्थिति में दोनों ventricles के बीच का septa पूर्ण रूप से नहीं बनता है। यह patent foramen ovale से भी अधिक गंभीर स्थिति है।
3. **Patent ductus arteriosus**—भ्रूणावस्था में ductus arteriosus, left pulmonary artery को arch of aorta से जोड़ता है। सामान्यतः यह जन्म के बाद बंद हो जाती है परंतु जब यह बंद नहीं होती तो इस स्थिति को patent ductus arteriosus कहते हैं। यह heart failure का कारण हो सकती है।
4. **Fallot's tetralogy**—इसमें चार defects होते हैं।
   a. Patent interventricular foramen
   b. Left ventricle के बजाय aorta दोनों ventricles से आता है।
   c. Pulmonary stenosis
   d. Right ventricular hypertrophy

इससे बच्चों में blue baby syndrome हो जाता है एवं growth में कमी होती है।

5. **Coarctation of aorta**—Aorta, ductus arteriosus के नीचे संकरा हो जाता है जिसे coaractation of aorta कहते हैं। इससे upper limb में blood pressure बढ़ जाता है तथा lower limb में कम रहता है।

Acquired Abnormalities

1. **Diseases of Valves:** Stenosis—Valve का सिकुड़ना;

incompetent — Valve को पूरी तरह बंद ना होने की स्थिति; ये किसी भी heart valve में हो सकती है।

a. Mitral valve : Mitral stenosis/regurgitation (blood को वापिस जाना)

b. Tricuspid valve stenosis/regurgitation

c. Pulmonary stenosis/regurgitation

d. Aortic stenosis/regurgitation

2. **Heart Failure**—यह स्थिति जिसमें cardiac output शरीर की आवश्यकता के अनुरूप ना होकर उससे कम होता है यह right या left किसी भी side हो सकता है, जो बाद में दूसरी side को भी involve कर सकता है।

a. Right sided heart failure—Right ventricle रक्त को lungs में नहीं धकेल पाता और यह blood superior vena cava, inferior vena cava, right atrium में इकट्ठा रहता है, जिसके कारण ascites और oedema जैसी स्थितियां हो जाती हैं।

b. Left sided heart failure—Left ventricle blood को systemic circulation में pump करने में असमर्थ रहता है। यह उच्च रक्तचाप या aortic valve की बीमारियों के कारण भी हो सकता है। Left side heart failure में blood, lungs में एकत्र हो जाता है और सांस लेने में कठिनाई होने लगती है।

3. Angina pectoris—Coronary arteries में atheromatus plaque बनने के कारण arteries narrow हो जाती है जिससे myocardium को आवश्यकता के अनुरूप रक्त की आपूर्ति नहीं हो पाती और व्यक्ति को छाती में दर्द होता है यह दर्द left arm में भी feel होती है।

4. Myocardial infarction—जब coronary artery की कोई branch बंद हो जाती हे तो उसके द्वारा रक्त आपूर्ति ग्रहण करने वाली cardiac muscles रक्त एवं उसके द्वारा लाई जाने वाली ऑक्सीजन व nutrient के अभाव में dead हो जाती हैं। यह एक गंभीर स्थिति है जिसमें तुरंत उपचार की आवश्यकता होती है। एक artery के block होने पर दूसरी artery compensate नहीं कर सकती क्योंकि functionally ये दोनों end arteries हैं।

5. Heart Block—जब SA node में उत्पन्न होने वाली तरंग ventricle में नहीं पहुँचती इस अवस्था को heart block कहते हैं।

6. Bacterial endocarditis—यह endocardium या heart valve या दोनों के bacterial infection के फलस्वरूप होती है। यह आमतौर पर *streptococci* या *staphylococci* bacteria के द्वारा होता है। ये bacteria valve को damage करते हैं जिसके बाद fibrosis के द्वारा valve की healing होती है और valve की shape बदल जाती है। यह स्थिति stenosis, incompetence व heart failure का कारण बन जाती है।

CHAPTER

5

लसिका तंत्र
Lymphatic System

Lymphatic System तथा इसके कार्य–Lymphatic system में lymph, lymphoid organ तथा lymph vessels सम्मिलित हैं।

Lymphoid Organ—Thymus, spleen, lymph node, tonsils आदि को lymphoid organs कहते हैं।

THYMUS

यह thorax के ऊपरी भाग में आगे की ओर स्थित होता है जन्म के समय thymus का भार 15 gm होता है जोकि puberty तक बढ़ता है। उसके बाद यह छोटा होना आरंभ होता है अंत में यह fatty tissue में बदल जाता है। यह "T lymphocytes" बनाता है जो शरीर की प्रतिरोधक क्षमता के लिए महत्त्वपूर्ण है।

Tonsil जीभ के पीछे के तरफ होते हैं। ये bacteria आदि को मारने में मदद करते हैं। अगर tonsil में infection हो जाए जो उसे tonsillitis कहते हैं। Tonsil भी 14-16 वर्ष की आयु में छोटा हो जाता है।

SPLEEN

यह abdomen में बाईं ओर के ऊपरी भाग में costal margin के पीछे की ओर स्थित होती है। सामान्यतः spleen को palpate नहीं किया जा सकता हे जब इसका size सामान्य से 2½ गुना हो जाता है तो left costal margin के नीचे इसे palpate किया जा सकता है spleen के बढ़े हुए आकार की अवस्था को splenomegaly कहते हैं। Spleen के अंदर बहुत से lymphoid follicles एवं एक arteriole होता है।

Spleen के कार्य

1. भ्रूण में रक्त कोशिकाओं का निर्माण
2. रक्त का संचय

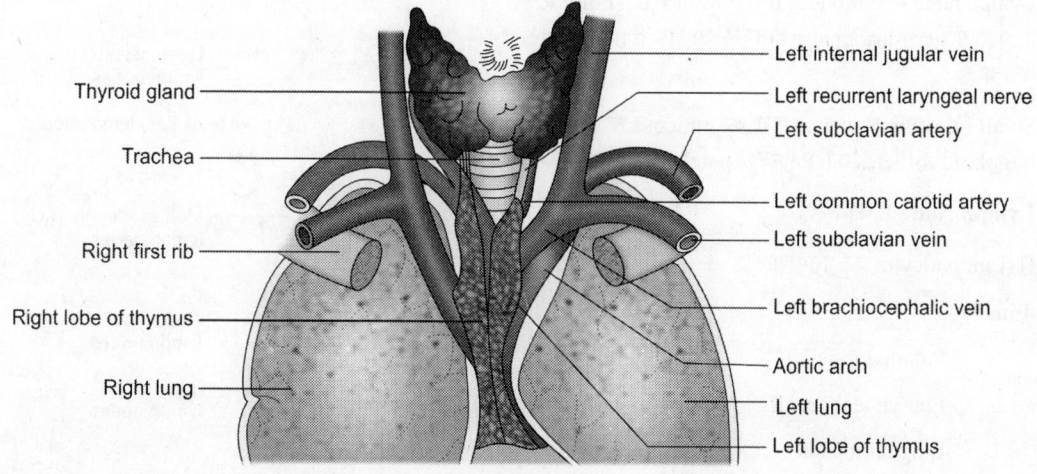

Thyroid gland
Trachea
Right first rib
Right lobe of thymus
Right lung
Left internal jugular vein
Left recurrent laryngeal nerve
Left subclavian artery
Left common carotid artery
Left subclavian vein
Left brachiocephalic vein
Aortic arch
Left lung
Left lobe of thymus

Fig. 5.1: थाइमस

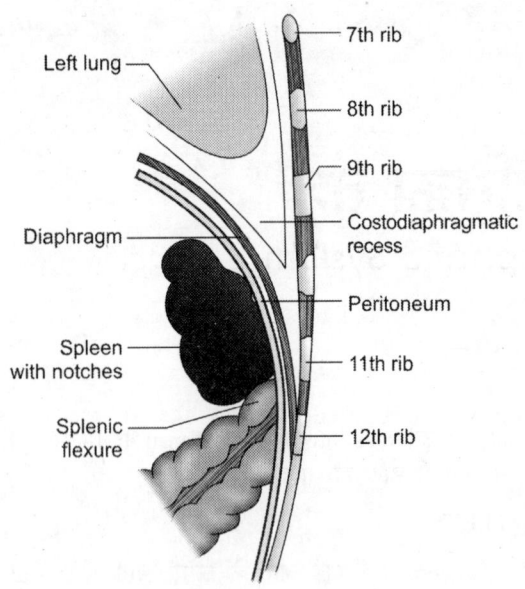

Fig. 5.2: प्लीहा

3. इसमें B तथा T lymphocytes होते हैं जो शरीर की प्रतिरोधक क्षमता बढ़ाते हैं।

4. Phagocytosis से पुरानी रक्त कोशिकाओं को हटाना।

LYMPH NODES

Beans की आकृति के होते हैं एवं शरीर के विभिन्न हिस्सों में समूह में पाये जाते हैं। Neck, axilla एवं inguinal भाग के lymph node size में बढ़ जाने पर palpate किये जा सकते हैं।

Lymph node में lymphoid follicles होते हैं। Follicles के केंद्र में germinal centre होता है जो नई lymphocyte बनाता है।

Small intestine के ileum भाग की mucosa में उपस्थित lymphoid follicles को Peyer's patches कहते हैं।

Lymph Node के कार्य–

(1) Lymphocytes का निर्माण

Tonsils—

1. Palatine tonsils
2. Pharyngeal tonsils
3. Lingual tonsils

Palatine tonsils, stratified squamous epithelium से ढ़के रहते हैं तथा खुले हुए मुँह के द्वारा देखे जा सकते हैं। ये oropharyngeal junction पर उपस्थित होते हैं।

Pharyngeal tonsils nasopharynx की पिछली दीवार में उपस्थित होते हैं।

Lingual tonsils में lymphoid tissue जीभ के पिछले $\frac{1}{3}$ भाग में उपस्थित होते हैं।

WALDEYER'S RING—यह ring ऊपर की ओर pharyngeal tonsil, दायें, बायें palatine tonsils एवं tubal tonsils तथा नीचे की ओर lingual tonsil से बनती है। (Fig. 5.4)

(2) ये बाह्य कणों के लिए Filter की तरह कार्य

Lymphatic Vessels—Capillary के छिद्रों के द्वारा extracellular space में blood से जो द्रव्य पदार्थ छनकर आता है वह veins के द्वारा वापिस blood में मिल जाता है। इसमें से कुछ भाग जो veins के द्वारा वापिस रक्त में नहीं जाता extracellular space में बच जाता है यह lymph capillaries के द्वारा ले जाया जाता है। Extracellular fluid का यह भाग lymph कहलाता है।

Lymph capillaries जुड़कर lymph vessels बनाती है। lymph vessels की दीवारें पतली होती हैं तथा इनमें valve होते हैं जो lymph को एक ही दिशा में बहने देते हैं।

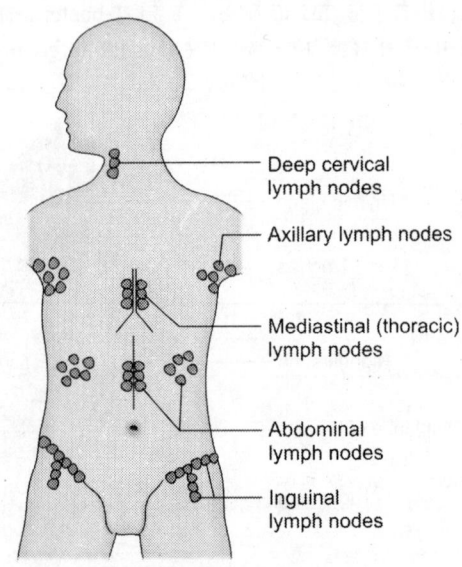

Fig. 5.3: लसीकापर्व

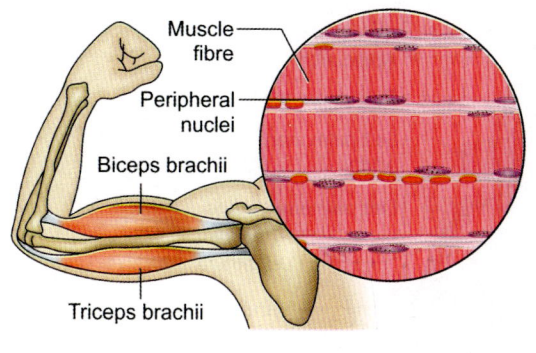

Fig. 2.21: Skeletal Muscle

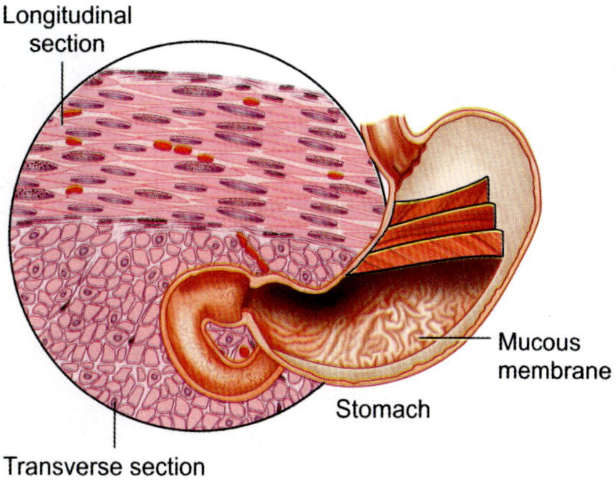

Fig. 2.22: Smooth Muscle

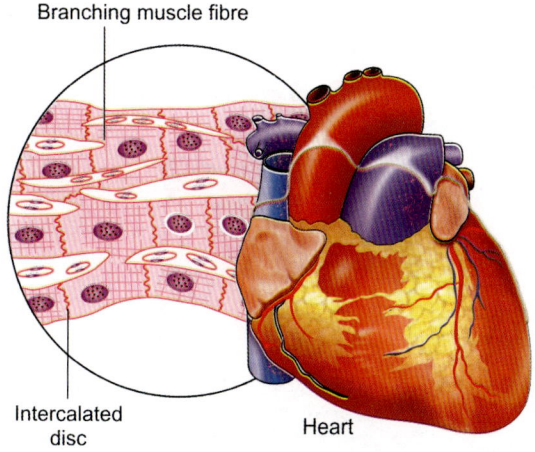

Fig. 2.23: Cardiac Muscle

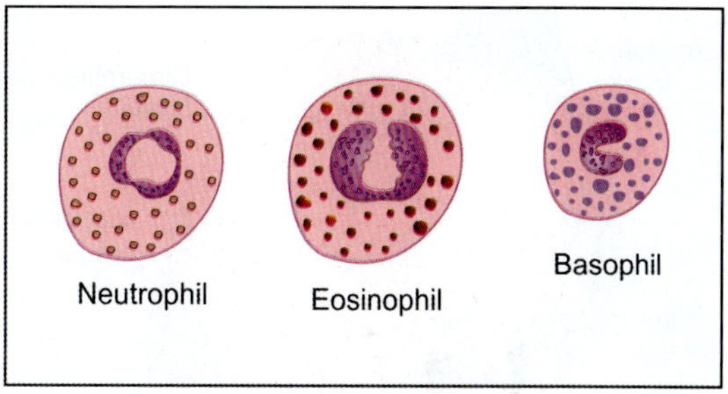

Fig. 3.5: ग्रेनुलोसाइट्स

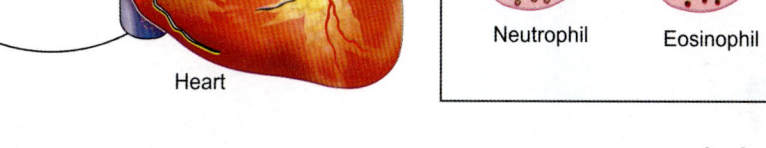

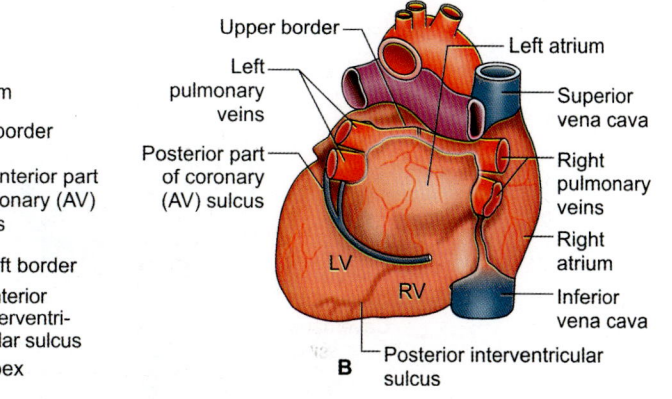

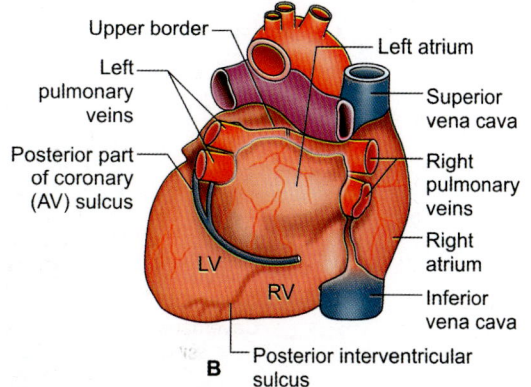

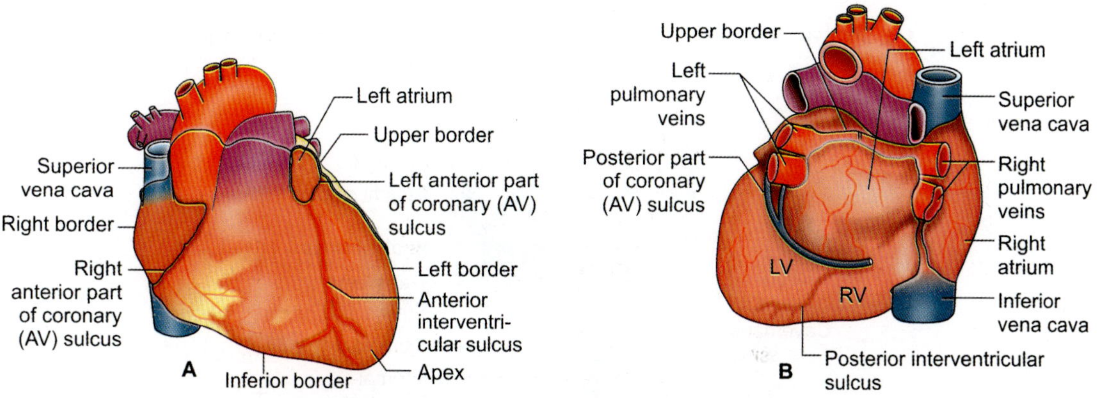

Figs 4.2A and B: A. Sternocostal सतह; B. हृदयाधार

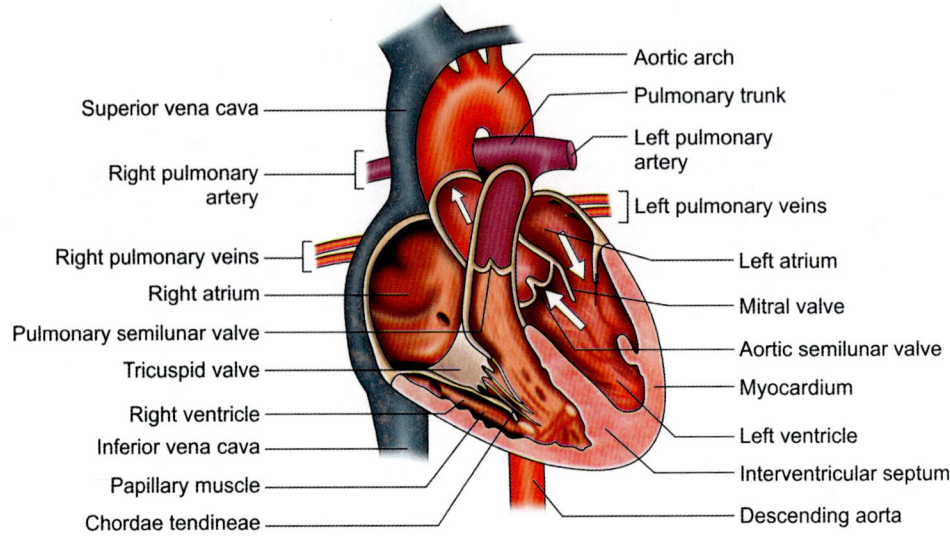

Aortic arch
Pulmonary trunk
Left pulmonary artery
Superior vena cava
Right pulmonary artery
Left pulmonary veins
Right pulmonary veins
Left atrium
Right atrium
Mitral valve
Pulmonary semilunar valve
Aortic semilunar valve
Tricuspid valve
Myocardium
Right ventricle
Left ventricle
Inferior vena cava
Interventricular septum
Papillary muscle
Chordae tendineae
Descending aorta

Fig. 4.3: हृदय की आंतरिक रचना

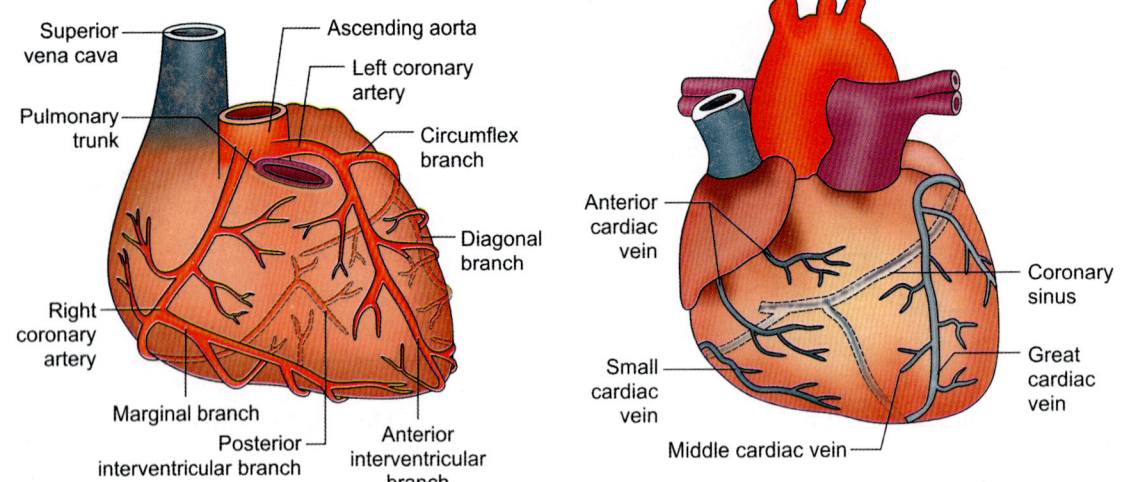

Superior vena cava
Ascending aorta
Left coronary artery
Pulmonary trunk
Circumflex branch
Diagonal branch
Right coronary artery
Marginal branch
Posterior interventricular branch
Anterior interventricular branch

Fig. 4.4: हृदय की धमनियाँ

Anterior cardiac vein
Coronary sinus
Great cardiac vein
Small cardiac vein
Middle cardiac vein

Fig. 4.5: हृदय की शिराएँ

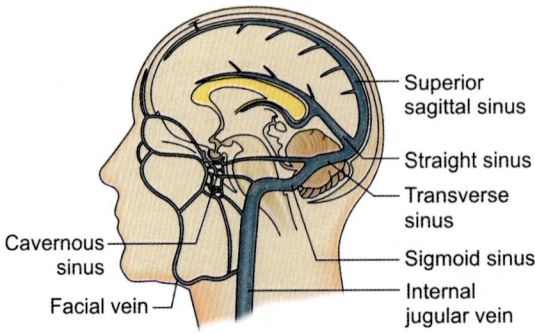

Superior sagittal sinus
Straight sinus
Transverse sinus
Cavernous sinus
Sigmoid sinus
Facial vein
Internal jugular vein

Fig. 4.15: सिर और ग्रीवा की शिराएँ

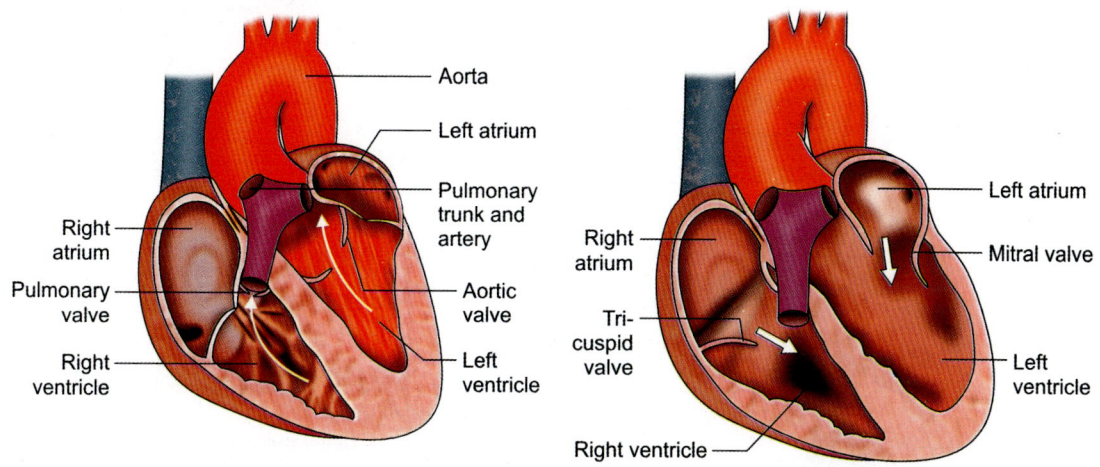

Fig. 4.8: ह्रादकी चक्र का संकुचना

Fig. 4.9: ह्रादकी चक्र का शिथिलन

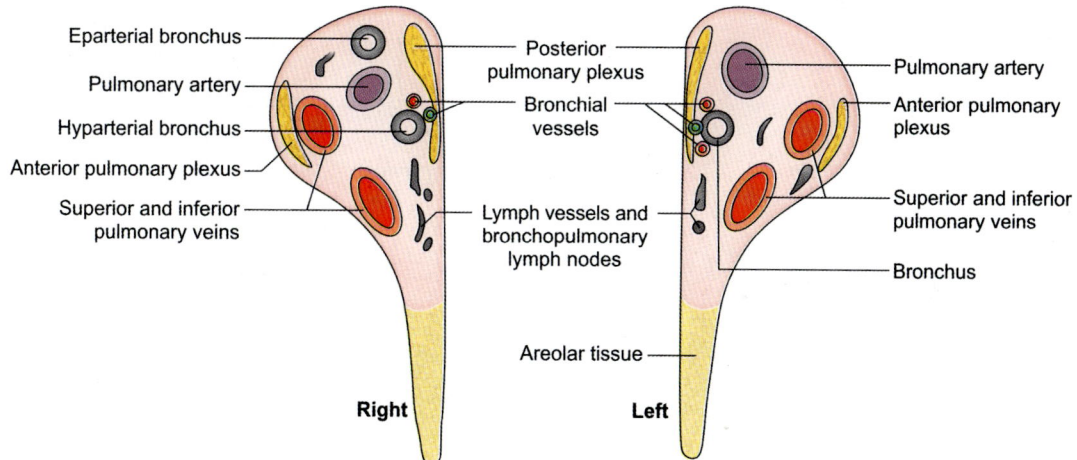

Fig. 6.6: दायें और बाएं फेफड़ों के हाइलम से गुजरती हुई संरचनाएं

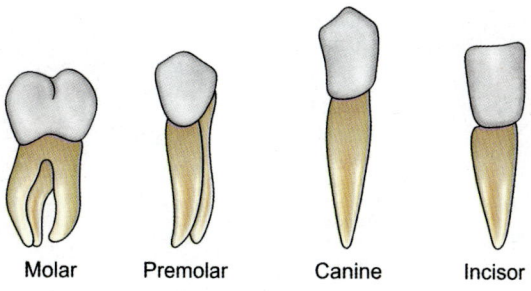

Molar
Premolar
Canine
Incisor

Fig. 7.4: स्थायी दांत

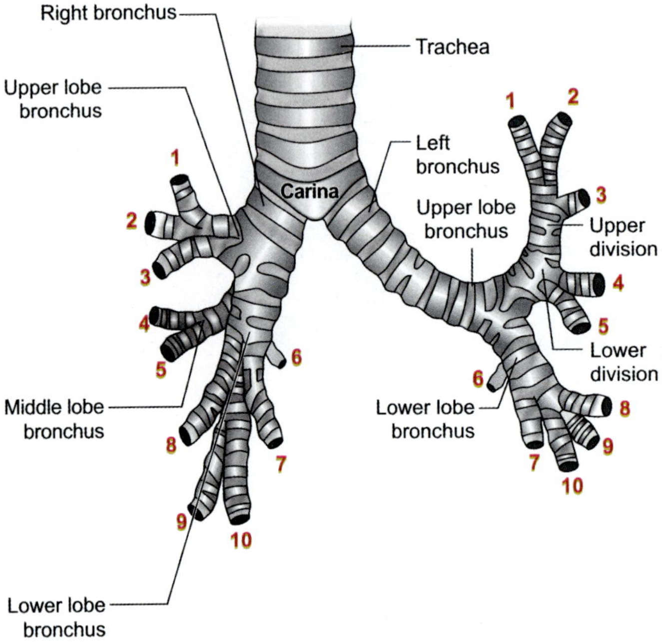

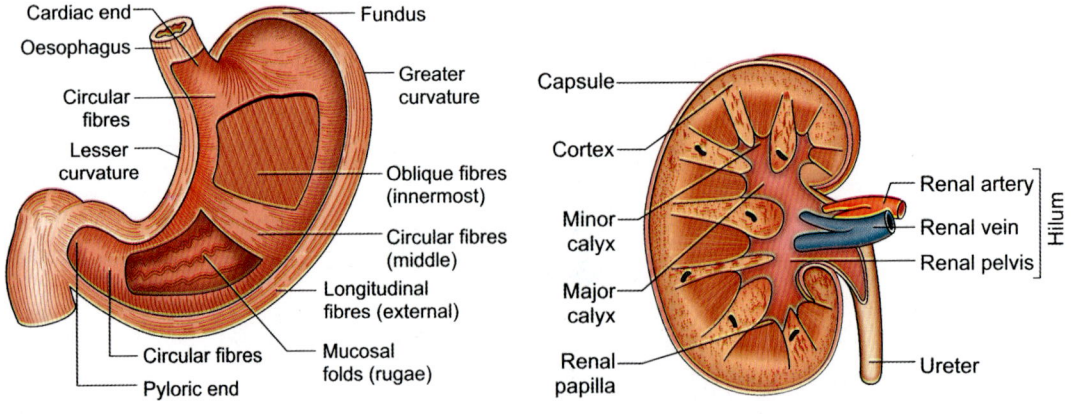

Right Lung	
Lobes	Segments
A. Upper	1. Apical
	2. Posterior
	3. Anterior
B. Middle	4. Lateral
	5. Medial
C. Lower	6. Superior
	7. Medial basal
	8. Anterior basal
	9. Lateral basal
	10. Posterior basal
Left Lung	
A. Upper	1. Apical
• Upper division	2. Posterior
	3. Anterior
• Lower division	4. Superior lingular
	5. Inferior lingular
B. Lower	6. Superior
	7. Medial basal
	8. Anterior basal
	9. Lateral basal
	10. Posterior basal

Fig. 6.7: फेफड़ों की श्वास प्रणाली

Fig. 7.8: अमाशय के हिस्से और संरचना

Fig. 8.4: वृक्क की आंतरिक संरचना

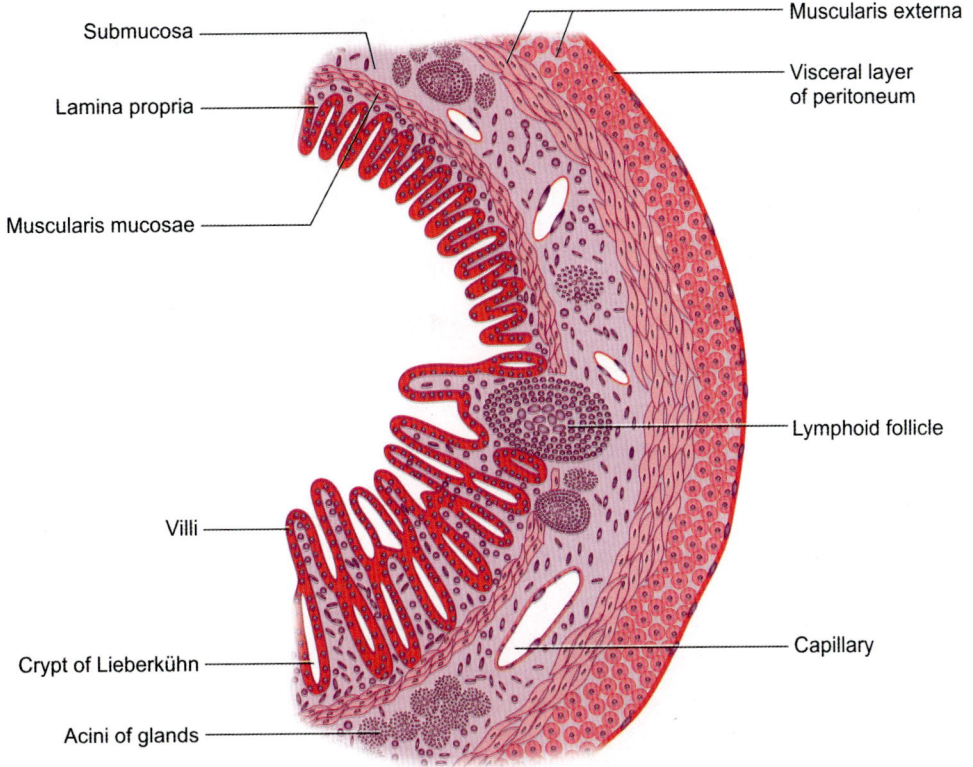

Fig. 7.9: आहारनली की ऊतकीय संरचना

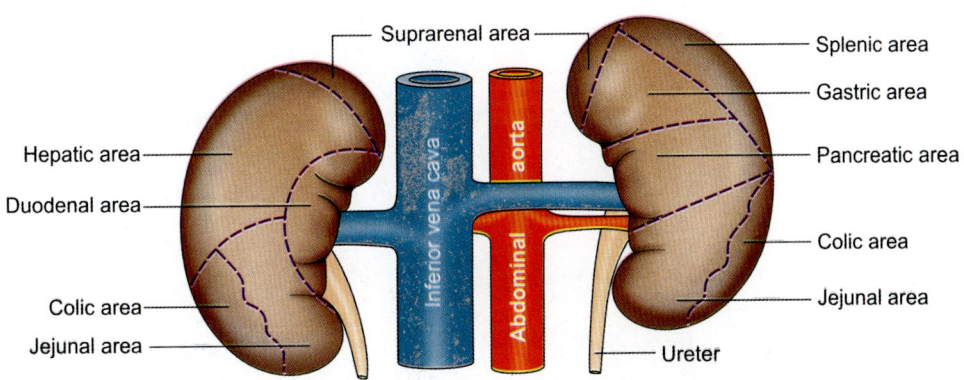

Fig. 8.2: वृक्कों के आगे के रिश्ते

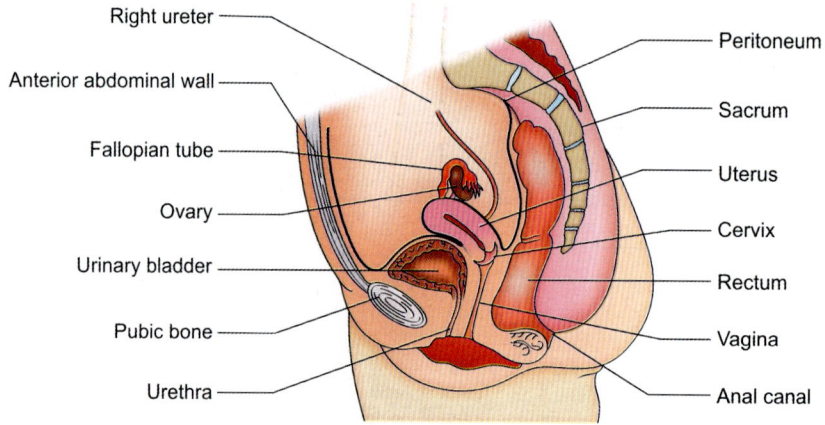

Fig. 10.1 स्त्री प्रजनन अंगों के भाग

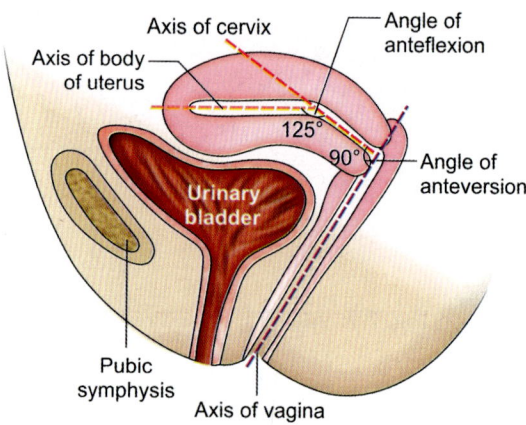

Fig. 10.4 : गर्भाशय की सामान्य स्थिति

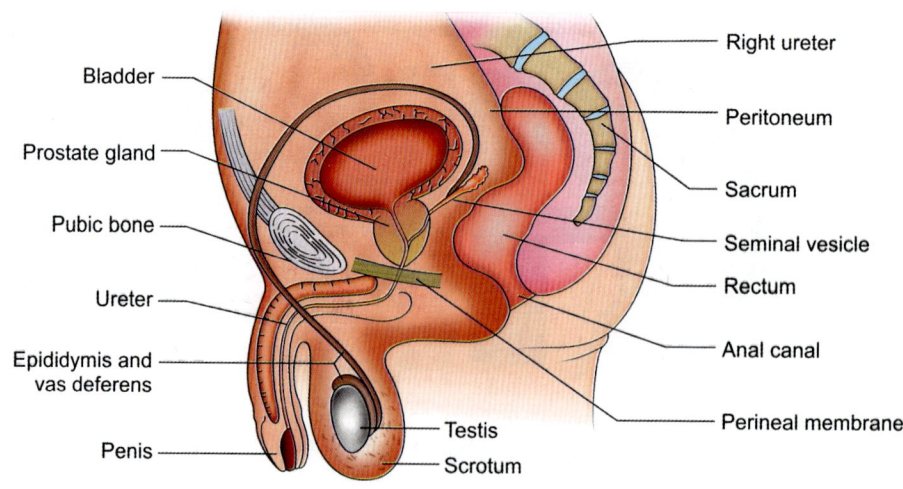

Fig. 10.9 : पुरुष जननांग

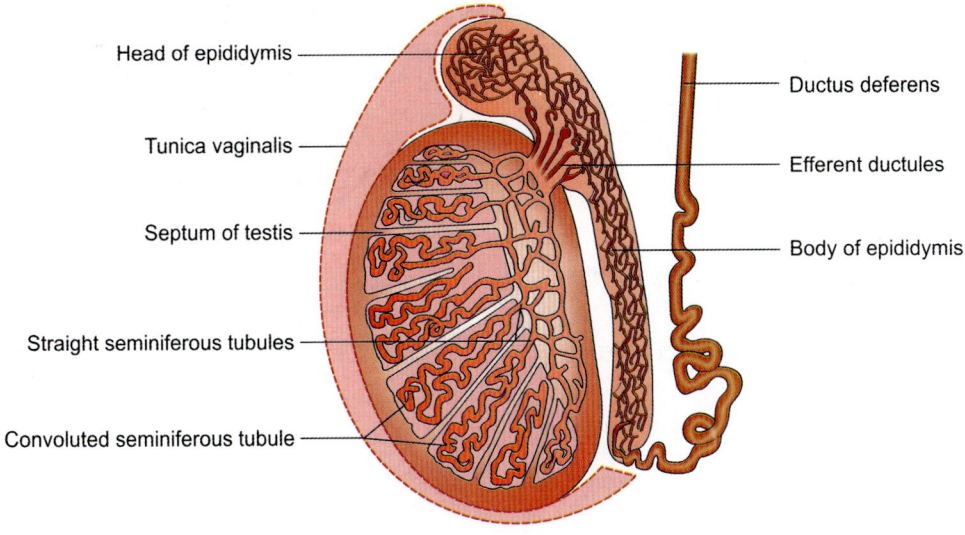

Fig. 10.10 : वृषण एवं वाहिका नली का काट

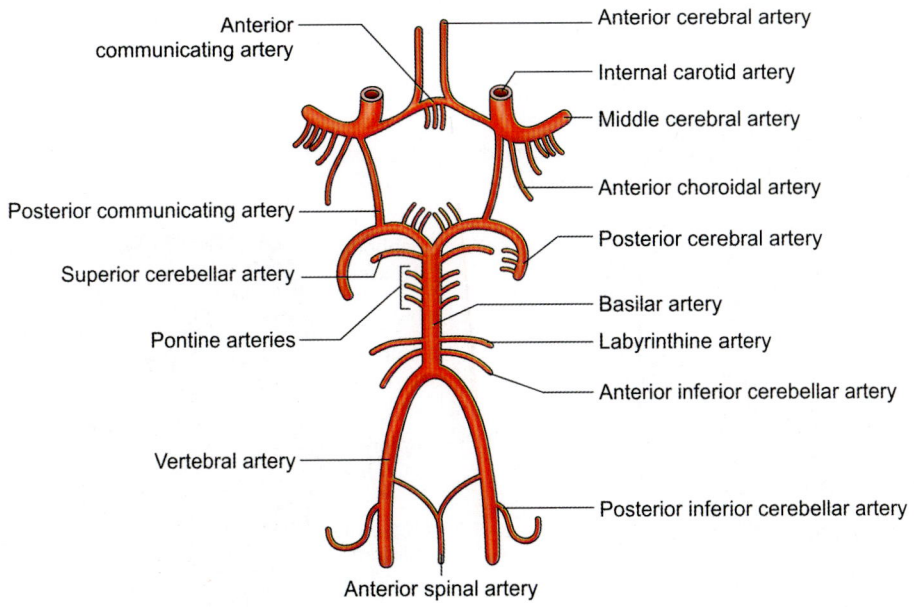

Fig. 11.13 : विलिस का चक्र (मस्तिष्क का रक्त संचार)

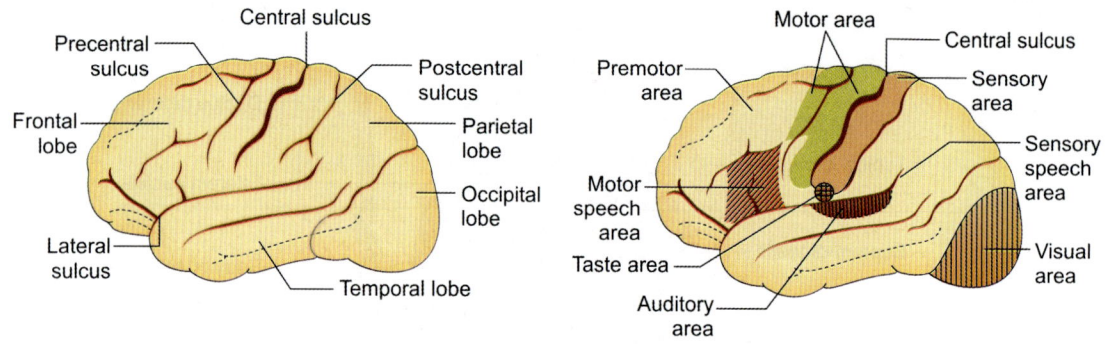

Fig. 11.6 : प्रमस्तिष्क के खंड एवं परिखाएं

Fig. 11.7 : कार्यात्मक क्षेत्र को दर्शाते हुए प्रमस्तिष्क

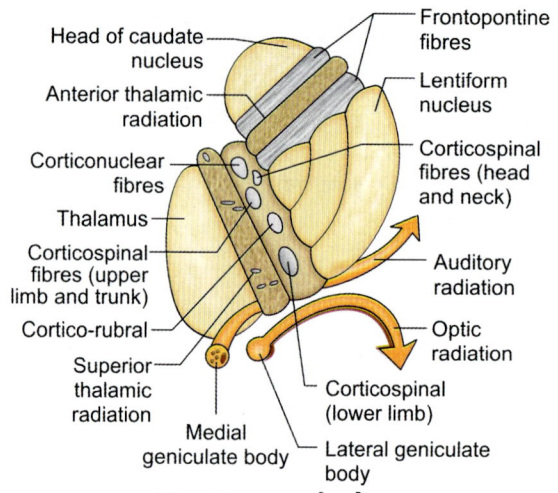

Fig. 11.9 : इन्टर्नल कैपसूल

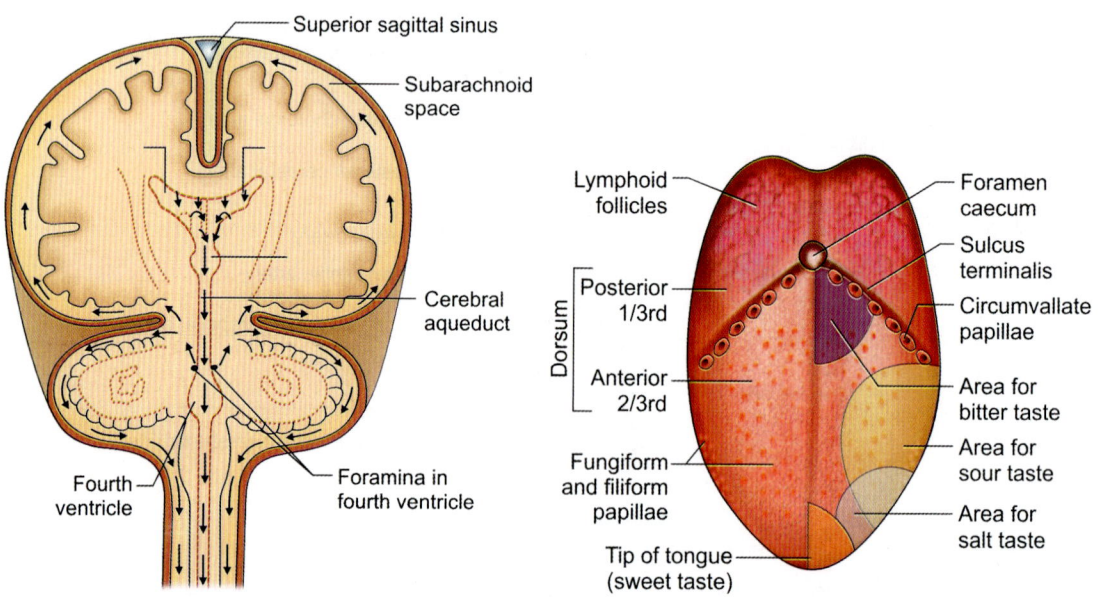

Fig. 11.12 : प्रमस्तिष्क मेरु तरल का बहाव

Fig. 12.2: जीभ और स्वाद कलियां

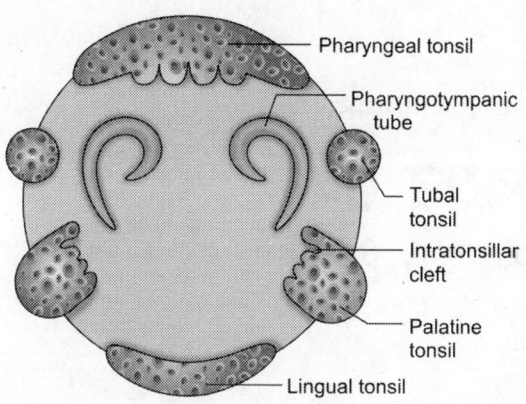

Pharyngeal tonsil

Pharyngotympanic tube

Tubal tonsil

Intratonsillar cleft

Palatine tonsil

Lingual tonsil

Fig. 5.4: वाल्डेयर रिंग

Small lymph vessels से large lymph vessels तथा large lymph vessels से lymphatic ducts बनती हैं।

शरीर की सबसे बड़ी lymphatic duct, thoracic duct है। यह abdomen के ऊपरी भाग से आरंभ होती है। Aortic opening के द्वारा thorax में प्रवेश करती है। Thorax में यह vertebral column के साथ-साथ ऊपर जाती है गर्दन की जड़ में यह left subclavian एवं left internal jugular vein के junction पर जाकर खुलती है। Lymph को venous blood में drain करती है। Thoracic duct दोनों lower limbs, abdomen, thorax की बाईं ओर, बाईं भुजा तथा head एवं neck की बाईं तरफ से lymph एकत्र करती है। दाईं भुजा, thorax की दाईं side एवं head, neck की दाईं ओर से lymph right lymphatic duct के द्वारा एकत्र किया जाता है। Right lymphatic duct छोटी होती है तथा right

subclavian एवं right internal jugular vein के junction पर खुलती है। (See Fig. 1.7)

CLINICAL ASPECTS

Lymph Nodes—Acute एवं chronic infection में lymph nodes का size बढ़ जाता है जिसको देखकर एवं छूकर पता लगाया जा सकता है। इसी प्रकार से कैंसर जैसी बीमारियों में भी इनका size बढ़ जाता है।

Tumours of lymph node को lymphoma कहते हैं।

Tonsils—Tonsils के द्वारा oropharynx को antigen से सुरक्षा मिलती है। Tonsil के स्वयं का संक्रमण tonsillitis कहलाता है। Tonsillitis का इलाज antibiotics के द्वारा किया जाता। परंतु जब यह बार-बार होता है तथा antibiotic से ठीक नहीं होता तब tonsils को operate करके निकाल दिया जाता है। ये procedure, tonsillectomy कहलाता है।

Spleen—Malaria, haemolytic anaemia और chronic myeloid leukaemia जैसी बीमारियों में spleen का आकार बढ़ जाता है। Spleen का आकार बढ़ने पर right iliac fossa की दिशा में बढ़ती है। किसी प्रकार की पेट की चोट में spleen के फटने की स्थिति में surgery करके इसको निकाल दिया जाता है यह प्रक्रिया splenectomy कहलाती है। Splenectomy के बाद इसका कार्य liver, red bone marrow और lymph node के द्वारा किया जाता है।

Thymus—Myasthenia gravis में thymus का size बढ़ जाता है। इसमें skeletal muscles बहुत कमजोर हो जाती हैं।

CHAPTER

6

श्वसन तंत्र
Respiratory System

Respiratory system में वे अंग आते हैं जो ऑक्सीजन के शरीर में जाने और शरीर को ऑक्सीजन की आपूर्ति तथा कार्बन डाईऑक्साइड के शरीर से बाहर निकालने में सहायता करते हैं। ऑक्सीजन रासायनिक क्रियाओं के द्वारा ऊर्जा उत्पन्न करती है यह ऊर्जा कोशिकाओं की विभिन्न क्रियाओं में काम आती है।

Respiration में gases का exchange दो स्थान पर होता है।

1. Lungs की alveoli में, यहां यह बाह्य श्वसन कहलाता है।

2. Tissues में यह आंतरिक श्वसन कहलाता है।

श्वसन के अंग (COMPONENTS OF RESPIRATORY SYSTEM)–श्वसन में काम आने वाले अंग निम्नलिखित हैं।

* Nose, paransal sinuses
* Nasopharynx
* Larynx
* Trachea and bronchi (Fig. 6.1)
* Respiratory muscles-diapragm एवं intercostal muscles

Nose

चेहरे पर नेत्रों के मध्य एवं नीचे की ओर एक उभार है। इसमें एक जोड़ा external nares होते हैं जिनके द्वारा हवा अंदर बाहर आती जाती है। Nasal cavity, nasal septum के द्वारा दो हिस्सों में बंटी होती है।

Nasal septum: Ethmoid, vomer एवं septal cartilage से बनता है। Nose की lateral wall में bony उभार होते हैं जिन्हें conchae कहते हैं इन conchae के बीच में lateral wall में meatuses होते हैं। इन meatuses में paranasal air sinuses की openings तथा nasolacrimal duct की opening होती है। Nose का फर्श palate से बनता है तथा छत nasal, frontal, ethmoid एवं sphenoid bone से बनती है।

Nose के posterior end पर दो nasal apertures होते हैं जो nasopharynx में खुलते हैं।

Nose की epithelium, columnar ciliated type की तरह की होती है जिसमें mucus secrete करने वाली goblet cells होती है।

Paranasal Air Sinuses—ये हवा से भरे हुए स्थान हैं जो sphenoid, ethmoid, frontal एवं maxilla bones में पाये जाते हैं। ये नाक की lateral wall में खुलते हैं इनका कार्य bone को हल्का रखना, आवाज में resonance तथा श्वसन के समय अंदर जाती हवा की humid करना एवं उसका तापमान नियंत्रित करना है।

Paranasal Sinus में infection की दशा को sinusitis कहते हैं।

FUNCTIONS OF NOSE

Air को lungs में ले जाना और lungs से air को बाहर निकालना तथा सूंघने की शक्ति नाक में होती है।

Nasopharynx

यह pharynx का सबसे ऊपरी भाग है। Nose के posterior nasal aperture इसमें खुलते हैं। इसकी lateral wall में auditory या eustachian tube खुलती है। यह tube tympanic membrane के दोनों ओर का दबाव बराबर रखती है। (Fig. 6.2)

Nasopharynx की पिछली दीवार पर pharyngeal tonsil/adenoids स्थित होते हैं। ये tonsils, lymphoid tissue के बने होते हैं। ये बच्चों में चौदह वर्ष की आयु तक काफी बड़े होते हैं उसके बाद इनका आकार धीरे-धीरे कम होता जाता है।

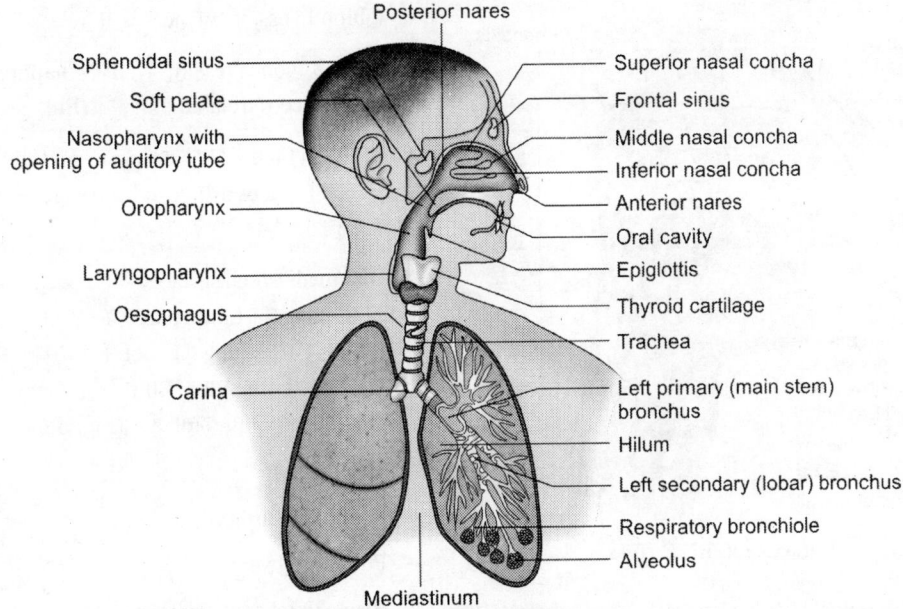

Fig. 6.1: श्वसन तंत्र के अंग

Nasopharynx से air pass होती हे जो यहां से oropharynx में जाती है।

Oropharynx: Pharynx का मध्य भाग है यह ऊपर nasopharynx तथा नीचे laryngopharynx में खुलता है यह air एवं fluid, food के लिए common रास्ता है।

Laryngopharynx—यह pharynx का सबसे निचला भाग हे जो larynx में खुलता है।

Larynx

यह voice box भी कहलाता है। यह तीसरी cervical से छठी cervical vertebrae तक स्थित है। यह cartilage तथा membrane का बना होता है।

Larynx में तीन cartilages unpaired तथा तीन paired (जोड़े) होते हैं।

Thyroid, cricoid, epiglottis एक-एक cartilage है जबकि arytenoid, corniculate एवं cuneiform जोड़े में होते हैं।

Larynx की membrane fold होकर दो vocal cord बनाती हैं। यहां पर vocal cord को गति देने वाली muscles होती है vocal cords की कंपन से voice उत्पन्न होती है।

पुरुषों में महिलाओं की अपेक्षा ज्यादा प्रभावी thyroid angle होता है जिसे 'Adam's apple' कहते हैं। Thyroid angle वह स्थान है जहां thyroid cartilage की lamina एक दूसरे से मिलती हैं।

Larynx का inlet एक sphincter की तरह कार्य करता है जो खाना पानी तथा अन्य किसी बाह्य वस्तु को अंदर जाने से रोकता है। छठी vertebra से नीचे larynx समाप्त होता है तथा trachea शुरू होती है।

Relation of Larynx: Larynx के ऊपर tongue की root तथा hyoid bone है; नीचे trachea, आगे hyoid से जुड़ी muscles; पीछे pharynx और दोनों ओर thyroid gland की lobes होती है।

Trachea and bronchi—Trachea एक musculo-cartilaginous tube है जो छठी cervical vertebra से चौथी thoracic vertebra के बीच स्थित है निचले सिरे पर यह दो primary bronchi में विभाजित हो जाती है यह primary bronchi एक दायें व एक बायें lung के लिए होते हैं। दायां bronchus छोटा, चौड़ा तथा trachea की सीध में होता है। दायें bronchus की लंबाई 2.5 cm जबकि बायें bronchus की 5 से.मी. होती है। इसमें hyaline cartilage के 'C' के आकार के घेरे होते हैं जिनसे tube patent रहती हे क्यांकि इससे लगातार हवा अंदर-बाहर जाती रहती है।

Trachea के दायें-बायें carotid sheath होती है जिसमें

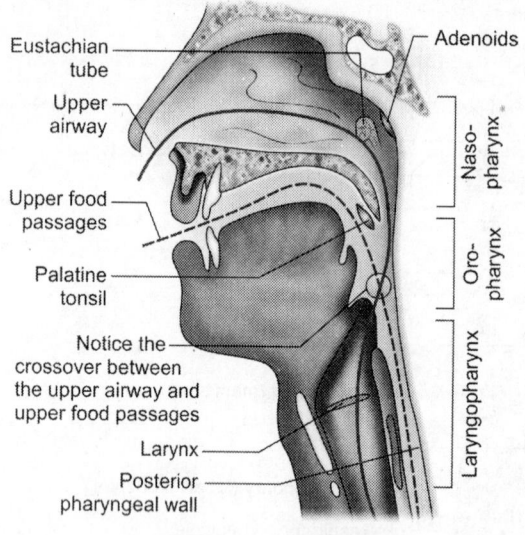

Eustachian tube
Adenoids
Upper airway
Naso-pharynx
Upper food passages
Oro-pharynx
Palatine tonsil
Notice the crossover between the upper airway and upper food passages
Laryngopharynx
Larynx
Posterior pharyngeal wall

Fig. 6.2: ग्रसनी के भाग

internal carotid artery, internal jugular vein, vagus nerve उपस्थित होती हैं।

Relation of Trachea

Superior	-	Larynx
Inferior	-	Right and left bronchi
Anterior	-	Isthmus of thyroid gland, arch of aorta
Posterior	-	Oesophagus
Lateral	-	Lungs and thyroid lobes

LUNGS (फेफड़े)

मानव शरीर में cone की आकृति के दो lungs होते हैं। ये thoracic cavity का अधिकतर स्थान घेरे रहते हैं। प्रत्येक lung, pleura से घिरा रहता है।

Pleura—Pleura की दो layers होती हैं। बाह्य layer को parietal pleura तथा भीतरी layer को visceral pleura कहते हैं। Parietal एवं visceral pleura एक दूसरे के साथ lung के hilum पर continuation में होती हैं। Visceral pleura lung की बाह्य सतह से चिपकी रहती है। दोनों layer के बीच में एक cavity होती है जिसे pleural cavity कहते हैं। Pleural cavity, serous fluid से भरी रहती है। यह serous fluid दोनों layers के बीच घर्षण को कम करता है। (Figs. 6.3 and 6.4)

Parts of Lung—Apex: यह भाग गरदन में clavicle के medial 1/3 भाग से 2.5 सेमी. तक ऊपर जाता है। यह गर्दन में blood vessels एवं nerves से related रहता है।

* Base—यह concave होता है तथा diaphragm की ऊपरी surface से related होता है। (Fig. 6.5)
* Costal surface—यह convex surface, ribs, intercostal spaces तथा costal cartilages से related होती है।
* Medial/mediastinal surface—यह concave surface हे इस पर lung का hilum part स्थित होता है। Hilum एक द्वार है जिससे lung की root में उपस्थित संरचनाएं अंदर जाती हैं या बाहर आती हैं। Lung root में निम्नलिखित संरचनाएं होती हैं। (Fig. 6.6)

— Bronchus

— Pulmonary artery

— Pulmonary veins

— Bronchial artery and vein

— Nerves and lymphatics

Lung का anterior एवं inferior border पतला होता है तथा posterior border चौड़ा होता है।

Lung के दो भाग हैं conducting एवं respiratory। Conducting portion—Primary bronchus hilum के द्वारा lung में पहुंचता है और right lung में यह तीन तथा left lung में दो secondary bronchi में विभाजित हो जाता है। प्रत्येक lung में secondary bronchi 10-10 segmental bronchi में बंट जाते हैं। प्रत्येक segmental bronchi बार-बार विभाजित होकर terminal bronchiole बनाते हैं जिनमें cartilage की plates नहीं होती और इनकी चौड़ाई 1 मि.मी. होती है। (Fig. 6.7)

Respiratory portion—Terminal bronchiole पुनः विभाजित होकर respiratory bronchiole तथा alveolar sac से और alveoli बनती है। Alveoli में दो तरह की cells होती हैं type I से gases का exchange तथा type II cells से phospholipid surfactant का secretion होता है। इस भाग में gases का exchange होता है इसलिए इसे respiratory भाग कहते हैं।

Gases के exchange के लिए deoxygenated blood, right ventricle से lung में आता है। Oxygenated blood, pulmonary veins के द्वारा left atrium में वापिस पहुंचता है।

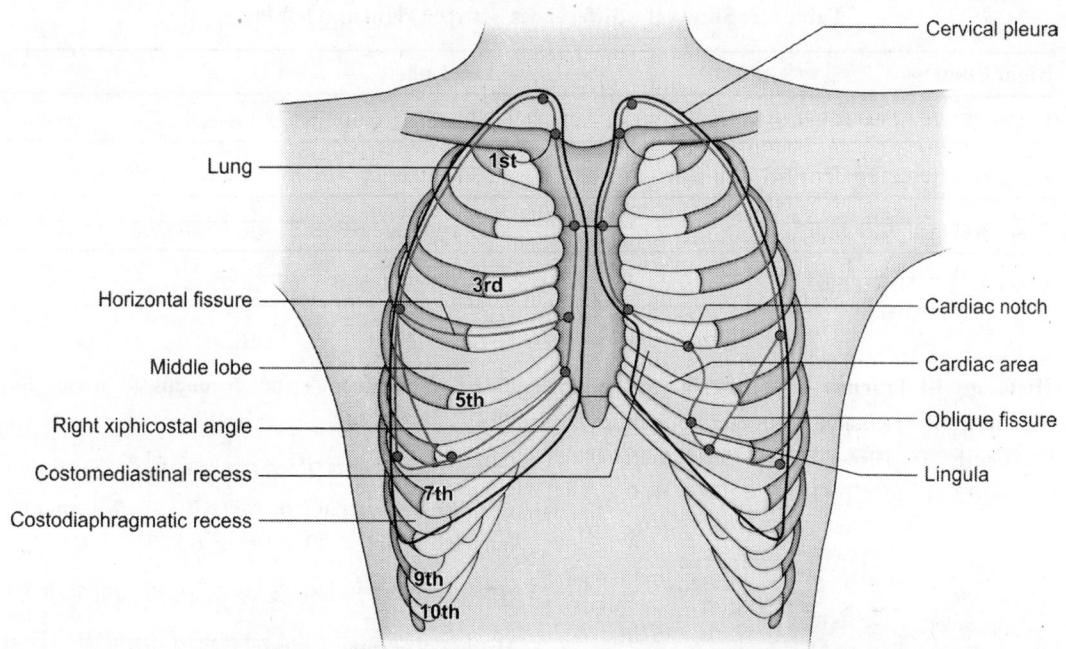

Fig. 6.3: पार्श्व प्लूरा और आंतरांग प्लूरा/फेफड़े के (आगे से देखने पर)

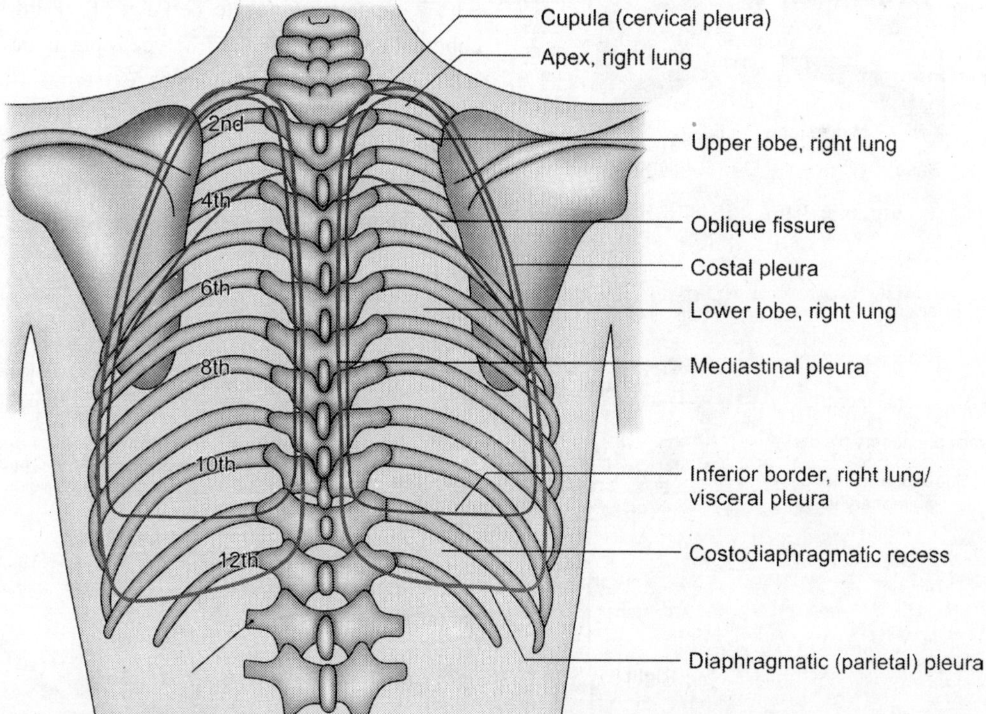

Cervical pleura

Lung

Horizontal fissure

Middle lobe

Right xiphicostal angle

Costomediastinal recess

Costodiaphragmatic recess

Cardiac notch

Cardiac area

Oblique fissure

Lingula

1st

3rd

5th

7th

9th

10th

Fig. 6.4: पार्श्व प्लूरा और आंतरांग प्लूरा/फेफड़े के (पीछे से देखने पर)

Cupula (cervical pleura)

Apex, right lung

Upper lobe, right lung

Oblique fissure

Costal pleura

Lower lobe, right lung

Mediastinal pleura

Inferior border, right lung/ visceral pleura

Costodiaphragmatic recess

Diaphragmatic (parietal) pleura

2nd

4th

6th

8th

10th

12th

Table 6.1: Shows the differences between right and left lungs

Right Lung	Left Lung
1. इसमें दो fissures तथा तीन lobes हैं	इनमें एक fissure तथा 2 lobes हैं
2. इसका anterior border सीधा होता है।	इसके anterior border पर cardiac notch होती है।
3. यह बड़ा तथा भारी होता है।	यह right lung से छोटा एवं हल्का होता है।
4. यह भारी व चौड़ा होता है।	यह पतला व लंबा होता है।

Histology of Trachea—Trachea की epithelium, pseudostratified ciliated columnar epithelium होती है। ये cells भिन्न-भिन्न ऊंचाई की होती है। इसीलिए यह single परत में होते हुए भी एक से ज्यादा परत में प्रतीत

होती है। इसके deep (गहराई) में mucus एवं serous ग्रंथि होती है।

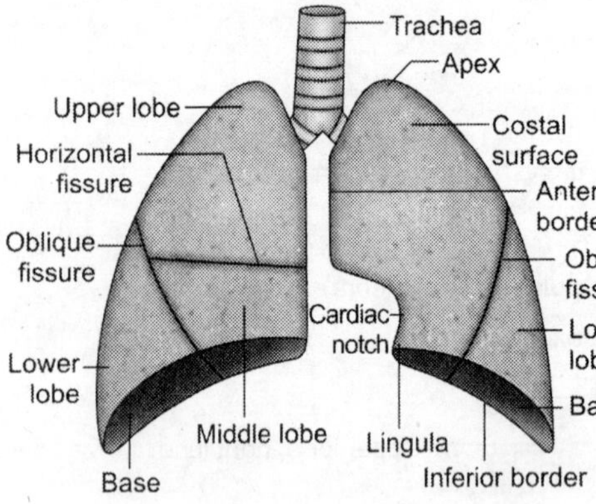

इसका अधिकांश भाग 'C' के आकार के hyaline cartilage से बनता है। cartilage के दोनों सिरों के बीच smooth muscles के fibres होते हैं। (Fig. 6.8)

सबसे बाहरी परत connective tissue की बनी होती है।

Histology of lung: Lung की उत्तकीय संरचना की विशेषता है, इसमें पतली दीवारों वाली alveoli की उपस्थिति होती है। Alveoli की दीवारें मुख्यतः squamous cells से बनी होती है। इन्हें type I pneumocyte कहते हैं इनके अलावा कुछ cuboidal cells भी होती हैं जिन्हें type II pneumocytes कहते हैं। Type II pneumocytes से serous fluid, surfactant निकलता हैं। जो alveoli को पिचकने से बचाता है। यह surfactant नवजात शिशु में lung के फैलने को प्रोत्साहित करता है। Alveoli के बीच में capillaries होती है जिनसे CO_2 तथा O_2 का exchange होता है इनके

Fig. 6.5: फेफड़े और श्वास नली

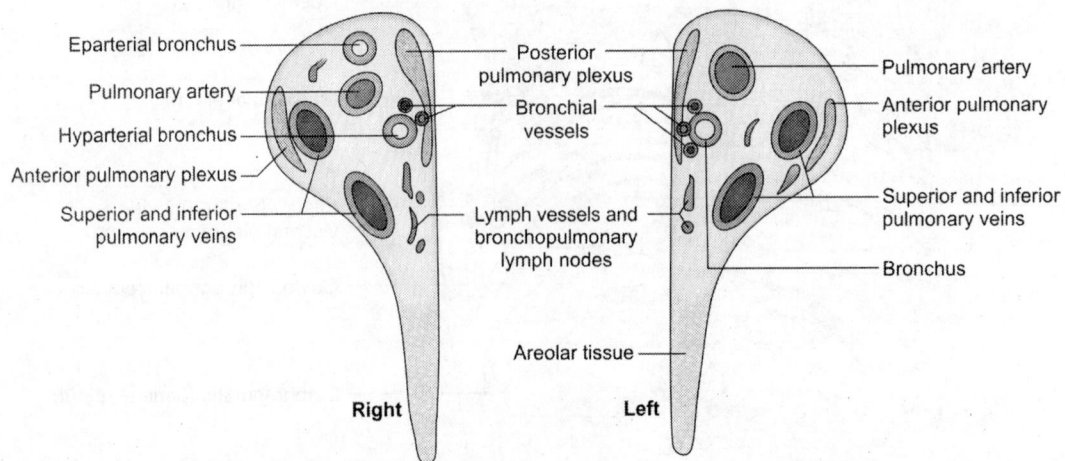

Fig. 6.6: दायें और बाएं फेफड़ों के हाइलम से गुजरती हुई संरचनाएं (देखें प्लेट 3)

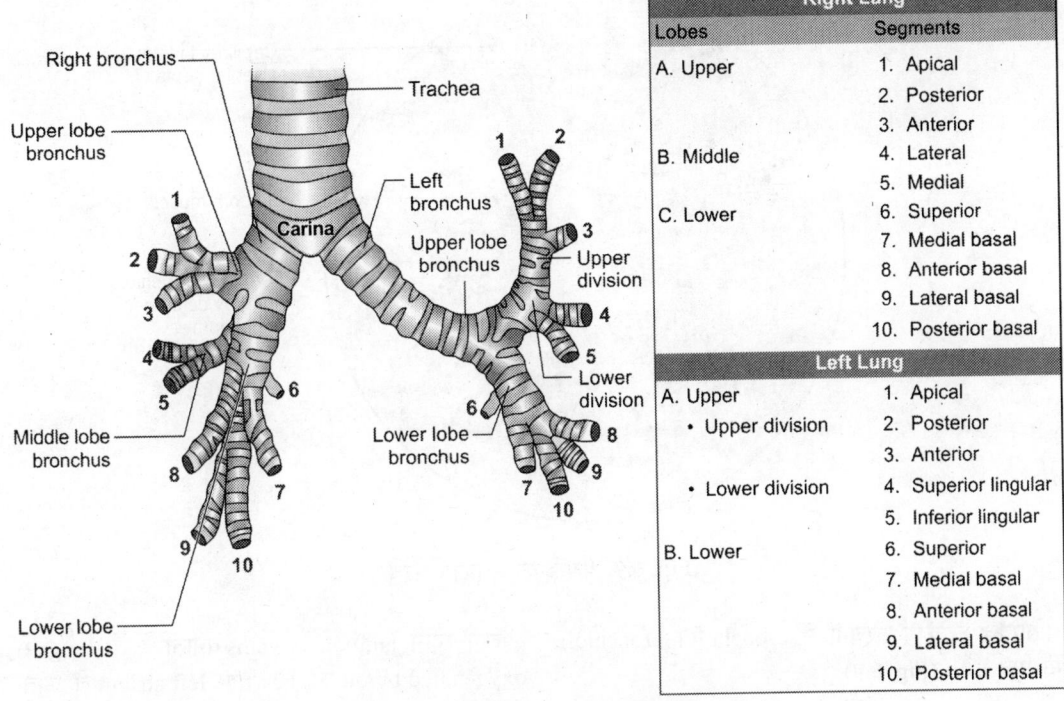

Right Lung	
Lobes	Segments
A. Upper	1. Apical
	2. Posterior
	3. Anterior
B. Middle	4. Lateral
	5. Medial
C. Lower	6. Superior
	7. Medial basal
	8. Anterior basal
	9. Lateral basal
	10. Posterior basal
Left Lung	
A. Upper	1. Apical
• Upper division	2. Posterior
	3. Anterior
• Lower division	4. Superior lingular
	5. Inferior lingular
B. Lower	6. Superior
	7. Medial basal
	8. Anterior basal
	9. Lateral basal
	10. Posterior basal

Fig. 6.7: फेफड़ों की श्वास प्रणाली (देखें प्लेट 4)

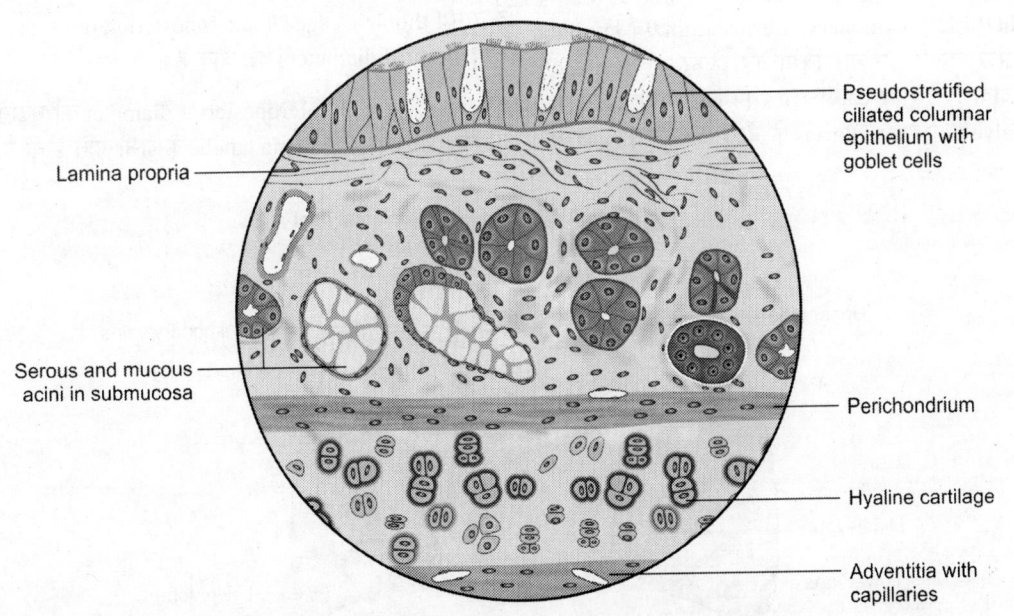

Fig. 6.8: श्वासनली की उत्तकीय संरचना

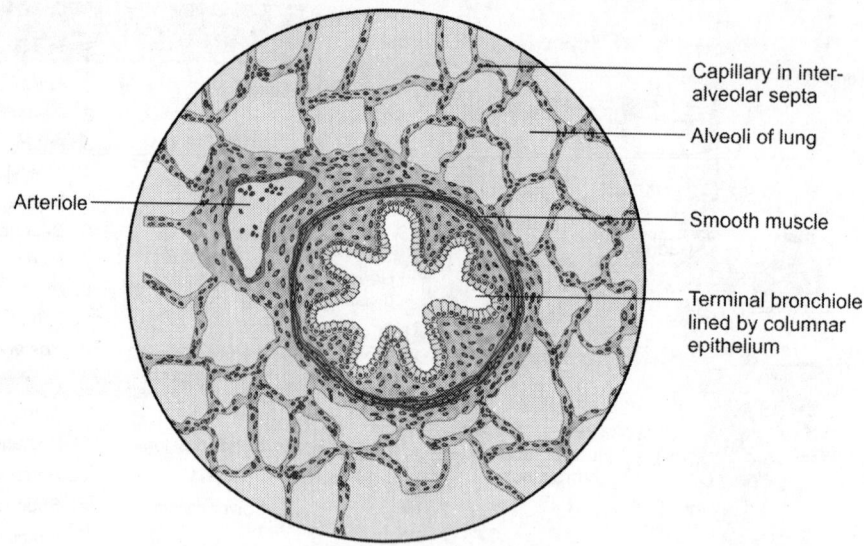

Fig. 6.9: फेफड़े की उत्तकीय संरचना

अतिरिक्त उत्तकीय संरचना में bronchi एवं bronchiole भी मिलते हैं। (Fig. 6.9)

Pulmonary Circulation : Pulmonary Trunk—जो कि heart के right ventricle से deoxygenated blood को lungs की ओर ले जाता है और right एवं left-pulmonary arteries में विभाजित हो जाती हैं और ये right एवं left pulmonary arteries, right एवं left lung के अंदर जाकर बार-बार विभाजित होकर अंततः alveoli की दीवारों के साथ capillaries का जाल बनाती हैं। यहीं पर alveoli एवं capillaries के बीच में O_2 तथा CO_2 का आदान-प्रदान pulmonary veins बनाती है जो lungs से oxygenated blood को heart के left atrium ले जाती हैं। (Fig. 6.10)

RESPIRATORY MOVEMENTS: Inspiration एवं expiration दो respiratory movements है। Inspiration के समय thoracie cage का anteroposterior, transverse तथा vertical diameters बढ़ जाते हैं।

Thoracic cage के anteroposterior diameter को बढ़ाने के लिए ribs के द्वारा pump handle के जैसी गति होती है,

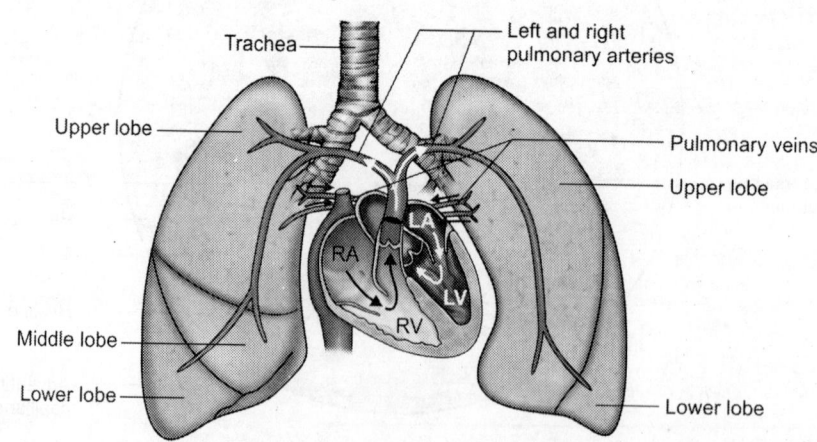

Fig. 6.10: फेफड़ों और हृदय के बीच एक परसिंचरण

जिसमें दूसरी से छठी ribs ऊपर उठती हैं और sternum को आगे की ओर गति देती हैं। (Fig. 6.11)

Thoracic cage का transverse diameter सातवीं से दसवीं ribs के bucket-handle जैसी गति से बढ़ता है। (Fig. 6.12)

Thoracic cage का vertical diameter, diaphragm के नीचे की ओर जाने में बढ़ता है। Inspiration के समय diaphragm मे संकुचन होता है जिससे यह 2 से.मी. नीचे आ जाता है। Diaphragm के एक contraction से 400 मि. ली. air lung में अंदर आ जाती है। इसमें anterior abdominal wall की muscles की शिथिलता भी सहायक होती है।

Expiration में abdominal wall की muscles संकुचित होती हैं तथा diaphragm शिथिल होकर ऊपर की ओर चली जाती है।

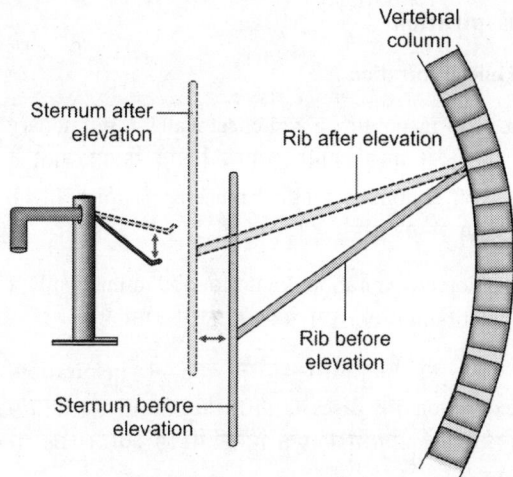

Fig. 6.11: पम्प हैन्डल जैसी गति

Respiratory Muscles

विश्राम की अवस्था में inspiration: Diaphragm तथा external intercostal के द्वारा होता है।

Deep inspiration (गहरी सांस लेना)–Erector spinae, scalene muscles, pectoral muscles के द्वारा।

विश्राम की अवस्था में expiration के लिए muscles को कोई कार्य नहीं करना पड़ता।

Forced expiration : Anterior abdominal wall की muscles संकुचित होती है।

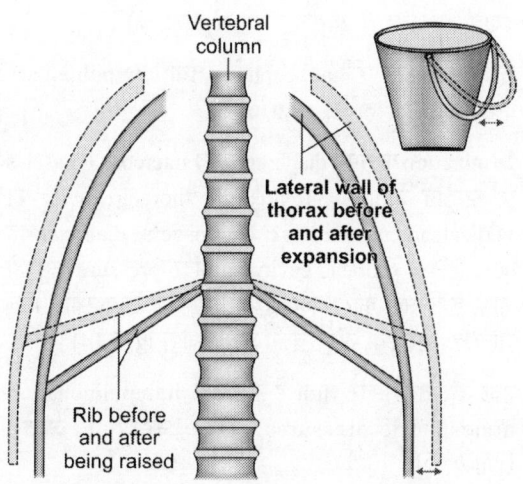

Fig. 6.12: बाल्टी के हैन्डल गति

विभिन्न प्रकार के श्वसन मे होने वाली गतियाँ

Inspiration

a. Quiet inspiration (विश्राम की अवस्था में साँस अंदर लेना) इस श्वसन में दूसरी से छठी ribs ऊपर उठती हैं तथा thorax का anteroposterior diameter बढ़ जाता है।

सातवीं से दसवीं ribs के elevation से transverse diamater बढ़ जाता है।

Diaphragm के नीचे जाने से vertical diameter बढ़ जाता है।

b. Deep inspiration (गहरी सांस लेना) विश्राम की अवस्था में होने वाली गतियां बढ़ जाती हैं।

i. Scaleni तथा sternocleidomastoids के द्वारा प्रथम ribs का elevation होता है।

ii. Erecter spinae के द्वारा thoracic spine की concavity कम हो जाती है।

Forced Inspiration

(i) Deep inspiration के समय होने वाली सभी गतियां बहुत बढ़ जाती हैं।

(ii) Trapezius, levator scapulae एवं rhomboids के द्वारा scapula स्थिर तथा elevate हो जाता है जिससे serratus anterior एवं pectoralis minor muscles ribs पर कार्य कर सकती हैं।

Expiration

Quiet Expiration

a. इसमें inspiration के बाद chest wall एवं 'pulmonary alveoli वापस अपनी सामान्य स्थिति मे आ जाती है तथा abdominal wall की muscles की tone आंशिक रूप से बढ़ जाती है।

b. Forced expiration में anterior abdominal wall एवं latissimus dorsi में प्रबल संकुचन होता है।

श्वसन की क्रियाविधि–श्वसन चक्र मे inspiration, expiration तथा gases का diffusion शामिल है। सामान्य विश्राम की अवस्था में एक मिनट में 15 श्वसन चक्र पूरे होते हैं।

श्वसन की क्रिया atmospheric तथा intrapulmonary दबाव के अंतर के परिणाम स्वरूप होती हैं।

Inspiration से पहले atmospheric तथा intrapulmonary दबाव बराबर होता है। (Fig. 6.13)

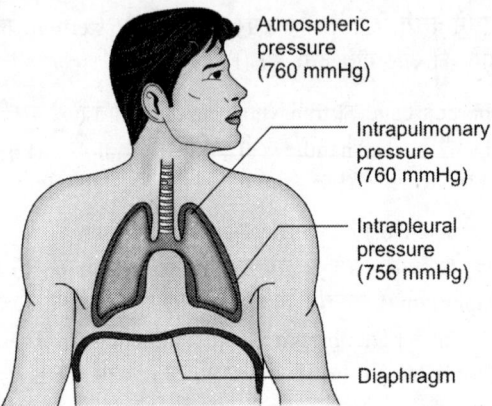

Fig. 6.13: अंदर सांस लेने से पहले

Inspiration के समय diaphragm एवं intercostal muscles मे संकुचन होता है परिणामस्वरूप thoracic cavity का vertical, anteroposterior तथा transverse diameter बढ़ जाता है एवं thoracic cavity के अंदर pressure कम हो जाता है जिसके कारण lungs को फैलने के लिए स्थान मिल जाता है ओर हवा अंदर चली जाती है। (Fig. 6.14)

हवा जब तक अंदर जाती है तब तक intrapulmonary व atmospheric pressures बराबर नहीं हो जाते। (Fig. 6.15)

सामान्य expiration के दौरान diaphragm धीरे-धीरे relax होता है तथा lungs एवं thorax सहजता से अपने मूलरूप व आकार में वापिस आ जाते हैं।

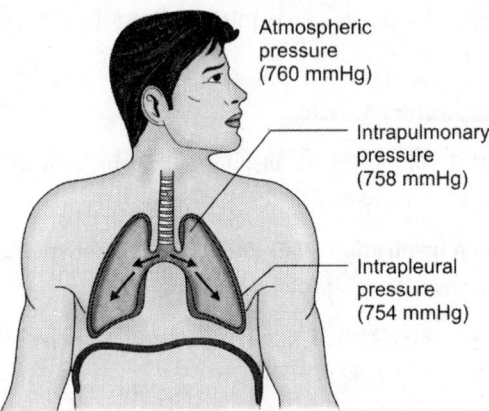

Fig. 6.14: अंदर सांस लेने की शुरुआत

गहरी निःश्वसन में abdominal muscles एवं internal intercostal muscles मे संकुचन से thoracic volume कम हो जाता है, lung एवं thorax के सिकुड़ने से intrapulmonary pressure बढ़ जाता है जिससे हवा बाहर निकलने लगती हैं। (Fig. 6.16)

सामान्य inspiration में diaphragm तथा intercostal muscles के contraction से chest wall फैल जाती है। Inspiration की प्रक्रिया में ऊर्जा की आवश्यकता होती है तथा सामान्य expiration में ऊर्जा की आवश्यकता नहीं होती। (Fig. 6.16)

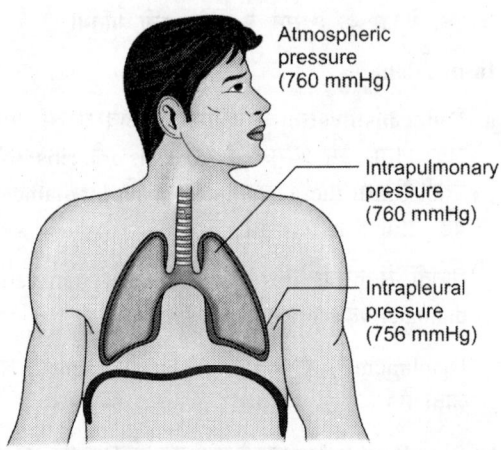

Fig. 6.15: अंदर सांस लेने की समाप्ति

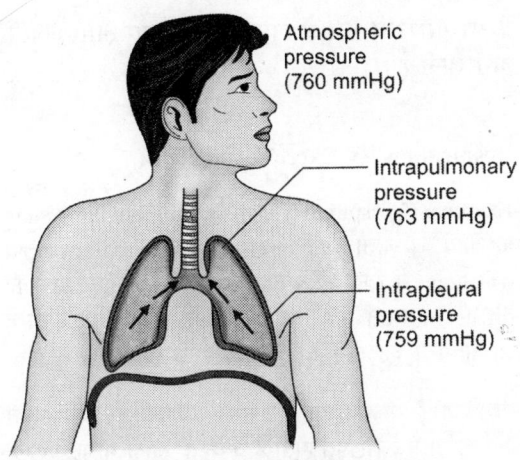

Fig. 6.16: बलपूर्वक निःश्वसन

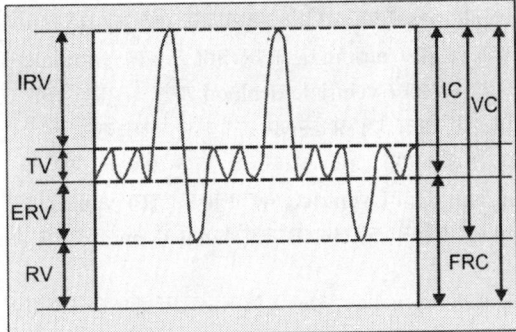

Fig. 6.17: फेफड़ों की क्षमता

LUNG VOLUMES

Dead Space—यह 150 मि.ली. होता है यह हवा की मात्रा diffusion में भाग नहीं लेती। ये हवा nose, trachea and bronchial tree में रहती है।

Tidal Volume (TV)—गैस की वह मात्रा जो सामान्य श्वसन में अंदर आती है या बाहर निकलती है यह मात्रा 400 से 500 मि. ली. होती है।

Alveolar Ventilation—जो गैस एक मिनट में alveoli के अंदर जाती है या बाहर निकलती है।

Alveolar Ventilation : Tidal volume – anatomical dead space

(500–150 × 15 = 5.25 litre/min

Inspiratory Reserve Volume (IRV)—गैस की अधिकतम मात्रा जो व्यक्ति के end inspiratory position में अंदर जाती है। यह मात्रा 2400-2600 ml होती हैं।

Inspiratory Capacity (IC)—गैस की वह अधिकतम मात्रा जो एक व्यक्ति end inspiratory position में अंदर खींच सकता है।

IC = IRV + Tidal volume

2500 + 500 = 3000 ml.

Expiratory Reserve Volume (ERV) गैस की अधिकतम मात्रा जो सामान्य expiration के बाद बाहर निकाली जा सकती है यह मात्रा 1200–1500 ml. होती है।

Vital Capacity (VC)—यह गैस की वह अधिकतम मात्रा है जो श्वसन की प्रक्रिया में अधिकतम inhalation के बाद श्वसन छोड़ने पर बाहर निकलती है।

IRV + TV + ERV यह 4200–4500 ml होती है।

Residual Volume (RV)—अधिकतम उच्छ श्वसन (expiration) के बाद फेफड़ों में उपस्थित शेष हवा की मात्रा को residual volume कहते हैं। यह 1200–1500 ml होती है।

Maximum Breathing Capacity (MBC)—हवा की वह अधिकतम मात्रा जो श्वसन में एक minute में उपयोग में आती है। यह 120–170 litre/min होती है।

Minute Volume : Tidal Volume Respiratory Rate 500 × 15 = 7500 ml.

Total Lung Volume—

IRV + TV + ERV + RV

Functional Residual Capacity (FRC)—यह गैस की वह मात्रा है जो expiration के अंत में lungs में रहती है।

यह ERV + RV = 2400 के 2600 ml होती है।

Lung Function Test यह lung volume पर आधारित है ये respiratory system की बीमारियों को monitor करने के लिए उपयोग में आते हैं।

Gas exchange in lungs: Lung alveoli Capillaries की दीवार के साथ संपर्क में रहती है। इस संपर्क के कारण alveoli तथा capillaries के बीच गैसों का आदान-प्रदान होता है। गैसों का diffusion उच्चतर से निम्नतर concentration की ओर होता है। Lungs में आक्सीजन की concentration, blood capillaries की तुलना में अधिक होती है, जिससे आक्सीजन diffusion के द्वारा blood capillaries में पहुंचती है। आक्सीजन प्राप्त कर यह blood हृदय के बायें atrium में जाकर वहां से बायें ventricle में जाता है। बायें ventricle से blood शरीर के सभी अंगों में वितरित होता है। ऑक्सीजन की कम मात्रा वरना blood शरीर के सभी अंगों/ऊतकों से दायें atrium और दायें atrium से दायें ventricle में जाता है। दायें ventricle से blood ऑक्सीजन लेने के लिए lungs में pump होता है।

गैसों के exchange के लिए निम्नलिखित कारक उत्तरदायी हैं।

1. Alveolar epithelium जो बहुत पतली होती है।
2. Alveoli में गैस का दबाव।
3. Epithelial कोशिकाओं की basement membrane
4. Alveolar epithelium का capillary की दीवार के साथ संपर्क होता है।

Expired एवं inspired गैसों का प्रतिशत

Gas	Inspired air %	Expired air %
Oxygen	21	16
Carbon dioxide	0.04	3.5
Nitrogen	79	79
Water vapour	Variable	6.2

External Respiration

बाह्य श्वसन : इसमें गेसों का आदान-प्रदान alveoli एवं blood के मध्य होता है गैसों के आदान-प्रदान में कुल 70–80 वर्ग मी. क्षेत्र उपयोग में आता है। Venous blood में CO_2 का स्तर उच्च होता है तथा O_2 का स्तर कम होता है तथा alveoli में O_2 का स्तर उच्च एवं CO_2 का निम्न स्तर होता है गैस उच्च स्तर से निम्न स्तर की और diffusion के द्वारा पहुंचती हैं।

Internal Respiration

अंतःश्वसन : इसमें गैसों का आदान-प्रदानblood capillaries एवं ऊतकों के बीच में होता है। Blood capillaries में O_2 का स्तर ऊतकों के O_2 के स्तर से अधिक होता तथा CO_2 का स्तर ऊतकों के स्तर से कम होता है। इस भिन्नता के कारण गैस उच्च स्तर से निम्न स्तर की ओर diffusion के द्वारा जाती है।

Respiration पर Exercise का प्रभाव

Exercise से respiratory तथा cardiovascular system का कार्य बढ़ जाता है। Exercise के समय cardiac output तथा lungs में रक्त का प्रवाह बढ़ जाता है। ऑक्सीजन की diffusion क्षमता सबसे ज्यादा exercise के समय होती है जो सामान्य का तीन गुना ज्यादा होती है।

मांसपेशियों में संकुचन के समय आक्सीजन की बहुत अधिक मात्रा की खपत होती है व बहुत ज्यादा मात्रा में CO_2 निकलती है। सामान्य अवस्था की तुलना में pulmonary ventilation 30 गुना बढ़ जाता है। तंत्रिकाओं में उत्तेजना के आवेश के कारण medulla oblongata का respiratory area exercise आरंभ होने के साथ ही अचानक उत्तेजित हो जाता है जिसे ventilation में वृद्धि हो जाती है।

Exercise की समाप्ति पर ventilation अचानक ही कम हो जाता है।

Transport of gases in bloodstream—O_2 एवं CO_2 का आवागमन internal respiration के लिए आवश्यक है। O_2 रुधिर में haemoglobin के साथ रासायनिक क्रिया के द्वारा oxyhaemoglobin बनाकर या blood के plasma में घुलकर transport होती है। Oxyhaemoglobin एक अस्थायी compound है यह ऊतकों में O_2 release करता है।

CO_2 मेटॉबालिज्म का अनुपयोगी उत्पाद है जो lungs के द्वारा शरीर से बाहर निकाला जाता है। 70% CO_2 का transportation bicarbonate ions के रूप में, 23% का carbaminohaemoglobin के रूप में 7% plasma में घुलकर होता है।

Regulation of Respiration

Respiration का regulation दो प्रकार से होता है।

1. Rhythmic breathing
2. Chemical control of respiration

1. Rhythmic Breathing—यह respiratory centre जो कि medulla oblongata एवं pons में होता है, के द्वारा control होती है इसमें तंत्रिकायें bilateral होती है।

Medulla में एक inspiratory centre होता है जो inspiration के समय signal देता है तथा एक expiratory centre होता है जो expiration के समय तंत्रिकाओं को उत्तेजित करता है।

2. Pons के ऊपरी भाग में pneumotaxic centre दोनों ओर होता है, जिनकी तंत्रिकाओं का medulla में स्थित inspiratory centre पर inhibitory प्रभाव होता है। ये centre breathing की गति को नियमित करता है।
3. Herring Breuer Reflex—Bronchi तथा bronchiole की walls की smooth muscles में stretch receptors होते हैं। इन receptors से vagus nerve के द्वारा impulses, medulla oblongata में पहुंचती है। Lungs के अधिक फैलने पर stretch receptors stimulate होकर inhibitory centre को उत्तेजित करते हैं जो inspiratory centre के द्वारा respiration की गति को कम कर देता है।
4. Irritant Receptors—ये epithelial cells के बीच में स्थित होते हैं। ये receptors धूल के कणों तथा irritant gases से stimulation के द्वारा उत्तेजित होकर उन receptors को सक्रिय कर देता है जिनमें खांसी तथा mucus का स्राव होता है।

Chemical Control of Respiration

शरीर की मेटाबॉलिक आवश्यकता के अनुसार respiration का रासायनिक नियंत्रण pulmonary ventilation को नियमित करता है। शरीर में कुछ chemoreceptors होते हैं जो pH, pO_2, pCO_2 में बदलाव पर सक्रिय हो जाते हैं।

pH या pO_2 के घटने एवं pCO_2 के बढ़ने से breathing stimulate हो जाती है। Chemoreceptors के द्वारा arteries के blood में pO_2, pCO_2 तथा pH सामान्य अनुपात में रहते हैं।

The Peripheral Chemoreceptors

ये aortic एवं carotid bodies में उपस्थित होते हैं। Aortic bodies दो या अधिक होती हैं तथा arch of aorta में स्थित होती है। Carotid body, common carotid artery के विभाजन पर स्थित होती है।

Central chemoreceptors, medulla oblongata की सतह पर स्थित होते हैं।

Blood gas के homeostasis के लिए CO_2 की मात्रा के लिए chemoreceptor का sensitive होना एक महत्त्वपूर्ण factor है।

Basal Metabolic Rate—जब कोई मनुष्य तथा उसका digestive system (खाने के 12 घंटे बाद) निष्क्रिय अवस्था में होते हैं तब basal activities जेसे heart beat, respiration, urine का formation, sweat एवं body temperature को maintain रखने के लिए न्यूनतम energy की आवश्यकता होती है, जिसे Basal Metabolic Rate (BMR) कहते हैं यह energy, food के oxidation से उत्पन्न होती है तथा CO_2 का उत्पादन करती है। O_2 की खपत को सुबह अंतिम भोजन के 12–18 घंटे के बाद calculate करते हैं। इस समय मनुष्य का शरीर एवं मस्तिष्क पूर्णतया शांत होता है।

BMR को Kilocalories/hour/sq. metre of body Surface Area (BSA) में दर्शाते हैं।

सामान्यतः पुरुषों में BMR 40 Kcal/hr/m^2 होता है एवं महिलाओं में 37 Kcal/hr/m_2 होता है।

Factor Affecting BMR

1. Sex—पुरुषों का BMR अधिक होता है।
2. Age—वयस्कों की तुलना में बच्चों का BMR अधिक होता है।
3. Body surface area: BMR शरीर के surface area के समानुपाती है। Body surface area की गणना height तथा weight से की जाती है।
4. External temperature—Cold weather में BMR बढ़ जाता है।
5. Endocrine gland : Thyroxine से BMR बढ़ जाता है।

   Hyperthyroidism में BMR बढ़ जाता है व hypothyroidism में BMR कम हो जाता है।
6. Sleep—सोते समय BMR कम हो जाता है।
7. Body temperature—शरीर के 1°C तापमान बढ़ने पर BMR 14% तक बढ़ जाता है।
8. Effect of proteins—Protein खाने से BMR बढ़ जाता है।

9. Physical activity—BMR शरीर की क्रिया के समानुपात में होता है।
10. Anxious and tense person: इन स्थितियों में BMR बढ़ जाता है।
11. Pregnancy—BMR pregnancy के अंतिम दिनों में बढ़ जाता है।
12. Reading and mental activities—ये BMR पर कोई प्रभाव नहीं डालती।

CLINICAL ASPECTS

* नाक पर चोट लगने से अधिकांशतः nasal bone fracture होती है क्योंकि यह नाक का प्रभावी भाग बनाती है।
* Nasal septum के एक ओर झुक जाने को deviated nasal septum (DNS) कहते हैं। इससे nasal cavity का आकार asymmetrical हो जाता है। जिससे सांस लेने में problem आती है। Nasal septum के निचले भाग की prick करने से नाक से खून आने लगता है इसे epistaxis कहते हैं।
* Nasal cavity में virus के द्वारा होने वाली बीमारी को common cold कहते हैं।
* Paranasal sinuses: नाक की lateral wall में खुलते हैं। इसीलिए इन sinuses का discharge भी नाक के द्वारा बाहर निकलता है। Sinuses के infection को sinusitis कहते हैं। Maxillary sinus की opening sinus की cavity में अधिक ऊंचाई पर होती है। इसलिए यह पूर्णतया drain नहीं हो पाता। इसको drain करने के लिए postural drainage की सलाह दी जाती है।
* Infection in palatine tonsil—इसे tonsillitis कहते हैं।
* Nasopharyngeal tonsil के infection को adenoids कहते हैं। Adenoids से air passage में रुकावट होती है।
* Tracheostomy—Trachea में एक artificial opening बनाकर tube के लगाने को tracheostomy कहते हैं।
* अधिकांशतः Foreign bodies, right bronchus एवं lungs में जाती है। क्योंकि right bronchus छोटा, चौड़ा तथा trachea की सीध में होता है।
* Diphtheria—यह *C. diphtheriae* नामक bacteria के द्वारा होता है। इसमें एक झिल्ली बन जाती है जो air passage में रुकावट करती है।

Bronchitis

Trachea एवं bronchi में होने वाला bacterial infection जो अधिकांशतः common cold के साथ होता है उसको bronchitis कहते हैं। यह infection नीचे जाकर lung को भी प्रभावित कर सकता हे यै स्थिति bronchopneumonia कहलाती है।

Pneumonia

Lungs में microorgans के multiplication से उनकी colonies develop हो जाती है इससे respiratory tract की epithelium नष्ट हो जाती है तथा lungs में oedema हो जाता है और सांस लेने में कठिनाई होती है। यह दो प्रकार का होता है :

1. Lobar Peumonia

यह lungs की एक या अधिक lobes में *streptococcus pneumoniae* के द्वारा होता है इसका इलाज antibacterial drugs के द्वारा किया जाता है।

2. Bronchopneumonia

इसमें रोग फैलाने वाले microorganisms trachea bronchi, terminal bronchiole एवं alveoli का प्रभावित करते हैं।

Asthma

इसकी शुरुआत allergic process की तरह होती हे जिसमें अतिरिक्त inflammatory क्रिया होने पर व्यक्ति को सांस लेने में कठिनाई होती है यह कठिनाई अधिक mucus के discharge एवं bronchospasm के कारण होती है।

Tuberculosis

यह हमारे देश में बहुत ज्यादा पायी जाने वाली बीमारी है। इसके मुख्य कारण है poor hygiene, malnutrition तथा overcrowding. TB का bacteria *Mycobacterium tuberculosis* है। Tuberculosis में खांसी के अलावा भूख नहीं लगना, शरीर का वजन कम होन एवं बलगम में खून का आना अन्य लक्षण हैं। TB lungs के अलावा शरीर के अन्य भागों में भी हो सकती है।

Cancer of the Lung: Lung में cancer का मुख्य कारण smoking है। lung cancer से cancer cells liver, brain

तथा bone में जाकर deposit हो जाती है इसे metastasis कहते हैं।

Pneumothorax

इस स्थिति में pleural cavity में air भर जाती है यह spontaneous भी हो सकती है जिसका कारण ज्ञात नहीं होता या trauma के कारण भी हो सकती है। Traumatic pneumothorax में पसिलयों के fracture के बाद पसलियां pleura को penetrate कर देती है जिसके कारण air pleural cavity में भर जाती है। Lung सिकुड़ जाता है ओर सांस लेने में कठिनाई होने लगती है।

Haemothorax

Pleural cavity में खून भर जाने की स्थिति को haemothorax कहते हैं। इस स्थिति के कारण चोट लगना या cancer में blood vessels का फट जाना होता है।

Pleural effusion

Pleural cavity में अधिक मात्रा में fluid के जमा होने को pleural effusion कहते हैं। इसमें hydrostatic pressure बढ़ जाता है, osmotic pressure कम हो जाता है व permeability बढ़ जाती है। इसका मुख्य कारण tuberculosis है।

1. Eupnoea : Normal quiet breathing

2. **Pulmonary ventilation :** Air के lung के अंदर-बाहर आने-जाने को कहते हैं। यह breathing भी कहलाती है।

3. **Hypoventillation :** इसका मतलब धीरे व छोटी-सांस लेना।

4. **Hypoxia :** Tissues में oxygen की मात्रा का कम होना।

CHAPTER 7

पाचन तंत्र
Digestive System

हमारे द्वारा ग्रहण किया गया भोजन हमारे शरीर के अंगों को ऐसे ही प्राप्त नहीं हो जाता। भोजन में उपस्थित सभी पौष्टिक तत्व जैसे carbohydrate, fat, protein या vitamin आदि अत्यंत complex form में होते हैं जिनका simplification आवश्यक होता है। Simplification के बाद ये compounds कोशिकाओं द्वारा absorb हो जाते हैं।

भोजन ग्रहण करने से लेकर पाचन एवं अवशोषण में शरीर के अनेक organs कार्य करते हैं जिन्हें digestive organs कहते हैं। Digestive organs से बने इस system को digestive system कहते हैं इस system का मुख्य भाग alimentary canal या digestive tract है।

Alimentary canal का आरंभ mouth से होता तथा अंत anus पर होता है। (Fig. 7.1)

Digestive tract के साथ बहुत से संबंधित glands होते हैं जैसे salivary glands, liver, gall bladder, pancreas जिनसे बहुत से पाचक रस एवं enzymes निकलते हैं जो भोजन के पचाने में सहयोग करते हैं।

पाचन तंत्र में चार प्रकार की क्रियायें होती हैं—

1. **Ingestion**—मुंह के द्वारा भोजन का निगलना।

2. **Digestion**—इसमें mastication (चबाना) तथा complex compounds का simplify होना सम्मिलित है।

3. **Absorption**—Digestion के बाद simplified compounds का absorption, intestine की wall में उपस्थित cells के द्वारा होता है।

4. **Elimination**—वे substances जिनका digestion एवं absorption नहीं हो पाता वह undigested food मल के रूप में शरीर से बाहर निकाल दिये जाते हैं जिसे elimination कहते हैं।

DIGESTIVE TRACT

Mouth, pharynx, oesophagus, stomach, small and large intestine आदि digestive tract के मुख्य भाग हैं।

Mouth

यह digestive tract का प्रारंभिक भाग है। यह digestive tract के लिए मुख्य द्वार का काम करता है क्योंकि भोजन मुख से होकर ही oesophagus में पहुंचता है, mouth एवं oesophagus के बीच का भाग oral cavity है। Oral cavity की ऊपरी boundary या roof को palate कहते हैं, जिसका अगला कठोर हिस्सा hard palate या bony palate तथा पिछला कोमल भाग soft palate कहलाता है (Fig. 7.2)। Hard palate के द्वारा nasal cavity एवं oral cavity एक दूसरे से अलग होते हैं। Oral cavity को floor दो mylohyoid muscles के द्वारा बनता है। (Fig. 7.3)

Oral Cavity दो हिस्सों में बंटी होती है।

1. **Vestibule**—बाहरी दीवार lips तथा checks तथा अंदरूनी दीवार gums एवं teeth के बीच का स्थान है। Vestibule में second upper molar teeth के level पर parotid duct की opening होती है जिसके द्वारा parotid gland से स्रावित होने वाला saliva mouth में आता है।

2. **Mouth Cavity Proper**—Oral cavity का यह भाग jaws एवं teeth से घिरा रहता है। इस भाग में tongue पाई जाती है जो floor से एक mucosa के fold के द्वारा जुड़ी होती है। mucosa के इस fold को frenulum कहते हैं। Frenulum के दोनों ओर submandibular glands की ducts खुलती है जो submandibular gland के द्वारा secreted saliva को oral cavity में लाती है।

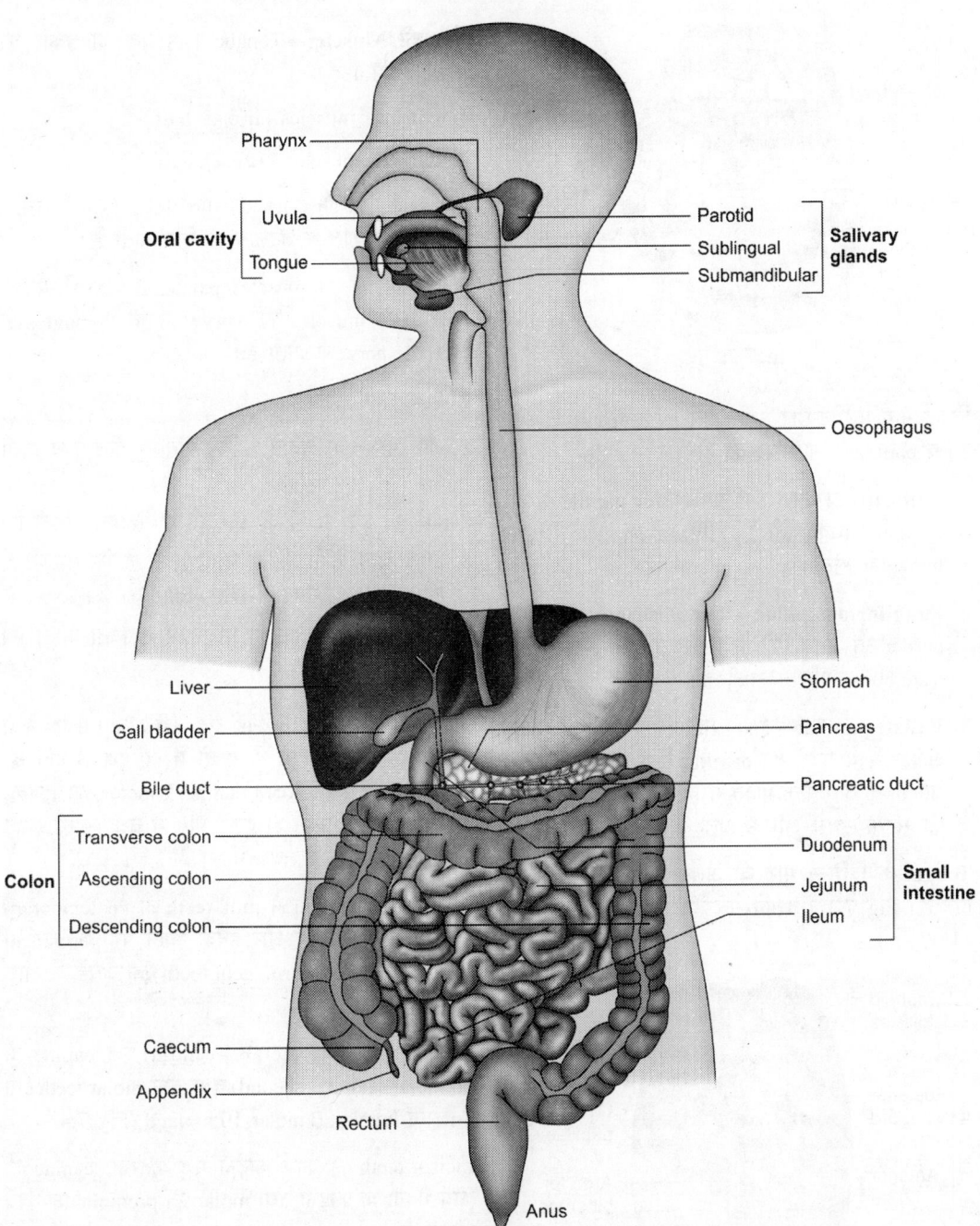

Fig. 7.1: पाचन तंत्र के अंग

Tongue

यह एक muscular organ है जो oral cavity proper में उपस्थित रहती है इसका पिछला भाग root कहलाता है जिसके द्वारा यह hyoid, mandible, palate एवं styloid process से जुड़ी होती है । (Fig. 7.3) इसके स्वतंत्र भाग की dorsal एवं ventral surfaces होती है । Dorsal surface खुरदुरी होती है जो anterior 2/3rd तथा posterior 1/3rd में एक V के आकार के sulcus के द्वारा बंटी रहती है, अगले दो

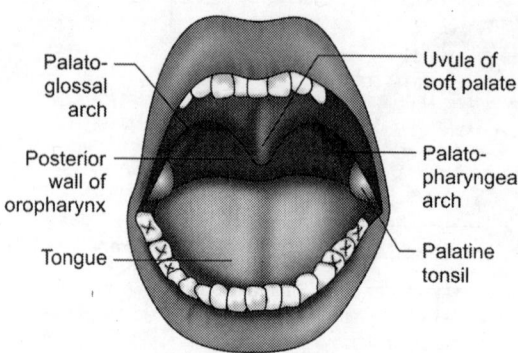

Fig. 7.2: मुख

तिहाई भाग में छोटे-छोटे उभार होते हैं जिन्हेंpapillae कहते हें। ये papillae तीन प्रकार की होती हैं।

1. **Filiform**—ये आकार में सबसे छोटी papilla हैं और संख्या में अधिक होती है। Filiform papillae में taste buds नहीं होती।
2. **Fungiform papillae**—ये papillae tongue के दोनों border एवं अगले सिरे पर उपस्थित होती है इनमें कुछ taste buds उपस्थित रहती हैं।
3. **Vallate papillae**—इनकी संख्या 8 से 12 होती है और आकार में ये सबसे बड़े papillae हैं ये V के आकार के sulcus के आगे एक पंक्ति में होते हैं इनमें taste buds की संख्या सबसे अधिक होती है।

Tongue के विभिन्न भाग जो अलग-अलग taste के लिए होते हैं। Fig. 7.3 में दर्शाये गये हैं।

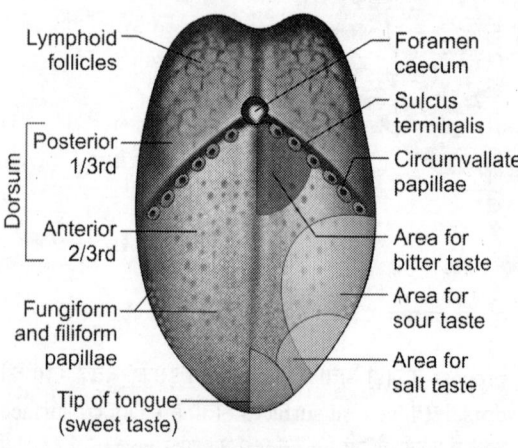

Fig. 7.3: जीभ

जीभ की Muscles—Tongue में मुख्यतः दो प्रकार की muscles होती हैं।

1. Extrinsic muscles 4 in each half
2. Intrinsic muscles 4 in each half

Extrinsic Muscles जीभ को गति प्रदान करती है जबकि intrinsic आकृति में बदलाव के लिए होती है।

Nerve आपूर्ति–एक muscles (palatoglossus) को छोड़कर अन्य सभी muscles की nerve आपूर्ति hypoglossal (बारहवीं) nerve से होती है।

जीभ के कार्य

1. जीभ भोजन को चबाने के लिए दाँतों के बीच में धकेलती है।
2. यह चबे हुए भोजन को निगलने में सहायता करती है।
3. इससे खाने के taste का पता चलता है कि यह मीठा, खट्टा, कड़वा, नमकीन किस प्रकार का है।
4. जीभ शब्दों को बनाने व बोलने में सहायता करती है।

Teeth

नवजात शिशु के मुँख में कोई दांत नहीं होता। 6 महीने से 3 साल के बीच की उम्र के बच्चों में 20 दूध के दांत आ जाते हैं जिनमें 2 incisor, 1 canine, 2 molar ऊपरी जबड़े के आधे भाग में उतने ही दूसरे भाग में तथा ऊपरी जबड़े के बराबर ही निचले जबड़े में भी होते हैं।

6 से 24 साल की उम्र में milk teeth जो कि temporary होते हैं उखड़ जाते हैं और इनके स्थान पर permanent teeth आ जाते हैं। Permanent teeth एक जबड़े के आधे भाग में आठ होते हैं।

इनमें दो incisor (I lateral, 1 central) एक canine, दो premolar (I first, I second) तथा तीन molar teeth होते हैं जिसमें I molar, II molar, III molar हैं (Fig. 7.4)

Incisor teeth का कार्य काटना एवं कुतरना, canine का कार्य भेदना या फाड़ना तथा molar एवं premolar का कार्य पीसना है।

Structure of Tooth

दाँत के तीन भाग होते हैं।

1. **Crown**—दाँत का वह भाग जो मसूड़ों से बाहर निकला हुआ दिखाई देता हे यह कठोरतम calcified tissue enamel से बना होता है।

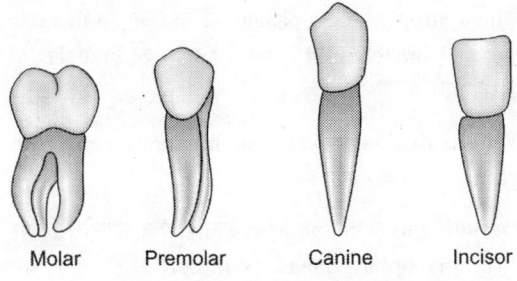

Molar   Premolar   Canine   Incisor

Fig. 7.4: स्थायी दांत (देखें प्लेट 3)

2. **Root**—दाँत का यह भाग मसूढ़ों के भीतर धंसा रहता है यह cementum नामक पदार्थ के द्वारा tooth के socket में bone के साथ मजबूती से चिपका रहता है।

3. **Neck**—Crown एवं root के बीच का भाग neck कहलाता है, यह भाग enamel एवं cementum के junction पर होता है। (Fig. 7.5)

Internal Structure

दाँत की आंतरिक संरचना देखने पर निम्नलिखित भाग दिखाई देते हैं।

1. **Pulp Cavity**—यह दाँत के भीतर बीचोंबीच होती है इसे tooth pulp भी कहते हैं यह crown से लेकर root तक फैली रहती है इसी pulp में blood vessels एवं sensory nerves उपस्थित रहती हैं।

2. **Dentine**—Pulp cavity के बाहर ओर हड्डी से भी अधिक कठोर dentine की परत होती है इसमें कई छोटी-छोटी canal होती हैं जिन्हें dentine tubule कहते हैं। ये tubules, stimulus के लिए बहुत sensitive होती है इनके द्वारा ठंडा, गर्म, दर्द आदि का अहसास होता है।

3. **Enamel**—दाँत के crown पर सफेद रंग की एक बाहरी परत होती है जिसे enamel कहते हैं यह शरीर का सबसे कठोर भाग है इसकी मोटाई 2 से 2.6 मि.मी. होती है।

Nerve Supply

Upper teeth की nerve आपूर्ति maxillary nerve से तथा lower teeth की mandibular nerve से होती है।

Pharynx

यह 12 से 14 से.मी. लंबी tube के समान संरचना है जो skull की निचली सतह से छठी cervical vertebra के स्तर तक होती है। यह तीन भागों में विभाजित है—

1. Nasopharynx 2. Oropharynx 3. Laryngopharynx

Nasopharynx: Pharynx का यह भाग नाक के पीछे तथा soft palate के स्तर के ऊपर होता है यह श्वसन के लिए कार्य करता है इसके द्वारा केवल air ही pass होती है। (Fig. 7.6)

Oropharynx यह भाग oral cavity के पीछे की ओर होता है। यह soft palate तथा epiglottis के ऊपरी किनारे के

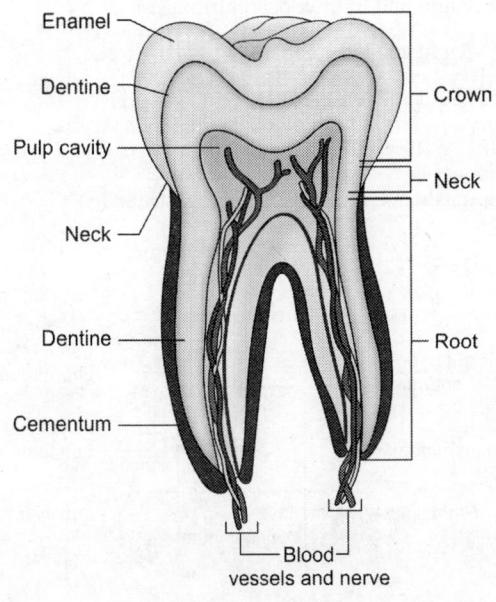

Enamel
Dentine
Pulp cavity
Neck
Dentine
Cementum
Crown
Neck
Root
Blood vessels and nerve

Fig. 7.5: दांत की संरचना

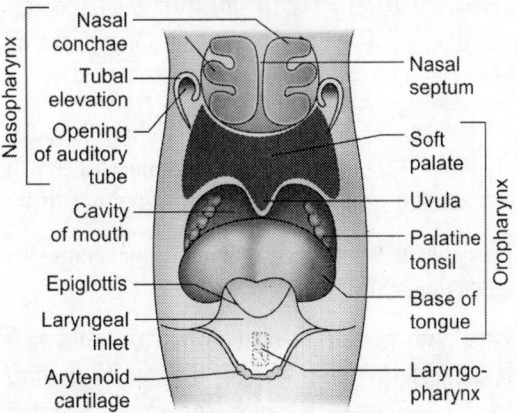

Nasopharynx
Nasal conchae
Tubal elevation
Opening of auditory tube
Cavity of mouth
Epiglottis
Laryngeal inlet
Arytenoid cartilage
Nasal septum
Soft palate
Uvula
Palatine tonsil
Base of tongue
Laryngo-pharynx
Oropharynx

Fig. 7.6: ग्रसनी

बीच स्थित होता है इस भाग के द्वारा खाना एवं हवा दोनों गुजरते हैं अतः यह श्वसन एवं पाचक तंत्र दोनों के लिए common रास्ता है, परंतु खाना निगलते समय यह nasopharynx से soft palate के द्वारा अलग हो जाता है और air उस समय nasopharynx से oropharynx में नहीं जा पाती ।

Laryngopharynx—Pharynx का यह भाग oropharynx तथा oesophagus के बीच में स्थित होता है, इसमें से खाना oesophagus में तथा हवा larynx में चली जाती है ।

Pharynx की रक्त आपूर्ति facial artery से तथा nerve आपूर्ति pharyngeal plexus से होती है । Pharyngeal plexus X एवं XI cranial nerve का बना होता है ।

PALATINE TONSILS

ये एक जोड़े lymphoid tissue का mass है जो oropharynx में palatoglossal एवं palatopharyngeus arch के बीच में tonsillar bed में स्थित होते हैं । Tonsil lymphoid follicle से बने होते हैं एवं stratified squamous epithelium से ढके रहते हैं दूसरे lymphoid organs की भांति tonsils का कार्य भी शरीर का immunity प्रदान करना है । ये microorganisms को trap कर शरीर में फैलने से भी रोकते हैं ।

Oesophagus

यह 25 से.मी. लंबी muscles की बनी हुई tube है यह छठी cervical vertebra के स्तर से प्रारंभ होती है । Thorax से होते हुए नीचे जाती है । दसवीं thoracic vertebra के स्तर पर यह diaphragm से होती हुई abdomen में प्रवेश करती है । Abdominal cavity में थोड़ा सा नीचे जाकर यह stomach में खुलती है । ऊपरी भाग में यह trachea के पीछे तथा thorax के निचले भाग में thoracic aorta के आगे की ओर स्थित होती है ।

Oesophagus का ऊपरी एक तिहाई भाग striated muscles से, निचला एक तिहाई भाग smooth muscles से तथा बीच का भाग दोनों प्रकार की muscles से बना होता है ।

Oesophagus में stratified squamous nonkeratinized epithelium होती है ।

इसका कार्य मुँह में चबाये हुए खाने को जिसे bolus कहते हैं stomach में ले जाना है । खाने के pass होने के समय पर ही oesophagus फैलता है शेष समय यह पिचका रहता है ।

Blood Supply—Oesophagus की रक्त आपूर्ति thoracic aorta की branches एवं coeliac artery की branches के द्वारा होती है ।

Venous drainage—Azygos, hemiazygos तथा left gastric vein के द्वारा होता है ।

Oesophagus में दो sphincter होते हैं एक ऊपरी सिरे पर जिसे cricopharyngeal sphincter कहते हैं । यह inspiration के समय हवा को oesophagus में जाने से रोकता है तथा oesophagus के अंदर के पदार्थों को respiratory tract में जाने से रोकता है । Lower end पर स्थित sphincter को cardiac sphincter कहते हैं, यह acid के reflux को रोकता है ।

SUBDIVISION OF ABDOMINAL CAVITY

Abdominal cavity दो vertical एवं दो horizontal lines के द्वारा नौ हिस्सों में बांटा जाता है । Vertical lines को midclavicular या midinguinal lines कहते हैं क्योंकि ये lines clavicle के मध्य से गुजरती है ।

ऊपरी horizontal line को transpyloric plane तथा निचली line को transtubercular plane कहते हैं । Transpyloric stomach के pylorus से तथा trans tubercular, iliac crest के tubercle से होकर गुजरती है । इनlines के द्वारा abdomen निम्नलिखित नौ हिस्सों में बांटा जाता है । (Fig. 7.7).

* Right and left hypochondrium (2)

* Right and left lumbar (2)

* Right and left iliac (2)

बीच के हिस्से हैं:

Epigastrium, lumbar तथा hypogastrium (3)

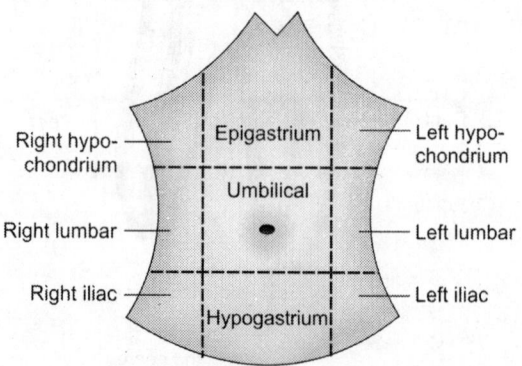

Fig. 7.7: उदर गुहा के खण्ड

Table 7.1: Differences between small and large intestines

Small Intestine	Large intestine
1. यह 5 मी. लंबी होती है।	1.5 मी. लंबी है।
2. Abdomen में मध्य भाग में होती है।	छोटी आंत को चारों और से घेरे रहती है।
3. फैलने की कम क्षमता होती है।	फैलने की क्षमता अधिक होती है।
4. Mucosa उंगली के समान villi बनाती है।	Villi अनुपस्थित होती हैं।
5. Taenia या sacculation अनुपस्थित होते हैं।	Taenia एवं sacculation उपस्थित होते हैं।
6. Appendices epiploicae अनुपस्थित होते हैं।	Appendices epiploicae उपस्थित होते हैं।

विभिन्न abdominal visceral organs इन्हीं नौ regions में उपस्थित रहते हैं। Abdomen में उपस्थित अंग serous membrane जिसे peritoneum कहते हैं से संबंधित रहते हैं। कुछ अंग पूर्ण रूप से कुछ आंशिक रूप से peritoneum से ढके रहते हैं। Peritoneum इन अंगों की friction free movement में सहायता देता है।

Stomach

यह आहारनाल का सबसे ज्यादा dilated भाग है इसकी क्षमता 1 से 1.5 ली. होती है इसका कार्य खाने को digest करना व अस्थायी रूप से store करना है।

स्थिति–यह left hypochondrium तथा epigastrium में स्थित रहता है।

Parts—Stomach के तीन भाग होते हैं।

1. Fundus—यह भाग gastro-oesophageal junction के ऊपर की ओर होता है ओर हवा से भरा रहता है।

2. Body—यह मुख्य भाग है तथा fundus एवं pyloric part के बीच स्थित होता है।

3. Pyloric part—यह अंतिम भाग है इसमें एक sphincter भी होता ह जिसे pyloric sphincter कहते हैं। (Fig. 7.8).

Stomach के दो सिरे होते हैं आरंभिक सिरा cardiac एवं अंतिम सिरा pyloric कहलाता है।

दो borders होते हैं छोटा जो बाईं ओर होता है lesser curvature तथा बड़ा जो दाईं ओर होता है greater curvature कहलाता है। दो सतह होती है anterosuperior, posteroinferior। Posteroinferior बहुत से अंगों के ऊपर rest करता है जो stomach bed बनाते हैं। stomach bed में left kidney, left suprarenal gland, spleen व pancreas आते हैं।

Blood supply—Stomach की रक्त आपूर्ति coeliac trunk की branches के द्वारा होती है।

Venous drainage—Venous blood, portal vein के द्वारा drain होता है।

Lymph-drainage—Coeliac group के lymph nodes में होता है।

Vagus nerve stomach में glands के द्वारा gastric juice एवं acid के स्राव, peristaltic movement एवं sphincter को ढ़ीला करने में सहायता करती है।

Intestine

Stomach के बाद intestine आती है इसके दो भाग होते हैं–Small and large intestine (Table 7.1).

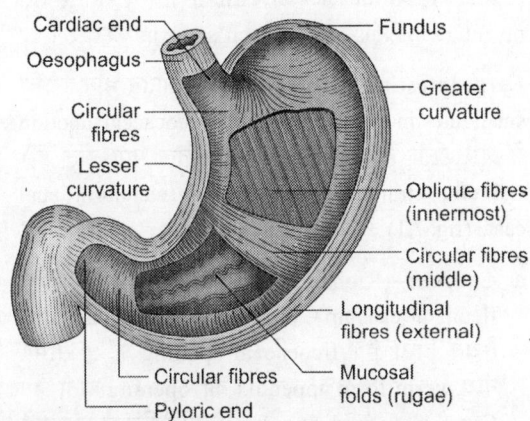

Fig. 7.8: अमाशय के हिस्से और संरचना (देखें प्लेट 4)

Small Intestine—यह 5 मीटर लंबी आंत stomach के pylorus से आरंभ होकर iliocaecal valve पर समाप्त होती है यह तीन भागों में विभाजित है। (i) Duodenum (ii) Jejunum (iii) Iileum

Duodenum—छोटी आंत का प्रथम भाग है यह C के आकार का होता है जो pancreas के head को चारों ओर से घेरे रहता है। Bile duct एवं panreatic ducts एक common opening के द्वारा major doudenal papilla पर खुलती है जो duodenum के दूसरे भाग में स्थित होता है।

Jejunum and ileum—ये दोनों भाग peritoneum के fold के द्वारा posterior abdominal wall से लटके रहते हैं। Peritoneum के इस fold को mesentery कहते हैं।

पाचन क्रिया जो stomach में आरंभ होती है small intestine में लगातार चलती रहती है। इसके अतिरिक्त villi की मदद से आँत का यह भाग पचे हुए भोजन का absorption करता है।

Arterial supply—रक्त आपूर्ति superior mesenteric artery के द्वारा होती है।

Venous drainage—Superior mesenteric vein के द्वारा होता है। ये superior mesenteric vein, splenic vein के साथ मिलकर portal vein बनाती है।

Lymphatic drainage : lymph paraortic lymph nodes में तथा यहां से cisterna chyli में drain होता है।

Nerve supply—Vagus एवं sympathetic nerve के द्वारा होती है। ये nerves intestine की wall में plexus बनाती है जो plexus submucosa में स्थित होता है उसे Meissner's plexus और जो muscles की परतों के बीच में होता है उसे myenteric plexus or Auerbach's plexus कहते हैं।

Large intestine—ये आहार नाल का अंतिम भाग है और small intestine के बाद आता है। यह ileocaecal junction से शुरू होता है और इसमें निम्नलिखित भाग होते हैं– Caecum, vermiform appendix, colon, rectum और anal canal (fig. 7.1)

a. **Caecum**—Right iliac fossa मे स्थित होता है। Ileum की caecum में opening पर ileocaecal valve स्थित होता है। Ileocaecal opening के 2 से.मी. नीचे vermiform appendix की opening होती है। Caecum, ascending colon के साथ निरंतरता बनाये रहता है।

b. **Vermiform appendix**—यह पाचन नाल का सबसे संकरा भाग है। यह आमतौर पर 8 से.मी. लंबी तथा 0.5 से. मी. चौड़ी है। मानव शरीर में यह antibodies बनाता है।

c. **Colon**—यह बड़ी आंत का सबसे बड़ा भाग है तथा इसे चार भागों मे बांटा गया है ये चार भाग निम्नलिखित हैं।

(i) **Ascending colon**—यह भाग caecum से प्रारंभ होकर abdominal cavity के दाईं ओर liver तक फैला रहता है। (Fig. 7.1)

(ii) **Transverse colon**—यह right side, liver flexure से प्रारंभ होकर left side splenic flexure तक फैला रहता है।

(iii) **Descending colon**—यह abdominal cavity मे बाईं ओर उपस्थित रहता है।

(iv) **Sigmoid colon**—Colon का यह भाग pelvis में उपस्थित रहता है तथा rectum पर जाकर समाप्त हो जाता है।

d. **Rectum**—यह लगभग 15 से.मी. लंबा sacrum के सामने की ओर sigmoid colon के अंतिम छोर से प्रारंभ होकर anal canal तक जाता है।

Anal Canal

यह आहार नाल का अंतिम भाग है जिसकी लंबाई एक वयस्क मनुष्य में 3.8 से. मी. होती है यह नीचे जाकर anus में खुलती है। Anal canal में दो sphincter होते हैं एक internal जो smooth muscles का बना होता है तथा एक external anal sphincter जो skeletal muscles का बना होता है।

Blood Supply of Large Intestine

Caecum, vermiform appendix, ascending colon एवं 2/3 भाग transverse colon की रक्त आपूर्ति Superior mesenteric artery के द्वारा होती है colon के शेष भाग inferior mesenteric artery के द्वारा रक्त प्राप्त करते हैं। Rectum एवं anal canal की रक्त आपूर्ति superior, middle एवं inferior rectal arteries के द्वारा होती है।

Venous drainage

Portal vein के द्वारा होता है।

HISTOLOGY

Alimentary canal की wall में oesophagus से anal canal तक चार basic layers होती है अंदर से बाहर की ओर ये परतें हैं। (Fig. 7.9)

1. Mucosa
2. Submucosa
3. Muscle layer
4. Serosa/adventitia

1. **Mucosa:** यह अहारनाल की सबसे भीतरी परत हे जिसमें पुनः तीन परतें होती हैं।

   a. **Mucous Membrane**—यह epithelial cells से बनती है तथा इसका कार्य protection, secretion एवं absorption है। Oesophagus और anal canal में epithelium nonkeratinized stratified squamous type की होती है जिसका कार्य सुरक्षा प्रदान करना है।

Stomach एवं intestine की epithelium simple columnar type की होती हे जिसका कार्य secretion व absorption है। Epithelial cells 5 से 7 दिन में replace हो जाती है।

b. Lamina propria—यह areolar connective tissue की बनी होती है जिसमें blood एवं lymph vessels तथा lymphoid tissue उपस्थित रहते हैं। Lamina propria epithelium को सहारा देती है तथा इसको muscularis mucosa से बांधे रहती है।

c. Muscularis Mucosae—यह smooth muscle की एक पतली परत है यह mucous membrane का fold बनाती है जिससे stomach एवं small intestine में digestion, absorption के लिए surface area बढ़ जाता है। Small intestine में ये folds उंगली जैसे होते हैं जिन्हें villi कहते हैं।

2. Submucosa: यह loose areolar connective tissue की बनी होती है जिसमें blood vessels, lymph vessels तथा lymphoid tissue के साथ-साथ submucosal nerve plexus भी होता है जिसे myenteric plexus कहते हैं जिसमें sympathetic एवं parasympathetic nerve fibres होते हैं, जो mucosa और submucosa को nerve आपूर्ति करते है।

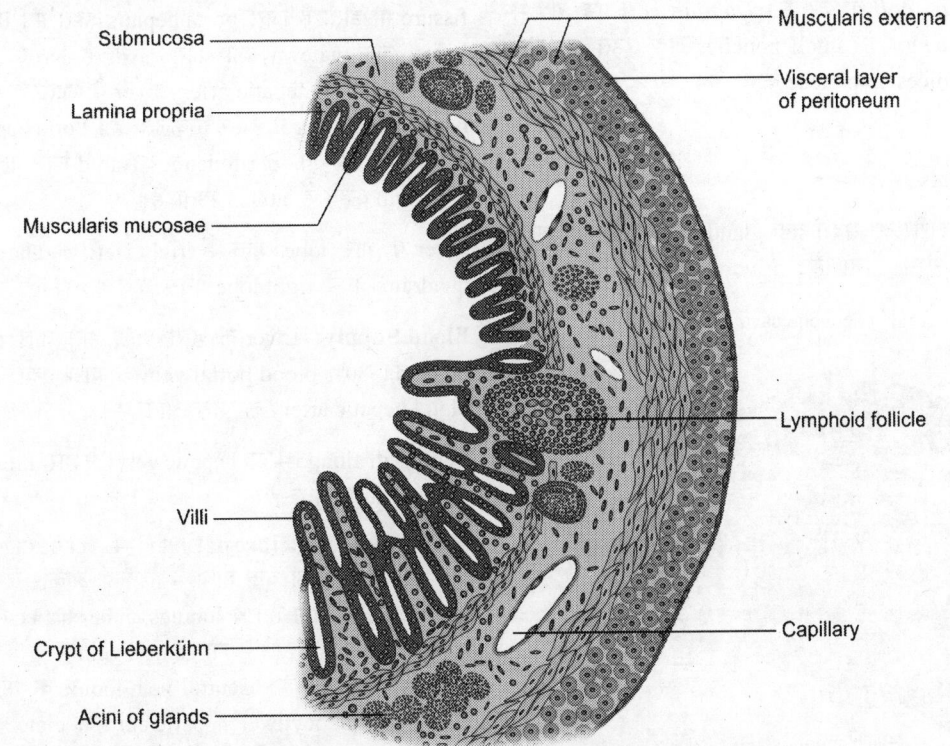

Fig. 7.9: आहारनली की ऊत्तकीय संरचना (देखें प्लेट 5)

3. Muscle Layer: आहार नाल में stomach को छोड़कर smooth muscles की दो परतें होती हैं। stomach में तीन परतें होती हैं अंदर की परत circular fibers से व बाहरी परत longitudinal fibres से बनी होती है। Stomach में सबसे अंदर की परत oblique muscles की बनी होती है बीच की परत circular, तथा बाहरी परत longitudinal muscles की बनी होती है। Circular एवं longitudinal muscles के बीच में sympathetic एवं parasympathetic nerves का बना myenteric or Auerbach's plexus होता है यह muscles layer की संकुचन की शक्ति व frequency को control कर relaxation के द्वारा भोजन नीचे की ओर खिसकता है तथा digestive secretion के साथ mix होता है।

4. Serosa: यह areolar connective tissue एवं simple squamous epithelium की बनी serous membrane होती है।

Large intestine में भी यही चार आधारभूत परतें होती हैं। Colon में longitudinal muscle fibres के तीन band होते हैं ये muscles के bands colon की total length से थोड़े छोटे होते हैं जिससे pouches की एक श्रृंखला बन जाती है जिसे haustra कहते हैं तथा thick muscle bands को *Taeniae coli* कहते हैं। *Taeniae coli* पर से भरे peritoneum के small pouches जुड़े रहते हैं जिन्हें appendices epiploicae कहते हैं।

LIVER

Liver शरीर का सबसे बड़ा gland है जिसका भार लगभग 1500 ग्राम होता है। Liver abdominal cavity में

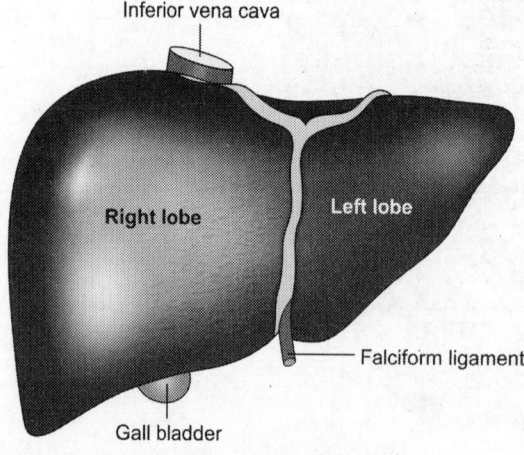

Inferior vena cava
Right lobe
Left lobe
Falciform ligament
Gall bladder

Fig. 7.10: यकृत : आगे से देखने पर

diaphragm के नीचे right hypochondrium, epigastrium तथा आंशिक रूप से left hypochondrium में स्थित रहता है। यह thoracic cavity में पांचवीं rib तक पहुंचा रहता है। इस प्रकार से इसे costal cartilages के द्वारा सुरक्षा प्राप्त होती है।

Liver को अपनी position में रखने के लिए निम्नलिखित कारक सहायक होते हैं।

1. Hepatic veins जो कि inferior vena cava में खुलती हैं।
2. Intra-abdominal pressure
3. Folds of peritoneum

Surfaces of liver—Liver की anterior, posterior, superior एवं right lateral surface बिना किसी demarcated border के निरंतरता में रहती है। इसकी inferior या visceral surface, sharp inferior border के द्वारा anterior एवं right lateral surface से अलग होती है। Visceral surface पर दूसरे abdominal organs के संपर्क में आने के अतिरिक्त एक 5 से.मी. का horizontal fissure भी होता है जिसे porta hepatis कहते हैं। Porta hepatis एक gateway का कार्य करता हे जिसके द्वारा portal vein एवं hepatic artery liver में जाती है तथा hepatic duct liver से बाहर निकलती है। Porta hepatis के किनारों पर एक peritoneum का fold जिसे lesser omentum कहते हैं attach रहता है।

Liver में चार lobes होते हैं right, left, caudate एवं quadrate जिनमें right lobe सबसे बड़ी है। (Fig. 7.10)

Blood Supply—Liver के द्वारा प्राप्त होने वाले total blood का 80% blood portal vein के द्वारा तथा 20% blood hepatic artery के द्वारा आता है।

Venous drainage—यह hepatic veins के द्वारा inferior vena cava में जाता है।

Microscopic Structure of Liver—Liver hexagonal hepatic lobules का बना होता है जिनका आकार लगभग 5-10 'माइक्रोन होता है। ये lobules, cube shaped cells hepatocyte से बने होते हैं जो central vein से परिधि की ओर radiate होती है। Central vein lobule के केंद्र में होती है। Hepatocytes से hepatic cord या plate बनती है इन hepatic cords के बीच में sinusoids होते हैं। इन sinusoids में portal vein एवं hepatic artery के द्वारा

लाए हुए blood का mixture रहता है । इन sinusoids से blood, central vein में जाता है central vein से hepatic vein में और hepatic veins से inferior ven cava में की शाखा lobules के छ कोणों पर portal vein तथा एक intralobular bile duct उपस्थित रहती है । (Fig. 7.11)

EXTRA HEPATIC BILIARY APPARATUS

Gallbladder, common hepatic duct, cystic duct एवं common bile duct इस apparatus के घटक हैं ।

1. **Gallbladder**—यह नाशपाती के आकार की थैलीनुमा संरचना होती है जो liver की inferior surface पर आगे की ओर स्थित होती है यह 7 से.मी. लंबा तथा 4 से.मी. चोड़ा होता है । (Fig. 7.12)

   Gallbladder के तीन मुख्य भाग हैं ।

   (1) Fundus,   (2) Body, (3) Neck

2. **Common hepatic duct :** right व left hepatic ducts के जुड़ने से बनती है यह 4 से.मी. लंबी होती है ।

3. **Cystic duct:** यह 3 से.मी. लंबी duct होती है यह gallbladder की neck से शुरू होकर common hepatic duct के साथ जुड़ जाती है तथा bile duct बनाती है ।

4. **Bile duct**—यह 8 से.मी. लंबी duct होती है जो duodenum के second part में pancreatic duct के साथ एक common स्थान major duodenal papilla पर खुलती है ।

Arterial supply—Gallbladder की रक्त आपूर्ति cystic artery के द्वारा होती है यह artery right hepatic artery की branch है ।

Venuous drainage—Cystic vein के द्वारा portal vein में होता है ।

Lymphatic drainage—Porta hepatis में उपस्थित lymph nodes में होता है ।

Gallbladder एवं duct से pain ले जाने वाले fibres की root value वही होती है जो supraclavicular nerve (C₄)

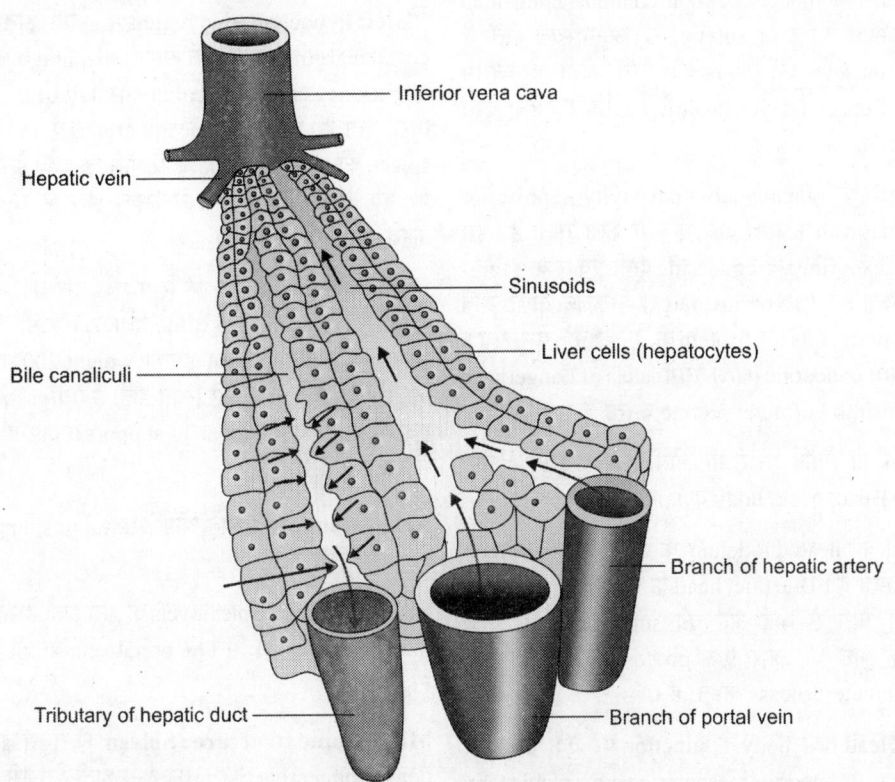

Fig. 7.11: यकृत में रक्त परिसंचरण

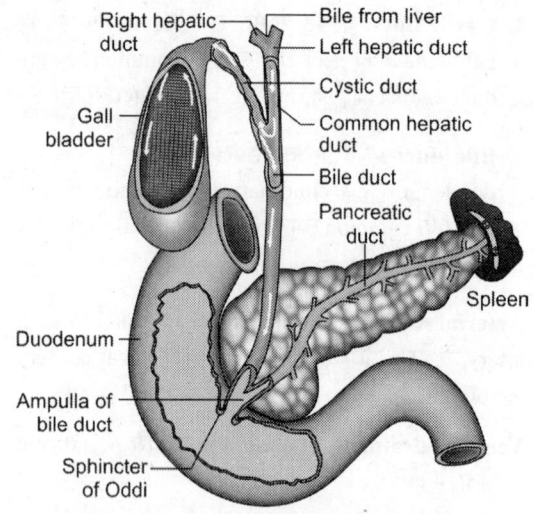

Fig. 7.12: एक्स्ट्राहेपाटिक पित्त तंत्र

की जिसके कारण biliary colic की pain right shoulder में referred होता है।

Gallbladder की moucosa, simple columnar epilhelium की बनी होती है। इसमें submucosa अनुपस्थित होती है smooth muscles के fibers की परतें होती हैं जिसमें oblique fibres की layer भी होती है। सबसे बाहरी परत peritoneum की होती है।

Pancreas: यह gland abdominal cavity में posterior abdominal wall के साथ दायें से बायें फैला रहता है। इस gland से exocrine एवं endocrine दोनों प्रकार के secretions निकलते हैं। Exocrine part से निकलने वाला स्राव carbohydrate, fats एवं protein के digestion में सहायक होता है तथा endocrine part जिसमें islets of Langerhans होते हैं insulin hormone secrete करता है।

Pancreas की लंबाई 15 से.मी. होती है तथा इसमें 4 भाग होते हैं– Head, neck, body व tail

Pancreas का head duodenum के C के आकार के loop से घिरा रहता है। Bile duct head के पीछे रहती है। Head के निचले भाग से बाईं ओर को superior mesenteric artery के पीछे की ओर एक process निकला रहता है जिसे uncinate process कहते हैं।

Neck : Head तथा body के junction पर एक छोटा सा भाग है जहां पर superior mesenteric vein, splenic vein के साथ जुड़कर portal vein बनाती है।

Body की shape triangle जैसी होती है। Splenic artery इसके upper border से संबंधित रहती है। प्रत्येक lobule छोटी pancreatic duct के द्वारा अपना secretion drain करती है। ये छोटी-छोटी ducts मिलकर pancreatic ducts बनाती हैं। Pancreatic juice जो exocrine part से secrete होता है main तथा accessory pancreatic duct के द्वारा duodenum में पहुंचता है।

Main pancreatic duct तथा common bile duct एक संयुक्त hepatopancreatic ampulla में खुलती है येampulla, major duodenal papilla के द्वारा duodenum के दूसरे भाग में खुलता है। यह opening यहां एक sphincter, जिसे sphincter of Oddi कहते हैं के द्वारा खुलता है।

Blood Supply : Pancreas की रक्त आपूर्ति splenic एवं superior mesenteric artery के द्वारा होती है।

SPLEEN

Spleen—यह body का सबसे बड़ा lymphoid organ है। यह purple red colour की highly vascular संरचना है जो left hypochondriac region में स्थित होता है। यह costal margin के पीछे एक ओर से diaphragm तथा दूसरी ओर kidney, stomach, colon और tail of pancreas से घिरा होता है। इन चारों visceral organs के impressions spleen की visceral surface पर पाये जाते हैं। इसी surface पर एक deep fissure भी उपस्थित होता है जिसे hilum कहते हैं। (Fig. 7.12)

Hilum splenic vessels के लिए एक द्वार की भांति कार्य करता है। Spleen 12.5 से.मी. लंबी 7.5 से.मी. चौड़ी 2.5 से.मी. मोटी होती है तथा इसका weight 200 ग्राम है यह 9th, 10th, 11th ribs के पीछे स्थित होती है तथा gastrosplenic एवं lienorenal ligament की support से अपनी position में रहती है।

Arterial supply—रक्त आपूर्ति tortuous splenic artery के द्वारा होती है।

Venous drainage: Splenic vein के द्वारा होता है जोsuperior mesenteric vein से मिलकर portal vein बनाती है। (See Fig. 4.19)

Microscopic structure : Spleen की सबसे बाहरी परत dense connective tissue की बनी होती है जिसे capsule कहते हैं। Capsule से spleen के pulp में septa जैसे

extensions होते हैं जिन्हें trabeculae कहते हैं। Spleen का cellular material white तथा red pulp में divided रहता है। Red pulp में blood से भरे venous sinuses तथा white pulp में lymphocyte व macrophages होते हैं।

Spleen lymphatic system का part है और इसके निम्नलिखित कार्य हैं।

1. Phagocytosis—Spleen में WBC का निर्माण होता है जो phagocytosis करती है।
2. पुरानी व असामान्य RBCs टूटकर जो iron release करती है उसका संचयन भी spleen में होता है।
3. Erythropoiesis—Fetal life में नई RBCs का निर्माण spleen में होता है।
4. Malaria, typhoid, kala-ajar जैसे रोगों में spleen का आकार काफी बढ़ जाता है।

DIGESTION AND ABSORPTION

हमारे द्वारा ग्रहण किए गए भोजन में carbohydrate, fat, protein, vitamins एवं minerals जटिल अवस्था में रहते हैं परंतु आँत के द्वारा इनके absorption एवं शरीर में इनके उपयोग के लिए इनका सरलीकरण आवश्यक है। भोजन की complex form से simple form में तोड़ने के लिएdigestive system के विभिन्न अंग भिन्न-भिन्न कार्य करते हैं जो निम्नलिखित हैं।

Mouth: Mouth में प्रतिदिन 1.5 litre saliva secrete होता है जो भोजन को गीला व चिकना बनाता है। मुँख के अंदर उपस्थित दाँतों के द्वारा food का mastication होता है जिससे यह छोट-छोटे टुकड़ों में टूट जाता हैं तथा bolus में परिवर्तित हो जाता है।

मुख में saliva का secretion, salivary glands के द्वारा होता है। इन glands से saliva, secrete करने का कार्य sympathetic एवं parasympathetic nervous system के द्वारा नियंत्रित होता है। Parasympathetic nervous system का कार्य secretion कराना एवं sympathetic nervous system का कार्य secretion को रोकना है।

स्वादिष्ट भोजन को देखने से उसकी smell या उसके बारे में सोचने से मुंह में saliva का secretion होने लगता है saliva में 99.5% water तथा शेष mucin, salts, proteins एवं amylase (ptyalin) होता है।

Saliva के कार्य–"Saliva में उपस्थित amylase starch को maltose में परिवर्तित कर देता है।

2. यह mouth में cleaning agent की तरह कार्य करता है।

3. यह मुँख को गीला एवं चिकना रखता है जिससे bolus को निगलने में आसानी रहती है।

4. Saliva में उपस्थित enzyme, lysozyme एवं immunoglobulin A bacteria के against सुरक्षा प्रदान करते हैं।

Swallowing तथा इसकी तीन Stages—Swallowing की प्रक्रिया में mouth, oesophagus तथा pharynx भाग लेते हैं।

Mastication के बाद खाने का bolus बन जाता है तो निगलने की प्रक्रिया voluntarily आरंभ हो जाती है।

Tongue एवं cheek की सहायता से bolus को pharynx को अंदर धकेला जाता है एक बार जब bolus, pharynx के अंदर पहुंच जाता है तो palatoglossal arches खाने के वापस मुंख में आने का रास्ता रोक देती है। यह swallowing की first stage है।

लगभग उसी समय soft palate, nasopharynx को close कर देता है जिससे bolus, nose में जाने से रुक जाता है। Epiglottis पीछे की ओर जाकर larynx की opening को एक ढ़क्कन की तरह बंद कर देती है यह swallowing की second stage है। यह stage, pons के निचले भाग तथा medulla oblongat के द्वारा control होती है। Pharynx की muscles bolus को नीचे oesophagus में धकेलती हैं।

Bolus, oesophagus में आकर इसमें peristalsis को stimulate करता है, oesophagus से stomach में पहुंचने में bolus को 4.8 seconds लगते हैं। यह swallowing की third stage है।

Stomach के कार्य

1. यह खाने के लिए एक temporary store house की भाँति कार्य करता है और इसके contents को धीरे-धीरे आंत में deliver करता है।
2. यहीं पर protein का digestion आरंभ होता है।

3. Stomach में secrete होने वाला gastric juice बहुत अधिक acidic होता है जो harmful microorganisms को ribb कर देता है।
4. Gastric juice में intrinsic factor होता है जो vitamin B_{12} के absorption के लिए आवश्यक है।
5. Bolus में उपस्थित खाने के छोटे-छोटे टुकड़ों कोperistaltic movement के द्वारा पिसता है।

Gastric juice stomach में उपस्थित food content को chyme में बदल देता है।

Gastric juice पतला रंगविहीन द्रव्य है जिसकी acidic pH 2 है इसका daily secretion 2 litres है। यह मात्रा भोजन की मात्रा के अनुसार कुछ घट या बढ़ भी सकती है।

Gastric juice की acidity उसमें उपस्थित hydrochloric acid (HCl) के कारण होती है। HCl के अतिरिक्त gastric juice में mucus, water mineral, gastric lipase तथा enzyme pepsinogen होते हैं। Water एवं mineral का secretion gastric glands के द्वारा होता है। Mucus goblet cell के द्वारा, HCl एवं intrinsic factor parietal cells से तथा pepsinogen का secretion chief cells के द्वारा होता है। HCl acid food में उपस्थित bacteria kill करने के साथ-साथ acidic medium भी provide कराता है जिसमें pepsinogen-pepsin में convert हो जाता है। Pepsin यहां protein का digestion आरंभ करता है जिससे protein polypeptides में परिवर्तित हो जाता है। Gastric lipase triglycerides को fatty acids एवं glycerol में बदल देता है।

Gastric juice का secretion, stomach की mucous membrane से तीन phases में होता है।

1. **Cephalic phase**—खाने को देखने उसकी गंध एवं उसके बारे में सोचने से gastric juice का secretion stimulate होता है यह phase खाने के stomach में पहुंचने से पहले का होता है।
2. **Gastric phase**—यह food के stomach में process होने के समय का phase है इस phase में gastric juice का secretion hormone gastrin के द्वारा stimulate होता है। Gastrin hormones stomach में ही secrete होता है। यह parietal cells को stimulate कर HCl का synthesis कराता है।
3. **Intestinal phase**—जैसे ही आंशिक रूप से digested food small intestine में पहुँचता हे intestinal mucus से enterogastrone नाम का hormone release होता है। यह hormone stomach की गति एवं उसके secretions को कम कर देता है।

Stomach की goblet cells के द्वारा secrete होने वाला mucus, stomach की wall को चिकना रखता है तथा इसे HCl एवं protein digesting enzyme से सुरक्षा प्रदान करता है।

Carbohydrate की अधिकता वाला खाना stomach में 2–3 घंटे रुकता है; तथा protein diet अधिक समय तक यहां रुककर intestine में जाती है। Stomach में आंशिक रूप से digested food जो duodenum में जाने के लिए तैयार रहता है chyme कहलाता है।

Pancreatic Juice

Pancreas से प्रतिदिन 1.2–1.5 litres pancreatic juice का secretion होता है। Secretion के लिए stimulation chyme के duodenum में entry से मिलता है।

Pancreatic juice का pH alkaline होता है यह water, minerals तथा digestive enzymes जैसे amylase, trypsin, chymotrypsin, carboxy elastase एवं lipase का बना होता है। Amylase, starch को sugar में hydrolyse करता है। Lipase lipids को fatty acid, glycerol तथा monoglycerides में विभाजित कर देता है इस प्रक्रिया के लिए fat का emulsification होना आवश्यक हे जो bile salts की उपस्थिति से होता है। Emulsification में fats के droplets का surface area बढ़ जाता है। fat का 80% digestion pancreatic juice में उपस्थित lipase से होता है।

Proteases: इसमें trypsin, chymotrypsin एवं elastase enzymes को रखा गया है। Trypsin एवं chymotrypsin निष्क्रिय अवस्था में secrete होते हैं trypsin व chymotrypsin की निष्क्रिय अवस्था को trypsinogen एवं chymotrypsinogen कहते हैं। Trypsinogen enterokinase के द्वारा trypsin में परिवर्तित हो जाता है। Trypsin chymotripsinogen एवं proelastase को chymotrypsin में convert कर देता है।

Trypsin protein पर क्रिया कर उसे polypeptides में विघटित कर देता है।

Regulation of pancreatic secretion—Acidic chyme duodenum में पहुंचकर तथा duodenum में secrete होने

वाले secretin एवं cholacystokinin (CCK) hormone pancrease को pancreatic juice के स्राव के लिए stimulate करता है।

Functions of liver—इसके निम्नलिखित कार्य हैं।

1. **Liver** में pancreatic insulin के द्वारा glucose का glycogen में परिवर्तन होता है एवं glycogen का storage भी होता हैं शरीर में glucose की कमी होने पर संग्रहित glycogen का परिवर्तन glucagon hormones के द्वारा glucose में हो जाता है, इस प्रकार liver वह स्थान है जहां रक्त में glucose की मात्रा का सामान्य बनाये रखने के लिए इसका glycogen में परिवर्तन एवं संग्रह तथा आवश्यकता पड़ने पर glycogen का glucose में परिवर्तन होता है।

2. **Liver** में vitamins like B_{12} एवं vitamin A तथा iron का संग्रह होता है।

3. **Heat production**—यह बहुत से nutrient के metabolism के द्वारा heat का production करता है यह heat रक्त के द्वारा शरीर के विभिन्न अंगों में पहुंचकर उन्हें उष्मा प्रदान करती है।

4. यह plasma protein जैसे albumin और blood clotting factor के बनने का मुख्य स्थान है।

5. यहां amino acid एवं nucleic acid टूटकर urea एवं uric acid बनाते हैं।

6. Liver cells के द्वारा bile का secretion होता है जो gallbladder के एकत्र हो जाता है, इसके द्वारा duodenum में fat का emulsification होता है।

7. Thyroid hormone तथा steroids का liver में metabolism होता है।

8. Toxic पदार्थ जैसे drugs, chemicals आदि कम हानिकारक पदार्थों में परिवर्तित हो जाते हैं जो urine के द्वारा शरीर के बाहर निकल जाते हैं।

9. Alcohol का metabolism भी liver में होता है।

Secretion of bile—Liver के द्वारा प्रतिदिन 800–1000 मि.ली. bile का secretion होता है। Bile secretion की प्रक्रिया लगातार चलती रहती है। Bile एक yellowish green colour का liquid है यह alkaline nature का होता है जिसकी pH = 7-7.6 होती है इसमें कोई digestive enzyme नहीं होता।

Bile में 86% water तथा 14% organic एवं inorganic पदार्थ होते हैं।Organic पदार्थ में bile salts, bile pigments, cholesterol, lecithin एवं fatty acid, enzyme तथा alkaline phosphatase होते हैं।

Inorganic पदार्थ में Na^+, K^+, Ca^{++}, HCl तथा Cl^- होते हैं।

Bile salts fat के digestion के समय duodenum में पहुंचता है अन्यथा यह gallbladder में ही store रहता है।

Duodenum में chyme की उपस्थिति से gallbladder में contraction होता है और bile release होता है। Release होने वाले bile की मात्रा chyme में fat की मात्रा पर निर्भर करती है। जितनी fat की मात्रा ज्यादा होगी उतना ही अधिक bile release होगा।

CCK hormone के प्रभाव से gallbladder का contraction एवं hepatopancreatic ampulla के sphincter का relaxation होता है जिससे bile duodenum में पहुंचता है।

Bile के Functions

1. Bile salts के द्वारा fat का emulsification होता है।

2. यह bilirubin नामक bile pigment के elimination में एक carrier का कार्य करता है। यह bilirubin haemoglobin के टूटने से बनता है और स्वयं टूटकर stercobilin बनाता है जो मल के साथ बाहर निकल जाते हैं।

3. Bile salts fat तथा fat soluble vitamins (ADEK) के absorption में सहायक है।

4. Gallbladder की mucosa के द्वारा mucin का secretion होता है जो lubricant की भांति कार्य करता है।

Small Intestine

Small intestine से daily 1–2 ली. intestinal juice का secretion होता है जिसमें digestive enzymes जैसे sucrase, maltase, lactase, lipase, peptidase, water एवं mucus उपस्थित रहते हैं। Duodenum में उपस्थित पदार्थ आँत को segmental एवं peristaltic गति के द्वारा आगे बढ़ते हैं और digestive juice तथा उसमें उपस्थित enzyme के साथ mix हो जाते हैं।

Carbohydrates, fat व proteins के digestion absorption का कार्य small intestine में उपस्थित villi के द्वारा होता है।

Table 7.2: Digestion of carbohydrates, proteins and fats

Mouth	Stomach	Small intestine
Carbohydrates are partially digested to disaccharides by salivary amylase	Pepsin hydrolyses proteins to proteases and peptides	Pancreatic amylase completely digests carbohydrates to disaccharides
Fats and protein	Gastric lipase digests very little of dietary fat	Trypsin, chymotrypsin act on disaccharides and produce free amino acids and smaller peptides maltase, lactase, sucrase act on disaccharides and liberate glucose, fructose and galactose peptidases release free amino acids bile and lipase digest fat to glycerol and free fatty acids

Stomach से acidic chyme duodemum में पहुंचकर pancreatic juice के द्वारा alkaline nature का हो जाता है Alkaline pH pancreatic and intestinal enzymes के action के लिए suitable होती है। Pancreatic juice जैसे ही intestine में पहुंचता है, protein को digest करने वाले enzymes सक्रिय हो जाते हैं।

Small intestine में digestion की अंतिम अवस्था में निम्नलिखित क्रियाएं होती हैं।

* Proteins का digestion proteases के द्वारा amino acids में हो जाता है।

* Amylase के द्वारा carbohydrates का digestion sugar में होता है।

* Lipase के द्वारा fat का hydrolysis fatty acid एवं glycerol में होता है।

* Lactase के द्वारा lactose का विखंडन glucose एवं galactose में होता है

* Maltase के द्वारा maltose, glucose में टूट जाता है।

Absorption in Small Intestine

मुख से लेकर छोटी आँत तक होने वाली पाचन की प्रक्रिया में खाना complex state से simpler form में परिवर्तित हो जाता है जैसे—Carbohydrates monosaccharides (glucose, galactose एवं fructose) में।

Proteins—Dipeptides एवं amino acids में होता है Fat का परिवर्तन fatty acids, glycerol तथा monoglycerides में होता है। ये simpler forms, epilthelial lining, mucosa, blood vessels एवं lymphatide के द्वारा absorb हो जाती है। इन nutrients का 90 प्रतिशत absorption small intestine 10 प्रतिशत stomach एवं large intestine में होता है।

Absorption 2 प्रकार से होता है—

1. **Diffusion**—Monosaccharides, amino acids, fatty acids तथा glycerol अपने concentration gradient के कारण intestinal lumen से intestinal epithelial cells में जाता है।

2. **Active transport**—Monosaccharides, amino acids, fatty acids तथा glycerol का active transport villi में हो जाता है।

सामान्यतः पूरा का पूरा पचा हुआ carbohydrate 95 से 98 प्रतिशत proteins और लगभग 95 प्रतिशत lipid जो small intestine में उपस्थित रहता है absorb हो जाता है।

Monosaccharides तथा amino acids villi में उपस्थित capillaries में एवं fatty acid व glycerol में pass ही जाते हैं।

Large Intestine की Physiology—Large intestine से secretion में mucin, water एवं salts होते हैं। इसमें कोई enzyme नहीं होता तथा इसकी pH alkaline होती है। यह water mineral एवं drugs का absorption करती है। Water के बड़ी आँत में absorption के कारण मल semisolid अवस्था में बाहर आता है। Large intestine में *E. coli, Enterobacter aerogenes, streptococcus faecalis* जैसे bacteria रहते हैं। Large intestine में bacteria bilirubin को stercobilin में decompose कर देते हैं जो मल को

Flowchart 7.1: Coupling of energy releasing and energy requiring reactions through ATP

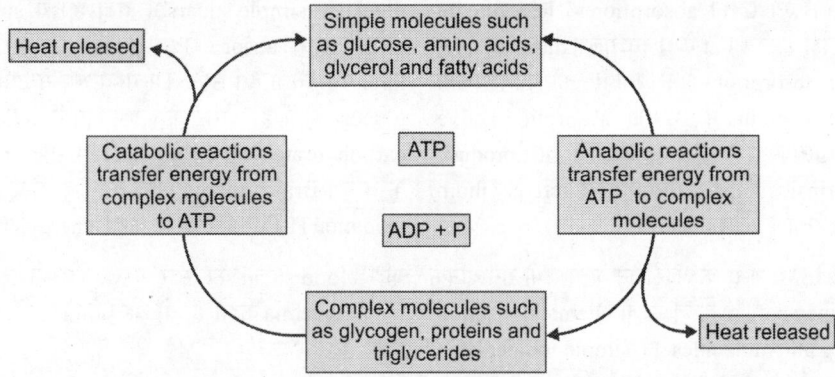

brown colour देता है। बड़ी आँत मेंbacteria vitamin K एवं B_{12} का निर्माण करते हैं जो यहीं पर absorb भी हो जाते हैं।

Defaecation: Stomach एवं small intestine में नियमित peristaltic movement से undigested food large intestine के colon में पहुंचता है जहां पर mass movement होता जो undigested food को मल की अवस्था में rectum में धकेल देता है। Rectum में मल के भर जाने पर मनुष्य को मल त्याग की इच्छा होती है। Defaecation में abdominal muscles में contraction होता है, diaphragm नीचे आता है colon में movement होता है, internal एवं external anal sphincters शिथिल हो जाते हैं।

Physiology of Absorption: Water का अधिकतम absorption diffusion की प्रक्रिया के द्वारा small intestine में होता है यह diffusion cell membrane में उपस्थित ores के द्वारा होता है। Small intestine में कुछ water osmotic effect के कारण passive absorption के द्वारा भी होता है। Water की कुछ मात्रा का absorption large intestine में होता है। पूरी की पूरी small intestine एवं large intestine water के absorption में भाग लेती है।

लगभग 9.3 ली. fluid (2.3 ingested एवं 7 ली. gastro-intestinal secretion) small intestine में पहुँचते हैं जिसमें से 8.3 ली. fluid small intestine के द्वारा, 0.9 ली. large intestine के द्वारा absorb हो जाता है और केवल 100 मि. ली. water ही faeces में प्रतिदिन उत्सर्जित होता है।

Electrolytes: Electrolytes का absorption small intestine के द्वारा होता है। ये पानी के साथ मिलकर solution बनाते हैं जो cell membrane में pores के द्वारा diffusion की प्रक्रिया से absorb होते हैं। यह प्रक्रिया तब तक नियमित रहती है जब तक intestine के lumen में electrolyte की concentration cells के अंदर electrolytes से अधिक रहती है। Sodium का absorption diffusion के द्वारा passively होता है जबकि bicarbonate chloride का sodium के साथ passive or active transport होता है।

Calcium, iron, potassium एवं phosphate का absorption small intestine में active transport के द्वारा होता है। इस transport में एक carrier की तथा energy की आवश्यकता होती है। उदाहरण calcium का transportation calcium binding protein से होता है।

Table 7.3: Absorption of vitamins in GIT

Organ	Water soluble vitamins absorbed	Fat soluble vitamins absorbed
Duodenum	Dietary B group vitamins, such as folic acid, pyridoxine niacin, thiamine and vitamin C	Dietary vitamin D
Small intestine, colon	Dietary riboflavin friendly bacteria synthesise vitamin B_{12}, which is absorbed at the same site.	Dietary vitamins A, E and K. Bacteria synthesis vitamin K and is absorbed.

Absoprtion of Vitamins: पानी में घुलनशील vitamins जैसे vitamin B एवं C को absorption के लिए bile की आवश्यकता नहीं होती। Fat में घुलनशील vitamins A, D, E and K को absorption के लिए bile की आवश्यकता होती है। इन vitamins में B_{12} का absorption active transport के द्वारा होता है। B_{12} stomach के द्वारा produce होने वाले intrinsic factor के साथ जुड़कर actively ilium में transport होता है। (Table 7.3)

METABOLISM: शरीर के अंदर होने वाली सभी रासायनिक क्रियाओं को metabolism कहते हैं जो chemical reaction complex organic molecules को simple molecules में तोड़ देती है उन्हें catabolic reactions कहते हैं इस क्रिया के द्वारा organic molecule में store energy release होती है। Glycolysis, Kreb's cycle तथा electron transport chain आदि महत्त्वपूर्ण catabolic reaction हैं।

रासायनिक क्रियाएं जिनमें simple molecules तथा monomers से शरीर के जटिल structural एवं functional components बनते हैं, anabolic reactions कहलाते हैं महत्त्वपूर्ण anabolic reactions में amino acids के बीच peptide bonds के द्वारा proteins का बनना glucose molecules के जुड़ने से glycogen का तथा fatty acids के द्वारा phospholipids का बनना है।

Food molecules के gastrointestinal tract द्वारा absorb होने के बाद निम्नलिखित क्रियाएं होती हैं।

1. अधिकांश food molecule का उपयोग muscle contraction, body temperature को नियमित रखने व active transport के लिए energy produce करने में होता है।
2. कुछ food molecule, जटिल molecule जैसे protein, hormones and enzymes का निर्माण करते हैं जो building block का कार्य करते हैं।
3. कुछ food molecules future के लिए शरीर में संचित हो जाते हैं। उदाहरण liver में glycogen, adipose cells में triglycerides catabolic reactions exergenic होते हैं जिसमें energy का production consumption से ज्यादा होता है जबकि anabolic reactions endergenic होते हैं जिसमें energy का consumption production से ज्यादा होता है।

Catabolic reaction में ATP की form में release energy की आवश्यकता anabolic reactions में होती है।

Carbohydrate Metabolism: जटिल carbohydrate का digestion simple sugars में होता है। ये simple sugar villi के द्वारा absorb होकर portal circulation के द्वारा liver में पहुंचता है। Blood में मुख्य रूप से उपस्थित sugar glucose होती है। शरीर के लगभग सभी cells एवं tissue carbohydrates का उपयोग energy प्राप्त करने के लिए करते हैं। Brain, energy प्राप्त करने के लिए glucose का oxidation H_2O तथा CO_2 में करके energy प्राप्त करता है।

यदि blood sugar का स्तर बहुत कम हो जाता है जिसे hypoglycemia कहते हैं, तो यह brain के लिए हानिकारक होता है।

Role of Liver : Glucose liver में glycolysis एवं Krebs cycle के द्वारा oxidised होकर ATP का उत्पादन करता है।

Fat Metabolism: पाचन के पश्चात् fatty acids तथा glycerols villi में उपस्थित lacteals के द्वारा lymphatics में drain होते हैं और अंततः liver में पहुंचते हैं यहां इसका उपयोग energy एवं heat produce करने में होता है शेष fatty acids का संचय शरीर में fat के रूप में हो जाता है।

पूर्ण रूप से oxidation के बाद fatty aicds के एक molecule द्वारा glucose की अपेक्षा अधिक energy produce होती है। Fat का उपयोग शरीर में बहुत से essential substances बनाने में होता है उदाहरण : Phospholipic (plasma membrane का भाग), thromboplastin (blood clotting के लिए आवश्यक), nerve की myelin, sheath, ketone bodies का production fatty acids के oxidation के by-product के रूप में होता है।

Nutrition: शरीर को स्वस्थ बनाये रखने के लिए qualitative एवं quantitative diet की आवश्यकता होती है जिसे nutrition कहते हैं। Nutrients की आवश्यकता growth, health, body building एवं maintenance के लिए होती है। Carbohydrate, proteins, fats, vitamins, mineral एवं water इस श्रेणी में आते हैं एक संतुलित आहार में स्वास्थ्य के लिए आवश्कय सभी nutrients सही अनुपात में होते हैं इसके लिए विभिन्न प्रकार के खाद्य पदार्थ खाने चाहिए। Nutrients की शरीर में age, sex एवं lifestyle के अनुसार आवश्यकताएं भी भिन्न-भिन्न होती हैं। समाज के गरीब वर्ग में nutritional deficiency बहुत आम है।

Diet की अधिकता से शरीर में वसा का संचय हो जाता। जिसे obesity कहते हैं। (Table 7.4)

FATE OF GLUCOSE

Oxidation: इसके द्वारा CO_2, H_2O एवं energy का production होता है। कभी-कभी oxygen की अनुपस्थिति में भी glucose कुछ मात्रा में energy का उत्पादन करता है। इस प्रक्रिया को anaerobic oxidation कहते हैं। (Flowchart 7.2)

यदि कोई व्यक्ति बहुत अधिक physical activities बहुत कम समय में करता है तब muscles में oxygen की कमी हो जाती है तथा anaerobic oxydation के द्वारा produce हुए lactic acid के muscles में जमा हो जाने से muscle pain व cramps होने लगते हैं।

Glucose के oxidation से निम्नलिखित functions होते हैं।

(a) It is the main source of energy

(b) यह brain functions के लिए आवश्यक है।

(c) इससे heat का production होता है।

(d) जब तक glucose शरीर में रहता है proteins व catabolism नहीं होता अर्थात यह body tissue के oxidation को रोकता है।

Fate of Fat: See Flowchart 7.3

Protein Metabolism

Proteins में 20 प्रकार के amino acids उपस्थित होते हैं जिनमें से 8 भोजन के द्वारा प्राप्त होते हैं ये शरीर के अंदर नहीं बनते परंतु शरीर के लिए आवश्यक है इसीलिए इन्हें essential amino acid के समूह में रखा गया है। Dietary proteins का digestion एवं absorption amino acids की form में villi के द्वारा होता है। Blood के द्वारा ये liver तथा अन्य organs एवं tissue में पहुंचते हैं।

Flowchart 7.2: Fate of Glucose

Amino acids के शरीर में अस्थायी रूप से संचय से एक pool बन जाता है। जब शरीर में amino acids का उपयोग व supply समान होते हैं तब शरीर nitrogen के संतुलन की स्थिति में होता है। Carbohydrate व fat के विपरीत amino acids शरीर में store नहीं होते। (Flowchart 7.4)

Vitamins: वे कार्बनिक nutrients जिनकी शरीर में आवश्यकता सामान्य growth एवं metabolism के लिए होती है।

अधिकतर vitamins का शरीर में उत्पादन नहीं होता, अपितु भोजन के साथ ही प्राप्त किये जाते हैं। Vitamins को दो मुख्य वर्गों में विभाजित किया जाता है।

1. Water Soluble Vitamins: इसमें vitamin B complex एवं vitamin C आते हैं ये body fluid में घुल जाते हैं। इन vitamins की शेष मात्रा मूत्र के साथ excrete हो जाती है।

2. Fat Soluble Vitamins: इनमें vitamin A, D, E and K शामिल हे इनके पर्याप्त absorption के लिए bile salts तथा कुछ dietary lipid की आवश्यकता होती है ये body cells मुख्यत: hepatocyte में store हो जाते हैं।

Vitamin A: इसका निर्माण आँत में provitamin (beta carotone) से होता है। Vitamin A के मुख्य source liver एवं milk हैं। Provitamin A के source हरी पत्तेदार सब्जियां, गाजर, सेब इत्यादि हैं। Vitamin A epithelial cells को स्वस्थ रखता है retina में light sensitive pagnents का निर्माण करता है। bones एवं teeth के growth के लिए भी आवश्यक है।

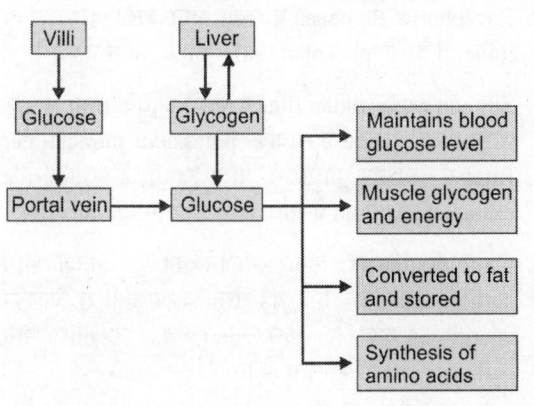

Flowchart 7.3: Fate of fat

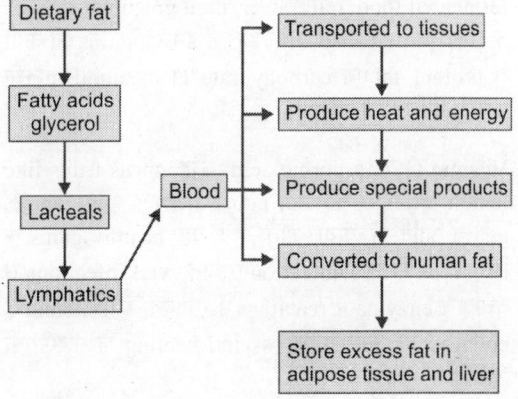

Flowchart 7.4: Amino acid pool

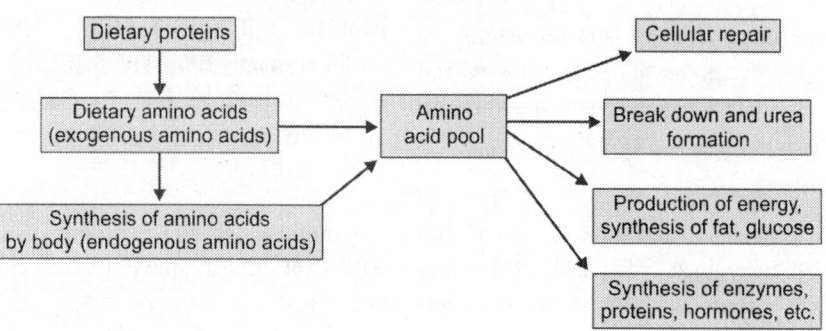

Vitamin D: इसका निर्माण skin में होता है। Sunlight के द्वारा 7-dehydrocholesterol का cholecalciferol में परिवतर्न होता है। जिसका activation liver एवं kidneys में होता है। Fish, liver oil egg yolk, fortified milk आदि खाद्य पदार्थ भी इसके स्रोत हैं। यह gastrointestinal tract के द्वारा calcium एवं phosphorous के absoprtion के लिए भी महत्त्वपूर्ण है।

Vitamin E: Vitamin E के स्रोत में fresh nuts, अंकुरित wheat तथा green leafy vegetable आते हैं। यह DNA, RNA तथा RBC के बनने को प्रोत्साहित करते हैं। यह wound के heal होने के लिए तथा fatty acids के catabolism को रोकने में भी सहायक है जो cell structures के बनने के लिए आवश्यक होते हैं।

Vitamins K: इसका उत्पादन intestinal bacteria के द्वारा होता है। Spinach, cauliflower, cabbage व liver जैसे खाद्य पदार्थ इसके स्रोत होते हैं Liver में कुछ clotting factors के बनने में यह आवश्यक coenzyme है।

B group vitamins: इस समूह के vitamins yeast, fermented food, milk, liver, dark green vegetables, pulses एवं cereals से प्राप्त होते हैं इन vitamins की कमी से protein, fat एवं carbohydrate का metabolism तथा RBCs का बनना प्रभावित होते हैं।

Vitamin C या ascorbic acid—यह citrus fruits like lemon, orange, potato, goose berries, pine apple, guava आदि में पाया जाता है। यह healthy gums के लिए skin के लिए infection मुख्यतः vral infections से बचाव व enzymatic reactions में सहायक है। Vitamin C collagen के निर्माण व wound healing के लिए भी आवश्यक है।

Minerals—ये अकार्बनिक तत्व हैं, जो कुल body mass का लगभग 4% भाग बनाते हैं, ये physiological एवं biochemical reactions के लिए भी आवश्यक है। ये minerals दो catagories में विभाजित हैं (1) Macrominerals (2) Microminerals

Macrominerals—इन minerals की आवश्यकता 100 mg प्रतिदिन से अधिक होती है इनके उदाहरण हैं calcium, phosphorus sodium, potassium, magnesium, chloride.

Micronutrient microminerals or trace elements—इनकी आवश्यकता 100 mg प्रति दिन से कम होती है। उदाहरण: Zinc, iron, iodine, floride

शरीर में सबसे अधिक मात्रा में पाया जाने वाला mineral calcium है यह bones एवं teeth का 99% भाग बनाता है। Old age में calcium के स्तर कम हो जाता है जिससे osteoporosis जैसे complications हो जाते हैं। Dairy products (milk एवं milk products) कुछ फल एवं सब्जियां इसका स्रोत हैं।

Phosphorus भी bones में पाया जाने वाला दूसरा मुख्य mineral है जो phosphate salts की form में रहता है।

Sodium extracellular fluid में सबसे अधिक मात्रा में पाया जाने वाला cation है जबकि potassium intracellular fluid में अधिक मात्रा में पाया जाता है। chloride extracellular fluid में पाया जाने वाले मुख्य anion हैं।

Carbohydrates: हमारे भोजन का अधिकांश भाग carbohydrate से बना है यह सस्ता व आसानी से उपलब्ध energy का स्रोत है। कुल energy का 50–60% भाग carbohydrate से मिलता है।

ये तीन प्रकार में विभाजित है।

1. Polysaccharide—ये complex carbohydrates cereals, root, एवं tubers में उपस्थित होते हैं उदाहरण starch व glycogen

2. Disaccharide: उदाहरण sucrose, maltose.

3. Monosaccharides: ये simple carbyhydrates होते हैं। उदाहरण–Glucose, fructose, galactose

Proteins and fat Requirements—हमारा भोजन संतुलित होना चाहिए जिसमें पर्याप्त मात्रा में carbohydrates, proteins, fats, minerals एवं vitamins हों! भोजन में इन आवश्यक पदार्थों की कमी से malnutrition एवं अधिकता से obesity जैसे विकार हो जाते हैं।

शरीर को जितनी ऊर्जा की आवश्यकता होती है उसका 50–60% carbohydrate से 10–20% proteins से तथा 30% fat के द्वारा प्राप्त होती है।

भोजन में protein की कमी से होने वाली कुपोषण की स्थिति को Kwashiorkor व marasmus कहते हैं जिसमें व्यक्ति/बच्चों का वजन कम होता हे वे बहुत ही दुबले-पतले होते हैं उन्हें infections भी जल्दी होता है। इस प्रकार के malnutrition से delayed puberty, amenorrhoea व impotency जैसे विकार उत्पन्न हो जाते हैं। ऐसे व्यक्तियों का BMR low रहता है।

CLINICAL ASPECTS

Angular stomatitis: Herpes simplex virus के infection एवं vitamin B की कमी से mouth के angles में crack हो जाते हैं जिससे pain होने लगता है।

Aphthous ulcer: Vitamin B complex की कमी से मुँह में बार-बार painful ulcer होने लगते हैं।

Fungal infection of mouth: यह candida albicans के कारण होता है यह bottle feed करने वाले बच्चों व बूढ़े व्यक्तियों में अधिक होता है।

Mouth Cancer: यह मुख्यतः तंबाकू खाने वाले एवं smoke करने वाले व्यक्तियों में होता है। Tobacco से oral mucosa irritate होने लगती है जिसके परिणामस्वरूप squamous cell carcinoma हो जाता है।

Tumours of salivary glands: Salivary glands में malignant एवं benign tumours हो सकते हैं।

Cleft Palate/Cleft Lip: Mouth की roof में bones का बना hard palate होता है। भ्रूण के विकास के समय इसके दोनों halves मध्यरेखा पर आकर जुड़ जाते हैं परंतु विकास के दौरान कभी-कभी दोनों halves एक दूसरे से पूरी तरह नहीं जुड़ पाते या आंशिक रूप से जुड़ नहीं पाते। इसी प्रकार ऊपरी होंठ के भी दो halves आपस में नहीं जुड़ते। तब यह condition cleft palate तथा दूसरी cleft lips कहलाती है इस स्थिति में मुंह से लिया जाने वाला feed (milk, etc.) nasal cavity, pharynx, larynx में जा सकता है शब्दों के उच्चारण में भी त्रुटि होगी।

Teeth में caries से enamel खराब होकर टूटने लगता है दाँतों में cavity हो जाती है व nerve exposed हो जाती है जिससे severe pain होता है।

मसूड़ों के inflammation का gingivitis कहते हैं।

Mumps: Parotid glands के viral infection को mumps कहते हैं।

Tonsillitis व adenoids: Oral cavity व pharynx के junction पर स्थित lymph nodes के inflammation को कहते हैं।

Reflux oesophagitis: Acidic gastric juice के लगातार oesophagus में back flow से painful ulcer बन जाते हैं जिनमें fibrosis से oesophagus narrow हो जाता है।

Achalasia: Oesophagus के निचले सिरे पर स्थित cardiac sphincter dilate नहीं हो पाता जिससे खाना oesophagus से stomach में जाने से रुक जाता है।

Tumours of Oesophagus: Oesophagus tumours में malignant tumours ज्यादा common है। इन tumours के कारण खाना निगलने में कठिनाई होती है व इसके पास के structures भी प्रभावित होते हैं।

Gastritis: Stomach के gastric juice में उपस्थित HCl के mucosa पर प्रभाव को कम करने के लिए व mucosa को HCl से सुरक्षा प्रदान करने के लिए muccus membrane से mucus का secretion होता है जब HCl का mucosa पर corosive effect होता है। तब यह स्थिति gastritis कहलाती है।

Acute Gastritis: लंबे समय तक लगातार aspirin व अन्य non-steroidal anti-inflammatory drugs (NSAIDS), अधिक alcohol, ज्यादा cigarette smoking, food poisoning, corrosive acids एवं alkalis से acute gastritis हो जाती है।

Chronic gastritis: यह acute gastritis या autoimmune disease के बाद होती है।

Vomiting: Gastrointestinal tract के ऊपरी भाग (stomach व कभी-कभी duodenum) से उसमें उपस्थित पदार्थों का forcefully बाहर निकलना vomiting या emesis कहलाता है। यह stomach के irritation के कारण होती है।

Ulcer: Stomach epithelium में दरार आने को ulcer कहते हैं। यह stomach के उस भाग में अधिक होते हैं जो acid के ज्यादा संपर्क में आता है।

Stomach में उपस्थित helicobacter pylor: भी peptic ulcer का कारण होता है यह bacteria ammonia produce करता है जो stomach की protective layer को damage करती है। Ulcer से bleeding व perforation भी हो सकता है।

Typhoid fever: यह salmonella typhi नामक bacteria के द्वारा होता है। यह bacteria contaminated water व food के द्वारा आंत में पहुंचता है इससे small intestine में ulcer हो जाते इसके अलावा यह river, spleen को भी affect करता है।

Tuberculosis: TB भी intestine को affect करती है इसकी common site ileoceacal junction है। TB Inlestine से intestinal obstruction हो जाता हे और patient को abdominal pain होता है।

Appendicitis: Vermiform appendix के inflammation को appendicitis कहते हैं। इससे umbilicus के पास व right iliac fossa में pain होता है। Inflammed appendix के rupture होने पर peritonitis हो सकती है। Appendix के surgical removal को appendicectomy कहते हैं।

Heamorrhoids (piles): यह rectal vein के inflammation एवं enlargement के परिणामस्वरूप होती है इस स्थिति में जब vein पर pressure पड़ता है तो पहले से ही distended veins से blood का रिसाव होने लगता है।

Digestive Glands

Pancreas: Pancreas के inflammation को pancreatitis कहते हैं। इसके मुख्य कारण gallbladder stone व alcohol हैं इसमें digestion की problem व diabetes हो सकते हैं।

Liver-Cirrhosis—Cirrhosis में liver tissue की जगह पर fibrous tissue बन जाता है। Cirrhosis के मुख्य कारण हैं alcohol/hepatitis B व C virus infection, parasitic infection एवं other chemicals जो hepato-cytes को damage करते हैं। इसके लक्षण हैं, jaundice, legs का oedema, ascitis, oesophageal varices के कारण bleeding.

Hepatitis: Liver में virus, drugs, alcohol व दूसरे chemicals के कारण होने वाले inflammation को hepatitis कहते हैं।

Viral infection इसका मुख्य कारण है virus liver cells के अंदर जाकर उनको नष्ट कर देते हैं जब cells का एक group मृत हो जाता है उस जगह की necrosis हो जाती है व lobule की आकृति बदल जाती है। Liver के इस part में fibrosis हो जाती हे तथा आस पास की hepatocytes का number तेजी से बढ़ने लगता है इससे liver cirrhosis व cancer भी हो सकता है।

Jaundice: Bilirubin के असामान्य metabolism व excretion के परिणामस्वयप jaundice हो जाता है। Bilirubin liver में haemoglobin के टूटने से बनता है conjugation के बाद यह bile में परिवर्तित हो जाता है, ज्यादा RBCs के टूटने, impaired conjugation से bile duct में obstruction से। bilirubin का blood में level बढ़ जाता हे और यह skin, conjunctiva तथा brain जैसे दूसरे tissues में deposit हो जाता है।

Gallbladder: Gallbladder के inflammation को chole-cystitis कहते हैं जिसमें 9th costal cartilage की tip पर tenderness एवं shoulder पर referred pain होने लगता है।

CHAPTER

8

मूत्र उत्सर्जी संस्थान एवं त्वचा

Urinary System and Skin

जिन waste products का body में production होता है और body को जिनकी आवश्यकता नहीं होती उन्हें body बाहर निकाल देती है। Carbon dioxide और nitrogen जैसी गैस expiration के द्वारा, solid waste anal canal के द्वारा water व salt की कुछ मात्रा पसीने की form में skin के द्वारा बाहर निकलती है।

बहुत से metabolic waste products जैसे salts, urea, uric acids एवं water आदि urine बनकर urinary system से बाहर निकलते हैं।

COMPONENTS OF URINARY SYSTEM

Urinary system में 2 kidneys, 2-ureters, single urinary bladder और single urethra होता है (Fig. 8.1)

शरीर में water व electrolyte का संतुलन बनाये रखने में urinary system का महत्त्वपूर्ण role होता है। Kidneys में urine बनता है जिसमें metabolic waste products होते हैं।

Kidneys: ये 2 bean के आकार के अंग हैं। जो posterior abdominal wall के साथ peritoneum के पीछे vertebral column के दोनों ओर स्थित होती है। Kidney का ऊपरी pole 12th thoracic vertebra के level पर एवं निचला सिरा 3rd lumbar vertebra के level पर होता है। प्रत्येक kidney 11 cm लंबी 6 cm चौड़ी व 2 cm मोटी होती है और इसका weight 150 gm होता है। Kidney की 2 surfaces, 2 poles व 2 borders होते हैं।

Medial border के मध्य में hilum होता है। Hilum में निम्नलिखित structures पाये जाते हैं renal vein, renal artery एवं ureter का pelvis! (Fig. 8.2)

Right Kidney का level थोड़ा सा नीचे होता है क्योंकि right side में एक बड़ा अंग liver होता है।

Supports of Kidney

अंदर से बाहर की ओर ये है renal capsule, perirenal fat, renal fascia, pararenal fat and vessels at the hilum. इन्हीं supports के कारण kidney अपने स्थान पर रहती हैं।

Relations

Posterior relations—Kidneys की posterior surface ऊपर के भाग diaphragm से व निचले भाग posterior abdominal wall की muscles से संबंधित होती है। Left

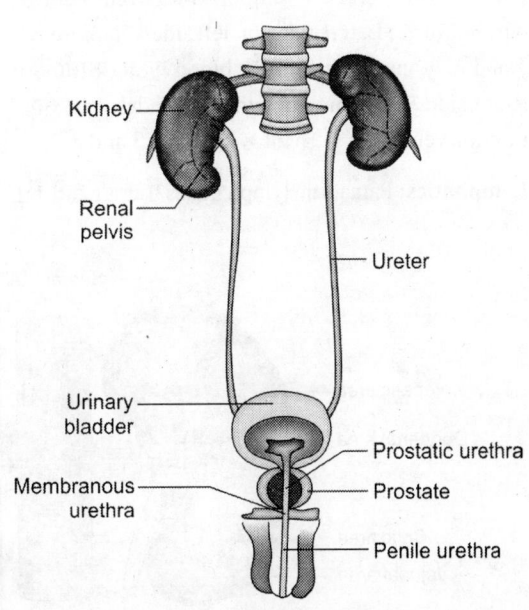

Kidney
Renal pelvis
Ureter
Urinary bladder
Prostatic urethra
Membranous urethra
Prostate
Penile urethra

Fig. 8.1: मूत्र उत्सर्जी तंत्र

kidney 11th व 12th ribs से व right kidney 12th ribs से संबंधित होती है।

Anterior Relations

Right Kidney: इसकी anterior surface: suprarenal gland, duodenum, liver, ascending colon व coils of intestine से संबंधित होती है। (Fig. 8.2)

Left Kidney: Left suprarenal gland, spleen, pancreas, stomach, descending colon व coils of intestine से संबंधित होती है।

Renal pelvis, गुर्दे के hilum से निकलता है। Renal pelvis के आगे renal artery, और artery के आगे renal vien होती है।

Blood Supply and Lymphatic Drainage

Abdominal aorta से एक pair renal arteries निकलती है जिनमें से एक right kidney को व एक left kidney को supply करती है। प्रत्येक renal artery 5 segmental arteries में विभाजित हो जाती है। ये segmental arteries लगातार विभाजित होकर glomerular arteries के रूप में glomeruli में पहुंचती हैं। (Flowchart 8.1)

ये दोनों Kidneys से एक-एक renal vein, inferior vena cava में आती हैं। Left vein की लंबाई right vein से अधिक होती है। Left renal vein, left side के suprarenal gland व gonadal vein से भी blood एकत्र करती हैं। Right side में suprarenal vein व gonadal vein सीधे inferior vena cava में खुलती है। (Figs 8.3 and 8.5)

Lymphatics: Paraaortic lymph nodes में drain होते हैं।

GROSS STRUCTURE OF KIDNEY

Kidney का longitudinal section निम्नलिखित structures को दर्शाता है।

1. **Fibrous Capsule**—Kidney को चारों ओर से cover करता है। Kidney दो भागों में बटी हुई दिखाई देती है। peripheral part cortex व inner part medulla.

2. **Cortex**—Peripheral reddish brown colour का part जो capsule व medulla के बीच present होता है। (Fig. 8.4)

3. Medulla में triangular renal pyramids होते हैं kidney के एक pyramid व cortex को lobe कहते हैं।

4. **Renal Pelvis**: Pyramid का apex minor calyx पर जाकर समाप्त होता है। 2-3 minor calyces मिलकर एक major calyx बनाते हैं। Major calyces मिलकर pelvis बनाते हैं। यह pelvis ureter की form में continue करता है।

Kidney में urine बनने के बाद यह pyramid के apex से minor calyx में, minor calyx से major calyx में, major calyx से ureter के pelvis में व pelvis से ureter के द्वारा होता हुआ urinary bladder में एकत्र होता है।

Nephron—यह kidney की structural एवं functional unit है। प्रत्येक kidney में 1-3 से मिलियन nephron होते हैं। (Fig. 8.6)

Structure and Functions of Nephron (Fig. 8.6)—

Nephrons दो प्रकार के होते हैं। 1. Cortical व 2. Juxtamedullary

Cortical Nephrons—85% cortex में स्थित होते हैं। इनमें

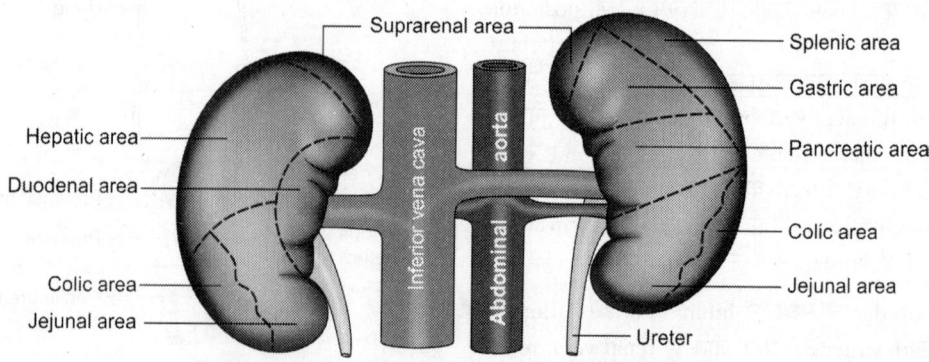

Fig. 8.2: वृक्कों के आगे के रिश्ते (देखें प्लेट 5)

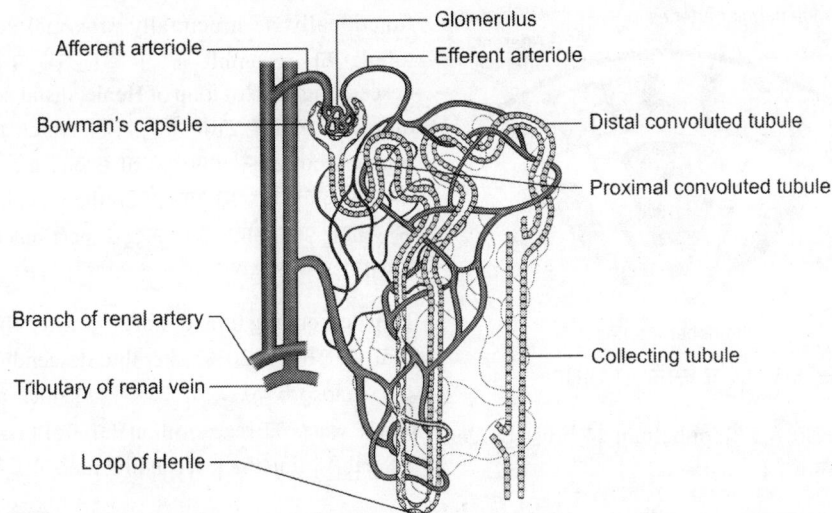

Fig. 8.3: नेफ्रान में रक्त प्रवाह

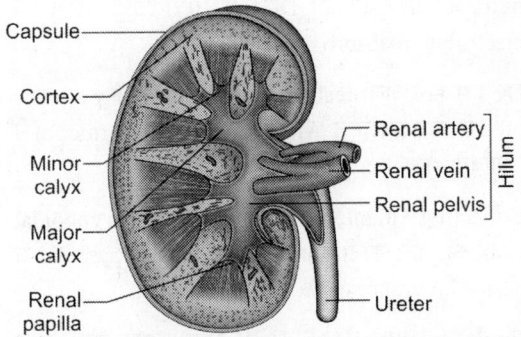

Fig. 8.4: वृक्क की आंतरिक संरचना (देखें प्लेट 4)

loop of Henle छोटा होता है व filteration rate भी धीमा होता है। Urine कम concentrated होता है।

Juxtamedullary Nephron

ये 15% होते हैं तथा cortex व medulla के junction पर स्थित होते हैं इनमें loop of Henle लंबा व filteration rate भी तीव्र होता है। urine का concentration भी अधिक होती है।

Parts of Nephron

1. Bowman's Capsule
2. Proximal convoluted tubule
3. Loop of Henle
4. Distal convoluted tubule

1. Bowman's Capsule: इसमें glomerular capillaries होती हे जो afferent व efferent arteriole के बीच में होती है।

Glomerular capillaries में pores होते हैं इन्हीं pores से blood में से urine filter होकर proximal convoluted tubule में जाता है। Capillary की endothelial cells, basement membrane व Bowman's capsule की podocytes मिलकर glomerular membrane बनाते हैं।

Proximal Convoluted Tubule

यह nephron का मुख्य भाग बनाती है। इनकी अंदर की

Flowchart 8.1: गुर्दे में रक्त प्रवाह

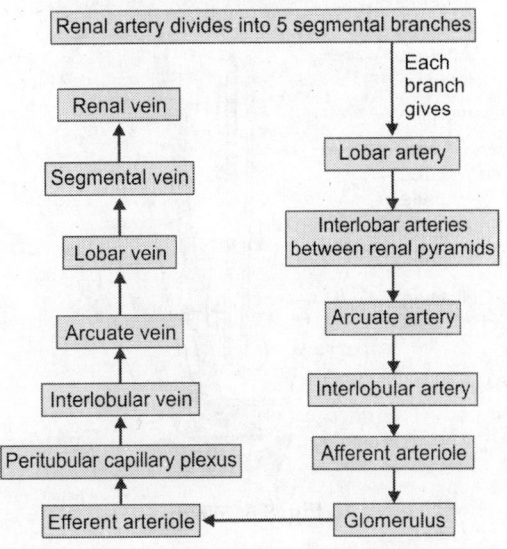

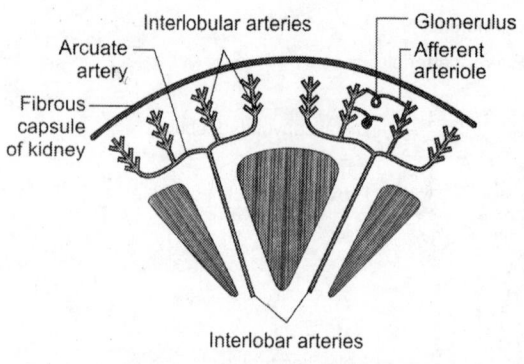

Fig. 8.5: गुर्दे में धमनी की शाखायें

सतह पर cilia होते हैं इस epithelium को brush border epithelium कहते हैं।

Brush border के कारण ये cells 70% water व electrolyte 100% glucose व amino acids का reabsorption करती है। इसके लिए आवश्यक energy cells के अंदर उपस्थित mitochondria से मिलती है। (Fig. 8.6)

Loop of Henle

इस loop में thick descending segment व thin ascending segment होती है, Thin descending segment की epithelium squamous type होती है। जिसमें microvilli एवं mitochondria होते हैं। Descending segment

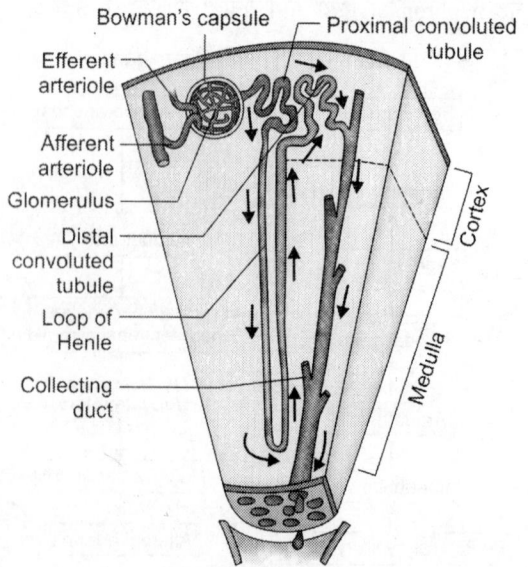

Fig. 8.6: नेफ्रान

functionally व structurally proximal convoluted tubule को resemble करता है। इसी प्रकार thick descending limb of loop of Henle, distal convoluted tubule के समान होता है। प्रत्येक thick ascending segment cortex में वापिस जाता है और glomerulus के संपर्क में आता है। इस भाग में epithelial cells एक दूसरे के ज़्यादा पास होती है। और ये part macula densa कहलाता है। (Fig. 8.7)

Thin descending limb से water का filter आसानी से हो जाता हे जिसमें से 20% water thin descending limb के द्वारा reabsorb कर लिया जाता है। Thick ascending part से water का reabsorption नहीं होता। Na^+ H^+ आदि का reabsoption thick ascending limb के द्वारा होता है।

4. Distal convoluted tubule (DCT): इसकी epithelial cells में brush border नहीं होता, लेकिन अधिक संख्या में mitochondria होते हैं। DCT में 10 से 20% water एवं electrolyte reabsorb हो जाते हैं।

DCT में होने वाला reabsorption pituitary की posterior lobe से निकलने वाले ADH (antidiuretic hormone) से प्रभावित होता है।

Collecting Tubule: इसकी epithelial lining cuboidal cells की बनी होती है। Collecting duct pyramid से pass होकर minor calyx में खुलती है।

Juxta Medullary Apparatus: जिस स्थान पर DCT afferent arteriole के संपर्क में आती है यह apparatus वहां पर बनता हे इसमें तीन प्रकार की cells पाई जाती है।

1. Juxta Glomerular (JG) Cells: ये arteriole की वह cells है जो DCT के संपर्क में आती है और myoepithelial cells में परिवर्तित हो जाती है। ये Juxtaglomerular cells, low blood volume, hypoxia एवं low blood pressure के समय renin नामक proteolytic enzyme का secretion करता है जो blood pressure को नियमित करता है।

2. Macula densa cells DCT की वो cells है जो afferent arteriole के संपर्क में आती है। ये columnar type की घनी cells होती है। जब DCT में sodium का level कम हो जाता है तब ये cell JG cells को renin का secrete का करने के लिए प्रेरित करती हैं।

3. Supporting cells: ये JG cells व macula densa के

बीच में स्थित होती है। ये cells glomerular filteration को नियमित करती है। (Fig. 8.7)

FUNCTIONS OF KIDNEY

1. यह blood एवं extracellular fluid के volume एवं composition को सामान्य बनाये रखती है।

2. Urine का निर्माण एवं अनुपयोगी waste products of metabolism को जैसे (urea, uric acid, creatinine) तथा कुछ electrolytes, (K^+ $HCOH^-_3$, H^+ को urine में घोलकर बाहर निकालती है।

3. Renin angiotensin aldosterone की क्रिया के द्वारा blood pressure को नियमित करना।

4. Anaemia में व RBC की संख्या में कमी होने पर renin erythropoietin factor RBCs की संख्या को बढ़ाता है।

5. ये भोजन के रूप में लिए गए vitamins D3 को 1, 25 DHCC (dihydrocholecalciferol) में परिवर्तित करती है। इस रूप में vitamin D ricket जैसी बीमारी होने से बचाता है।

6. यह acid व base के बीच संतुलन स्थापित कर blood की pH को maintain रखती है।

Ureters: प्रत्येक ureter 25 से.मी. लंबी smooth muscle की बनी tube होती है इसकी epithelium transitional type की होती है जिसे urothelium कहते हैं।

Ureter अपने kidney से आरंभ होकर bladder तक के मार्ग में तीन स्थानों पर संकीर्ण होते हैं।Pelvi-ureteric junction पर, जब ureter lesser pelvis में प्रवेश करता है, और जब ureter bladder में प्रवेश करता है ureter में stone के इन्हीं तीन स्थानों पर फंसने का chance रहता है। (Fig. 8.8)

Ureter को blood की आपूर्ति renal, gonadal व internal iliac artery के द्वारा होती है।

Nerve supply sympathetic व parasympathetic दोनों प्रकार के fibres से होती है।

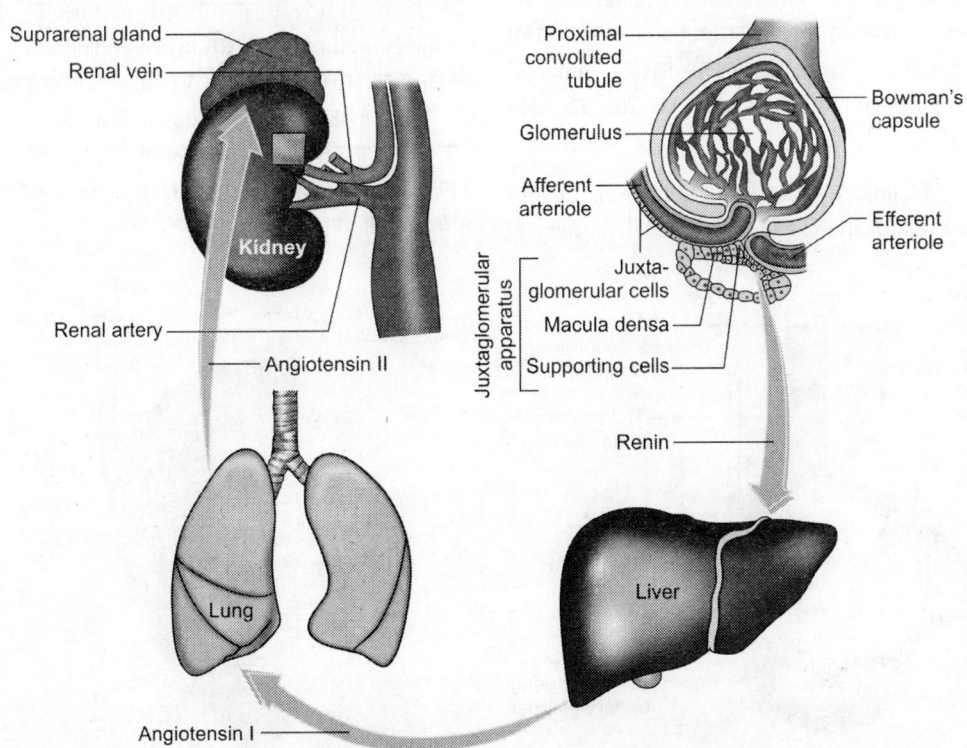

Fig. 8.7: अन्तस्थासन्न उपकरण द्वारा ब्लड प्रेशर का कन्ट्रोल

Ureters में tissue की तीन layers होती हैं। बाहरी layer fibrous tissue मध्य layer muscular tissue व भीतरी layer mucosa की बनी होती है। Ureter के द्वारा urine kidney से urinary bladder में जाता हे इसके लिए ureter में peristaltic movement होता है। (Fig. 8.9)

Urinary Bladder

यह urine के temporary store house की तरह कार्य करता है। इसकी क्षमता 250–500 ml है। इसकी epithelial lining transitional type की होती है। (Fig. 8.8)

Urinary Bladder की स्थिति एवं संरचनाः यह pelvis के अगले भाग में स्थित होता है। Males में यह pubic symphysis व rectum के बीच तथा females में pubic symphysis एवं vagina के बीच स्थित होता है। खाली bladder pelvis में ही सीमित रहता है परंतु भर जाने के बाद यह फैलकर abdomen तक भी पहुंच जाता है।

इसकी चार surfaces होती हैं। One superior, two inferolateral, one posterior. Posterior surface को bladder का base कहते हैं। Base के निचले भाग में एक तिकोना smooth भाग होता हे जिसे trigone कहते हैं। Trigone के ऊपरी दोनों सिरों पर ureter के खुलने के लिए छिद्र होते हैं। Trigone के निचली सिरे पर internal urethral meatus होता है यह part bladder की neck कहलाता है।

Urinary bladder को blood की आपूर्ति superior एवं inferior vesical arteries, जो कि internal iliac artery की branches है, के द्वारा होती है। Venous blood का drainage internal iliac vein में होता है।

Urinary Bladder की wall में तीन layers होते हैं।

1. सबसे बाहरी layer loose connective tissue की बनी होती है।
2. Middle layer smooth muscles की बनी होती है smooth muscles को detrusor muscle कहते हैं। (Fig. 8.9)
3. सबसे भीतर transitional epithelium की बनी layer होती है।

Urethra

यह tube जैसी संरचना urinary bladder के निचले सिरे से शुरू होती हे और शरीर के बाहर खुलती है इसके द्वारा urinary bladder में संचयित urine बाहर निकलता है।

Female Urethra

यह 4 से.मी. लंबी सीधी tube है जो vagina के सामने की ओर स्थित होती है। लगभग पूरी urethra के अन्दर sphincter urethrae है। जिससे urinary bladder से urine की मात्रा का स्तर पूर्ण हो जाने पर व्यक्ति अपनी इच्छा से मूत्र का त्याग करता है। Female urethra छोटा व सीधा होने के कारण इसमें catheter आसानी से pass कराया जा सकता है। तथा urinary tract infection को संभावना भी अधिक रहती है।

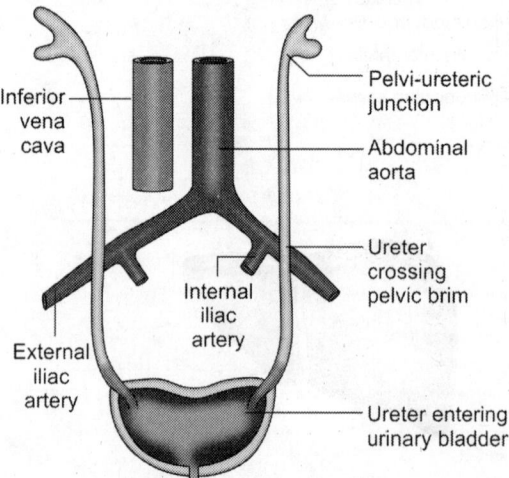

Fig. 8.8: मूत्र वाहिनी नली की मुख्य संकीर्ण

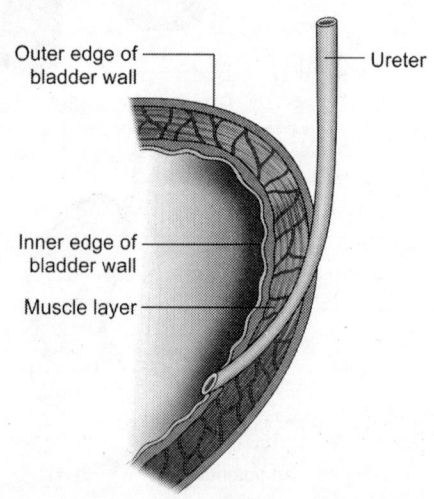

Fig. 8.9: मूत्र वाहिनी नली का मूत्राशन में खुलना

Male Urethra

पुरुषों में urethra 15 से 20 से.मी. लंबा होता है और इसके चार भाग हो हैं। 1. Preprostatic - urinary bladder एवं prostate के बीच वाला भाग 2. Prostatic : urethra का यह भाग prostate gland से pass होता है। 3. Membranous urethra : Male urethra का सबसे छोटा भाग है। 4. Spongy part यह भाग penis में होता व glans penis में external urethral orifice के द्वारा बाहर खुलता है।

Spongy urethra एवं membranous urethra के बीच एक curve होता हे जिसके कारण पुरुषों में catheter डालना एक कठिन प्रक्रिया है।

Male urethra, semen व urine के लिए common pathway है।

Urethra के tissues की तीन layers होती हैं सबसे भीतरी layer को mucosa कहते हैं, मध्य layer को submucosa व सबसे बाहरी परत muscles की बनी होती है।

MICTURITION

जब bladder urine से भर जाता है तब afferent nerves के द्वारा यह सूचना spinal cord के sacral segment को जाती है। इसी nerve के efferent fibres के द्वारा muscles के contraction एवं भीतरी urethral sphincter के relaxation की command आती है।

External sphincter को pudendal nerve की branch के द्वारा nerve की supply होती है। Bladder full हो जाता है तो इसकी सूचना parasympathetic nerve के द्वारा spinal cord को और spinal cord के posterior column से brain को जाती है।

बहुत वृद्धावस्था में brain का control समाप्त हो सकता है।

यदि spinal cord में sacral segment के ऊपर injury हो जाती है तो external sphincter automatically relax हो जाता है व bladder खाली हो जाता है।

यदि sacral segment किसी कारण वश destroy हो जाता है तो bladder की muscles paralysed हो जाती है व्यक्ति को bladder के भर जाने व मूत्र त्याग की feeling ही नहीं आती और इस व्यक्ति में urine उसके प्रयास एवं उसकी जानकारी के बिना ही pass हो जाता है इसको overflow incontinence कहते हैं।

Urethra में urinary catheter के लंबे समय रहने से infection की आशंका रहती है।

Formation of Urine—Urine के बनने के तीन steps होते हैं।

1. Glomerular filteration
2. Tubular reabsorption
3. Tubular secretion

1. Glomerular Filteration—Kidney में एक मिनट में 1200 से 1300 मि.ली. blood का प्रवाह होता है जिसे renal blood flow कहते हैं। इसमें से 125 मि.ली. blood प्रत्येक minute filter होता है जिसे glomerular filterate कहते हैं इस filterate में water, electrolytes glucose, amino acids तथा waste products जेसे urea, uric acid व creatinine होते हैं। Filterate का जितना volume दोनों kidneys के द्वारा एक मिनट में बनता है उसे glomeruler filteration rater (GFR) कहते हैं। एक सामान्य वयस्क व्यक्ति का GFR 125 ml प्रति minute होता है। इसमें से अधिकांशतः filterate का reabsorption हो जाता है ओर 1% से भी कम जो कि लगभग 1 से 1.5 litre होता है, urine के रूप में उत्सर्जित हो जाता है। Renal blood flow सामान्यतः स्वतः नियमित होता है।

Tubular reabsorption: जैसे ही filterate PCT से pass होता है 70% water व electrolyte, 100% glucose व amino acids का reabsorption हो जाता है। यह हमारे शरीर के लिए अति आवश्यक है। 10–20% water एवं electrolytes का reabsorption DCT, collecting tubule (CT) में होता है। यह reabsorption शरीर में water एवं electrolyte का balance बनाये रखता है व pH को नियमित रखता है। Ions like calcium, phosphate, sodium, potassium, chloride एवं glucose व amino acids का rabsorption active transport के द्वारा होता हे जिसमें energy की आवश्यकता होती है।

Tubular secretion: बहुत से electrolytes जैसे H^+, Cl^-, K^+, HCO^-_3 एवं waters blood से nephrons के tubules में secrete होते हैं। कुछ substance जिनकी शरीर में आवश्यकता नहीं होती एवं बाह्य तत्व convoluted tubules में secrete होकर शरीर के बाहर उत्सर्जित हो जाते हैं।

Composition of Urine—Urine की composition secreted पदार्थों की मात्रा एवं water व electrolyte के

absorption पर निर्भर करती है। Glomerular filterate से अधिकांशतः water PCT में absorb होता है। Water absorption में कमी होने पर urine dilute हो जाता है व अधिक मात्रा में आता है इसे diuresis कहते हैं। Urine का volume (मात्रा) अलग-अलग दिन अलग हो सकती है जो द्रव पदार्थों को पीने की मात्रा पर निर्भर होता है। वातावरण के temperature, humidity, sweating व दिन के विभिन्न समय के अनुसार भी इसकी मात्रा होती है। urine का कम बनना oliguria व बिल्कुल नहीं बनना anuria कहलाता है।

सामान्य Urine के लक्षण

* Colour—Normal urine का amber colour होता है।
* Specific Gravity—1010 से 1030 होती है। Specific gravity water में solid के अनुपात को दर्शाती है। Normal urine में 95% water एवं 3% solid होता है।
* Odour (गंध) हल्का aromatic
* Volume (मात्रा) - 1500 से 2000 मि.ली. प्रतिदिन
* Turbidity—Freshly passed urine transparent होता जो कुछ समय बाद turbid हो जाता है।
* pH - 5—8

CLINICAL ASPECTS

Congenital Abnormalities

1. **Pelvic Kidney**—Kidneys का विकास pelvic region में होता है उसके बाद यह ऊपर की ओर lumbar region में जाती है। अगर यह ऊपर नहीं जाती तब यह condition pelvic kidney कहलाती है इस type की kidneys से pregnant woman को काफी problem होती है क्योंकि uterus का size बढ़ जाने पर renal vessel एवं ureter दबने लगते हैं।

2. **Polycystic Kidney**—इसमें kidney में multiple cysts बन जाते हैं। जब इन cysts का size बढ़ता है तो ये nephron को destroy करने लगते हैं इससे renal failure का खतरा रहता है।

Infective disorders

a. **Acute Glomerulonephritis**—यह glomerulus की inflammatory condition है। यह bacterial infections के कारण bacteria के द्वारा secrete किये गये toxins के responce मे होती है। यह खासतौर पर *streptococcus haemolyticus* से होती है। यदि इसका treatment नहीं किया जाता तो यह kidney की सारी glomeruli को affect कर देता है या कुछ glomeruli को affect कर सकता है। ऐसे patients में haematuria, proteinuria, hypertension, fluid retention, anuria or oliguria जैसे लक्षण पाये जाते हैं Nephrons के खराब या नष्ट होने से chronic renal failure हो जाता है।

b. **Acute Pyelonephritis:** यह स्थिति acute infection के द्वारा kidneys में abscess बनने के कारण होती हे

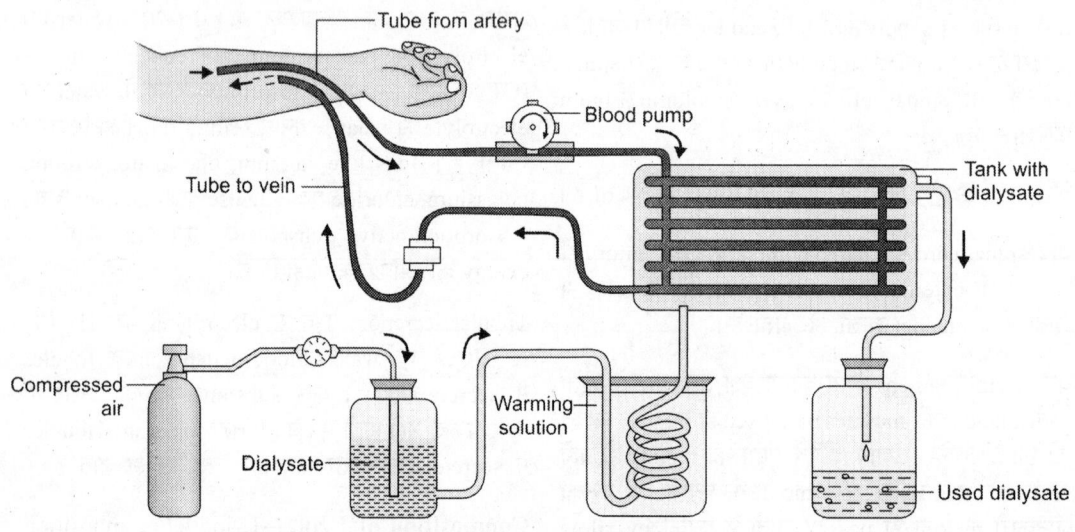

Fig. 8.10: हीमो डायलिसिस

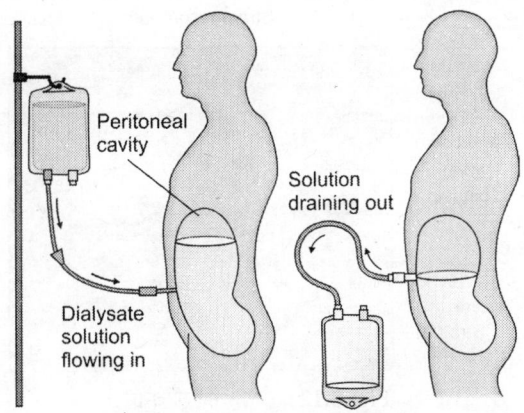

Fig. 8.11: पैरीटोनियल डायलिसिस

जिससे kidneys के pelvis या calyces भाग प्रभावित होते हैं।

c. **Cystitis: Urinary bladder** का inflammation cystitis एवं urethra का urethritis कहलाता है।

Renal dialysis: एवं renal transplant—जब दोनों kidneys काम करना बंद कर देती हैं उस स्थिति में renal dialysis किया जाता है, जिसकी आवश्यकता बार-बार होती है। इसका इलाज अंततः kidney transplant होता है। Dialysis दो प्रकार से होता है।

1. Haemodialysis 2. Peritoneal dialysis. (Figs 10.10 and 10.11)

Kidney transplant के लिए donor का patients से blood relation में होना बेहतर होता है।

Renal Calculi: जब urine में उपस्थित कुछ तत्व precipitate होकर crystal बना लेते हैं यह स्थिति renal calculus कहलाती है। अगर पथरी छोटे आकार की होती हे तो यह kidney से ureter में चली जाती हे जिसे ureteric calculus कहते हैं। यदि पथरी बड़े आकार की होती है तो यह pelvis में फंस जाती है। Renal stone की उपस्थिति से renal angle (बारहवीं पसली व erector spinae के बीच) lumbar region में pain होता है। Ureteric stone में pain lumbar region से groin में जाता है। अधिक मात्रा में पानी पीने से इसकी रोकथाम की जा सकती है।

Tumours

1. Hypernephroma: Tubular epithelium का malignant tumour
2. Nephroblastoma: यह malignant tumour बच्चों में होता है।
3. Papilloma: Urinary bladder की transitional epithelium से होता है।

Hydronephrosis: Renal pelvis एवं calyces के dilatation को hydronephrosis कहते हैं। यह urine के बहाव के रुक जाने के कारण होती है जो कि ureter में पथरी के फंसने से या किसी अन्य कारण से ureter के द्वारा urine के बहाव में रुकावट से उत्पन्न होने वाली स्थिति है। यही स्थिति urethra में stone का अन्य किसी कारण से urine के बहाव में रुकावट से भी होती है। इससे nephron नष्ट होने लगते हैं और kidney अपना सामान्य कार्य करने में अक्षम हो जाती है।

Urinary Incontinence

इस स्थिति में व्यक्ति को bladder full हो जाने पर urine pass होने का अहसास नहीं होता। Urine से bladder के full हो जाने पर स्वतः ही pass हो जाता है।

Nephrotic Syndrome

Nephrotic syndrome में urine में protein का बहुत अधिक loss होता है। Urine की अवस्था proteinurea कहलाती है। इससे blood में albumin की कमी हो जाती है जिसे hypoalbuminemia कहते हैं इससे fluid का जमाव interestitial tissues में होने लगता है जिसे oedema कहते हैं।

Acute Renal failure में Glomerular filterate में अचानक बहुत अधिक कमी आ जाती हे यदि समय से इसका सही उपचार होता हे तो kidney पुनः अपना सामान्य कार्य करने लगती है।

Fluid व Electrolyte Balance: मनुष्य के शरीर में cells के अंदर व बाहर दोनो ओर द्रव पदार्थ होता है। Cells के अंदर उपस्थित पानी की मात्रा मनुष्य के औसत भार का ½ से 2/3 होता है। Cells के अंदर के द्रव पदार्थ को Intracellular fluid (ICF) कहते हैं तथा cell के बाहर का द्रव पदार्थ extracellular fluid (ECF) कहलाता है। Fluid में proteins व electrolytes घनु रहते हैं जो शरीर की सामान्य क्रियाओं के लिए महत्त्वपूर्ण हैं।

मनुष्य के शरीर में electrolyte आवेशयुद्ध minerals हैं;9 ये blood urine व body fluid में उपस्थित होते हैं। इन electrolyte का सही अनुपात blood में रासायनिक क्रियाओं muscles के action तथा अन्य क्रियाओं के लिए आवश्यक हैं। Sodium, potassium chlorine, phosphate तथा magnesium आदि महत्वपूर्ण electrolytes हैं जो शरीर में उपस्थित रहते हैं।

इन electrolytes के अनुपात के बिगड़ जाने पर या तो शरीर में पानी की मात्रा अधिक हो जाती हैं या dehydration (पानी की कमी) हो जाती है। इस अनुपात में अंतर आने के निम्नलिखित कारण हो सकते हैं।

1. Medicines

2. Vomiting

3. Diarrhoea

4. Sweating या kidney की समस्या!

Sodium, calcium व potassium की concentration में परिवर्तन शरीर पर महत्त्वपूर्ण प्रभाव डालते हैं।

SKIN (त्वचीय तंत्र)

Skin शरीर की सबसे बाहरी covering है। Skin की मोटाई 0.1 से 4 मि.मी. होती है जो आवश्यकता अनुसार है। यह lips पर सबसे पतली एवं soles में सबसे मोटी हाती है। यह दो परतों की बनी होती है जिसमें बाहरी परत epidermics व भीतरी परत dermis होती है। (Fig. 8.12)

Epidermis—Stratified squamous keratinised epithelium की बनी होती है। इसकी सबसे बाहरी परत में keratin नामक protein होता हे जो waterproof होता है। यह परत तलुए व हथेली में विशेषतौर पर मोटी होती है। Epidermis में कई परतें होती हैं सबसे अंदर की परत को stratum germinativum कहते हैं, इस परत की cells multiply होकर superficial layers बनाती है;

सबसे बाहरी परत को stratum corneum कहते हैं इस परत में चपटी पतली, बिना nucleus की dead cells होती है। इसका cytoplasm व दूसरी संरचनाएं keratin में परिवर्तित हो जाती है। ये कोशिकाएं लगातार झड़ती रहती हैं और इनका स्थान भीतरी layer से पैदा होने वाली कोशिकाएं लेती रहती है। इस पूरी cycle में लगभग 30–40 दिन लगते हैं। Epithelium में melanocyte होते हैं जो melanin नामक pigment को secrete करती है। यह pigment ultraviolet rays से skin को सुरक्षा प्रदान करती है। Epidermis की

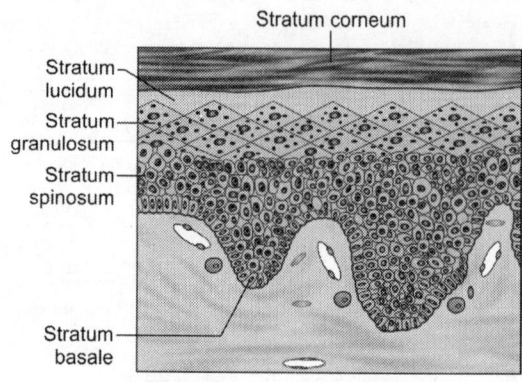

Fig. 8.12 : त्वचा की संरचना

विभिन्न layer निम्न प्रकार से है। (Fig. 8.12)

Germinal layers

1. Stratum basale

2. Stratum spinosum

Horny layers

1. Stratum granulosum

2. Stratum lucidum

3. Stratum corneum

Epidermis में चार प्रकार की cells होती हैं।

1. Keratinocyte

2. Melanocyte

3. Langerhans cells, for immune respose

4. Merkel's cells for touch sensation

Dermis

Connective tissue की बनी layer है जिससे epidermis की ओर projection निकले रहते हैं papillae कहलाते हैं। इन papillae के कारण dermis व epidermis के बीच, tight junction बनता है। Dermis tough व elastic conective tissue है जो collagen a elastic tibres से बना है। इसमें phagocytes, small blood vessels, lymphatics, nerves व nerve endings उपस्थित होते हैं। इन nerve endings मे touch, pain, temperature व pressure जैसे general sensations के लिए receptors होते हैं। Epidermis में nourishment diffusion के द्वारा dermis में उपस्थित blood vessels के द्वारा पहुंचता है। Dermal papillae की direction के कारण ही finger व

toes के tips पर whorls, loops व arches आदि pattern बनते हैं इन patterns के अध्ययन को dermatoglyphics कहते हैं।

Dermis के भीतर की ओर areolar tissue व fat होते हैं।

Appendages of Skin

इसमें sweat gland sebaceous gland, hair follicles एवं nails आते हैं।

Sweat Gland: ये gland epidermis के dermis में invagination एवं रूपांतरण से बनते हैं। ये gland coiled tube जैसे होते हैं इनकी duct epidermis को छेदकर skin की सतह पर छिद्रों के द्वारा खुलती है। Sweat gland के द्वारा निकलने वाले पसीने से body surface का temperature नियमित होता है। तथा waste products भी शरीर से बाहर निकलते हैं। Sweat gland की संख्या palm, sole, groin व axilla से अधिक होती है। Sweat gland sympathetic nerves के control में रहते हैं।

Sebaceous Gland: ये epidermal cells के cluster के रूप में hair follicle के नजदीक स्थित होते हैं। ये palm व sole की skin को छोड़कर पूरे शरीर की skin पर पाये जाते हैं। ये glands scalp, axilla, face व groin में अधिक संख्या मे होते हैं। Sebum जो sebaceous gland का secretion है hairs को soft रखता है। Acne sebaceous gland के secretion के रुक जाने से होते हैं। ये sebaceous cyst में भी परिवर्तित हो जाते हैं।

Hair Follicles: ये slanting, tubular अंदर की ओर जाने वाली epidermis है। इस tube के base पर उपस्थित cells के समूह को hair matrix कहते हैं। यह matrix एक कठोर keratin का उत्पादन करता है जिसे hair कहते हैं hair follicle के साथ arrector pili muscles होती है।

Sebaceous glands, hair follicle व muscle के बीच होता है। जब muscles contract करती है तब hair सीधे हो जाते हैं और sebum secretion होता है hair का skin के ऊपर का भाग shaft व शेष भाग जड़। hair की shaft का बीच वाला भाग medulla व peripheral भाग cortex कहलाता है। Hair root का फूला हुआ भाग bulb व जो dermis के बाहरी भाग में होता है hair follicle कहलाता है, Hair के बढ़ने की गति 1.5 से 3 मी. प्रति सप्ताह होती है। (Fig. 8.13)

Nails

Nails hard keratin के बने होते हैं, जो एक, विशेष epidermal भाग से बने होते हैं, यह भाग nail matrix कहलाता है। Nail finger व toes के distal भाग की dorsal side कर होते हैं Nail का proximal भाग root कहलाता है जो skin में धंसा रहता है। इसका जो भाग dorsal distal side पर दिखाई देता है इसे nail plate या body कहते हैं। Nail plate का body का आगे वाला free edge कहलाता है। नाखून की

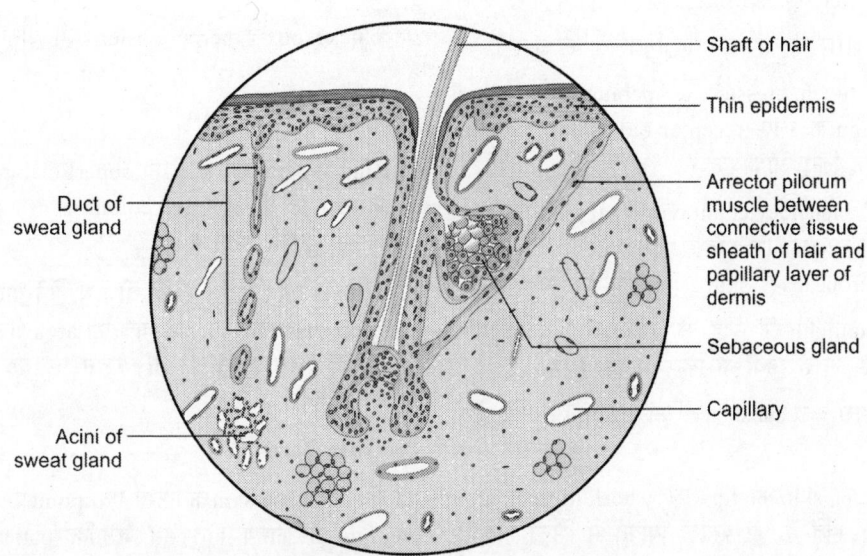

Duct of sweat gland

Acini of sweat gland

Shaft of hair

Thin epidermis

Arrector pilorum muscle between connective tissue sheath of hair and papillary layer of dermis

Sebaceous gland

Capillary

Fig. 8.13 : त्वचा के अन्दर की संरचनाएं

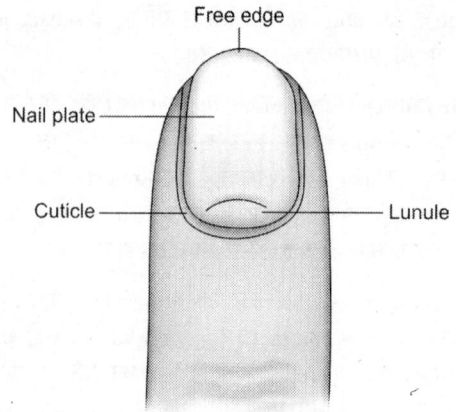

Fig. 8.14: नाखून

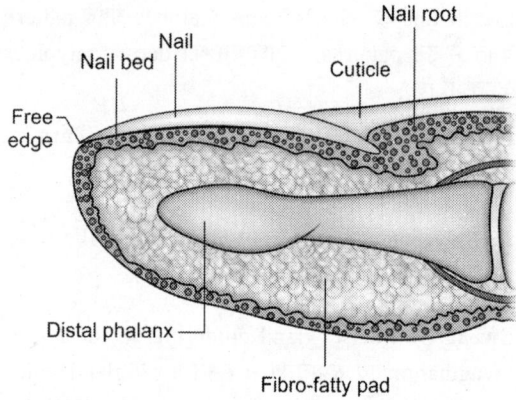

Fig. 8.15: नाखून के हिस्से

जड़ के ऊपर जो skin का fold होता है उसे nail fold कहते हैं। उसी के आगे की और nail plate पर एक white line होती है जिसे lunule कहते हैं। (Figs 8.14 and 8.15)

Nail bed का रंग गुलाबी होता है क्योंकि इसके नीचे capillaries होती है। शरीर से खून की कमी होने पर यह पीला दिखने लगता है। Fingers में nail toes के मुकाबले तेजी से बढ़ते हैं।

Functions of the Skin

1. यह body की water proof covering बनाती है शरीर के fluid को संरक्षण व infectious agents जैसे bacteria व दूसरे microorganisms से सुरक्षा प्रदान करते है।
2. Sweat शरीर के तापमान को नियमित करता है।
3. Skin में touch, pressure, temperature जैसे general sensation के लिए receptor होते हैं जो शरीर की सुरक्षा के लिए आवश्यक है।
4. Skin के melanocyte, ultraviolet rays के हानिकारक प्रभाव से सुरक्षा प्रदान करते हैं। इसी कारण fair skinned and Europeans में skin cancer अधिक होता है।
5. Skin sunlight की मदद से vitamin D का निर्माण करती हे जो हड्डियों के लिए आवश्यक है।
6. इसके द्वारा कुछ substances का absorption भी होता है।
7. Finger की skin की tips पर whorl, loop या arch patterns होते हैं, जो प्रत्येक व्यक्ति में भिन्न होते हैं; इनकी medicolegal importance है। इसको dermatoglyphic कहते हैं।
8. Skin से व्यक्ति के स्वस्थ होने का भी अनुमान किया जाता है।

CLINICAL ASPECTS

Albinism: Skin में melanin pigment की कमी से यह सफेद हो जाती है जो आमतौर पर अनुवांशिक होता है।

Eczema/Dermatitis

इसमें skin के ऊपर लाल रंग का दाग जो सूजे हुए होते हैं हो जाते हैं। जिनमें खुजली होने लगती है यह साबुन या अन्य प्रसाधनों के कारण होती है।

Herpes Virus

यह chickenpox व herpes zoster जैसी बीमारियां करते हैं।

Fungal Infection

1. **Ring Worm:** यह skin का superficial infection है जिसमें skin के ऊपर red colour के दाग हो जाते है जिसमें खुजली होती है।
2. **Athlete foot:** यह toes के बीच में होने वाला fungal infection है। यह toes के बीच का area गीला रहने पर होता है। इस हिस्से को dry रखने पर यह ठीक होने लगता है।

Pressure Sores

यह लंबे समय तक skin के किसी एक point पर पड़ने वाले pressure के कारण होते हैं। जैसाकि patient के लंबे समय hospital में भर्ती होने पर और एक position में लेटने पर।

Acne

यह puberty के समय hair follicles में sebaceous gland के बंद हो जाने के कारण होते हैं ज्यादार मुंह पर और छाती पर होते हैं।

Burns

ये आग, बिजली, acids या alkali से हो सकता हे इसमें यदि केवल epidermis ही प्रभावित होती है तो इसे superficial burn कहते हैं। यदि epidermis व derms दोनों ही प्रभावित हैं तो यह deep burn कहलाता है। इससे भी अधिक जल जाने पर dehydration, shock, renal failure व contracture हो जाते हैं।

Tumours

1. **Malignant Melanoma**—यह skin cancer melanocyte cells के असामान्य multiplication से होता है इसका metastasis liver, intestine व brain में होता हे यह अधिकतर white peoples में होता है।
2. **Basal Cell Carcinoma**—यह सबसे अधिक होने वाला skin cancer है जो face, head व neck में मुख्यतः होता है यह लंबे समय तक धूप में रहने से हो सकता है।

Impetigo and Cellulitis

यह *Staphylococcus aureus* या *Staphylococcus pyogens* नामक bacteria से होने वाला infection है। Nose व mouth के आस-पास pustules (fluid filled vesicles) बन जाते हैं।

REGULATION OF BODY TEMPERATURE

Body का आंतरिक तापमान homeostatic प्रक्रिया के द्वारा नियमित होता है। बाहर का तापमान जो भी हो, शरीर का भीतरी तापमान 98.6°F (37°C) ही रहता है। इसका कारण है heat-production व heat loss दोनों समान रहते हैं। भीतरी तापमान skin के भीतर के अंगों का तापमान है। बाहरी तापमान (shell temperature) skin की बाहरी सतह का तापमान है। सामान्यतः भीतरी तापमान बाहरी तापमान से 1 से 6° ज्यादा होता हे जोकि वातावरण के तापमान पर निर्भर करता है।

Heat Production

शरीर में heat का production metabolic rate पर निर्भर करता है। Metabolic rate का प्रभावित करने वाले कारक निम्नलिखित हैं।

1. **Body Temperature:** शरीर का तापमान जितना अधिक होगा metabolic rate इतना ही अधिक होगा। आंतरिक (core) तापमान में 1°C वृद्धि होने पर metabolic rate में 10% की वृद्धि होती है।
2. **Exercise:** बहुत अधिक exercise के समय metabolic rate 20 गुना तक बढ़ सकता है। यह muscles के contraction के कारण बढ1ता है।
3. **Nervous system:** Autonomic nervous system की sympathetic nerve उत्तेजित होने से, norepinephrine व epinephrine जैसे hormone निकलते हैं जो metabolic rate को बढ़ाते हैं।
4. **Hormones:** Thyroid hormones BMR (basal metabolic rate) को मुख्य रूप से नियमित करते हैं, इसके अतिरिक्त growth hormone, testosterone एवं insulin भी BMR को बढ़ाते हैं।
5. **Ingestion of Food:** खाने के बाद की metabolic rate में 10–20% वृद्धि होती है। यह वृद्धि सबसे अधिक high protein diet आने से होती है।
6. **Metabolic Rate:** यह स्त्रियों के मुकाबले पुरुषों में, व्यस्कों के मुकाबले बच्चों में, जागते समय, अधिक होता है।

Heat Loss

शरीर का तापमान नियमित रहने के लिए heat loss व heat production दोनों के बराबर होना चाहिए शरीर से heat loss के निम्नलिखित कारक हैं–

1. **Conduction:** यह heat exchange दो वस्तुओं के molecules के बीच में होता है। जब यह दो वस्तु एक दूसरे के सीधे संपर्क में आती हैं। Rest करने पर शरीर व कपड़ों या chair, bed आदि के संपर्क में आने पर 3% तापमान की क्षति होती है। यदि शरीर को पानी में डुबाया जाये तो इससे heat loss अधिक होता है, क्योंकि पानी heat का हवा के मुकाबले अच्छा चालक है।
2. **Convection:** इसमें heat का transfer विभिन्न तापमान वाले gas व liquid के बीच होता है। Air या water के शरीर के संपर्क में आने पर heat का transfer होता हे यह conduction व convection दोनों के ही द्वारा होता है। Rest के time पर 15% body heat air के द्वारा नष्ट हो जाती है।

3. **Radiation**—60% heat loss radiation के द्वारा होता है।
4. **Evaporation**—लगभग 22% heat का loss evaporation के द्वारा होता है। यह evaporation 700 मिली. पानी के प्रतिदिन के loss से होता है।

Hypothalamic Thermostat

इसके लिए control centre anterior hypothalamus के preoptic area में होता है।

Thermoregulation

यदि core temperature कम हो जाता है तो शरीर में heat संरक्षण व शरीर का तापमान बढ़ाने की प्रक्रिया सक्रिय हो जाती है। Skin के temperature receptors से nerve impulses hypothalamus के heat control centre को जाती है। ये impulses thyroid stimulating hormone (TSH) के release का कारण भी है। इन impulses से core temperature निम्न प्रकार से बढ़ता है।

1. **Blood Vessels** में संकुचन के द्वारा blood का बहाव कम हो जाता है जिससे heat loss कम हो जाता है।
2. **Adrenal Medulla** से hormones release होते हैं ये hormones cellular metabolism को बढ़ाते हैं जिससे heat का उत्पादन बढ़ जाता है।
3. **TSH** के ज्यादा release होने से thyroid hormones का भी अधिक स्राव होता है जो metabolic rate को बढ़ाते हैं।
4. **Brain** से impulse आती है जिससे शरीर कांपने लगता है (shivering) यह skeletal muscles में संकुचन के कारण होता हे जिससे metabolic rate बढ़ जाता है।

यदि body temperature normal से ज्यादा हो जाता है, तब hypothalamic control centre से nerve impulse heat loss centre को stimulate करती है जिससे skin की blood vessels का dilatation होता है। तब radiation व conduction के द्वारा environment में heat loss होता है। Metabolic rate भी कम हो जाता है पसीने के द्वारा भी heat loss होता है।

Hypothermia

जब core temperature 35° (95°) से कम हो जाता है, इसे hypothermia कहते हैं। यदि core temperature 32°C (89.6°F) से कम हो जाता है तो body की temperature संरक्षित करने की प्रक्रिया fail हो जाती है जिससे muscles rigid जाती है, BP low व pulse धीमी हो जाती हैं इसके बाद mental confusion व disorientation आरम्भ हो जाता है। जब body temperature 25°C (77°C) से कम हो जाता है तब मृत्यु के chances होते हैं।

Fever

Infection के परिणामस्वरूप body tissue से release होने वाले रासायनिक पदार्थ (pyrogens) से होता है। Pyrogens prostaglandins के द्वारा hypothalamus पर क्रिया करता है। Body heat उत्पन्न करने वाली प्रक्रियाओं जैसे shivering एवं vasoconstriction के द्वारा heat उत्पन्न करती है। जब pyrogens का level कम हो जाता है तो heat loss की प्रक्रिया सक्रिय हो जाती है जिसमें पसीना निकलना, vasodilation आदि होते हैं इससे body का तापमान सामान्य हो जाता है यदि शरीर का तापमान 44–46°C (112–114°C से अधिक हो जाता है तो death की संभावना रहती है।

CHAPTER

9

अंतःस्रावी संस्थान

Endocrine System

मनुष्य के शरीर के अधिकांश कार्य दो मुख्य तंत्रों के द्वारा नियमित हैं ये दो तंत्र हैं–

1. Autonomic Nervous System
2. Endocrine System

ये दो तंत्र शरीर के आंतरिक वातावरण को स्वतंत्र रूप से समास्थिति में नियमित करते हैं।

Autonomic nervous system शरीर में होने वाले तीव्र बदलाव से संबंधित है जबकि endocrine system का संबंध धीमे व निश्चित समन्वय में काम करना है।

Endocrine system में endocrine gland होते हैं। प्रत्येक endocrine gland में विशेष प्रकार की secretory cells होती हैं। जो रासायनिक पदार्थ hormone को blood में release करती है। इन glands में ducts अनुपस्थित होती है इसीलिए इन्हें ductless gland भी कहते हैं। Hormones blood के द्वारा दूसरे अंग या tissue है वहां जिस पर यह अपना प्रभाव छोड़ते पहुंचते है। (Fig. 9.1)

यद्यपि endocrine gland की embryology histology तथा स्थिति भिन्न-भिन्न होती है अधिकांश hormone amino acid या steroid से बने होते हैं। (Fig. 9.2)

विभिन्न endocrine gland निम्नलिखित हैं–

1. Pituitary gland and hypothalamus
2. Thyroid gland
3. Parathyroid gland
4. Adrenal/suprarenal gland
5. Pancreas (Islets of Langerhans)
6. Pineal gland
7. Ovaries (in female)
8. Testes (in male)
9. Placenta
10. Juxtaglomerular apparatus in Kidney

HYPOTHALAMUS AND PITUITARY GLAND

हाईपोथैलेमस anterior pituitary के hormones को control करता है। Pituitary gland (hypophysis cerebri) एक

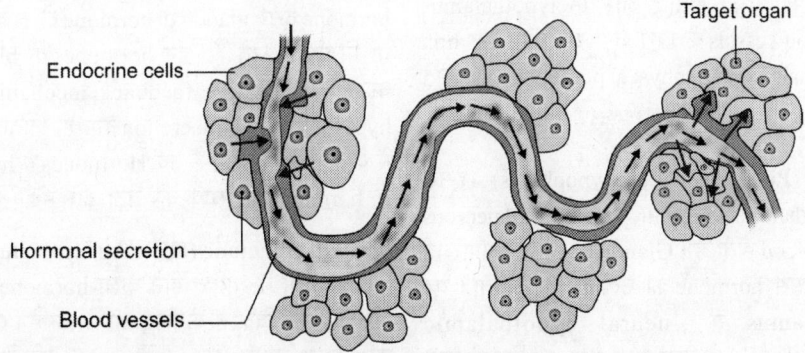

Fig. 9.1 : नलिकाविहीन ग्रंथियां

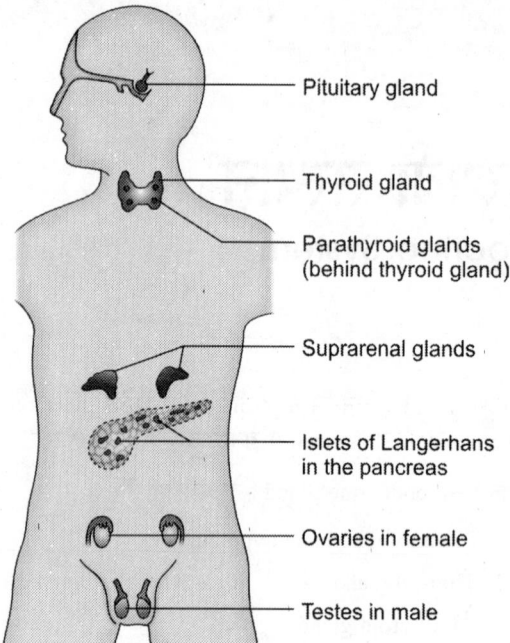

Fig. 9.2 : अंतःस्रावी ग्रंथियों की जगह

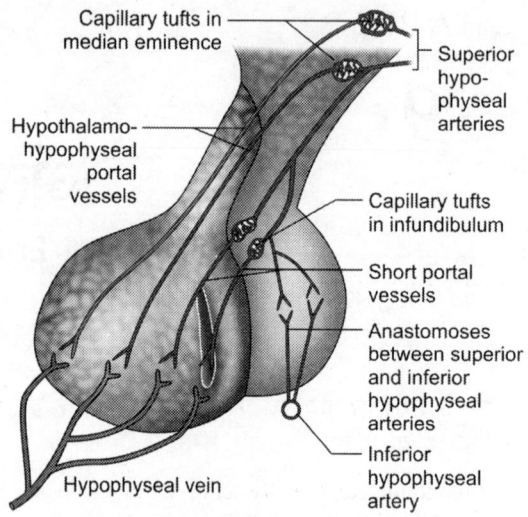

Fig. 9.3 : पीयूष ग्रंथि के भाग तथा हाइपोथेलेमस के साथ इसका संबंध

छोटी oval के आकार की संरचना है जो brain की base पर जुड़ी रहती है। यह sphenoid bone की ऊपरी सतह से hypophyseal fossa में स्थित होती है यह hypothalamus के नीचे स्थित होती है। Stalk के द्वारा hypothalamus से जुड़ी रहती है। इसका भार 500 mg व इसके तीन भाग हैं। (Fig. 9.3)

1. **Anterior pituitary** (Adenohypophysis): यह pituitary gland का 80% भाग बनाता है इसमें 5 विभिन्न प्रकार की cells पाई जाती हैं। इसकी blood supply काफी अधिक होती है और यह hypothalamus से इन blood vessels के द्वारा जुड़ी रहती है। इस link को hypothalamo hypophyseal portal vessels कहते हैं।

2. **Posterior Pituitary** (Neurohypophysis)—इससे pituitary gland का 20% भाग बनता है। इसमें nervous tissue व blood होता है। Glandular cells अनुपस्थित होती है। इससे hormone का उत्पादन नहीं होता। यह hypothalamus से neural hypothalamic hypophyseal tract के द्वारा जुड़ा होता है। जिसके द्वारा ADH एवं oxytocin hormone (जिनका उत्पादन hypothalamus में होता है) posterior pituitary में आ जाते हैं।

3. **Intermediate Lobe**—यह anterior व posterior lobes को जोड़ती है। मनुष्यों में इसका पूरा कार्य ज्ञात नहीं है।

Anterior pituitary के कुछ hormones दूसरे hormones के secretion को बढ़ा या घटा सकते हैं जबकि शेष hormones target tissue या अंग पर ही क्रिया करते हैं।

ANTERIOR PITUITARY

Anterior Pituitary के कुछ hormone hypothalamus से release होने वाले hormone के द्वारा नियंत्रित या नियमित होते हैं। जबकि anterior pituitary के कुछ hormone दूसरे glands से hormone के स्राव को नियंत्रित या नियमित करते हैं। इन hormones के blood में level बढ़ने से negative feedback mechanism के द्वारा hypothalamus का secretion कम हो जाता है। यदि रक्त में ये hormones कम हैं तब Hormones ये hytothalamus से hormones के स्राव को बढ़ा देते हैं।

Growth Hormone (GH): Anterior pituitary से सबसे अधिक मात्रा में स्रावित होने वाला hormone है। यह शरीर की वृद्धि एवं विकास के लिए आवश्यक है। GH स्वयं कार्य नहीं करता अपितु यह somatomedin को निर्माण करता है यह bones व muscles की लंबाई में बढ़ने, जननांगों के

परिपक्व होने तथा secondary sex characters के विकास के साथ-साथ protein, fats तथा carbohydrates के metabolism को भी प्रभावित करते हैं।

Thyroid Stimulating Hormone (TSH): यह hormone thyroid gland को hormones (T_3 & T_4) के स्राव के लिए stimulate (उत्तेजित) कर इन hormones के स्राव को नियमित करता है।

Adrenocorticotrophic Hormone (ACTH): यह adrenal cortex से steroid hormones विशेष तौर पर cortisol के secretion को नियमित करता है।

Prolactin—बच्चे के जन्म के तुरंत बाद यह मां के breast को milk के उत्पादन के लिए उत्तेजित करता है।

Gonadotrophins—ये hormones puberty के बाद anterior pituitary से निकलते हैं Follicle stimulating hormone दोनों ही लिंग में gametes ova/spermatozoa) के उत्पादन को प्रोत्साहित करता है।

Luteinizing Hormone एवं FSH स्त्रियों में महावारी के समय oestrogen तथा progesterone को स्राव को प्रोत्साहित करता है। पुरुषों में LH को interstitial cell stimulating hormone (ICSH) कहते हैं। यह testis की interstitial cells को testosterone hormones के स्राव के लिए उत्तेजित करता है।

Posterior Pituitary

इससे oxytocin तथा ADH horomes का स्राव होता है। ये hormones सीधे उस अंग पर कार्य करते हैं। जिसके लिए वह release होते है।

1. **Oxytocin**—यह uterus की smooth muscles पर एवं breast पर क्रिया करता है। बच्चे को जन्म देते समय यह hormone uterus में संकुचन करता है। जिससे fetus बाहर आ जाता है। यह lactating breast में myoepithelial cells के contraction को प्रोत्साहित करता हैं, जिससे मिल्क का स्राव होता है।

2. **Antidiuretic hormone (ADH)** Urine के मात्रा को कम करता है। यह distal convoluted tubule व collecting tubule में पानी के लिए permeability बढ़ा देता है जिससे पानी का reabsorption 20% तक बढ़ जाता है। यह पानी व acid base के balance नियमित करने के लिए उत्तरदायी है। अधिक मात्रा में होने पर यह blood vessels व आतें की smooth muscles में संकुचन करता है, जिससे BP बढ़ जाता है इसीलिए इसे Vasopressin भी कहते हैं।

Intermediate Lobe

यह melanocyte stimulating hormone (MSH) उत्पादन करती है। MSH melanocyte cells को melanin के बनाने के लिए प्रोत्साहित करता है। यह hormone निम्न वर्ग के प्राणियों में अधिक महत्त्वपूर्ण है जिनमें सुरक्षा की दृष्टि से त्वचा के रंग में परिवर्तन की आवश्यकता होती है।

THYROID GLAND

यह भी बिना duct वाला gland है जिससे स्राव सीधा रक्त मे जाता है (Fig. 9.1)। यह gland गरदन में trachea व larynx के आगे की ओर स्थित होता है, तथा deep cervical fascia से ढ़का रहता है। इस fascia के द्वारा वह larynx से जुड़ा होता हैं, जिसके कारण खाना या पानी निगलने पर इसमें ऊपर नीचे गति होती है। (Fig. 9.4)

इसका भार 25 gm होता है इसमें दो lobes व lobes को जोड़ने वाला Isthmus होता है। Isthmus एक दम trachea के सामने स्थित होता है। Lobes की आकृति cone के जैसी होती है। इसकी लंबाई 5 से.मी. तथा चौड़ाई 3 से. मी. होती है। यह दो नलिकाओं trachea, oesophagus, दो nerves external laryngeal, recurrent laryngeal तथा उनके साथ की arteries से संबंधित रहती है। Superior thyroid artery, external laryngeal nerve के साथ व inferior thyorid artery, recurrent laryngeal nerve के साथ-साथ चलती है।

Superior thyroid व inferior thyroid arteries thyroid gland को रक्त की आपूर्ति करती है।

Venous Drainage

Thyroid veins के द्वारा internal jugular veins में होता है।

Histology

यह बहुसंख्य follicles का बना होता है जिनमें cuboidal epithelial cells पाई जाती है। ये cells blood से iodine लेती है। Iodine tyrosine amino acid के साथ मिलकर triiodothyronine (T_3) तथा tetraiodothyonine (T_4) बनाती है। ये दो hormone globulin के साथ मिलकर thyroglobulins बनाती है जो आवश्यकता के अनुसार निकलता है।

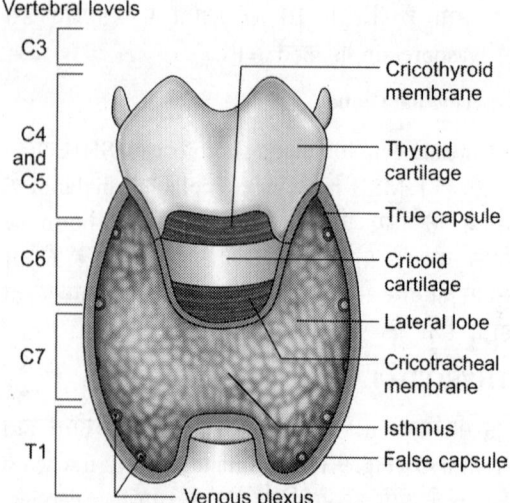

Vertebral levels

C3 — Cricothyroid membrane

C4 and C5 — Thyroid cartilage

— True capsule

C6 — Cricoid cartilage

— Lateral lobe

C7 — Cricotracheal membrane

T1 — Isthmus

— False capsule

Venous plexus

Fig. 9.4 : थाएराइड ग्रंथि आगे से

फिर आवश्यकतानुसार टूटकर क्रियाशील hormone बनाता है।

Follicles के बीच में parafollicular cells उपस्थित होती है। जिनसे calcitonin नामक hormone का स्राव होता है।

Functions: Thyroid gland शरीर के basal metabolic rate को नियमित करता है। brain, spleen, lungs व retina के अलावा यह शरीर के सभी अंगों में cellular स्तर पर metabolic क्रियाओं को बढ़ाता है, इसीलिए यह उष्मा के उत्पाद को भी बढ़ाता है।

यह haemopoiesis तथा आंत के द्वारा vitamin B_{12} के absorption को प्रोत्साहित करता है। यह oogenesis व spermatogenesis को भी बढ़ाता है।

T_3 व T_4 hormones protein, fat, carbohydrates के metabolism को नियमित करते हैं। यह hormone सामान्य growth, skeleton व nervous system के विकास के लिए भी आवश्यक है।

Calcitonin का प्रभाव calcium metabolism पर पड़ता है, जो parathyroid के hormone, parathormone के विपरीत होता है। यह kidney व bones पर क्रिया कर blood में बढ़े हुए calcium के स्तर को कम करता है, जिसके लिए यह bones द्वारा blood में calcium के release को कम करता है, तथा renal tubule में calcium के पुनः absorption को भी घटा देता है।

Thyroid gland के द्वारा T_3, T_4 hormones के साथ का नियंत्रण anterior pituitary के hormone TSH के द्वारा होता है। T_3 व T_4 का स्तर बढ़ने पर TSH का स्राव कम हो जाता है। TSH का स्राव hypothalamus के hormone thyroid releasing hormone (TRH) के द्वारा प्रोत्साहित होता है।

PARATHYROID GLAND

ये चार मटर के आकार की ग्रंथिया thyroid gland के lobe की पिछली सतह पर स्थित होती है। इनकी रक्त आपूर्ति inferior thyroid artery के द्वारा होती है (Fig. 9.5 A and B)

ये ग्रंथिया parathormone/parathyroid hormone (PTH) को स्रावित करता है जो blood में calcium के स्तर को नियमित रखता है।

इस hormone के स्राव से serum calcium का स्तर बढ़ जाता है। यह स्तर आँत में calcium के absorption में तथा renal tubules में reabsorption के कारण बनता है। यह bones से भी calcium को blood में release कराता है। अतः यह blood calcium के स्तर को नियमित करता है जो muscles के contraction तथा blood के थक्का जमने के लिए आवश्यक है।

Suprarenal/Adrenal Gland

यह एक जोड़े अंतःस्रावी ग्रंथ या ग्रंथियां kidney के ऊपरी छोर पर स्थित होती है (Fig. 9.2) प्रत्येक gland में बाहरी भाग cortex तथा भीतरी medulla है। ये लगभग 4 से.मी. लंबे व 3 से.मी. मोटे होते हैं।

Cortex व **Medulla** भाग संरचना व कार्य में एक दूसरे से भिन्न हैं। Cortex में तीन भाग है जिनके स्राव भी भिन्न है।

1. **Outermost Zone:** इसे zona glomerulosa कहते हैं जो mineralocorticoids का स्राव करती है मुख्य mineratocorticoid, aldosterone है। यह water व electrolyte के बीच अनुपात का नियमित करने से संबंधित होता है। यह sodium (Na^+) के reabsorption को तथा potassium (K^+) के उत्सर्जन को प्रोत्साहित करता है। Na^+ के reabsorption से शरीर में पानी भी रुकता है जिससे blood का volume तथा pressure दोनों नियमित रहते हैं। Aldosterone का स्राव high blood potassium तथा angiotensin से प्रोत्साहित होता है।

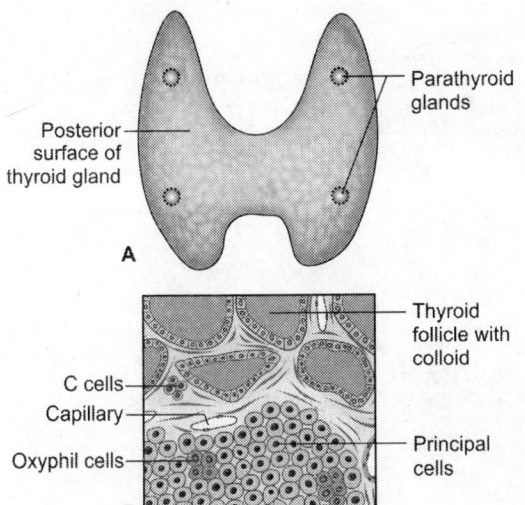

Fig. 9.5A and B : थाएराइड एवं पैराथाइराएड ग्रंथियां

2. **Middle Zone:** इसे zona fasciculata कहते हैं जो glucocorticoids का स्राव करता है। ये जीवन के लिए आवश्यक है। यह metabolism को नियमित करता है। तनाव की स्थिति में भी इसका स्राव होता है मुख्य glucocorticoids हैं corticol (corticosterone तथा cortisone) glucocorticoid के metabolic effect से gluconeogenesis (glucose का proteins से बनना), hyperglycaemia (रक्त में शक्कर भी मात्रा का बढ़ना), catabolism of protein (protein का amino acids में टूटना) lypolysis (triglyceride fats का fatty acid में टूटना व ऊर्जा का उत्पादन करना)। यह sodium तथा water के renal tubule में absorption को बढ़ाता है। Glucocorticoid के कारण घाव जल्दी नहीं ठीक हो पाता शरीर की प्रतिरोध क्षमता कम हो जाती है। Bones में calcium का जमा होना कम हो जाता है।

3. **Innermost Zone**—इसे zona reticularis कहते हैं। यह sex hormones (androgens, dehydroepiandro-stenodione (DHEAS) का उत्पादन करता है। ये peripheral tissues में testosterone में परिवर्तित हो जाते हैं और अपना प्रभाव दर्शाते हैं।

Medulla

वह भाग epinephrine/adrenaline तथा norepinephrine/noradrenaline का स्राव करता है (Fig. 9.6)

Epinephrine का स्राव emergency की स्थिति में होता है यद्यपि यह जीवन के लिए पूरी तरह आवश्यक नहीं है।

Norepinephrine का स्राव sympathetic nervous system के उत्तेजित हो जाने से होता है। ये दोनों hormones emergency की स्थिति जैसे fight व flight में स्रावित होते हैं जिसके निम्नलिखित प्रभाव हो सकते हैं।

1. Skin व digestive system की blood vessel का सिकुड़ना

2. Coronary arteries का फैलना

3. Heart rate बढ़ना

4. Bronchioles का चौड़ा होना

5. Pupil का फैलना

6. Glycogen का glucose में परिवर्तन।

PANCREAS-ISLETS OF LANGERHANS

Pancreas की विशेषता यह है कि यह exorcrine व endocrine दोनों प्रकार का gland है। Exocrine भाग में उपस्थित pancreatic acini से pancreatic juice का स्राव होता है। यह स्राव pancreatic duct के द्वारा duodenum में पहुंचकर पाचन में सहायता करता है। Endocrine भाग Islets of Langerhans है जिसकी cells glucagon, insulin व somatostation का स्राव करती है। (Fig. 9.7), सामान्य Blood glucose का स्तर 80–120 mg% होता है। Blood glucose का स्तर insulin तथा glucagon के विपरीत प्रभाव के कारण नियंत्रित रहता है। Insulin blood glucose के स्तर को घटाता है जबकि glucagon glucose के स्तर को बढ़ाता है।

Insulin—Muscles व adipose tissues में glucose के लिए cell membrane की permeability को बढ़ाकर इन tissues में glucose के उपयोग को बढ़ा देता है। यह liver व skeletal muscles में glucose का glycogen में परिवर्तन, protein व lipid का बनना बढ़ा देता है। Glycogenolysis (glycogen का टूटना) व gluconeogenesis को कम करता है।

Glucagon: Liver व kidney में glycogenolysis के द्वारा तथा gluconeogenesis के द्वारा blood glucose के level को बढ़ाता है। यह adopose tissues में lipolysis को भी बढ़ाता है।

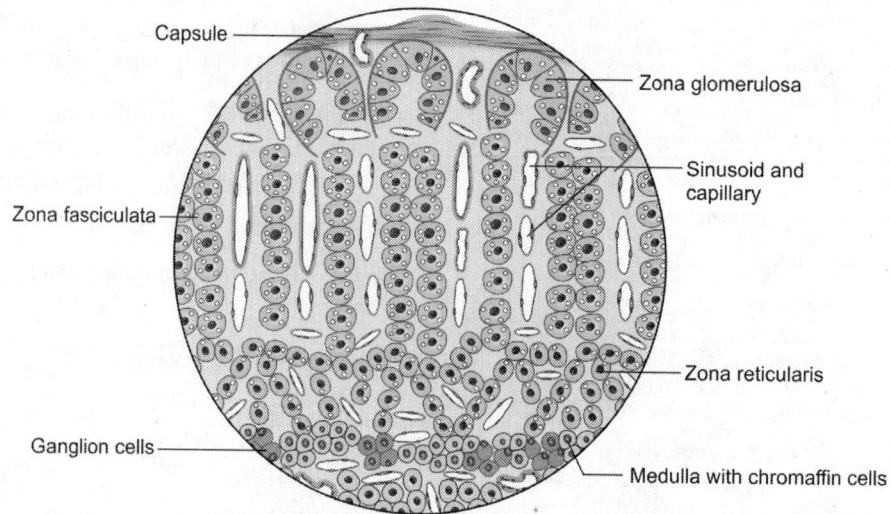

Fig. 9.6 : अधिवृक्क ग्रंथि की संरचना

Somatostatin: Insulin व glucagon के स्राव को कम करता है।

PINEAL GLAND

Pineal Gland—यह brain में स्थित होता है इसके द्वारा melatonin hormone का स्राव होता है।

1. यह hormone puberty से पहले sex organs की वृद्धि एवं विकास को रोकते हैं।
2. एक तंत्रिकाओं के द्वारा hypothalamus से संबंधित रहता है, तथा circadian (हर एक 24 घंटे के बाद होने वाली क्रियाएं) व diurnal (दिन के समय में) rhythm को सामंजस्य में रखता है।

LOCAL HORMONES

Local Hormones—Histamine, इसका निर्माण mast cells के द्वारा होता है और यह capillary की permeability को बढ़ाता है।

Serotonin: यह brain व platelets में होता है तथा smooth muscles का contraction करता है।

Prostaglandins: इनके कारण खून की नलियों (artery, veins) का व श्वास नली का सिकुड़ना जैसी क्रियाएं होती हैं।

CLINICAL ASPECTS

Endocrine से संबंधित रोग hormones के अधिक स्राव या बहुत कम स्राव के परिणामस्वरूप होती है।

Pituitary Gland की बीमारियाँ

Gigantism व Acromegaly: Anterior pituitary से लंबे समय तक GH (Growth hormone) के अधिक secretion के परिणामस्वरूप यह स्थिति उत्पन्न हो जाती है। अधिकांशतः GH secrete करने वाली cells के tumour के फलस्वरूप यह secretion बढ़ता है।

Growth hormone की अधिकता यदि बचपन में bones के epiphysis व metaphysis के जुड़ने से पहले होती है। तो इससे gigantism हो जाता है व्यक्ति का आकार असामान्य रूप से बढ़ जाता है परंतु शरीर का अनुपात सामान्य होता है।

Acromegaly: यदि growth hormone का स्राव epiphysis व metaphysis के जुड़ने के बाद अधिक हो जाता है तो इस स्थिति में mandible (निचले जबड़े की हड्डी) का आकार व हाथ-पैरों का आकार शरीर के शेष अंगों के अनुपात में बड़ा होता है। इन व्याक्तियों में जीभ का आकार व liver का आकार बड़ा होता है। इनमें उच्चरक्तचाप (hypertension) की शिकायत भी हो सकती है।

Hypopituitarism—इस अवस्था में pituitary से hormones का स्राव कम होते जाता है यदि pituitary के सभी hormones स्राव शून्य हो जाये तो यह अवस्था panhypopituitarism कहलाता है।

Growth hormone के कम स्राव से बच्चों की लंबाई बढ़ना रुक जाती है इनमें लैंगिक विकास भी पूरी तरह नहीं हो पाता।

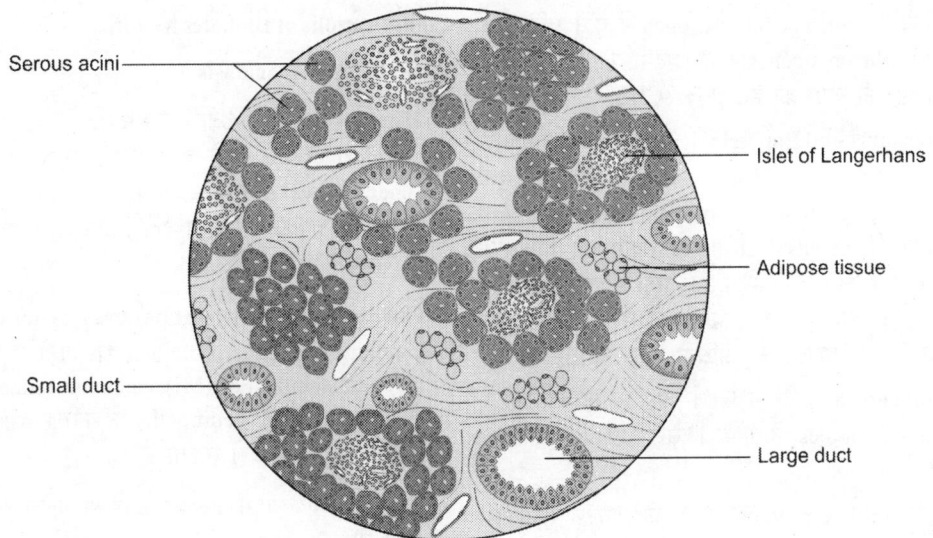

Serous acini
Islet of Langerhans
Adipose tissue
Small duct
Large duct

Fig. 9.7 : अग्नाशय की ऊत्तकीय संरचना

वयस्कों में anterior pituitary के hormones की कमी से hypothyroidism, adrenal insufficiency के अतिरिक्त delivery के बाद खून का अधिक बहना, दूध का कम बनना आदि हो सकते हैं।

Diabetes insipidus: ADH के कम मात्रा में स्राव से होने वाला रोग है इसमें बहुत अधिक मात्रा में मूत्र आता है तथा प्यास भी अधिक लगती है।

Thyroid Gland के रोगः Goitre बिना hyperthyroidism के लक्षण के thyroid gland का बढ़ना। T_4 व T_3 का स्तर कम हो जाता है जिससे TSH का स्राव प्रोत्साहित होता है, जिसके परिणामस्वरूप thyroid का size (आकार) बढ़ जाता है। बढ़े हुए आकार का gland आस पास की संरचनाओं के ऊपर दबाव डालता है। जिससे खाना निगलने व सांस लेने में कठिनाई होती हे आवाज में परिवर्तन हो जाता है यह सामान्यतः iodine की कमी के कारण होती है।

Hypothyroidism: T_3 व T_4 hormone का सामान्य से कम स्राव होता है।

Cretinism: Fetus या नवजात शिशु में thyroxine (T_4) की कमी से होने वाली स्थिति है। इससे शरीर व मस्तिष्क का पूर्ण विकास नहीं हो पाता। Skin सूखी खुरदुरी, जीभ बड़ी व पेट बड़ा होता है।

Myxoedema—इसमें व्यस्क व्यक्तियों मेंthyroid hormone की कमी हो जाती है यह महिलाओं में अधिक पाया जाता है। शरीर का वजन बढ़ता, कब्ज, depression, सूखी त्वचा चौड़ा फूला हुआ चेहरा, थकान, ठंड अधिक लगना, heart rate घट जाता है।

Hyperthyroidism: T_4 व T_3 hormones का स्तर अधिक हो जाने से यह अवस्था आती है। इस बीमारी के लक्षण metabolic rate के बढ़ जाने के कारण होते हैं। वजन का बढ़ना, पसीना अधिक आना, गर्मी ज्यादा लगना, heart rate को अधिक होना व बालों का झड़ना व आँखों का उभरा होना इसके लक्षण हैं। इसमें thyroid का आकार बड़ा हो जाता है।

Parathyroid Gland के रोग

Hyperparathyroidism: PTH का अधिक स्राव bones से calcium को blood में release कर blood calcium के level को बढ़ाता है। गुर्दे में पथरी का बनना, Soft tissue का calcification, मांसपेशियों में थकान, अधिक मूत्र का आना व अधिक प्यास लगना जैसे लक्षण दिखाई देते हैं यह अवस्था osteitis fibrosa cystica कहलाती है।

Hypoparathyroidism: PTH की कमी से blood में calcium का स्तर कम हो जाता है जिससे seizures, tetany, premature cataract व mental disturbances जेसे लक्षण मिलते हैं (Tetany-painful muscle spasm of skeletal muscles)

Metabolic Effects of Diabetes Mellitus

1. **Hyperglycaemia:** Blood में glucose का उच्च स्तर बना रहता है, क्योंकि cells द्वारा glucose का ग्रहण

नहीं होना। glucose का glycogen में कम परिवर्तित होना। gluconeogenesis का बढ़ना cells के अंदर glucose की कमी का है। (Fig. 9.7)

2. **Glycosuria and Polyuria:** Kidney में छनकर मूत्र के साथ glucose का आना glycosuria कहलाता है। मूत्र में अधिक glucose, osmotic diuresis के कारण tubules में water का absorption कम कर देता है। जिससे मूत्र की मात्रा अधिक हो जाती है इसे polyuria कहते हैं। जिससे शरीर में पानी की मात्रा में कमी हो जाती हे और व्यक्ति को अधिक प्यास लगती है।

3. **Ketoacidosis:** शरीर में fat के विखंडन की अधिकता से ketone bodies बनती है जिससे ketoacidosis हो जाती है।

4. ऐसे व्यक्तियों में protein एवं fat के विघटन से शरीर का weight कम होने लगता है।

Complications of Diabetes Mellitus

1. **Diabetes Ketoacidosis**

2. **Hypoglycaemia**—इलाज के समय अधिक insulin या blood sugar कम करने वाली दवाई लेने पर blood sugar का level सामान्य से भी कम हो जाता है। जिसमें व्यक्ति को चक्कर आना या बेहोश होने जैसी स्थिति भी हो सकती है।

3. **Cardiovascular Disturbances**—Arteries एवं capillaries की atherosclerosis हो जाती है जिससे myocardial infarction (MI), gangrene, retinopathy के कारण अंधापन, neuropathy के कारण paralysis तथा renal failure हो सकता है।

4. **Diabetic** व्यक्तियों में infections की भी अधिक संभावना रहती है।

CHAPTER

10

प्रजनन तंत्र

Reproductive System

संसार के प्रत्येक प्राणी की यह विशेषता है कि वह अपने वंश को आगे बढ़ाने के लिए संतान की उत्पत्ति करता है, मनुष्य में पुरुष व स्त्री दोनों में विशेष germ cells का उत्पादन होता है जिन्हें gametes कहते हैं। पुरुष के gametes को spermatozoa व स्त्री के gamete को ova कहते हैं। इन gametes में chromosomes होते हैं जिनमें genes होती है genes के द्वारा ही अनुवांशिक लक्षण माता-पिता से संतानों में जाते हैं।

FEMALE REPRODUCTIVE SYSTEM

Female Reproductive System (मादा जननांग): ये दो भागों में विभाजित है।

Internal Genital Organ: इनमें एक pair ovaries एक pair uterine या fallopian tubes एक uterus, व एक vagina आते हैं। (Figs 10.1 to 10.5)

External Genital Organ: इसमें mons pubis, labia majora, labia minora, clitoris, bulb of vestibule, एवं vestibule of the vagina आते हैं (Figs 10.6 A and B)

INTERNAL GENITAL ORGANS

Ovary: प्रत्येक ovary बादाम के आकार की संरचना होती है यह 3 से.मी. लंबी 2 से.मी. चौड़ी व 1 से.मी. मोटी pelvis की side की दीवार से लगी रहती है। Broad ligament से यह एक peritoneum के fold के द्वारा लटकी रहती है। Lateral सतहों को छोड़कर ovary हर ओर से fallopian tube से घिरी रहती है।

Ovary में hilum होता है जिसके द्वारा vessels, nerves व lymphatics ovary के अंदर व बाहर आती है।

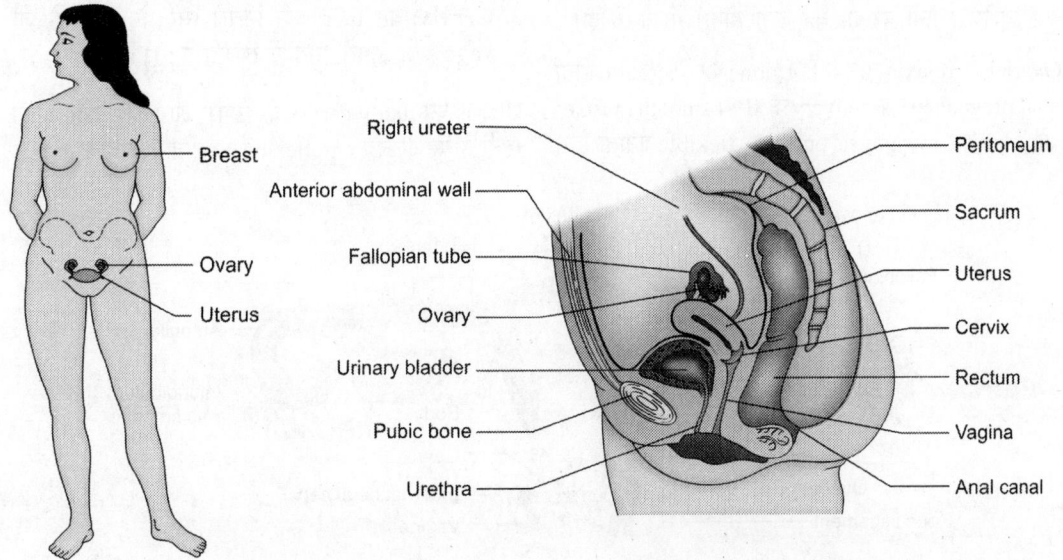

Breast
Ovary
Uterus

Right ureter
Anterior abdominal wall
Fallopian tube
Ovary
Urinary bladder
Pubic bone
Urethra
Peritoneum
Sacrum
Uterus
Cervix
Rectum
Vagina
Anal canal

Figs 10.1 A and B: A. स्त्री प्रजनन अंग; B. स्त्री प्रजनन अंगों के भाग (देखें प्लेट 6)

Ovary की blood आपूर्ति ovarian artery के द्वारा होती है जो abdominal aorta की branch है यह ovary के साथ-साथ fallopian tube के lateral part को भी blood की आपूर्ति देती है। Left side की ovarian vein, left renal vein में व right side की ovarian vein, inferior vena cava में drain होती है। Lymph का drainage pre व para aortic lymph nodes में होता है।

Ovary मे tissue की दो परतें होती है। बाहरी परत cortex में ovarian follicles होते हैं। जिसमें प्रत्येक follicle में ovum होता है और ये परिपक्वता की विभिन्न stages में होते हैं। संतानोत्पत्ति की आयु के दौरान प्रत्येक 28 से 30 दिन में एक ovarian follicle परिपक्व हो जाते हैं। एक ovarian follicle जब mature हो जाता है तो यह फट जाता है और उसमें से ova release हो जाता है इस प्रक्रिया को ovulation कहते हैं। Medulla, follicle के बीच का भाग होता है जिसमें fibrous tissues, blood vessels एवं nerves उपस्थित रहते हैं। ovary से oestrogen एवं progesterone जैसे hormones का स्राव भी होता है।

Oestrogen, progesterone, anterior pituitary के hormones prolactin, follicle stimulating hormone, leutenising hormone के साथ menstrual cycle व pregnancy को maintain करते हैं व mammary gland को lactation के लिए तैयार करते हैं। स्त्रियों में secondary sex character का विकास व उसका maintenance (breast के आकार का बढ़ना, pubic व axillary hairs का आना व कुछ विशेष स्थानों पर fat का जमा होना) भी करते हैं।

Ovaries से relaxin नामक hormone का secretion होता है जो pregnancy एवं delivery के समय smooth muscles को relax कर symphysis pubis को flexible बनाता है व uterine cervix को dilate करता है। दूसरा hormone inhibin secrete होता हे जो anterior pituitary से FSH नामक hormone के secretion को रोकता है।

Menopause

संतानोत्पत्ति का समय समाप्त होने को menopause कहते हैं। स्त्रियों में यह समय 45 से 55 वर्ष की आयु में समाप्त हो जाता है। Oestrogen एवं progesterone का level कम हो जाता है एवं menstruation बंद हो जाता है। Ovaries पर anterior pitutary के hormone FSH एवं LH का प्रभाव नहीं होता।

Uterus

Uterus smooth muscles का बना हुआ अंग है। यह 7.5 से.मी. लंबा, 5 से.मी. चौड़ा, 2.5 से.मी. मोटा pear के आकार का होता है। यह urinary bladder एवं rectum के बीच स्थित होता है। यह तीन भागों में विभाजित है fundus, body एवं cervix (Fig. 10.2)

1. **Fundus:** वह भाग जो Fallopian tube की openings के ऊपर की और निकला रहता है fundus कहलाता है।
2. **Body:** यह uterus का मुख्य भाग है जो urinary bladder के ऊपर की ओर स्थित होता है यह नीचे की ओर internal os पर संकरा हो जाता है uterus की cavity triangular होती है।
3. **Cervix:** यह uterus के निचले सिरे पर स्थित है जो vagina के ऊपरी भाग में खुलता है। (Fig. 10.3)

Uterus की body cervix के ऊपर आगे की ओर झुकी रहती है यह झुकाव anteflexion कहलाता है जबकि uterus

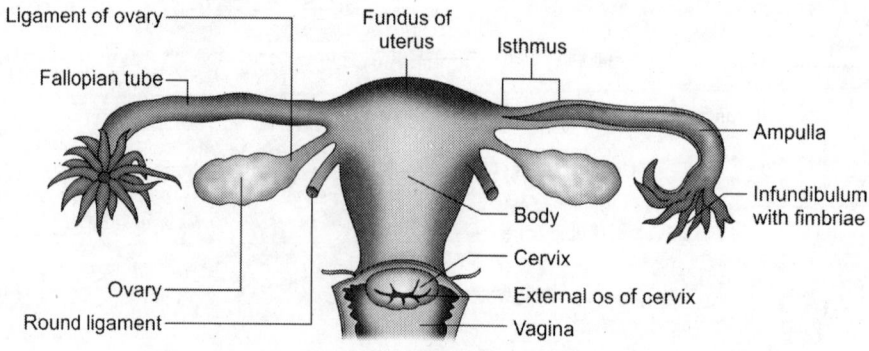

Fig. 10.2 : स्त्री के आंतरिक प्रजनन अंग

की body के long-axis व vagina के long-axis के बीच angle को anteversion कहते हैं। (Fig. 10.4)

Uterus, pelvis की walls से peritoneum के double folds के द्वारा लटका रहता है। ये peritoneal fold, broad ligaments कहलाते हैं। Broad ligament के ऊपरी किनारे में fallopian tube होती है। यह tube 10 से.मी. लंबी है इसके lateral end पर उंगलियों के आकार की fimbriae होती है। Fimbriae pelvis की side wall के पास ovary के नीचे की ओर होती है। जिससे ovulation में released ovum fimbriae के द्वारा uterine tube में पहुंच जाता है। Broad ligament के आगे वाले भाग से uterus का round ligament गुजरते हुए inguinal canal से होता हुआ labia majora के साथ जुड़ जाता है। इस ligament में पीछे की ओर ligament of ovary होते हैं।

Supports of the Uterus

1. **Muscular Supports:** Levator ani, urogenital diaphragm व perineal body दूसरी pelvic floor की muscles के साथ मिलकर uterus को support देती है।

2. **Ligaments:** (a) Lateral ligaments or cervical ligaments—यह uterus के cervix एवं vagina से pelvis की lateral wall तक जाता है।

   (b) Uterosacral ligament: Cervix व vagina से पीछे sacrum तक होता है। (Fig. 10.5)

   (c) Pubocervical ligaments: Pubic bone से cervix को जोड़ता है।

3. **Angulation of Uterus**—Angle of anteversion (Fig. 10.4)

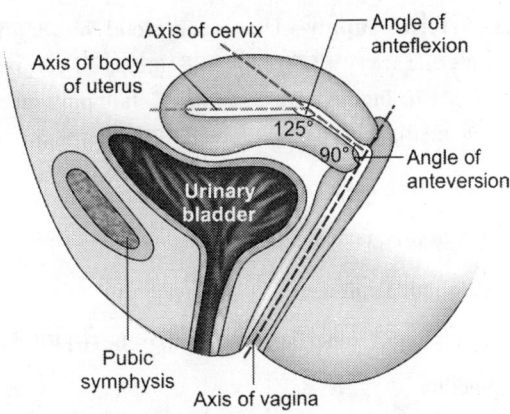

Fig. 10.4 : गर्भाशय की सामान्य स्थिति (देखें प्लेट 6)

4. Peritoneal folds जैसे broad ligaments

5. Round ligaments

Structure

1. **Walls of Uterus**—Uterus की दीवारे तीन परतों की बनी होती है।

a. Perimetrium   b. Myometrium   c. Endometrium

a. **Perimetrium**—यह बाहरी परत peritoneum की बनी होती है।

b. **Myometrium**—Smooth muscles की बनी मोटी परत होती है।

c. **Endometrium**—यह mucous membrane की परत है जो myometrium की भीतरी सतह को cover करती है। यह columnar epithelium, tubular glands व stroma की बनी परत है।

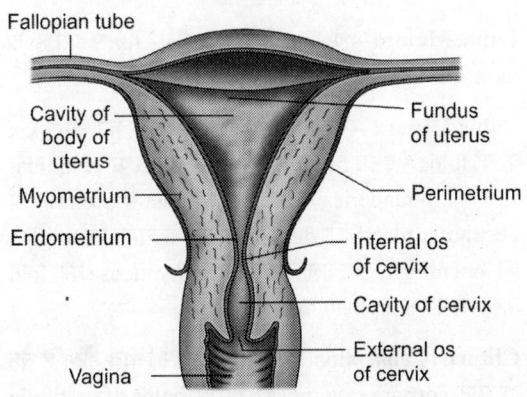

Fig. 10.3 : गर्भाशय के हिस्से और संरचना

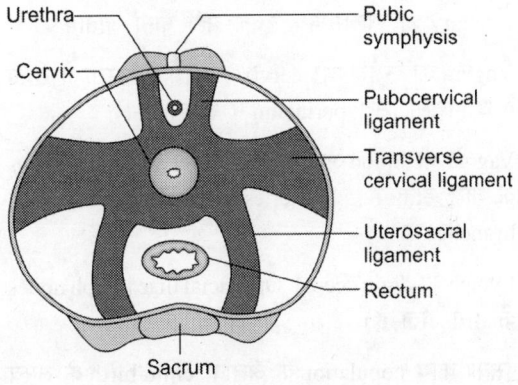

Fig. 10.5 : गर्भाशय को सहारा देने वाली संरचनाएं

2. **Arterial Supply**—Uterus को blood की आपूर्ति uterine artery के द्वारा होती है यह uterus को cervix, body व fundus part के अतिरिकत fallopian tube के medial part को भी blood की आपूर्ति देती है।

Venous Drainage

Internal iliac vein में होता है।

Lymphatic Drainage

Aortic, iliac व superficial inguinal group में होता है।

Function

Uterus में zygote का implantation होता हे जो यहीं पर foetus में विकसित होकर newborn के रूप में deliver हो जाता है।

Vagina

यह copulation के लिए मादा जननांग है। यह 10 सेमी. लंबी muscular tube है जिसके आगे की ओर pubic symphysis व पीछे की ओर anal canal एवं rectum होते हैं। (Fig. 10.1B and 10.2)

Vagina की भीतरी सतह stratified squamous epithelium के द्वारा cover रहती है reproductive age group (15–49) में vagina की PH 3.5 से 4.9 के बीच रहती है जो lactobacillus acidophilus (Doderlein's bacilli) bacteria के द्वारा maintain रहती है।

Hymen यह mucous membrane की एक पतली layer है जो vagina की opening पर एक परदे के रूप में होती है यह menarche के समय फट जाता है जिससे menstruation के समय discharge बाहर आता है। यह संभोग व exercise के कारण भी फट जाता है इसीलिए hymen की दशा को virginity का विश्वसनीय सूचक नहीं माना जाता।

Vagina का ऊपरी छोर cervix के साथ निरंतरता में रहता है व निचला सिरा perineum में खुलता है।

Vagina की blood आपूर्ति uterine एवं vaginal arteries के द्वारा होती है। ये arteries internal iliac artery की branches है।

Lymph का drain deep व superficial iliac lymph nodes के द्वारा होता है।

इसका कार्य copulation के अलावा child birth के समय baby को निकलने का रास्ता देना है।

Fallopian Tube/Oviduct

ये 10 से.मी. लंबी muscular tubes है uterus के दोनों sides में होती है। प्रत्येक tube चार भागों में divided है ये भाग हैं, intramural, isthmus, ampulla व infundibulum प्रत्येक tube के अंतिम छोर पर उंगलियों जैसे projections होते हैं जिन्हें fimbriae कहते हैं। Fertilization सामान्यतः fallopian tube के ampulla part में होता हे जहां से fertilized ovum uterus में चला जाता है। यदि fertilized ovum का implantation uterus के बजाय fallopian tubes में हो जाता है तो यह स्थिति ectopic pregnancy कहलाती है इस स्थिति में tube के फटने व बहुत अधिक रक्त स्राव की भी संभावना रहती है।

Function

यह egg (secondary oocyte) को ovary से ले जाती है। इसके ampulla part में fertilization होता हैं।

Uterine tube के epithelium में उपस्थित cillia fertilized egg को uterus की ओर गतिमान करते हैं।

Nerve supply of female internal genital organs—Uterus को autonomic nerve की supply होती है sympathetic fibres first व second lumbar segments से तथा parasympathetic of 2,3,4 sacral segments से आते हैं। Vagina के अधिकतर भाग की nerve आपूर्ति autonomic nerve से तथा इसके निचले सिरे के पिछले भाग की pudendal nerve व अगले भाग की ilioinguinal nerve से आपूर्ति होती है।

External Genital Organs

Mons Pubis—Pubic symphysis के आगे को भाग जहां pubic hairs होते हैं व skin के नीचे fat जमा रहती है।

Labia Majora—ये skin के दो fat से भरे folds होते हैं जो mons pubis से पीछे की ओर जाते हैं। (Fig. 10.6A)

Labia Minora—ये labia majora के भीतर की ओर skin के दो folds हैं इनमें fat नहीं होती। ये vagina के vestibular भाग की boundaries बनाते हैं। Vagina में urethra एवं vestibular gland की duct में खुलती है यहीं पर vagina की opening के बिल्कुल अंदर की ओर mucosa का fold होता है जिसे hymen कहते हैं।

Clitoris: Labia minora के अग्र छोर पर स्थित होता है यह दो छोटे corpora cavernosa तथा दो bulbs of vestibule से बना होता है। यह male में penis के समान है परंतु इसमें

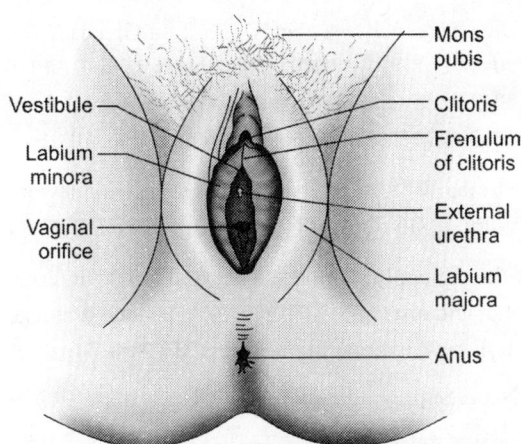

Fig. 10.6 A : स्त्री का बाह्य जननांग

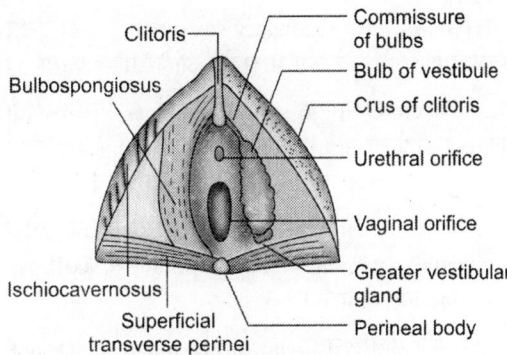

Fig. 10.6 (B) : क्लाइटोरिस की संरचना

corpus spongiosum नहीं होता व इसके द्वारा urethra भी नहीं गुजरता इसका reproduction में कोई महत्व भी नहीं है। (Fig. 10.6B)

Greater vestibular Gland—यह vestibull के bulb के पीछे छिपा रहता है इसकी duct जो 2 सेमी. लंबी होती है vagina में खुलती है।

FEMALE REPRODUCTIVE CYCLE

स्त्रियों में बच्चे पैदा करने की उम्र में प्रत्येक 26 से 30 दिन में परिवर्तन का एक चक्र होता है। इन परिवर्तनो के परिणामस्वरूप ovary से secondary oocyte release होता है। Oestrogen एवं progesterne नामक hormones भी release होते हैं। साथ-साथ इन hormones के प्रभाव से uterus के endometrium में भी परिवर्तन होता है जिससे यह endometrium fertilized egg के implantation के लिए तैयार हो जाता है।

Menses के फौरन बाद FSH के प्रभाव से (FSH anterior pitutary का hormone है) Ovarian follicle का primary follicle में विकास होने लगता है। Primary follicles से secondary follicles बनते हैं जिनमें से एक Graaffian follicles में विकसित हो जाता है। Follicle की कुछ cells oestrogen का secretion करती है। Oestrogen से uterine endometrium में proliferative changes आते हैं जिससे वह thick हो जाता है।

Cycle के लगभग चौदहवें दिन Graaffian follicle फट जाते हैं व secondary ocytes को release करते हैं। यह anterior pituitary के LH (leutinizing Hormones) के प्रभाव से होता है। इसके बाद follicle को corpus luteum कहते हैं जो कि progesterone hormones को secrete करता है। Progesterone endometrium में secretory changes के लिए उत्तरदायी होता है। अब endometrium फूल जाता है व उसमें उपस्थित gland बड़े होकर mucus का secretion करते हैं (Fig. 10.7)। यदि pregnancy हो जाती है तो corpus luteum अगले तीन महीनों तक क्रियाशील रहता है। Corpus luteum को क्रियाशील रहने के लिए सहायता placenta के HCG hormone से मिलती है। फिर यदि गर्भ नहीं ठहरता है तो corpus luteum अट्ठाइसवें दिन निष्क्रिय हो जाता है। निष्क्रिय corpus luteum के स्थान पर fibrous tissue का एक क्रियाहीन mass बनता है जिसे corpus albicans कहते हैं।

Menstruation के समय endometrium की सक्रिय परत गिरने लगती है वह क्रिया 4 से 5 दिन में पूरी होती है। Menstruation का पहला दिन नई cycle का भी पहला दिन होता है। Menstruation में निकलने वाले स्राव में 60 से 150 मि.ली. रक्त, tissue fluid, mucus व endometrium की epithelial cells होती है यह स्राव uterus से cervix फिर vagina से होता हुआ बाहर आ जाता है।

Ovulation: यह अगली cycle आरंभ होने के 12 से 14 दिन पहले होता है। इसमें Graaffian follicle फट जाते हैं व secondary ocyte release होता है। Ovulation के समय शरीर का तापमान 0.5 से ग्रे. तक बढ़ जाता है।

BREAST/MAMMARY GLAND

Breast स्त्री व पुरुष दोनों में होती है किंतु पुरुष व बच्चों में ये rudimentary होती है। ये स्त्रियों में puberty के पश्चात विकसित हो जाते हैं।

Breast sweat gland के modification से बनी है यह

स्त्रियों में महत्त्वपूर्ण secondary sex organ है तथा इससे नवजात शिशु दुग्ध के रूप में अपना आहार प्राप्त करता है।

Breast pectoral भाग के superficial facia में स्थित होती है इसका छोटा सा भाग जिसे axillary tail of Spence कहते हैं। यह deep fascia को छेदकर axilla तक पहुंच जाता है।

Vertically breast दूसरी से छठी पसली तक तथा horizontally sternum के lateral border से axilla की मध्य line तक होती है।

Breast की भीतरी सतह pectoralis major व serratus anterior के संपर्क में रहती है।

Structure of the Breast

Breast की संरचना skin, parenchyma व stroma में विभाजित रहती है। skin gland को cover करती है व एक conical भाग बनाता है जिस nipple कहते हैं। Nipple चौथे intercostal space में होता है इसको 15 से 20 lactiferous ducts pierce करती हैं। Nipple के base के चारों ओर की skin pigmented होती है जिसे areola कहते हैं।

Breast parenchyma glands की बनी है। Glands में 15–20 lobes होती हैं। प्रत्येक lobe lobules की बनी होती है और lobule acini से ये glands lactiferous sinus में drain होते हैं और ये sinus nipple में खुलती है (Fig. 10.8)

Stroma: यह gland के support करने वाला framework बनाता है जो fibrous व fatty tissue का बना होता है।

Blood Supply: Blood आपूर्ति axillary व internal thoracic artery के द्वारा होती है। Venous drainage axillary व internal thoracic vein द्वारा होता है।

Nerve Supply

चौथी पांचवीं व छठी intercostal nerves के द्वारा होती है।

Lymphatic Drainage

यह अत्यंत महत्त्वपूर्ण है क्योंकि Breast का cancer lymphatics के द्वारा ही फैलता है। Breast से 75% lymph axillary group में, 20% lymph internal mammary nodes में, व 5% posterior intercostal nodes में drain होता है।

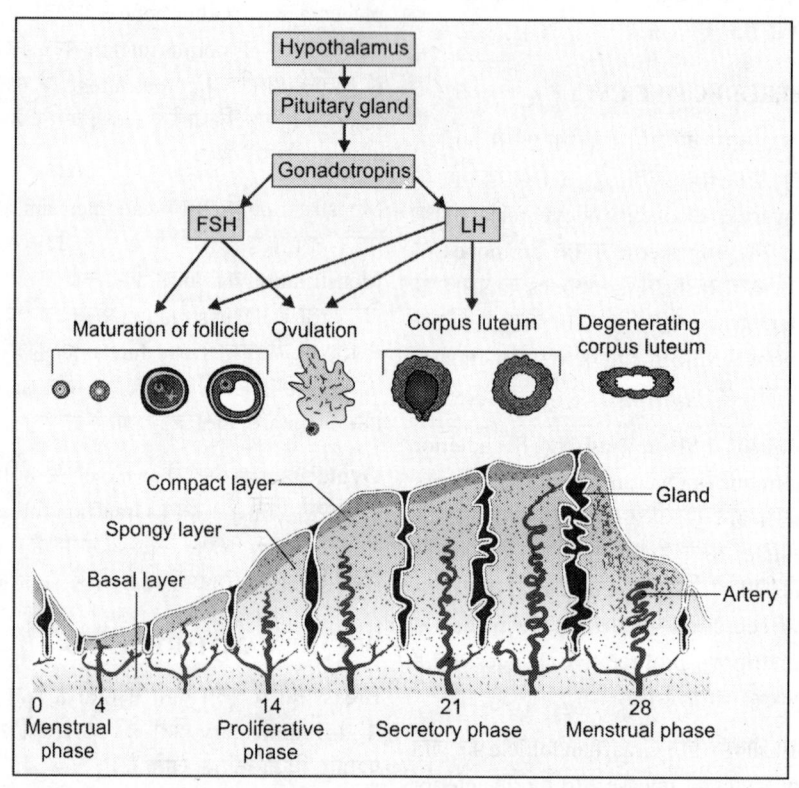

Fig. 10.7 : मासिक धर्म चक्र

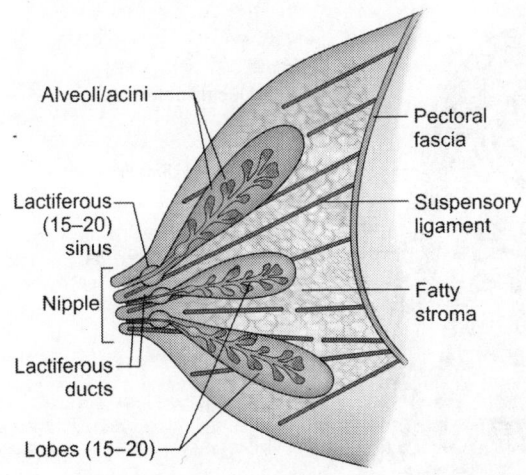

Alveoli/acini

Pectoral fascia

Lactiferous (15–20) sinus

Suspensory ligament

Nipple

Fatty stroma

Lactiferous ducts

Lobes (15–20)

Fig. 10.8 : स्तन ग्रंथी की संरचना

Breast cancer उसी side के axillary lymph nodes में opposite side lymph node व breast में भी फैल सकता हे। सभी स्त्रियों को अपने breast को अपने हाथ से छूकर गांठ आदि तो नहीं है यह देख लेना चाहिए इससे breast (cancer) का प्रारंभिक अवस्था में ही diagnose करने में मदद मिलेगी।

Breast का essential function (महत्त्वपूर्ण कार्य) milk बनाना (secrete) करना व आवश्यकता होने पर बाहर निकालना है। ये प्रक्रिया lactation कहलाती है जो pregnancy व child birth से संबंधित है। Milk के secretion को prolactin (hormone of anterior pituitary) progesterone व estrogen hormones के द्वारा प्रोत्साहन मिलता है। जब बच्चा मां के breast में nipple को suck करता है तो posterior pituitary से निकलने वाले hormone oxytocin के असर से milk बाहर आता है।

MALE REPRODUCTIVE SYSTEM

Male Reproductive System में निम्नलिखित बाह्य अंग होते हैं। जो बाह्य व आंतरिक दो प्रकार के हैं।

* Testis

* Epididymis

* Ductus deferens (आंशिक)

* Spermatic cord

* Penis (Fig. 10.9)

आंतरिक जननांग

* Ductus deferens

* Seminal vesicle

* Ejaculatory ducts

* Prostate gland (Fig. 10.9)

बाह्य जननांग

Scrotum—यह pouch जैसी संरचना perineum में होती है और दो chambers में बंटा होता है प्रत्येक chamber में एक testis, एक epididymis व एक ductus deferens होते

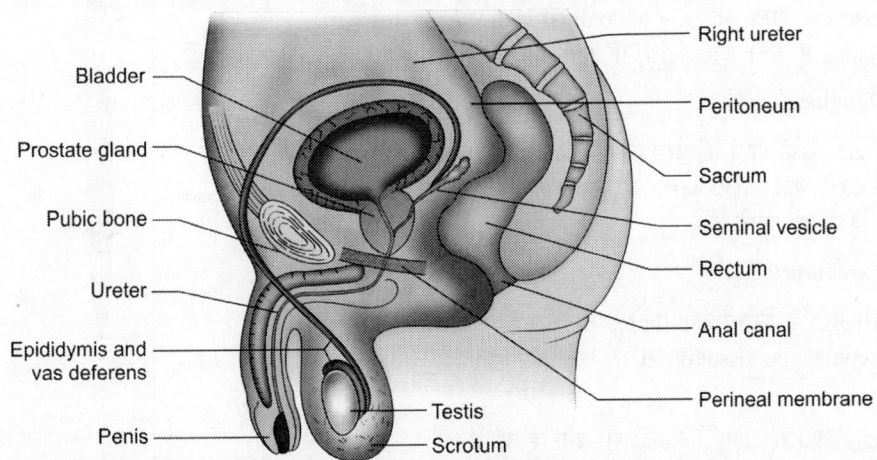

Bladder

Right ureter

Prostate gland

Peritoneum

Pubic bone

Sacrum

Ureter

Seminal vesicle

Epididymis and vas deferens

Rectum

Anal canal

Penis

Perineal membrane

Testis

Scrotum

Fig. 10.9 : पुरुष जननांग (देखें प्लेट 6)

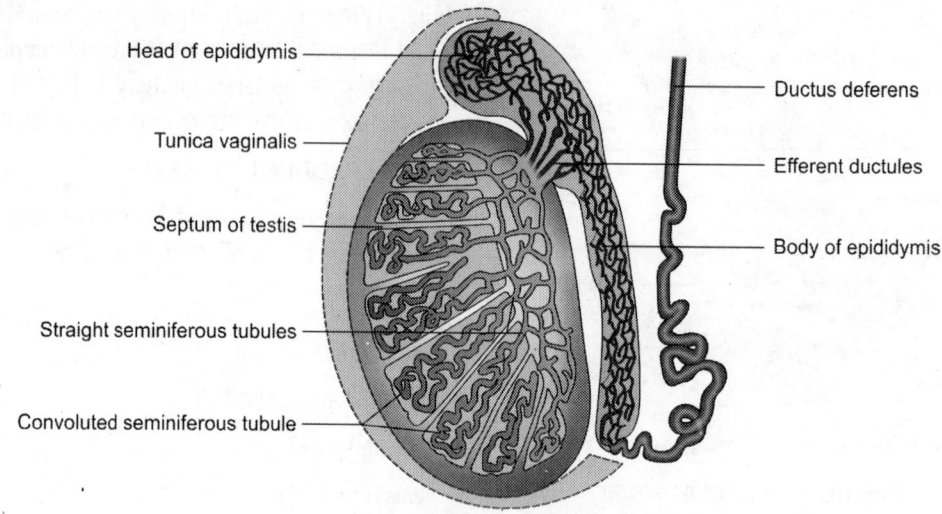

Fig. 10.10 : वृषण एवं वाहिका नली का काट (देखें प्लेट 7)

हैं । Scrotum pubic symphysis के नीचे व penis के पीछे की ओर होता है ।

Testis

यह अंडाकार संरचना है जो 4 से.मी. लंबा 2.5 सें.मी. चौड़ा व 3 से.मी. मोटा होता है । यह spermatic cord से scrotum में लटका रहता है प्रत्येक testis ऊतक की तीन परतों से घिरा होता है जिसमें सबसे बाहरी परत peritoneum की होती हे जिसे tunica vaginalis कहते हैं । Embryologically testis का विकास posterior abdominal wall से आरंभ होता है । उसके बाद यह peritoneum की covering तथा blood vessels के साथ anterior abdominal wall एवं inguinal canal से होता हुआ testis में पहुंच जाता है ।

Tunica albuginea

Tunica vaginalis के भीतर की परत को tunica albuginea कहते हैं । इसके कुछ septa testis के अंदर जाकर उसे lobule में विभाजित करते हैं ।

Tunica Vasculosa

सबसे भीतरी परत हे जिसमें capillaries का जाल होता हे जो महीन connective tissue के सहारे रहता है । (Fig. 10.10)

प्रत्येक testis 200 से 300 lobules से बना होता है । प्रत्येक lobule में 1 से लेकर 4 तक convoluted loops होते हैं जिन्हें seminiferous tubules कहते हैं । प्रत्येक

tubule में germinal epithelial cells व sertoli cells होती हे और tubules के बीच में interstitial cells of Leydig होती है । ये cells puberty के पश्चात testosterone नामक hormones को secrete करती हैं ।

Testis के ऊपरी छोर पर testis के tubule जुड़कर एक बड़ा tubule बना लेते हैं यह single tubule लगभग 6 मी. लंबा होता हे इसके पश्चात यह repeatedly fold होकर

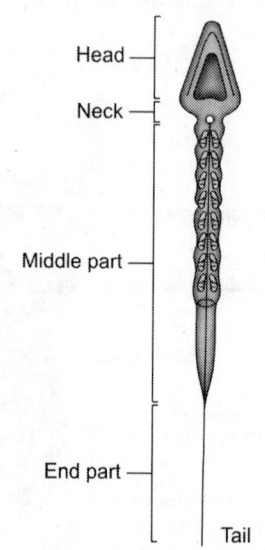

Fig. 10.11 : शुक्राणु के हिस्से

epididymis बनाते हैं जो scrotum से spermatic cord में जाती है जहां उसे ductus deferens कहते हैं।

Testis abdominal cavity के बाहर scrotum में body temperature से 2 से 4° कम temperature पर रहते हैं। यह कम तापमान spermatogenesis के लिए आवश्यक है। Testis spermatozoa का उत्पादन seminiferous tubule में करती है तथा इनका संचय epididymis में होता है।

Spermatozoa (sperm) seminiferous tubule में testis की spermatogenic cells के द्वारा बनता है और जैसे-जैसे epididymis से गुजरते है mature होते जाते है। Sperm का testis में उत्पादन anterior pitultary के hormone FSH के control में होता है। Sertoli cells का कार्य sperms को सहायता प सुरक्षा प्रदान करना है।

Spermatozoa: प्रत्येक spermatozoa head, middle piece व tail तीन भागों से बना होता है। (Fig. 10.11) head में एक nucleus होता है जिसके आगे की ओर acrosome होता है व acrosome से enzymes release होते हैं जो sperm को egg के अंदर धुसने में मदद करते है। MIddle piece में mitochondria स्थित होता है। Tail से sperm को आगे गति मिलती है। Testis से मुख्य रूप से निकलने वाला hormone testosterone होता है जो male sex hormone है। testosterone sperm के बनने को नियमित करता है यह पुरुषों में secondary sex character के विकास को stimulate करता हे इसमें voice में change दाढ़ी, मूछों का निकलना, pubic, axillary व chest पर बालों का उगना, कंधों का चौड़ा होना penis, scrotum व prostate के आकार का बढ़ना आदि लक्षण हैं।

Epididymis

प्रत्येक epididymis testis में पीछे की ओर लगी होती है। इसमें head, body एवं tail होते हैं। इसकी tail; ductus deference के साथ निरंतरता में रहती है। Epididymis coiled tube है जिसमें sperm का संग्रह होता है तथा वे परिपक्व होते हैं।

Ductus Deferens

इसको vas deferens भी कहते हैं। यह मोटी muscles की बनी tube है जो epididymis की tail की निरंतरता से बनती है। यह आंशिक रूप से external genital व आंशिक रूप से internal genital अंग है। बाहृय genital अंग के रूप में यह spermatic cord का मुख्य भाग बनाती है तथा inguinal canal से गुजरती है। Inguinal canal के बाद यह pelvis की lateral boundary से होते हुए urinary bladder के पीछे की ओर जाती है वहां यह seminal vesicle के साथ जुड़कर ejaculatory duct बना लेती है। यह duct prostatic urethra में खुलती है और mature spermatozoa को epididymis से prostatic urethra में ले जाती है।

Spermatic cord के द्वारा testis scrotum में लटका रहता है। इसमें vas deferens के अतिरिक्त testicular artery, vein, lymphatic तथा autonomic nerve भी इस cord का भाग है।

Blood Supply

Abdominal artery की testicular branch, testis एवं epididymis को रक्त आपूर्ति करती है। Left side की testicular vein, left renal vein में drain होती है व right testicular vein, inferior vena cava में drain होती है।

Lymphatic Drainage

Testis से lymphatic para aortic group में drain होते हैं जबकि scrotum की skin का drain inguinal nodes में होता है।

Prostate

Pelvis के निचले भाग में urinary bladder के नीचे urethra के पहले 3 से.मी. भाग को चारों ओर से घेरे हुए glandular संरचना को prostate कहते हैं। यह gland 4 से.मी. चौड़ा 3 से.मी. लंबा तथा 2 से.मी. मोटा है यह rectum के आगे की ओर levator ani muscles पर टिका होता है। (Figs 10.9 and 10.12)

Prostate Gland के secretion से seminal fluid का 30% भाग बनता है।

Puberty से पहले prostate का size छोटा होता है। Puberty के बाद जब tests से testosterone का sectretion होने लगता है तब prostate का size बढ़ने लगता है। Prostate का secretion 10/12 ducts के द्वारा prostatic urethra में पहुंचता है ओर spermatozoa के परिपक्व होने में मदद करता है।

Blood Supply: Prostate की रक्त आपूर्ति inferior vesical व middle rectal artery की branches के द्वारा होता है।

Venous drainage internal iliac veins में होता है।

Seminal Vesicle and ejaculatory duct

Seminal Vesicles: Smooth muscles के बने 2 pouches

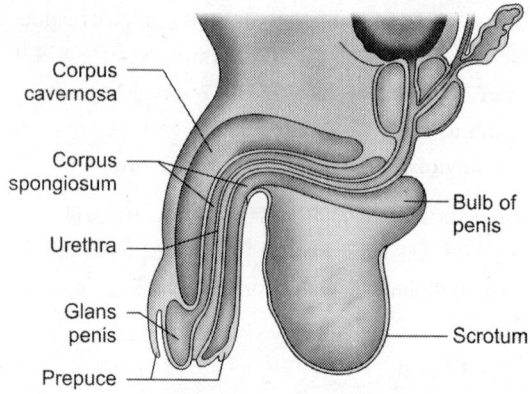

Corpus cavernosa
Corpus spongiosum
Urethra
Glans penis
Prepuce
Bulb of penis
Scrotum

Fig. 10.12 : प्रोस्टेट ग्रंथि का काट और संबंधित संरचनाएं

हैं। ये vesicles urinary bladder के पीछे वाली सतह पर लगे होते हैं। Seminal vesicle की duct vas deferens के साथ जुड़कर ejaculatory duct बनाती है। यह duct 2 से. मी. लंबी होती है और prostate से होते हुए prostatic urethra में खुलती है। इस तरह से urethra के द्वारा semen व urine दोनों ही निकलते हैं। Seminal vesicle का secretion semen में मिलकर spermatozoa को परिपक्व बनाता है।

Urethra एवं Penis

पुरुषों में urethra 16-20 से.मी. लंबा होता है। यह semen व urine के लिए common passage है। Penis पुरुष का वह अंग जो copulation के लिए होता है इसमें urethra का spongy भाग होता है जो urethra का सबसे लंबा भाग होता है। Penis में एक corpus spongiosum व दो corpora cavernosa होते हैं जो penis के erectile tissues है। (Fig. 10.13)

Corpus spongiosum का अगला भाग फैला हुआ होता है जिसे glans penis कहते हैं इसमें urethra बाहर खुलता है। Glans penis के एकदम ऊपर ही skin की दोहरी परत हाती है जो आगे पीछे move कर सकती हे इसे prepuce कहते हैं।

Blood Supply

Penis की रक्त आपूर्ति internal pudendal artery से होती है।

Nerve Supply—Automonic व somatic nerve से होती है।

संभोग के समय penis से sperms vagina में स्खलित होते हैं। ये sperm स्त्री जननांग में 48 घंटों तक जीवित रहते हैं। Seminal fluid में करोड़ों sperms होते हैं किंतु इनमें से कुछ ही egg के पास पहुंच पाते हैं और केवल एक sperm ही egg को fertilize करता है।

CLINICAL ASPECTS

Sexually Transmitted Diseases (STD) यह संक्रामक रोगों का एक समूह है जो मुख्यतः sexual contact से एक से दूसरे व्यक्ति में फैलता है इन रोगों का कारण bacteria, virus, protozoa एवं fungal infections हैं, इनकी व्यापकता 20 से 30 साल की आयु में अधिक होती है। India में मुख्य STDs syphlis, gonorrhoea, chlamydia एवं HIV है।

Syphilis—इसका कारण spirochaete treponema pallidum (एक प्रकार का bacteria) है। जो जननांगों की mucosa को छेदकर local (उसी) भाग में या वहां से शरीर के अन्य भागों में भी इससे जख्म कर देते हैं।

प्रारंभिक syphilis sexual contact के तीन सप्ताह के बाद एक संक्रमित व्यक्ति से दूसरे को फैलती है। एक ठोस painless फोड़ा या जख्म होता है जो penis, cervix, anus या vagina में होता है। प्रारंभिक syphilis के 2 से 10 सप्ताह के बाद secondary syphilis होती है, इससे त्वचा पर rash, mucus membrane पर जख्म, fever तथा lymph nodes का size बढ़ जाता है।

Tertiary Syphilis

यह primary syphilis के एक साल बाद होती है अब जख्म

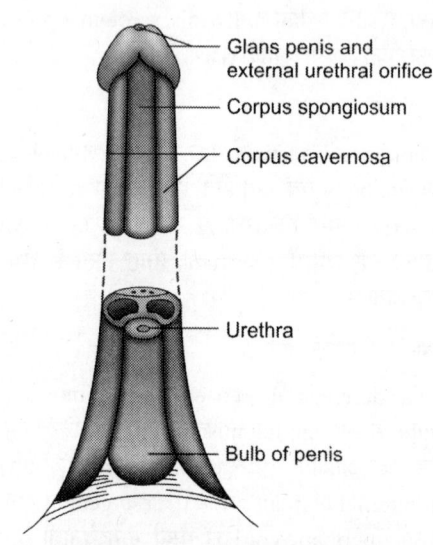

Glans penis and external urethral orifice
Corpus spongiosum
Corpus cavernosa
Urethra
Bulb of penis

Fig. 10.13 : शिश्न की संरचना

aorta, heart, central nervous system, bones व liver में भी हो जाते हैं।

Gonorrhoea

यह बीमारी *Neisseria gonorrhaeae* नामक bacteria के द्वारा। पुरुषों में urethra में होता है। यदि इसका इलाज नहीं किया जाता तो यह epididymis, prostate व seminal vesicle में फैल जाता है।

स्त्रियों में यह infection cervix, fallopian tube, ovaries व peritoneum में फैल जाता है।

Chlamydia

इसका कारण chlamydia trachomatis, महिलाओं में यह infection cervix में होता है और पुरुष में इसका urethra व epididymis पर प्रभाव होता है।

AIDS

Acquired immune deficiency syndrome (AIDS) का कारण HIV retrovirus है। इस बीमारी में शरीर की रोग प्रतिरोधक क्षमता नष्ट हो जाती हैं संक्रमित व्यक्ति में अन्य खतरनाक infections से ग्रसित होने की संभावना बनी रहती है। 75% cases में यह एक व्यक्ति से दूसरे में sexual contact के द्वारा फैलता है। अन्य में यह blood transfusion, एक ही सुई से बहुत से लोगों का injection लगाने, माँ यदि संक्रमित है तो उसके दूध से, जन्म से पहले placenta से होते हुए HIV virus CD4+T lymphocytes को destroy करती है। जिससे helper T cells की संख्या घट जाती है। जिससे शरीर की प्रतिरोधक क्षमता कम हो जाती है।

प्रारंभ में fever, शरीर का वजन कम होना, diarrhoea, skin rash, myalgia, sore throat आदि लक्षण होते हैं। बाद में lymph nodes का size बढ़ने लगता है। अंत में शरीर की पूरी प्रतिरोध क्षमता नष्ट हो जाती है रोगियों में किसी भी प्रकार के गंभीर infection से मृत्यु हो जाती है।

Female Reproductive System

Pelvic inflammatory disease (PID) यह स्त्रियों के pelvic भाग में infection से होता है Bacterial infection इसका मुख्य कारण है। इसका आरंभ vulvovaginitis (Vulva व vagina का infection) उसके पश्चात यह cervix, uterus, uterine tube व ovaries में भी फैल जाता है। रोग के लक्षण हैं fever, vagina से दुर्गंध वाला स्राव, abdomen के निचले भाग में pain, uterus से असामान्य रक्तस्राव। इसके कारण बांझपन व intestinal obstruction जैसी जटिलताएं हो सकती हैं।

Imperforate Hymen: इस झिल्ली में छिद्र के द्वारा मासिक धर्म के समय होने वाला स्राव बाहर आता है। यदि झिल्ली में छिद्र नहीं होता है तो यह स्राव बाहर नहीं आता और यह स्थिति imperforate hymen कहलाती है।

Ovary में ovarian cyst व ovarian tumours जैसे रोग हो सकते हैं।

Fibroid: यह uterus के myometrium में होने वाले benign tumours है यह बहुसंख्यक एवं भिन्न-भिन्न आकार के होते हैं। इसके मुख्य लक्षण discomfirt, periods के समय दर्द का बढ़ना है।

Endometrial cancer: uterus का यह cancer बहुत आम है। यह cancer cervical epithelium से आरंभ होने के बाद यह cervix की wall की पूरी मोटाई में फैल जाता है। यह cancer uterus, vagina, bladder या rectum में भी फैल सकता है। यह मुख्यतः 35 से 50 वर्ष. की आयु में होता है। उन स्त्रियों में इसकी संभावना बढ़ जाती हे जिनमें sexual activities कम age में आरंभ होती, जो बहुत से पुरुषों के साथ sex करती हैं और जिनमें बहुत बार pregnancies होती है।Human Papillomavirus का संक्रमण भी इससे संबंधित हे। इस कैंसर की metastasis bone, liver व lungs में होती है।

Prolapse of Uterus

Uterus को urogenital व pelvic diaphragm से support मिलती है यदि इस diaphragm की muscles में injury हो जाती है जैसे कि pregnancy के समय muscles व ligaments में ज्यादा खिचाव के कारण तब uterus नीचे की ओर खिसकने लगता हे इस स्थिति को prolapse of uterus कहते हैं।

Endometritis

यह endometrium की inflammatory condition है यह bacteria के infection से होती है। इसका खतरा delivery व abortion के बाद बढ़ जाता है इसके लक्षण हैं बुखार आना, पेट में दर्द, vagina से दुर्गंध वाले स्राव का आना तथा uterus में सूजन इससे बांझपन का भी खतरा रहता है यह myometrium perimetrium, uterine tubes व आसपास के दूसरे pelvic tissues में भी फैल सकता है।

Endometriosis

यह स्थिति endometrial tissues के uterus से बाहर फैलने पर होती है। यह अधिकतर ovaries, uterine tubes व आस पास के pelvic tissues में फैलता है। bleeding, pain व swelling of fallopian tubes इसके लक्षण हैं।

Salpingitis—Fallopian tubes के inflammation को salpingitis कहते हैं। यह आमातौर पर uterus से fallopian tube में infection के फैलने से होता है यदि समय से इसका इलाज नहीं किया जाए तो इससे tube बंद हो जाती है तथा infertility का खतरा रहता है।

Female Sterilization

Fallopian tubes के lateral parts को काट कर बांध दिया जाता है जिससे ovary से निकलने वाला oocyte, fallopian tube मं प्रवेश कर ampulla में नहीं पहुंच पाता है इससे spermatozoa द्वारा fertilization नहीं होता।

Ectopic Pregnancy

सामान्य pregnancy में egg का fertilization ampulla में होने के बाद fertilized egg uterus में पहुंच कर embryo में विकसित होता है किंतु कुछ स्त्रियों असामान्यतः fertilized egg fallopian tube में ही रुक जाता है और वहीं पर उसमें multiplication होने लगता है। इस प्रकार की pregnancy को ectopic pregnancy कहते हैं। इस प्रकार की pregnancy 2 से 3 महीने के अंदर ही समाप्त हो जाती है जिसमें tube के फटने से बहुत ज्यादा खून निकलता है।

Mammary Gland (Breast)

Gynaecomastia: इसमें पुरुषों में breast का विकास हो जाता है। यह एक benign condition है जो एक breast को भी प्रभावित कर सकती है इसके मुख्य कारण digoxin (drug), cirrhosis of liver एवं ऐसे endocrine disorders हैं जिनमें oestrogen का level high हो जाता है।

Mastitis: यह breast का inflammation है जो bacterial infection के द्वारा या lactation period में breast के congestion से हो सकता है। bacterial infection में *staphylococcus aureus* एवं *streptococcus pyogenes* मुख्य हैं। Infection nipple के द्वारा mammary duct में पहुंचकर pus बनाते हें।

लक्षण

Breast में सूजन व pus वाला भाग लाल हो जाता है यदि यह दवाइयों के द्वारा ठीक नहीं होता हे तो breast में injection लगाकर pus को निकाला जाता है।

Tumours

Breast के 90% tumours benign होते हैं जिनमें fibroadenoma सबसे ज्यादा common है। ये आमतौर पर puberty के बाद होते हैं। Malignant tumour सामान्यतः breast के ऊपरी व बाहरी भाग में पाये जाते हैं। ये ज्यादातर 35 साल आयु के बाद होते हैं। आरंभ में यह एक ओर की breast में होता है। इसके बाद यह axillary lymph nodes व internal mammary lymph nodes में तथा बाद में दूसरी breast में फैल सकता है यह आस पास की skin, muscles व pleura को भी प्रभावित कर सकते हैं। इसके कारण अनुवांशिकताए, oestrogen का ऊंचा स्तर, periods का जल्दी आरंभ होना, menopause का देर से होना, pregnancy का न होना। आरम्भिक अवस्था में diagnosis व treatment से इसे फैलने से रोका जा सकता है। प्रत्येक व्यस्क स्त्री को अपने हाथ से breast को छूकर देखना चाहिए कि उसमें गांठ तो विकसित नहीं हो रही है।

Male Reproductive System

1. **Phimosis: Prepuce** की skin पीछे की ओर नहीं जा पाती है। Urethra का बाहरी छिद्र संकरा हो जाता है। इस स्थिति को phimosis कहते हैं।

2. **Urethritis:** Urethra के infection को कहते हैं infection catheterization से या पहले से infected स्त्री के साथ संभोग करने से हो सकता है। urethra से infection seminal vesicles, prostate, testis व epididymis में भी फैल सकता है। Chronic infection से urethra में fibrosis व constriction हो सकता है।

Testis

1. **Orchitis: Inflammation of Testis:** यह urethra के द्वारा testis में फैलने वाले infection से होता है।

2. **Undescended Testes:** Testes का विकास lumbar region में शुरू होता है। उसके बाद यह नीचे खिसकते हैं तथा inguinal canal से होते हुए scrotum में पहुंचते हैं। अगर testis नीचे जाने के बजाय lumbar या inguinal region में ही रुक जाते हैं। तब यह condition undescended testis कहलाती है। इस स्थिति में infertility व cancer के भी chance रहते हैं

3. **Hydrocele:** Tunica vaginalis में द्रव पदार्थ के एकत्र होने को कहते हैं।
4. **Testicular Tumour:** ये अधिकतर malignant tumour होते हैं। ये underscended व ectopic में testis में होते हैं।

Prostate: Prostatitis में prostate का acute या chronic infection है। Benign enlargement of prostate— Prostate gland की median lobe का size बढ़ जाता हे जिससे urethra का internal orifice दबाव के कारण पूरी तरह से नहीं खुल पाता। यह पुरुषों में 50 वर्ष से अधिक आयु में होता है। इसके कारण kidney पर पड़ने वाले प्रभाव से hydronephrosis हो जाती है। ऐसे cases में prostate का आंशिक रूप से removal किया जांता है।

Malignant Tumour of Prostate

Gland का peripheral भाग cancer से प्रभावित हो जाता है। कैंसर venous plexus के द्वारा prostate से vertebral column में तथा आस पास के अंगों में फैल जाता है। यह भी 50 वर्ष से अधिक आयु में होता है।

Reproductive Health

सामान्यतः reproductive health का अभिप्राय है कि मनुष्य के reproductive system की संरचनाओं तथा क्रियाओं में किसी दोष का नहीं पाया जाना! परन्तु World Health Organisation (WHO) के द्वारा दी गई इसकी परिभाषा इसके प्रत्येक पहलू को सम्मानित करती है। WHO के अनुसार reproductive health केवल सामान्य reproductive क्रियाओं व संरचनाओं के साथ-साथ मानसिक, सामाजिक, भावनात्मक व स्वास्थ व स्थिति को भी इसमें सम्मिलित किया गया है।

संभवतः reproductive health का अर्थ यह है कि sexual activities के दौरान sexually transmitted disease (STDs) से आवश्यक तरीके अपनाकर इससे बचाव करना। क्योंकि sexual transmitted disease में रोगों के उपचार से अधिक महत्त्वपूर्ण इनकी रोकथाम हैं। इनसे बचाव के लिए लोग Sex education तथा STD से बचाव के लिए बचाव के उपायों के बारे में जानकारी होना है।

CHAPTER

11

तंत्रिका तंत्र
Nervous System

Nervous system मनुष्य के शरीर का सबसे मुख्य system है जो शरीर के दूसरे सभी systems को control करता है। जिससे शरीर homeostatis (समस्थापन) की अवस्था में रहता है। यह शरीर के अंदर व बाहर होने वाले परिवर्तन को पताकर उस पर प्रतिक्रिया करता है। Nervous system की यह क्षमता हे कि यह body functions के बीच सामंजस्य स्थापित करता है। इसके लिए इसमें निम्नलिखित गुण होते हैं।

a. **Excitability:** बाहरी उत्तेजना को प्राप्त कर उस पर हो रही प्रतिक्रिया को कहते हें।

b. **Conductivity**—Messages को लाने व ले जाने की योग्यता को conductivity कहते हैं।

Nervous system को दो भागों में बांटा गया है।

1. Central nervous System (CNS): (a) Brain (b) Spinal cord (Fig. 11.1)
2. Peripheral Nervous System (PNS)—(a) 12 pairs cranial nerve b. 31 pairs spinal nerve

PNS के दो functional part होते हैं। (1) sensory भाग (2) Motor भाग

Motor—भाग का संबंध निम्नलिखित क्रियाओं में होता है।

Voluntary/Somatic—Voluntary muscles की गति को नियंत्रित करता है।

Involuntary Autonomic—यह smooth व cardiac muscles व glands के कार्यो को नियंत्रित करता है। यह sympathetic व parasympathetic दो भागों में विभाजित हैं।

NEURON

ये nervous system की anatomical व functional units हैं। यह electrically exitable cells है। ये सूचना को प्राप्त करती है व संचालन करती है। Neurons stimulus की detect का पता लगाकर उनको electrochemical messages के रूप में संचारित करता है।

Neurons के मुख्य भाग : Cells body व cytoplasm processes-dendrites एवं axon होते हैं। Axon single होता है व dendrite बहुत से होते हैं। Axons impulses को cell body से दूर ले जाता है। Axon बहुत छोटा व एक मीटर तक लंबा हो सकता है। Axon के आखिरी सिरे पर terminal boutons (synaptic knobs) होते हैं। अधिकतर axons myelin sheath से ढंके रहते हैं, जिसके कारण ये white दिखते हैं। Myelin sheath Schwann cells की बनी होती है। इन cells के बीच के gap को nodes of Ranvier कहते हैं।

Dendrites बहुसंख्यक, छोटे processes हैं जो दूसरे neurons से impulses प्राप्त करते हैं।

Neurons एक दूसरे के साथ electrical signals के द्वारा communicate करते हैं जिसे action potential या nerve impulse कहते हैं। Information को एक स्थान से दूसरे स्थान पर nerve impulses के द्वारा भेजा जाता है। Nerve impulses के इस प्रकार travel करने को propagation/conduction कहते हें यह transmission ions के plasma membrane के द्वारा गति के कारण होता है।

Transmission of Nerve Impulse

कोई भी सूचना एक neuron से दूसरे neuron में electro-chemical impulse के द्वारा transfer होती है Neurons को उत्तेजित करने वाले कारक touch, pressure, pain, temperature या external एवं internal chemicals जैसे histamine हैं। दो neurons के बीच जो junction होता है उसे Synapse कहते हैं। (Fig. 11.2)

यह Synaptic knob जो axon में होते हैं व दूसरे neuron के dendrites के बीच बनता है। इन दोनों के बीच की space को synaptic cleft कहते हैं। Synaptic knob में spherical vesicle होते हैं जिनसे chemical neurotransmitter release होते हैं। Neurotransmitter का release action poential के response मे होता है। यह chemical दूसरे neuron के dendrites को stimulate करता है जिससे impulse generate होती है। सामान्यतः neurotransmitter का excitatory प्रभाव होता है। परंतु कभी-कभी इसका inhibitory प्रभाव भी होता है इसके बाद ये neurotransmitter enzymes के द्वारा नष्ट कर दिये जाते हैं।

Excitatory neurotransmitter हैं acetylcholine, norepinephrine, dopamine व inhibitory neuro-transmitter, glycine है।

Neuromuscular Junction—यह axon के synaptic knob और motor end plate के बीच का junction है। Vesicles से stimuli की प्रतिक्रिया के फलस्वरूप acetylcholine release होता है जो synapse में फैल जाता है तथा motor end plate में उपस्थित receptors के साथ जुड़ जाता है। इससे motor end plate में action potential उत्पन्न हो जाता है जो muscle fibre के साथ conduct होकर contraction कराता है

PARTS AND FUNCTIONS OF CNS

Parts एवं functions of Brain—Brain skull से उपस्थित रहता है तथा fibres की तीन झिल्लियों के द्वारा ढका रहता है जिन्हें meninges कहते हैं। बाहर से अंदर ये meninges हैं duramater, arachnoid mater व pia matar. Arachnoid व piamater के बीच में subarachnoid space में cerebro-spinal fluid (CSF) भरा होता है। (Fig. 11.3)

Brain के निम्नलिखित भाग होते हैं।

CEREBRAL HEMISPHERE

Cerebrum—यह दो cerebral hermisphere से बना होता है। प्रत्येक hemisphere में 3-4 मि.मी. मोटी cerebral cortex की परत होती है जिसमें मुख्यतः cell bodies उपस्थित रहती है। यह grey matter भी कहलाता है। Grey matter के भीतर white matter उपस्थित होता है, जो nerve fibres का बना होता है। दो cerebral hemispheres white matter के एक band के द्वारा जुड़े रहते हैं इस band का corpus callosum कहते हें। प्रत्येक cerebral hemisphere में frontal lobe, parietal lobe, temporal lobe व occipital lobe है। (Figs 11.4, 11.5)

तीन surfaces होती हैं–Medial, superolateral and inferior

Inferior Surface

यह सतह tentorial व orbital भाग में बंटी रहती है।

Cerebral cortex की सतह पर कुछ उभार व कुछ धंसे हुए भाग होते हैं। उभारों को gyrus कहते हैं व gyrus के बीच धंसे हुए भाग sulci कहलाते हैं।

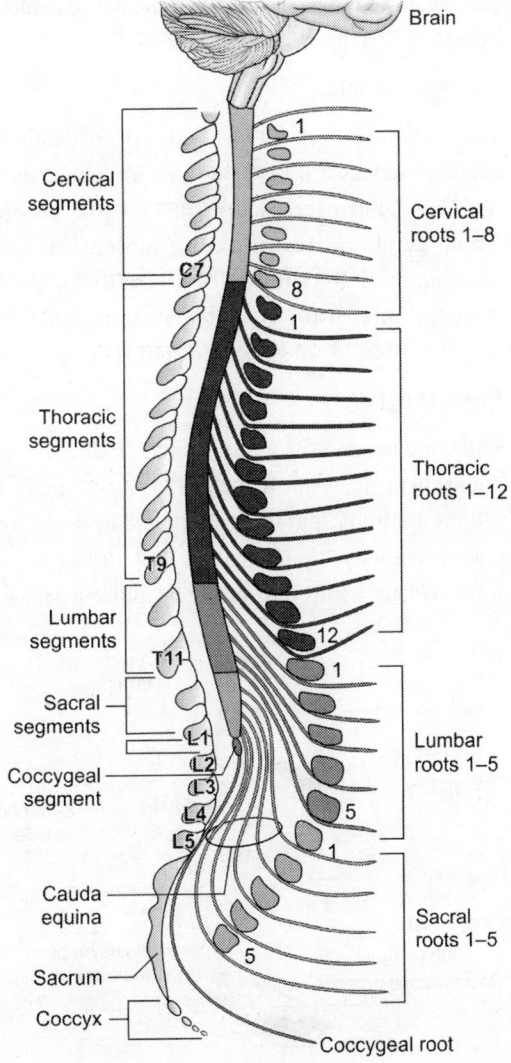

Brain

Cervical segments

Cervical roots 1–8

C7

8

1

Thoracic segments

Thoracic roots 1–12

T9

Lumbar segments

12

T11

1

Sacral segments

Coccygeal segment

L1
L2
L3
L4
L5

5

Lumbar roots 1–5

1

Cauda equina

Sacral roots 1–5

5

Sacrum

Coccyx

Coccygeal root

Fig. 11.1: तंत्रिका तंत्र के भाग

कुछ मुख्य sulci व gyri निम्न हैं।

Central sulcus—यह frontal तथा parietal lobes के बीच में होता है। central sulcus के आगे जो gyrus होता है उसे precentral gyrus कहते हैं, इसमें motor area उपस्थित होता हे जो शरीर के opposite side को voluntary activities का control करता है। (Fig. 11.6)

Motor area के आगे precentral sulcus तथा precentral sulcus के आगे की ओर premotor area होता है जो पहले से ही सीखी हुई जटिल motor क्रियाओं को एक sequence में पूरा करता है।

Frontal व temporal lobe के बीच sulcus को lateral sulcus कहते हैं। lateral sulcus के एकदम ऊपर motor speech area होता है, जो speech के लिए महत्त्वपूर्ण सभी movements का नियमित रखता है। (Fig. 11.7)

Central sulcus के पीछे gyrus को postcentral gyrus कहते हैं जिसमे sensory area उपस्थित रहता हे ये शरीर के opposite side से sensations receive करता है। Temporal lobe के ऊपरी भाग में lateral sulcus के एकदम नीचे auditory area होता है। Temporal lobe में smell के लिए भी area होता है। Frontal lobe का अधिकतर भाग attention, judgements, concentration, emotional state एवं intelligence से संबंधित होता है। Parietal lobe किसी भी वस्तु के बारे में सही जानकारी लेकर उसका सुरक्षित रखती है। Parietal lobe का निचला भाग जो temporal lobe के एकदम नजदीक होता है उसमें sensory speech area उपस्थित होता है। यह area सही शब्दों के चुनाव व grammatically सही वाक्य बनाने के लिए जिम्मेदार है।

Thalamus

ये grey matter के बने दो oval masses है। ये nuclei के बने होते हैं जिनके बीच में white matter के fibres होते हैं ये oval masses, cerebral hemisphere में धंसे रहते हैं। Cerebral cortex को जाने वाले सभी afferent sensory fibres thalamus से होकर जाते हैं यह basal ganglia, cerebellum व reticular formation से भी संबंधित होता है। (Fig. 11.8) यह autonomic क्रियाओं को control करने व consciousness को बनाये रखने में भी सहायक है। यह sensory, motor, visceral व emotional क्रियाओं के बीच coordination बनाये रखता है। यह lateral geniculate bodies के द्वारा vision व medial geniculate bodies के द्वारा hearing से भी संबंधित है।

Internal Capsule

White matter का वह भाग जो एक ओर thalamus व caudate nucleus तथा दूसरी ओर lentiform nucleus के बीच स्थित है, internal capsule कहलाता है। इसके anterior limb, genu, posterior limb, sublentiform व retrolentiform भाग होते हैं इस भाग से बहुसंख्य sensory व motor fibres गुजरते हैं। Internal capsule की रक्त आपूर्ति के नष्ट होने पर stroke हो सकता है। (Fig. 11.9)

Basal ganglia

इसमें grey matter के तीन masses होते हैं जो cerebral hemisphere में गहराई में स्थित होते हैं। ये mass है globus pallidus, putamen एवं caudate nucleus. Globus pallidus व putamen एक साथ मिलकर lenti-form nucleus कहलाते हैं। Caudate व lentiform nucleus

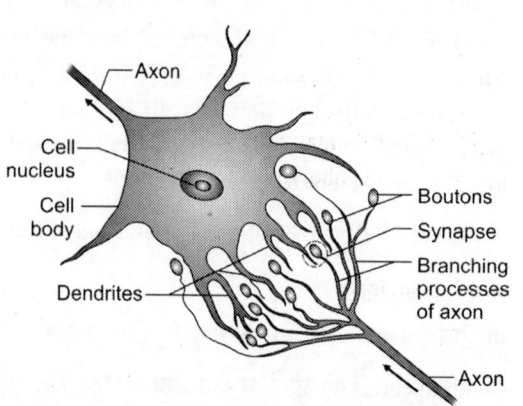

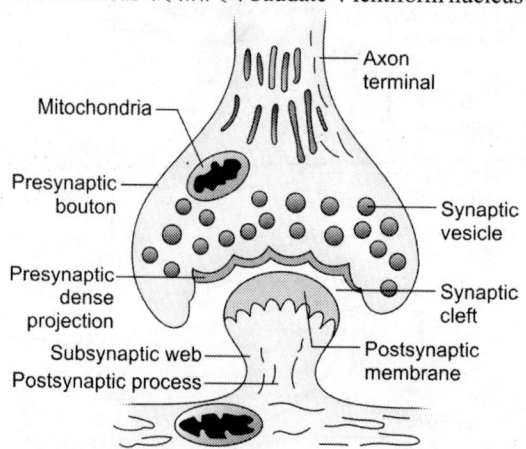

Fig. 11.2A and B: A. सूत्रयुग्मनन की संरचना; B. एक स्नायु से दूसरे में आवेग का संचार

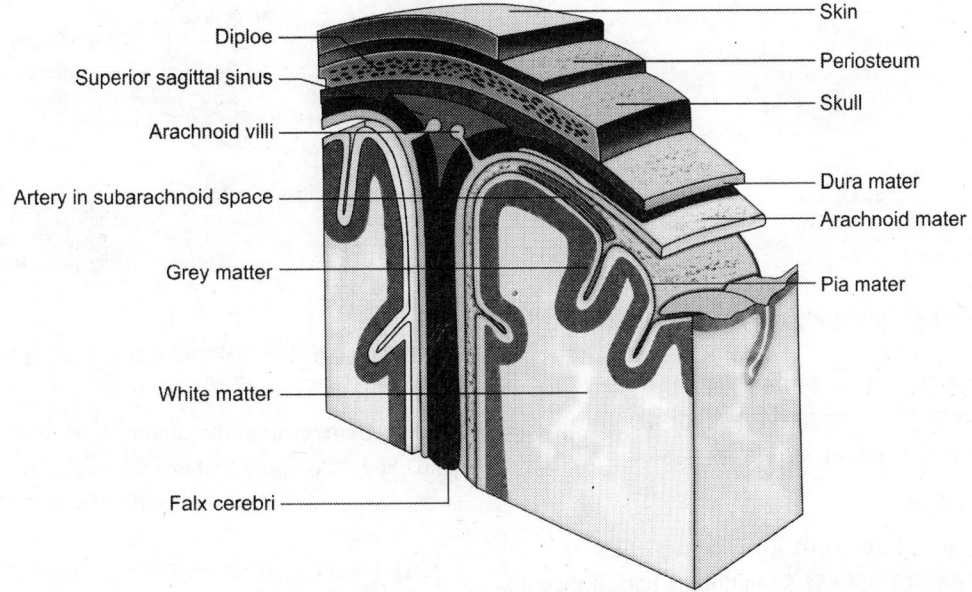

Fig. 11.3 : तंत्रिका तंत्र का मस्तिकावरण

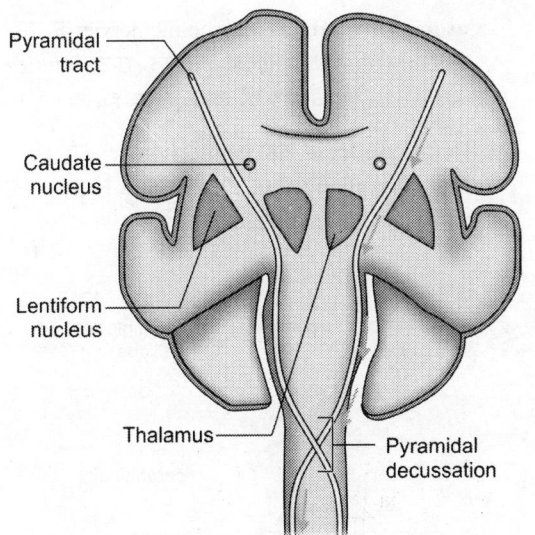

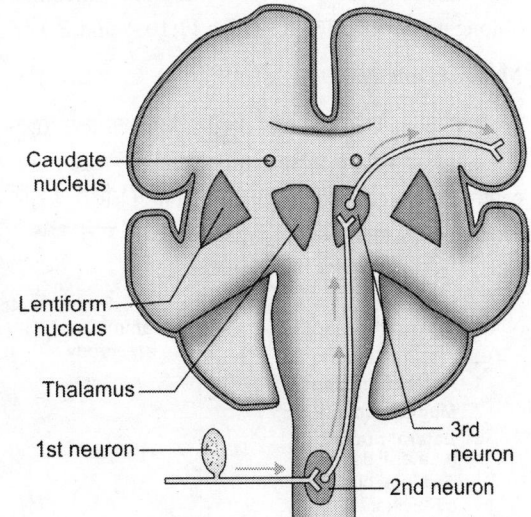

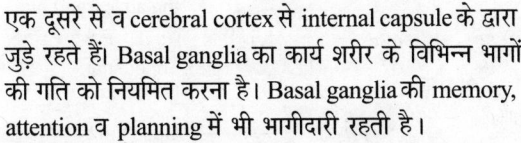

Fig. 11.4 : केंद्र त्यागी तंत्रिकाओं का प्रमस्तिष्क से मेरुदण्ड की ओर का मार्ग

Fig. 11.5 : संवेदी तंत्रिका का प्रमस्तिष्क की ओर मार्ग

एक दूसरे से व cerebral cortex से internal capsule के द्वारा जुड़े रहते हैं। Basal ganglia का कार्य शरीर के विभिन्न भागों की गति को नियमित करना है। Basal ganglia की memory, attention व planning में भी भागीदारी रहती है।

Hypothalamus

Thalamus के अगले भाग में नीचे की ओर स्थित होता है।

यह pituitary gland से भी connected होता है। इसका कार्य निम्नलिखित है।

1. Pituitary gland से hormones के release को control करना।

2. Autonomic nervous system पर control.

3. Body temperature का नियमित रखना।

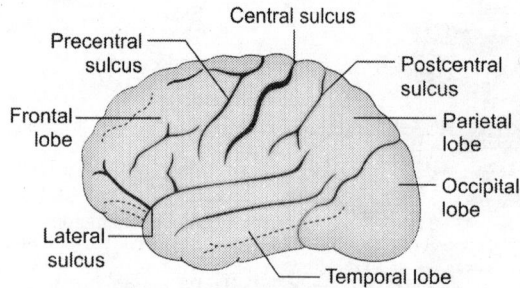

Fig. 11.6 : प्रमस्तिष्क के खंड एवं परिखाएं (देखें प्लेट 8)

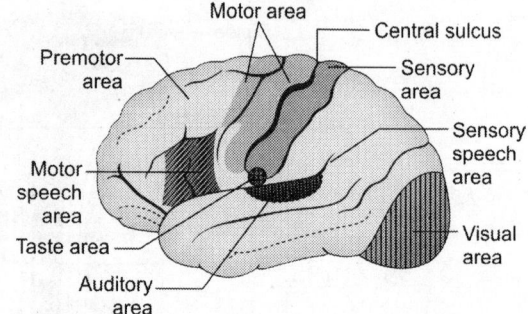

Fig. 11.7 : कार्यात्मक क्षेत्र को दर्शाते हुए प्रमस्तिष्क (देखें प्लेट 8)

4. भूख व प्यास को नियमित रखना।
5. आवेश व व्यवहार को नियमित करना।
6. Biological clock को नियमित रखना।

Brain Stem

Brainstem cerebrum व spinal cord को आपस में जोड़ता है। इसमें तीन भाग होते हैं। midbrain, pons व medulla इन भागों में tracts व nuclei आदि होते हैं। Pons, cetrebellum के आगे की ओर तथा midbrain व medulla oblongata के बीच होता है। (Figs 11.10 A and B.)

Medulla Oblongata

यह ऊपर pons व नीचे spinal cord के साथ लगातार रहते हैं। Cardiac centre, respiratory centre, vasomotor centre, reflex centre उल्टी खांसी व छींको का लिए ये सारे vital culture, medulla oblongata में स्थित रहते हैं।

Cardiac Centre: Medulla oblongata से आने वाले sympathetic व parasympathetic fibres के द्वारा heart rate व power of contraction को नियमित करना है।

2. **Respiratory Centre**—श्वसन का rate व उसकी depth को नियमित करता है।

3. **Vasomotor Centre**—Autonomic nerves के द्वारा यह centre blood की नलियों विशेषतः छोटी arteries व arterioles की चौड़ाई को कम करता है।

   a. **Reflex centres**—यह centre stomach या श्वास नली में irritation से उत्तेजित हो जाता है जिससे उल्टी खांसी, छींक जैसी प्रतिक्रियाएं होती हैं।

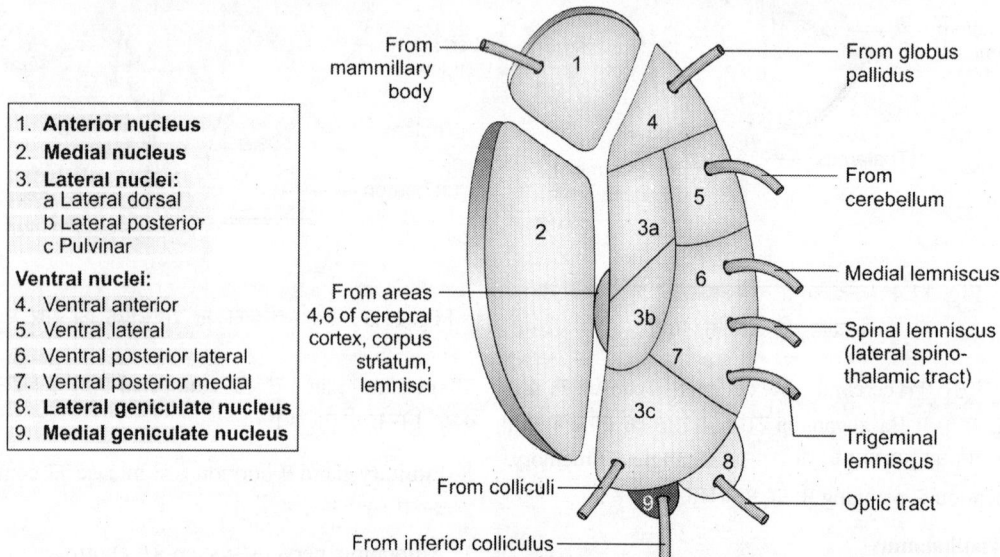

1. Anterior nucleus
2. Medial nucleus
3. Lateral nuclei:
a Lateral dorsal
b Lateral posterior
c Pulvinar
Ventral nuclei:
4. Ventral anterior
5. Ventral lateral
6. Ventral posterior lateral
7. Ventral posterior medial
8. Lateral geniculate nucleus
9. Medial geniculate nucleus
1
2
4
5
6
7
8
9

Fig. 11.8 : चेतक के बिन्दू (nuclei)

Medulla oblongata के कुछ अन्य लक्षण इस प्रकार हैं–

Pyramidal Decussation

Cerebral cortex के motor area से nerve fibres जब नीचे spinal cord की ओर जाते हैं तो ये दायें से बायें व बाईं ओर से दाईं ओर जाते हैं। Medulla वह भाग में जहां पर nerve fibre cross करते है pyramid कहलाता है। इस तरह side cross करने हैं motor area शरीर के विपरीत आधे भाग की क्रियाओं को नियमित करता है।

Sensory Decussation

Sensory tracts जब medulla oblongtata से ऊपर cerebral cortex को जाता है तब बाईं ओर के fibres व दाईं और fibres बाईं और cross करते हैं इसे sensory decussation कहते हैं।

Brainstem में neurons से reticular formation बनता है जिसमें motor व sensory दोनों प्रकार के fibres होते हैं यह भाग skeletal muscles में tone के लिए उत्तरदायी है।

Cranial nerve nuclei

तीसरे से बारहवीं nerve के nuclei brainstem में स्थित है इनमें–

1. तीसरी व चौथी nerve के nuclei midbrain में स्थित होते हैं।

Head of caudate nucleus
Anterior thalamic radiation
Corticonuclear fibres
Thalamus
Corticospinal fibres (upper limb and trunk)
Cortico-rubral
Superior thalamic radiation
Medial geniculate body
Frontopontine fibres
Lentiform nucleus
Corticospinal fibres (head and neck)
Auditory radiation
Optic radiation
Corticospinal (lower limb)
Lateral geniculate body

Fig. 11.9 : इन्टर्नल कैपसूल (देखें प्लेट 8)

2. पांचवीं, छठी, सातवीं व आठवीं nerve के nuclei pons में स्थित होते हैं।
3. आठवीं nerve के nucleus का कुछ भाग, नौंवी, दसवीं, ग्यारहवीं व बारहवीं nerve के nuclei medulla oblongata में स्थित होते हैं। (Figs 11.10A and B)

Cerebellum

यह brainstem के पीछे की ओर स्थित होता है। (Fig. 11.2) इसमें दो cerebellar hemispheres होते हैं, जो vermis के द्वारा जुड़े रहते हैं। cerebellum brainstem के साथ nerve fibres के गुचछों के द्वारा जुड़े होते हैं। Nerve fibres के इन संग्रहों को peduncles कहते हैं। जो peduncle cerebellum को midbrain से जोड़ते हैं उसे superior cerebellar peduncle कहते हैं। जो peduncle pons से जोड़ता है उसे middle cerebellar peduncle व जो medulla oblongata को जोड़ता है उसे inferior carebellar peduncle कहते हैं। Cerebellum में भी grey एवं white matter होता है। Grey matter neuronal bodies से बनता है व white matter nerve fibres से बना होता है। white matter के अंदर भी grey matter उपस्थित होता जिन्हें nuclei कहते हैं इनमें सबसे महत्त्वपूर्ण है dentate nucleus।

Function

Cerebellum का कार्य voluntary muscles की activities के बीच सामंजस्य स्थापित करना हे जिससे शरीर के अंगों का movement smooth रहता है। यह muscles की tone posture व equilibrium के लिए भी उत्तरदायी है।

Ventricles of the Brain and CSF

Brain के ventricle व cerebrospinal fluid (CSF)—

Cerebrum व brain stem के अंदर की गुहा को ventricles कहते हैं। जिनमें CSF उपस्थित रहता है जो neurons को पोषण देता है। Brain में 4 ventricles होते हैं। दो lateral, एक third व एक fourth.

Lateral Ventricle

प्रत्येक cerebral hemisphere में एक lateral ventricle होता है यह आकार में बड़ा होता है और इसमें निम्नलिखित भाग होते हैं।

Anterior horn : यह frontal lobe में स्थित होता है।

Body—Parietal lobe में स्थित होती है।

Inferior Horn—temporal lobe में

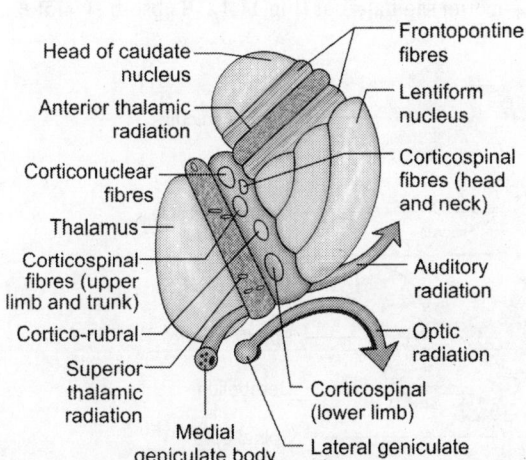

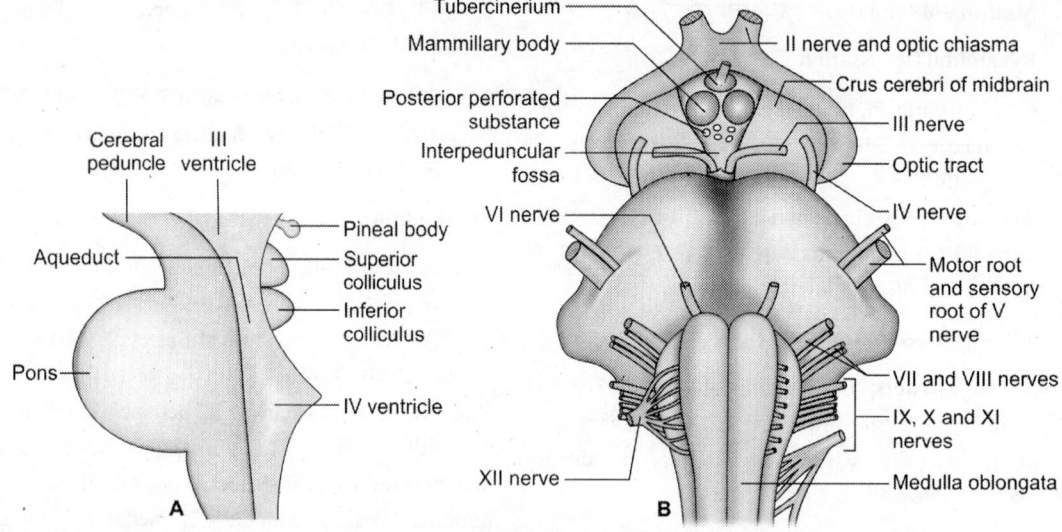

Figs 11.10A and B: A. मस्तिष्क का काट में मध्य मस्तिष्क, सेतु और सुषुम्ना शीर्ष दिशाते हुए
B. कपालिक तंत्रिकाऐं

Posterior horn—Occipital lobe में स्थित होते हैं। (fig. 11.11)

Third Ventricle

यह दो thalami के बीच स्थित होता है।

Fourth Ventricle

यह brainstem व cerebellum के बीच स्थित है। इसमें pons व medulla आगे की ओर cerebellum पीछे की ओर स्थित है। Lateral ventricles, third ventricle से interventricular foramen के द्वारा जुड़े होते हैं। Third ventricle fourth ventricle के साथ aqueduct के द्वारा निरन्तर रहता है।

Fourth ventricle, central canal व subarachnoid space के साथ निरन्तर रहते है।

CSF का निर्माण choroid plexuses (capillaries का गुच्छा) के द्वारा ventricles में होता है। उसके बाद यह lateral ventricle से third ventricle में third ventricle से fourth ventricle में यहां से subarchnoid space में, तथा अंत में superior sagittal sinus (Fig 11.12) में absorb हो जाता है।

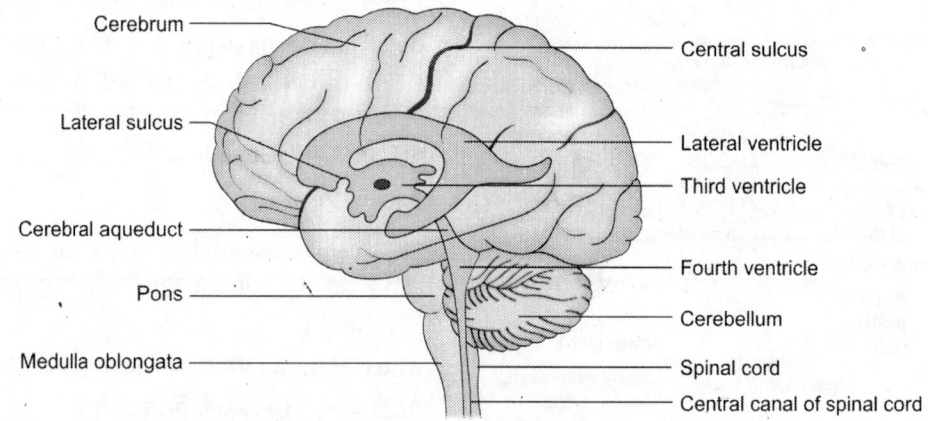

Fig. 11.11 : मस्तिष्क के निलय

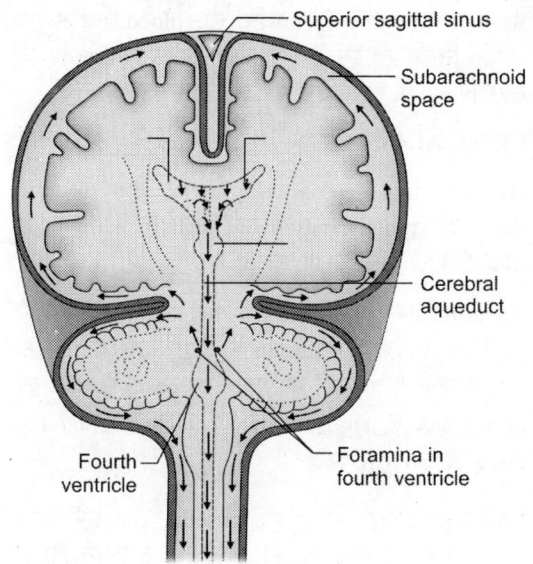

Fig. 11.12 : प्रमस्तिष्क मेरु तरल का बहाव (देखें प्लेट 8)

CSF वापिस blood में छोटे-छोटे vesicles के द्वारा पहुंचता है जो arachnoid mater के बने होते हैं ये vesicles arachnoid villi कहलाते हैं। प्रतिदिन 720 मि.ली. CSF का secretion होता है। इसका मतलब है secretion व absorption के बीच एक अनुपात नियमित रहता है।

CSF एक clear हल्का alkaline fluid है जिसकी specific gravity 1.005 होती है, इसमें 98.5% जल तथा 1.5% अकार्बनिक व कार्बनिक ठोस पदार्थ होते हैं।

CSF का कार्य Brain व spinal cord को सहारा व सुरक्षा प्रदान करना है। यह brain व skull bones के बीच cushion का कार्य करता है। तथा brain का jerk व चोट से बचाता है इसके द्वारा nutrient व waste products का exchange भी होता है।

BLOOD SUPPLY

Brain की रक्त आपूर्ति Internal carotid arteries एवं vertebral arteries के द्वारा होती है। Vertebral arteries आपस में जुड़कर Basilar artery बनाती हे जो फिर से posterior cerebral arteries में विभाजित हो जाती है Internal carotid arteries अपनी branches के द्वारा एक दूसरे से जुड़ी रहती हैं तथा अपनी Posterior communicating branches के द्वारा basilar artery की posterior cerebral branches से जुड़ जाती है। इस प्रकार यह एक circle बन जाता है जिसे circle of Willis कहते हैं। (Fig. 11.13)

Brain से blood का drainage venous sinus के द्वारा होता है। ये venous sinuses dura matter के folds के द्वारा बनते हैं। मुख्य venous sinus है superior sagittal, inferior sagittal, straight sinus, cavernous sinus, transverse sinus, petrosal sinus, sigmoid sinus:

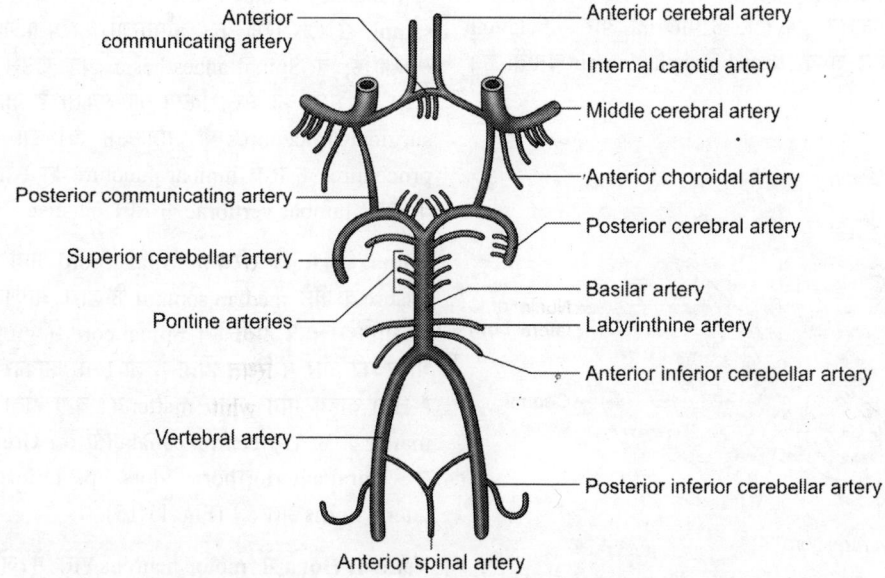

Fig. 11.13 : विलिस का चक्र (मस्तिष्क का रक्त संचार) (देखें प्लेट 7)

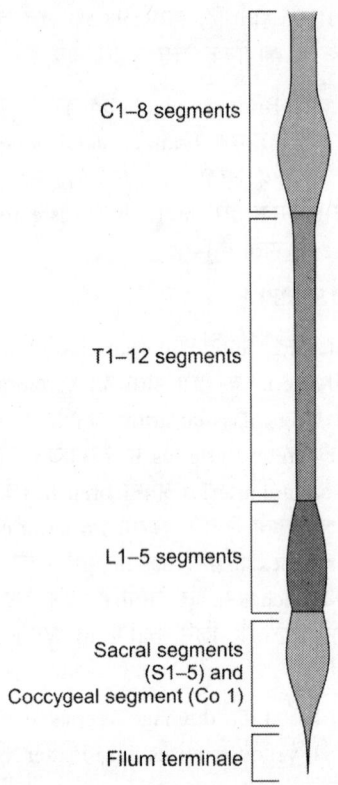

C1–8 segments
T1–12 segments
L1–5 segments
Sacral segments (S1–5) and Coccygeal segment (Co 1)
Filum terminale

Fig. 11.14 : सुषुम्न रज्जु के हिस्से

Sigmoid sinus जब jugular foramen से बाहर आता है तब इसे internal jugular vein कहते हैं। Internal jugular vein नीचे जाकर clavicle के पीछे की ओर subclavian vein के साथ जुड़कर brachiocephalic vein बनाती है।

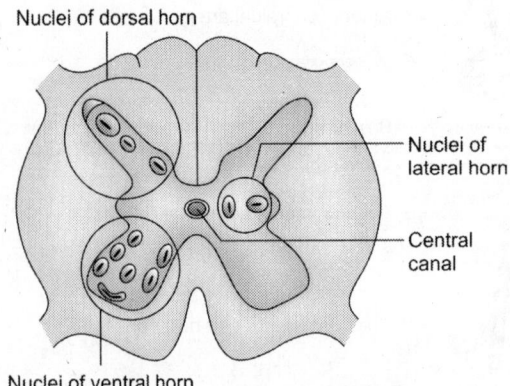

Nuclei of dorsal horn
Nuclei of lateral horn
Central canal
Nuclei of ventral horn

Fig. 11.15 : सुषुम्ना की अनुप्रस्थ काट

Brain एक minute में 750 मि. ली. blood लेता है यह आपूर्ति निरंतर रहे इसीलिए brain को बहुसंख्य arteries के द्वारा blood मिलता है।

CLINICAL ASPECTS

Haemorrhage—यह arteries के फट जाने से brain tissue या cranial cavity में होने वाली bleeding है जो चोट या high B.P. से हो सकती है।

Thrombosis—किसी artery में रक्त के थक्का जम जाने से उसके बंद होने पर brain के जिस भाग की उसकी आपूर्ति होती है वह नहीं हो पाती। इन cases में शरीर की विपरीत side में paralysis होने की आशंका रहती है।

SPINAL CORD

यह CNS का वह भाग हे जो vertebral canal में स्थित रहता है। यह पहली cervical vertebrae के ऊपरी किनारे से पहली lumbar vertebra के किनारे तक पहुंचती है। (Fig. 11.2)

Spinal Cord का ऊपरी सिरा medulla oblongata के साथ निरंतरता में रहता है।

Spinal cord भी brain की भांति meninges की सभी तीन परतों dura mater, arachnoid mater व pia mater से घिरी रहती है।

Lumbar puncture: CSF का sample लेने के लिए या spinal anaesthesia देने के लिए किया जाता है। CSF के sample से CNS की कुछ बीमारियों का पता लगाया जा सकता है, व Spinal anaesthesia देकर उससे नीचे के शरीर के भाग को सुन्न किया जा सकता है जो विभिन्न surgical procedures में आवश्यक है। इन दोनों ही procedures के लिए lumbar puncture का स्थान तीसरी व चौथी lumbar vertibrae के बीच की disc होती है।

Spinal cord की संरचना–Spinal cord आगे median fissure व पीछे median septum के द्वारा आंशिक रूप से दो भागों में बंटी होती है। Spinal cord में grey matter भीतर की ओर में स्थित होता है जो H के आकार का होता है तथा बाह्य भाग white matter का बना होता है Grey matter के मध्य में central canal होती है। Grey matter में ventral/anterior horns, dorsal/posterior horns व lateral horns होते हैं। (Fig. 11.15)

Ventral Horn में motor neurons होते हें जो spinal nerve बनाते हें और skeletal muscles की आपूर्ति करता

है। Polio का virus इन्हीं neuron को प्रभावित करता हे जिसके फलस्वरूप paralysis हो जाता है। 2016 में पोलियो भारत से समाप्त हो गया है।

Lateral horn

यह छोटा होता है तथा spinal cord के कुछ ही segment में उपस्थित रहता है इसमें autonomic nerve cells होती है जो cardiac muscles, smooth muscles व कुछ glands को आपूर्ति देते हैं। जिन segment में यह उपस्थित होते हैं वह पहली thoracic से दूसरे lumbar segments तक होती हैं यह sympathetic nerve के लिए है। दूसरा तीसरा, चौथा sacral segment parasympathetic activities के लिए है।

Posterior Horn

इनमें वह cells है जिनका sensory कार्य है। ये शरीर की सतह से impulse को brain की ओर ले जाती है।

White Matter

Spinal cord तीन column या tract में बंटा होता है। Anterior, posterior व lateral। ये tract या column motor या sensory nerve fibres के bundles के द्वारा बने होते हैं। ये motor व sensory tract brain के tract के साथ निरंतरता में रहते हैं।

Spinal Segment

Spinal cord का वह भाग जिससे एक जोड़ा ventral व एक जोड़े dorsal nerve root जुड़ी होती है। इन दोनों nerve roots से spinal nerves बनती है।

Spinal cord में 31 spinal segments व 31 जोड़े spinal nerves होती है। इसमें 8 cervical spinal nerves, 12 thoracic 5 lumbar, 5 sacral व coccygeal nerve होती हैं।

Spinal cord के segment की संख्या vertebrae की संख्या के अनुरूप नहीं है। व्यस्क व्यक्ति में spinal segment की संख्या vertebrae की संख्या से अधिक है परंतु cord की लंबाई vertebrae canal से छोटी है यह L_1 के निचले border पर समाप्त हो जाती है।

1. सभी cervical spinal nerves C_1 से C_7 vertebrae के बीच से आती है।

2. सभी thoracic spinal nerves T_1 से T_9 के बीच से आती है।

3. सभी Lumbar spinal nerves T10 से T11 vertebrae के बीच से आती है।

4. सभी sacral व coccygeal nerves T_{12} से L_1 vertebrae के बीच से आती है। (Fig. 11.16)

Spinal cord के द्वारा sensory व motor tract गुजरते हैं। Sensory tract शरीर की सतह से sensations brain तक पहुंचाते हैं कुछ मुख्य sensory tract निम्नलिखित हैं।

Spinothalamic Tract: Touch, pain, temperature व pressure जैसे sensations को ले जाते हैं।

Posterior Column joint व muscles की स्थिति एवं इसमें गति की sense को brain को तक जाते हैं।

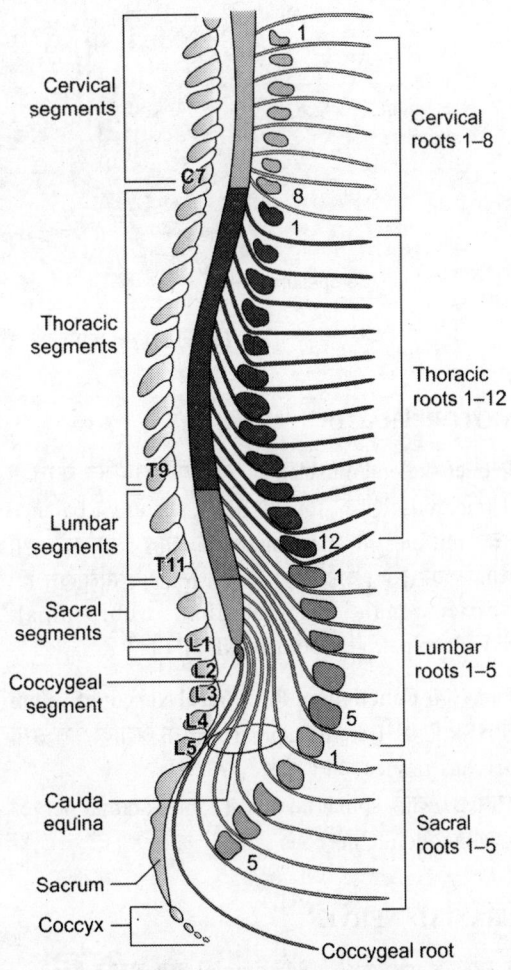

Fig. 11.16 : सुषुम्ना तंत्रिकाएं

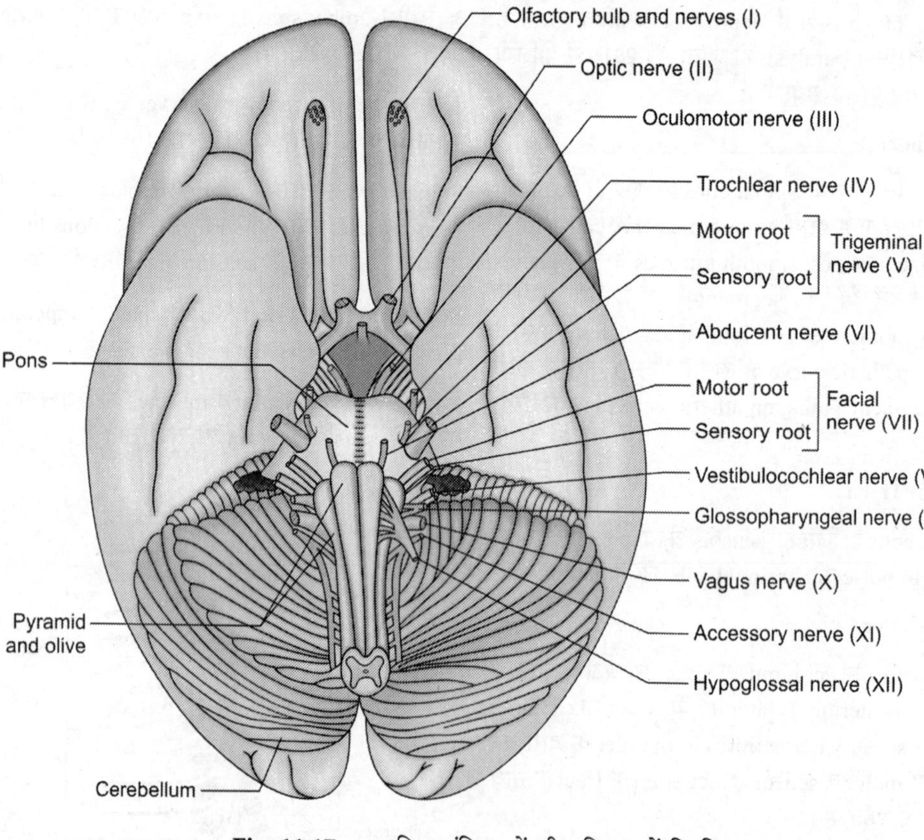

Olfactory bulb and nerves (I)

Optic nerve (II)

Oculomotor nerve (III)

Trochlear nerve (IV)

Motor root ⎫ Trigeminal
Sensory root ⎬ nerve (V)

Abducent nerve (VI)

Motor root ⎫ Facial
Sensory root ⎬ nerve (VII)

Vestibulocochlear nerve (VIII)

Glossopharyngeal nerve (IX)

Vagus nerve (X)

Accessory nerve (XI)

Hypoglossal nerve (XII)

Pons

Pyramid and olive

Cerebellum

Fig. 11.17 : कपालिक तंत्रिकाओं की मस्तिष्क में स्थिति

MOTOR TRACTS

ये tract skeletal muscles की गति को नियंत्रित करते हैं ये tract muscles की tone, शरीर के posture व balance तथा muscles के movements के बीच सामंजस्य भी स्थापित करते हैं। कुछ मुख्य motor tract निम्नलिखित हैं। Corticospinal, corticobulbar, rubrospinal, reticulospinal, vestibulospinal आदि।

Parts तथा Functions of Peripheral Nervous System (PNS): PNS में brain व spinal cord के अलावा शेष सभी nervous tissues आते हैं।

इसमें 31 जोड़े spinal nerves, 12 जोड़े cranial nerves तथा autonomic nervous system आते हैं।

CRANIAL NERVES

ये 12 जोड़े nerves, CNS के cranial भाग अर्थात् brain से शुरू होती है ये nerve है :

1. **Olfactory:** I cranial nerve इसका कार्य smell की sense को carry करना है। (Fig. 11.18)

2. **Optic:** II cranial nerve है। दृष्टि (vision) से संबंधित है। (Fig. 11.19)

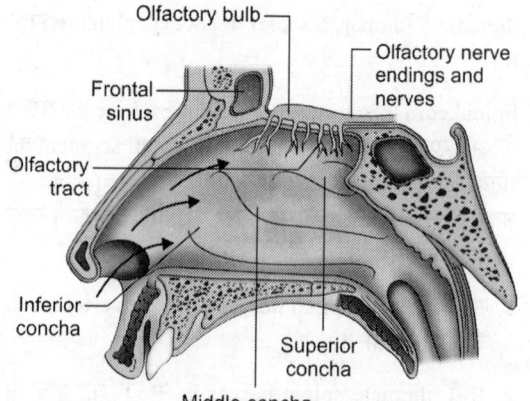

Olfactory bulb

Olfactory nerve endings and nerves

Frontal sinus

Olfactory tract

Inferior concha

Superior concha

Middle concha

Fig. 11.18 : घ्राण तंत्रिका

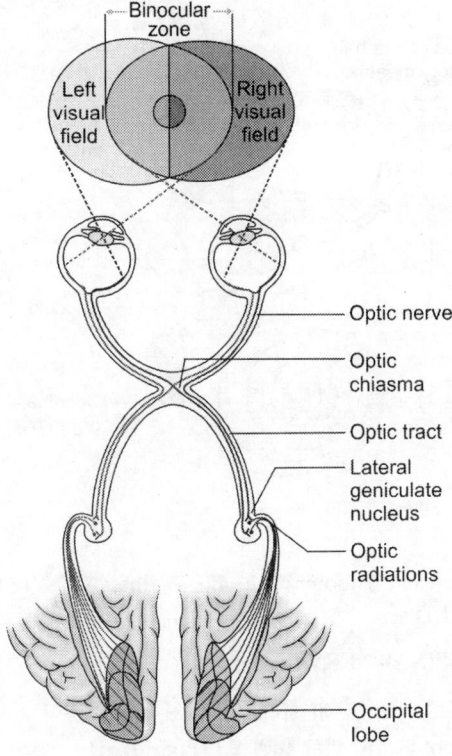

Fig. 11.19 : दृष्टि तंत्रिका

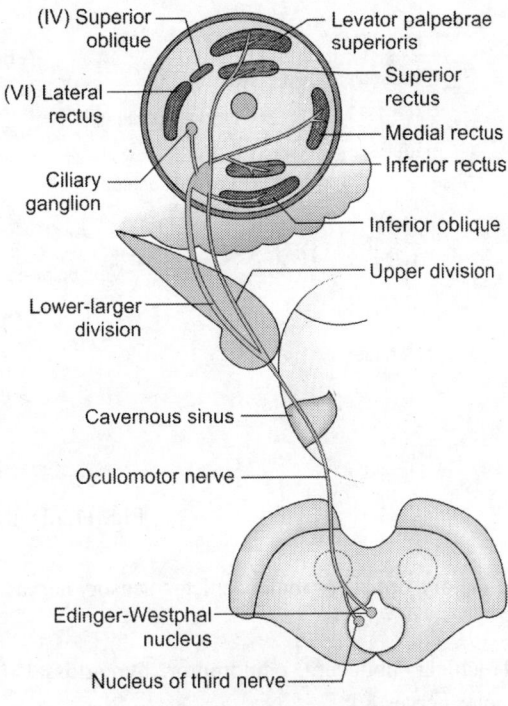

3. **Oculomotor:** III cranial nerve है eyeball के 5 की गति के लिए जिम्मेदार muscles को आपूर्ति करती है। (Fig. 11.20)
4. **Trochlear:** IV cranial nerve—Eyeball से जुड़ी एक muscle की आपूर्ति। (Fig. 11.20)
5. **Trigeminal:** V cranial nerve है Muscles of mastication की motor आपूर्ती face की skin को sensations ले जाती है। (Fig. 11.21)
6. **Abducent:** VI cranial nerve है eyeball के एक muscle गति के लिए muscles की आपूर्ति। (Fig. 11.20)
7. **Facial:** VII cranial nerve है face के muscles को आपूर्ती देती है।
8. **Auditory/Vestibulocochlear:** VIII cranial nerve यह है सुनने व balance के लिए है। (Fig. 11.22)
9. **Glossopharyngeal:** IX cramial nerve यह muscle pharynx and taste के लिए। (Fig. 11.23)

Fig. 11.20 : III, IV, VI तंत्रिकाएं

10. **Vagus nerve:** X and cranial nerve है accessory nerve के साथ palate, pharynx व larynx की muscles की आपूर्ति के लिए है। (Fig. 11.23)
11. **Spinal accessory:** XI cranial nerve - Sternocleido mastoid and trapezius muscles की आपूर्ति हैं। (Fig. 11.23)
12. **Hypoglossal**—XII cranial nerve है जीभ की muscles की आपूर्ति करती है। (Fig. 11.23)

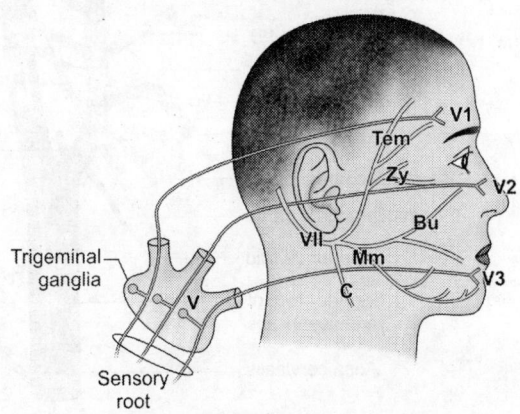

Fig. 11.21 : अपवर्तन और तंत्रिकाएं फेरियल

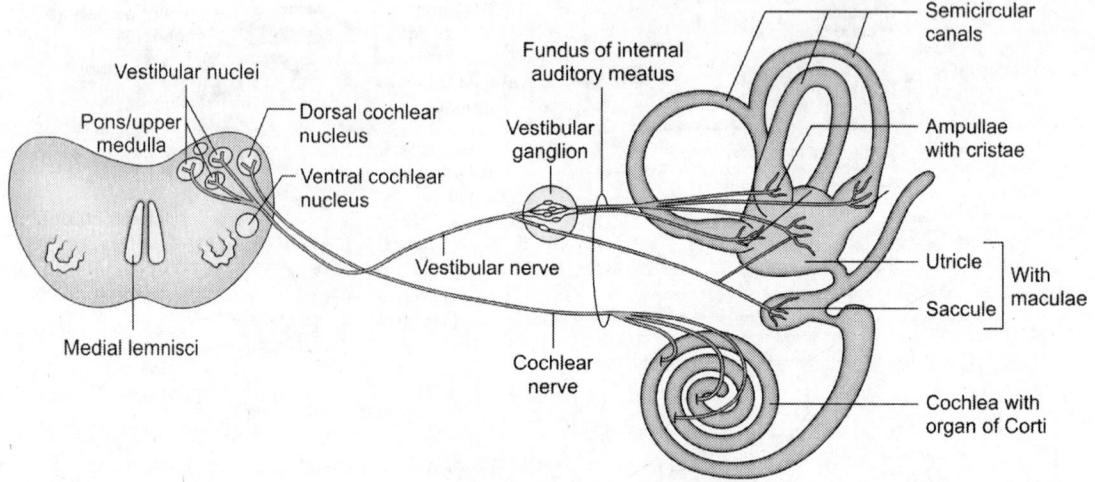

Fig. 11.22 : प्रघ्राण कर्णावर्त तंत्रिका

Olfactory, optic, vestibulocochlear - sensory nerves हैं ।

Trochlear, abducent, oculomotor, hypoglossal - motor nerves हैं ।

Trigeminal, facial, glossopharyngeal, spinal and cranial accessory, vagus mixed nerves हैं जिनमें sensory व motor दोनों प्रकार के fibres होते हैं । (Table 11.1)

SPINAL NERVES

ये 31 pair हैं जो spinal cord से posterior व anterior root के द्वारा जुड़ी रहती है । (Fig. 11.24)

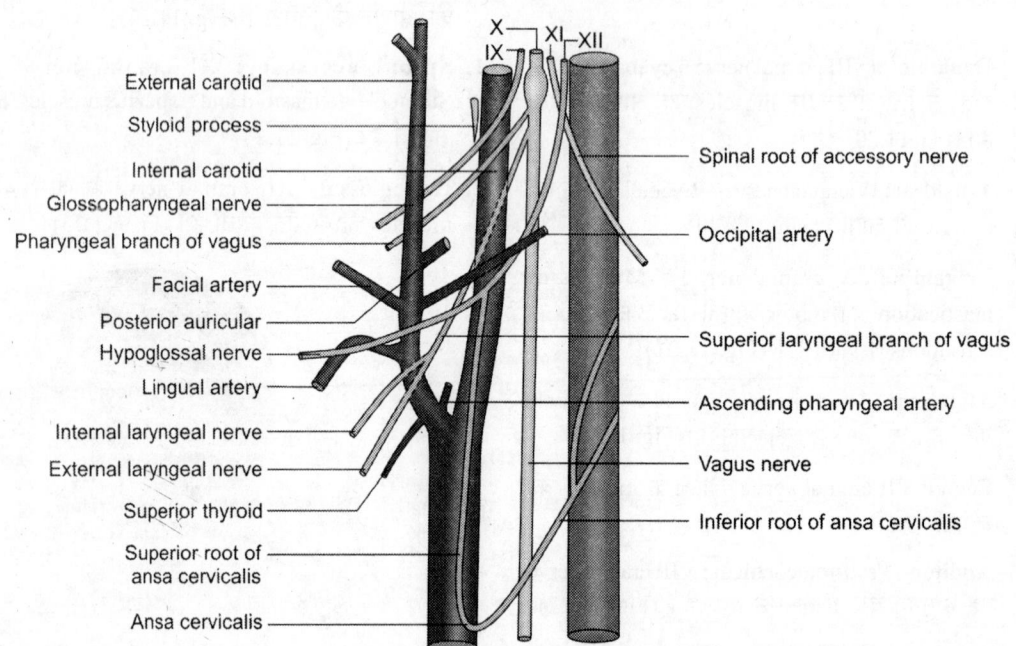

Fig. 11.23 : IX, X, XI एक XII तंत्रिकाएं

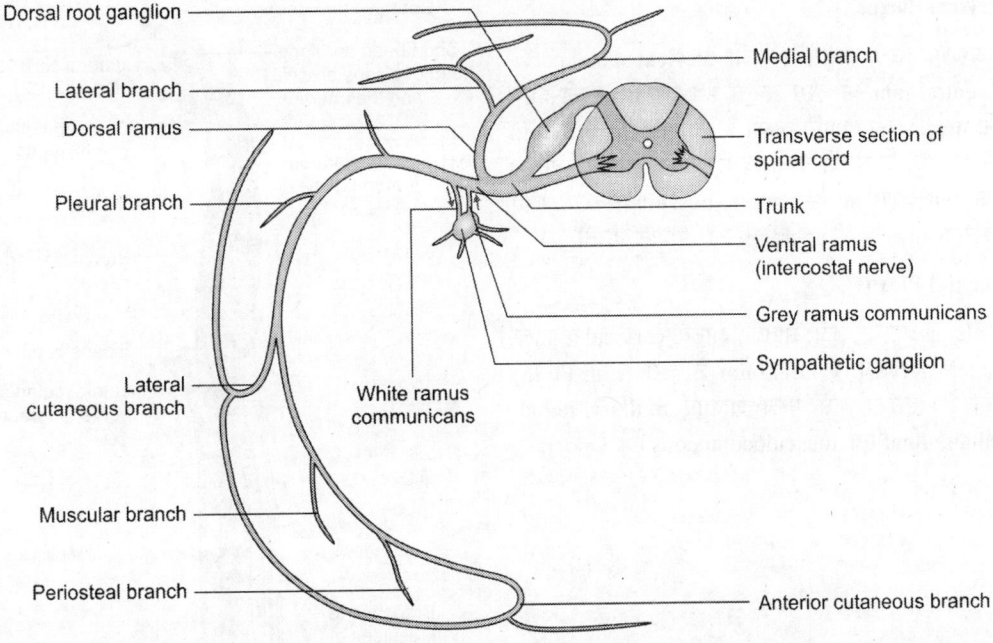

Fig. 11.24 : सुषुम्नीय तंत्रिका

Dorsal/Posterior Root

यह spinal cord में dorsal horn से जुड़ी होती है। इसमें dorsal root ganglion होता हे जिसमें sensory nerve fibres की bodies उपस्थित रहती है। शरीर की सतह से sensation इसी के द्वारा होकर जाते हैं।

Ventral (anterior) root यह spinal cord की anterior horn से जुड़ी रहती है इसमें motor nerve fibres उपस्थित होते हैं।

Dorsal व ventral nerve root, intervertebral foramina में जुड़कर spinal nerve बनाती है। इसके बाद फिर से यह anterior (ventral) ramus व dorsal (posterior) ramus में विभाजित हो जाती है।

Dorsal ramus छोटी होती है यह त्वचा व पीठ की मध्य रेखा की ओर स्थित muscles की आपूर्ति करती है 'बड़ी ventral ramus के मुकाबले ये कम महत्त्वपूर्ण होती है। Ventral ramus शरीर की अधिकतर मांसपेशियों व उसके ऊपर की त्वचा की आपूर्ति करती है। Ventral ramus आपस में जुड़कर, विभाजित होकर तथा फिर से जुड़कर एक nerve plexus बनाती है इसका महत्त्व यह हे कि एक मांसपेशी को एक से अधिक nerve से आपूर्ति होती है इससे यदि एक nerve में चोट लग जाये तो इसकी दूसरी nerve के द्वारा आपूर्ति होती

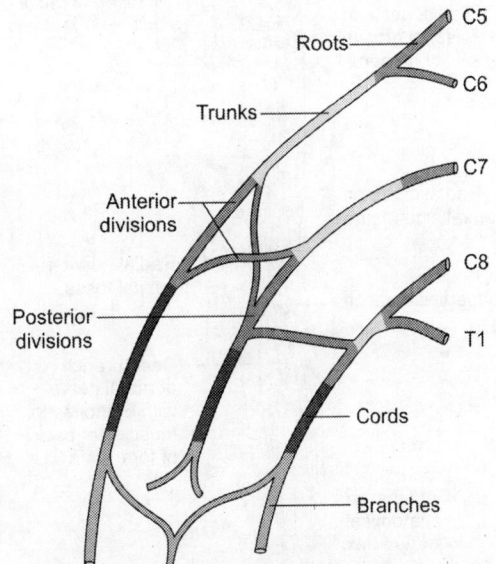

Fig. 11.25 : ब्रेकियल नलिका एवं उसकी शाखाएं

रहती है जिससे paralysis का खतरा कम हो जाता है।

शरीर में कुछ nerve plexus इस प्रकार हैं—

1. Cervical   3.   Lumbar

2. Brachial   4.   Sacral, coccygeal

Cervical Plexus

यह पहली, दूसरी, तीसरी व चौथी cervical spinal nerve के ventral rami के द्वारा बनता है। यह neck की आगे वाली muscle की आपूर्ति करती है। यह trachea, thyroid gland व गले के सामने वाली त्वचा को भी आपूर्ति देता है। इसकी महत्त्वपूर्ण nerve phrenic nerve श्वसन के लिए आवश्यक muscle, diaphragm की आपूर्ति करती है।

Brachial Plexus

यह plexus पांचवीं, छठी, सातवीं, आठवीं cervical व पहली thoracic nerve के ventral rami के द्वारा (Fig. 11.25) बनता है। इसकी कुछ मुख्य शाखाएं axillary, radial, median, ulnar एवं musculocutaneous हैं।

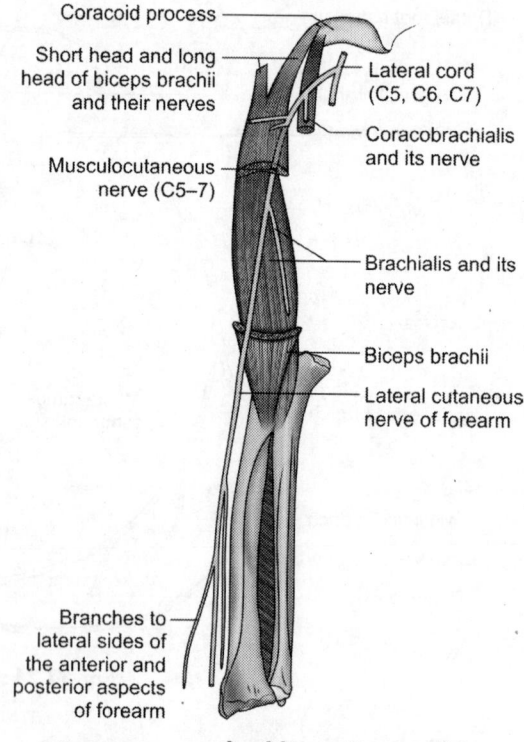

Fig. 11.27 : मस्कुलोक्यूटेनियस तंत्रिका का फैलाव

Axillary Nerve

यह deltoid muscle और इसके ऊपर की त्वचा व shoulder joint की आपूर्ति देती है।

Radial Nerve

यह triceps (extensor of elbow) व forearm की extensor muscles की आपूर्ति देती है। (Fig. 11.26)

Musculocutaneous Nerve

यह nerve biceps, brachialis एवं coracobrachialis की आपूर्ति करती है। (Fig. 11.27)

Median Nerve

यह forearm की flexor muscles, हाथ की thenar muscles को व palm की lateral side व lateral 3½ finger की आपूर्ति देती है इसे labourer's nerve कहते हैं।(Fig. 11.28)

Ulnar Nerve

हाथ की अधिक मासपेशियों को आपूर्ति देती है यह हाथ के द्वारा किये जाने वाले महीन कार्यों में उपयोग होने वाली

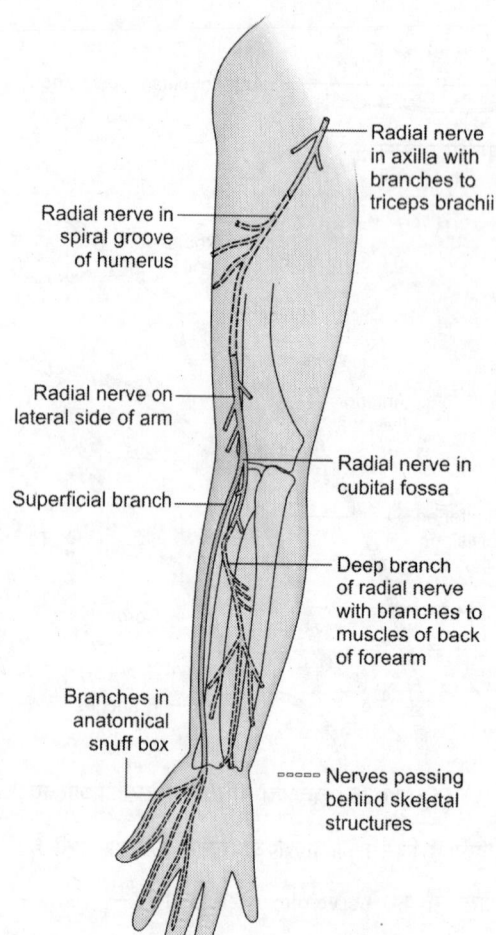

Fig. 11.26 : रेडियल नर्व का फैलाव

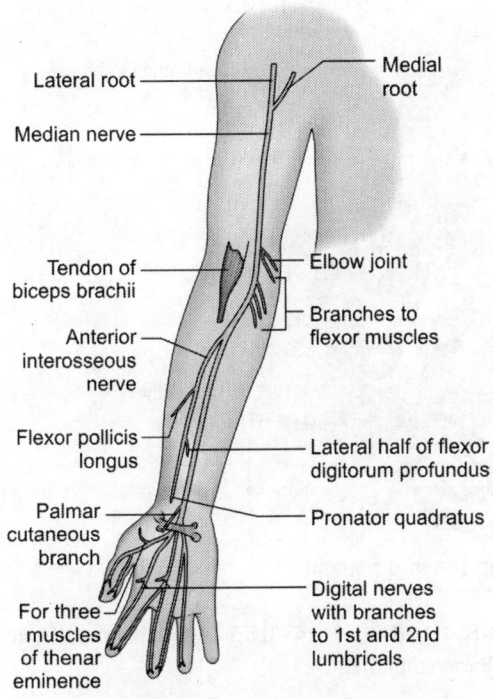

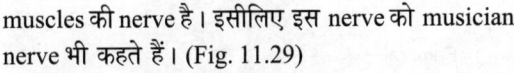

Fig. 11.28 : मध्यवर्ती तंत्रिका का फैलाव

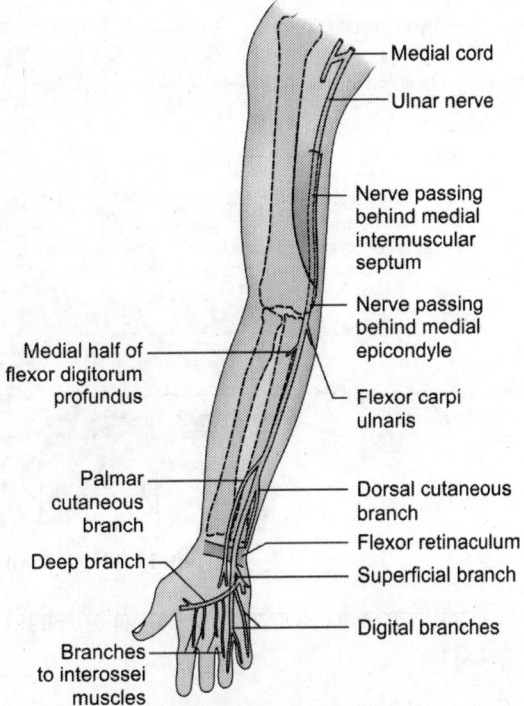

Fig. 11.29 : अलनर तंत्रिका का फैलाव

muscles की nerve है। इसीलिए इस nerve को musician nerve भी कहते हैं। (Fig. 11.29)

Lumbar व Sacral Plexus—ये दोनों plexus lower limb को आपूर्ति देते हैं। lumbar plexus की दो मुख्य व बड़ी branches, femoral तथा obturator nerves (Fig. 11.30) हैं।

Sacral plexus शरीर की सबसे मोटी nerve बनाता है जिसे sciatic nerve कहते हैं।

Femoral Nerve

यह जांघ की आगे वाली मांसपेशियों की आपूर्ति देती है। इन्हें quadriceps कहते हैं। ये घुटने पर extension के लिए उत्तरदायी हैं। यह अपनी saphenous branch जो सबसे लंबी cutaneous nerve है के द्वारा thigh की medial side व सामने की skin पैर की dorsal surface की medial side व big toe की skin की आपूर्ति देती है। (Fig. 11.31)

Obturator Nerve

Thigh के medial compartment की मांस पेशियों की आपूर्ति देती है। इन मांसपेशियों को adductors कहते हैं।

Sciatic Nerve

यह सबसे मोटी व बड़ी nerve है यह hamstring muscles को supply करती है। Hamstring thigh में पीछे की ओर स्थित होती है। Hip joint पर extensor व knee joint पर flexor का कार्य करती है। यह thigh में ही दो मुख्य शाखाओं में विभाजित हो जाती है। ये शाखायें हैं : Tibial nerve and common peroneal nerve

Tibial Nerve

टांग की पीछे वाली सारी मांसपेशियों की आपूर्ति tibial nerve से होती है। यह अपनी दो शाखाओं medial व lateral plantar nerves के द्वारा पैर के sole में उपस्थित सभी छोटी muscles की आपूर्ति देती है यह टांग के पिछले हिस्से की त्वचा व sole की त्वचा को भी आपूर्ति देती है।

Common Peroneal Nerve

यह superficial व deep peroneal nerve में विभाजित हो जाती है। superficial peroneal टांग की lateral side की muscles की आपूर्ति देती है।

Deep peroneal टांग की आगे की जो कि extensor muscles है, उनकी आपूर्ति करती है। यह टांग के अगले

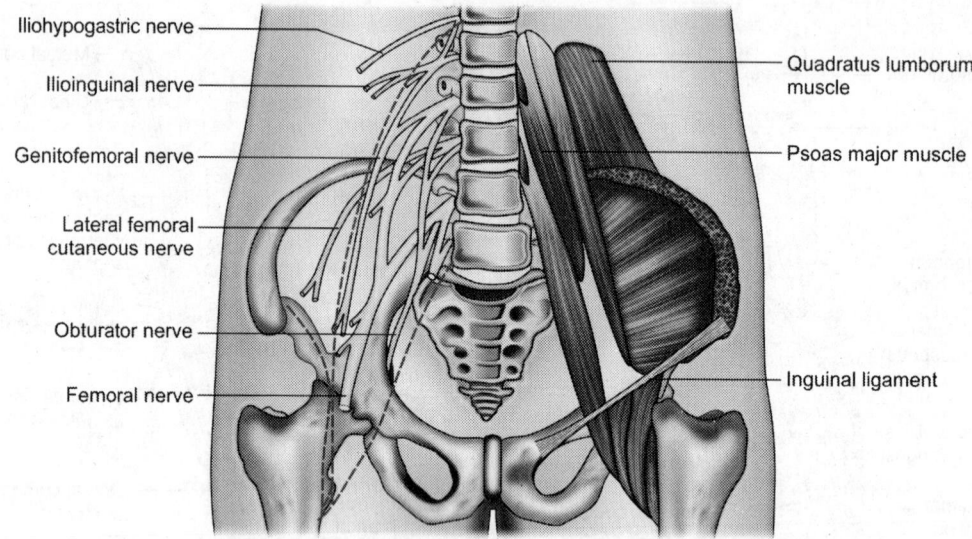

Iliohypogastric nerve
Ilioinguinal nerve
Genitofemoral nerve
Lateral femoral cutaneous nerve
Obturator nerve
Femoral nerve

Quadratus lumborum muscle
Psoas major muscle
Inguinal ligament

Fig. 11.30 : कटि जालिका का निर्माण एवं शाखाएं

भाग की त्वचा व पैर के ऊपर की त्वचा को भी आपूर्ति देती है।

Coccygeal Plexus

यह plexus चौथी, पांचवीं sacral तथा coccygeal nerve से बनता है इसकी शाखायें levator ani तथा coccygeus muscles व coccyx के ऊपर की त्वचा को भी आपूर्ति देती है।

Thoracic Nerves

ये दूसरी से ग्यारहवीं तक intercostal space में रहती है। तथा thoracic wall की मांसपेशियों की आपूर्ति करती है 7वीं से बारहवीं nerve thoracic muscles के साथ-साथ abdominal muscle को भी आपूर्ति देती है।

AUTONOMIC NERVOUS SYSTEM

Autonomic Nervous System (ANS) के भाग व कार्य

यह तंत्र मनुष्य की इच्छा शक्ति के वश में नहीं होता। यह तंत्र heart की मांस पेशियों दूसरी smooth muscles तथा ग्रंथियों की आपूर्ति देता है। इस तंत्र में nerve के मार्ग में ganglion स्थित होते हैं जिसके कारण यह preganglionic व postganglionic दो भागों में बंट जाता है ।preganglionic fibres brain व spinal cord से ganglion तक आते हैं व postganglionic fibres ganglion से जिस अंग की आपूर्ति देते हैं उस तक पहुंचते हैं।

ANS दो भागों से विभाजित है। 1. Sympathetic 2. Parasympathetic

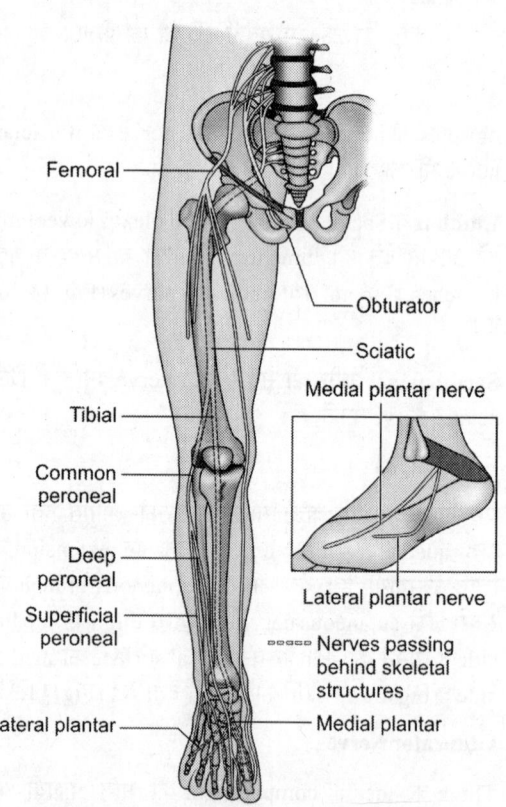

Femoral
Tibial
Common peroneal
Deep peroneal
Superficial peroneal
Lateral plantar

Obturator
Sciatic
Medial plantar nerve
Lateral plantar nerve
▫▫▫▫▫ Nerves passing behind skeletal structures
Medial plantar

Fig. 11.31 : निचली भुजा की तंत्रिकाएं

दोनों एक दूसरे के विपरीत कार्य करते हैं। Sympathetic के stimulation से heart rate बढ़ता है व parasympathetic के stimulation से heart rate धीमा हो जाता है।

Parasympathetic Nervous System

इसमें preganglionic nerve की cell bodies brainstem व spinal cord के sacral भाग आते है इसे craniosacral outflow कहते हैं। जिन cranial nerve के preganglionic parasympathetic fibres होते हैं वो हैं III, VII, IX तथा X व sacral nerve $S_2 S_3 S_4$ (Fig. 11.32)

ये preganglionic fibres ganglion में जाकर रुक जाते हैं,

ganglia जिस अंग को यह nerve आपूर्ति देता है उसके समीप स्थित होता है इसीलिए postganglionic fibres की लंबाई कम होती है।

Head, neck के समीप चार parasympathetic ganglia होते हैं।

1. Ciliary ganglia—III cranial nerve के parasympathetic fibres इस ganglia के द्वारा relay होते हैं। आंख की ciliary muscles व sphincter pupillae को supply करते हैं।

2. Pterygopalatine ganglia: VII cranial nerve के

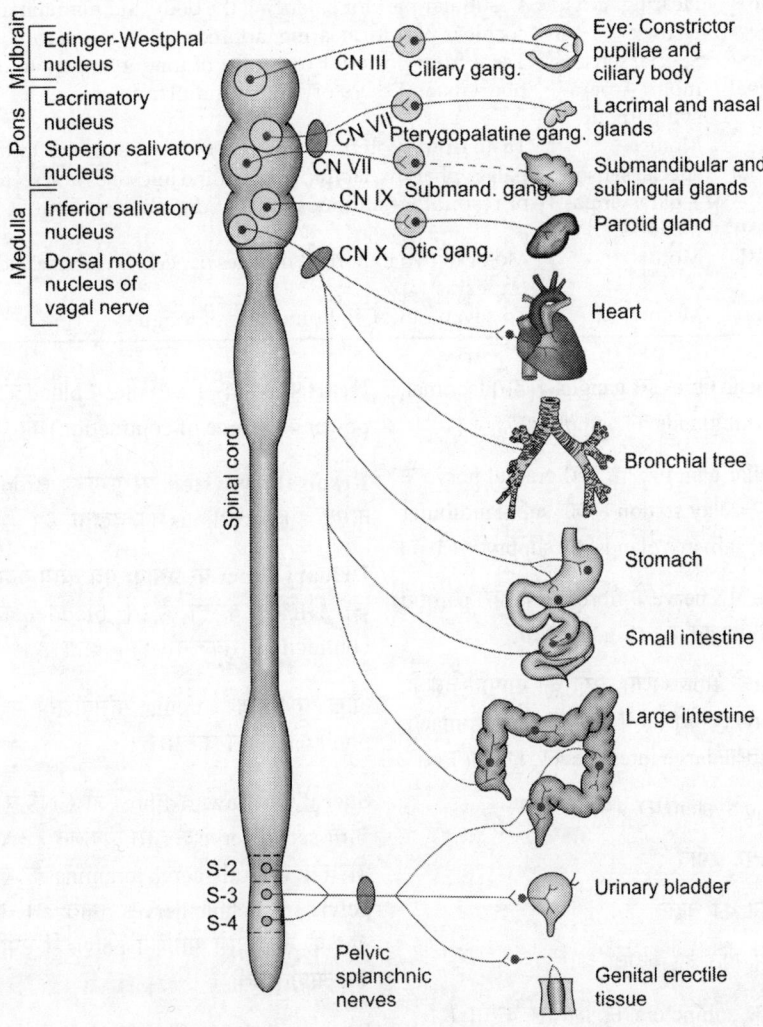

Fig. 11.32 : स्वचालिका तंत्रिका का परानुकम्पी विभाग

Table 11.1: Summary of the cranial nerves

	Nerve	*Function*	*Details*
I	Olfactory	Smell	20 rootlets, pass through roof of nose to reach temporal lobe of brain.
II	Optic	Vision	From the retina via optic chiasma and lateral geniculate body to the occipital lobe of brain
III	Oculomotor	Motor + para-sympathetic	Supplies 5 extraocular muscles. Also two sets of muscles which help in accommodation
IV	Trochlear	Motor	One muscle of eyeball (superior oblique)
V	Trigeminal	Sensory + motor	Most of the skin of face, nasal mucous membrane, conjunctiva; motor to muscles of mastication
VI	Abducent	Motor	Motor to one muscle of eye (lateral rectus).
VII	Facial	Motor + special sense + para-sympathetic	Motor to muscles of the face those around eyes and mouth; taste from anterior two-thirds of tongue; secretomotor to submandibular, lacrimal, nasal glands, etc.
VIII	Vestibulo-cochlear	Hearing and balance	Vestibular part for balancing the body and maintenance of posture; cochlear part for hearing, appreciated in temporal lobe
IX	Glosso-pharyngeal	Special sense + motor + para-sympathetic	Taste from posterior one-third of tongue, motor to one muscle of pharynx and secretory to parotid gland
X	Vagus + cranial root of XI (accessory)	Motor + special sense + parasympathetic	Taste from posterior most part of tongue, motor to muscles of soft palate, pharynx, larynx, stomach and intestines and secretory to glands of respiratory and most part of digestive system
Spinal root of XI		Motor	Motor to two important muscles of neck, i.e. sternocleidomastoid and trapezius
XII	Hypoglossal	Motor	To seven out of eight muscles of tongue

parasympathetic fibres इस ganglia के द्वारा lacrimal, palatal व nasal glands को supply करते हैं।

3. Submandibular ganglia: यह VII cranial nerve के fibres के लिए relay station है जो submandibular व sublingual salivary glands को supply करते हैं।
4. Otic ganglia—IX nerve के fibres इसके द्वारा parotid gland को आपूर्ति देते हैं। (Fig. 11.32)

X cranial nerve के fibres जिन अंगों को आपूर्ति देते हैं, उन्हीं की wall में relay होते हैं। ये अंग हैं heart, stomach, small intestine तथा large intestine का कुछ भाग।

Parasympathetic System का प्रभाव

Digestive tract पर प्रभाव :

1. ग्रंथियों के स्राव को बढ़ाता है।
2. आहार नाल में गति को बढ़ाता है।
3. आहार नाल के sphincters को शिथिल करता है।
4. Food के digestion व absorption को बढ़ाता है।

Heart पर प्रभाव—Heart rate व blood को pump करने की power को (force of contraction) को घटाता है।

Respiratory system पर प्रभाव: Bronchi को narrow करता है। secretions को बढ़ाता है।

Urinary Tract पर प्रभावः मूत्र त्याग के समय sphincter को शिथिल करता है व bladder की muscles के contraction (संकुचन) को बढ़ाता है।

आँख पर प्रभावः Circular मांसपेशियों में संकुचन के द्वारा pupil को संकरा करता है।

Sacral Outflow: वे fibres जो CNS से दूसरी, तीसरी व चोथी sacral nerve के द्वारा निकलते हैं। Ventral rami को छोड़कर ventral sacral foramina के द्वारा निकल कर pelvic splanchnic nerves बनाते हैं। ये nerves आहार नाल के नीचे वाले भागों वं pelvis में उपस्थित अन्य अंगों की आपूर्ति देती है।

Parasympathetic fibres pelvic visceral organs से sensation brain में ले जाते हैं। (fig. 11.32)

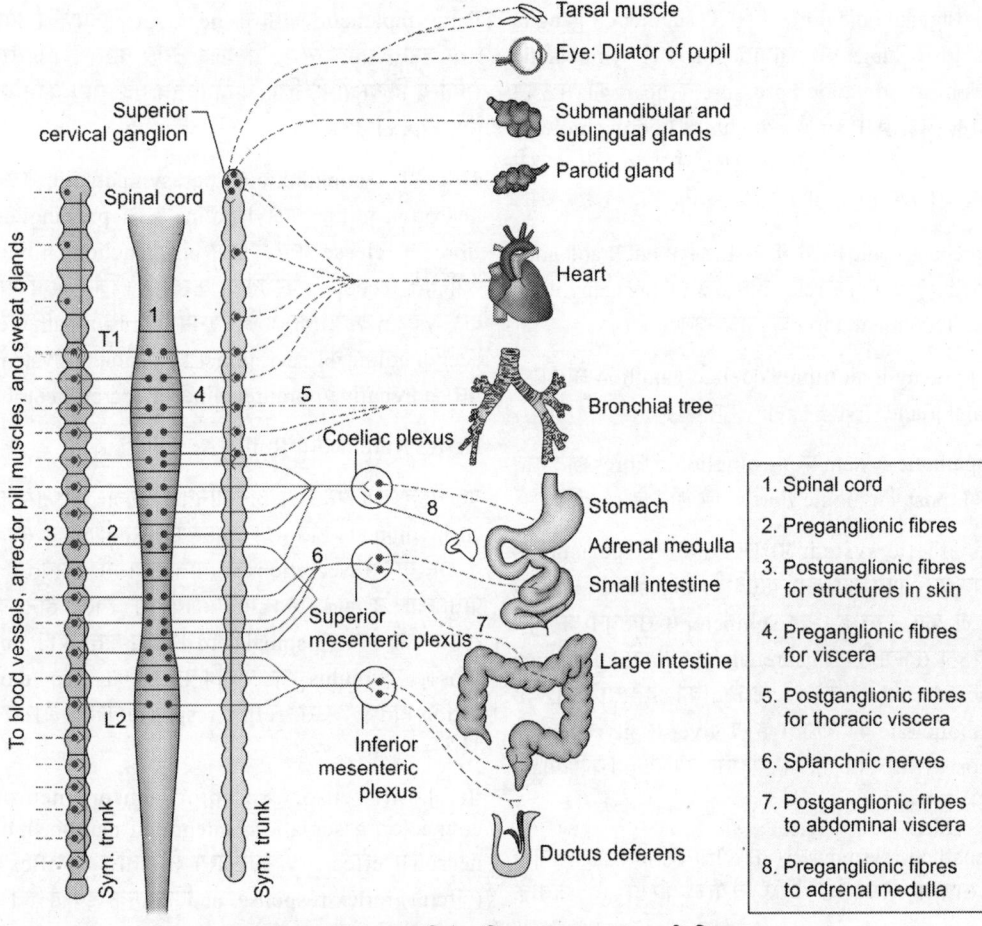

Tarsal muscle
Eye: Dilator of pupil
Superior cervical ganglion
Submandibular and sublingual glands
Parotid gland
Spinal cord
Heart
To blood vessels, arrector pili muscles, and sweat glands
1
T1
4
5
Bronchial tree
Coeliac plexus
Stomach
8
3
2
Adrenal medulla
6
Small intestine
Superior mesenteric plexus
7
Large intestine
L2
Inferior mesenteric plexus
Sym. trunk
Sym. trunk
Ductus deferens
1. Spinal cord
2. Preganglionic fibres
3. Postganglionic fibres for structures in skin
4. Preganglionic fibres for viscera
5. Postganglionic fibres for thoracic viscera
6. Splanchnic nerves
7. Postganglionic firbes to abdominal viscera
8. Preganglionic fibres to adrenal medulla

Fig. 11.33 : स्वचालित तंत्रिका तंत्र का अनुकम्पी विभाग

Sympathetic system: Preganglionic cell bodies spinal cord की पहली से बारहवीं thoracic तथा पहली व दूसरी lumbar segments के lateral horn में स्थित होती है। (Fig. 11.33)

Sympathetic system में vertebral column के दोनों ओर sympathetic ganglia होते हैं जों cervical से coccygeal भाग तक फैले होते हैं। इसमें ganglia व neuron उपस्थित रहते हैं। ये ganglia है तीन cervical भाग में, 12 thoracic में 5 lumbar, 5 sacral व coccygeal भाग में। ये ganglia एक दूसरे से nerve fibres के द्वारा जुड़े रहते हैं।

Lateral horns के neurons से preganglionic fibres sympathetic ganglia में पहुंचते हैं उसके बाद इनका pathway इस प्रकार है:

ये उसी level पर ganglion में neurons के साथ synaptic connection बनाते हैं उसके बाद ये spinal nerve के साथ त्वचा की arteries, sweat gland की blood vessels व arrector pili muscles को आपूर्ति करती है। इससे blood vessels में संकुचन से उनका lumen कम हो जाता है। skin में hair straight सीधे खड़े हो जाते हैं।

कुछ preganglionic fibres T_1 व T_2 segments से ऊपर की ओर जाकर superior, middle व inferior cervical ganglia में nerves के साथ synapse बनाते हैं इसके बाद ये cervical spinal nerves तथा arteries के साथ आगे जाती है।

कुछ preganglionic fibres T_{11} से L_2 तक नीचे की ओर जाकर lumbar व sacral nerves के साथ तथा lower limb की arteries के साथ आगे बढ़ती है।

कुछ postganglionic fibres T_2 से T_5 segment से ganglia से heart व lungs को आपूर्ति देते हैं। Sympathetic fibres heart rate, blood pressure व heart की संकुचन की क्षमता को बढ़ा देते हैं। यह lungs में bronchiole को चोड़ा करता है। इसीलिए asthma में adrenaline जैसे दवाओं का उपयोग होता है।

कुछ preganglionic fibres T_5 से L_2 segment से abdomen के coeliac ganglia में relay होते हैं इनके postganglionic fibres abdominal aorta के साथ होते हैं।

कुछ preganglionic fibres coeliac ganglion से होकर adrenal gland में जाकर relay होते हैं।

Sympathetic system में preganglionic fibres छोटे होते हैं तथा postganglionic fibres लंबे होते हैं।

Sympathetic system पाचन तंत्र में peristalsis (क्रमाकुंचन) गति को कम करते हैं, digestive juice का स्राव भी कम करते हैं। यह sphincter मे संकुचन कर मल व मूत्र को रोकता है। यह adrenal medulla से adrenaline व noradrenaline के secretion को बढ़ाता है। यह metabolic rate को बढ़ाता है व liver में glycogen को glucose में परिवर्तन को भी बढ़ाता है। Pupil को dilate (चौड़ा) करता है।

Sympathetic system शरीर को अचानक होने वाले तनावों का सामना करने के लिए तैयार करता है, जबकि Parasympathetic सामान्य heart rate, पोषण क्रियाओं तथा तनाव रहित स्थिति के लिए तैयार करते हैं। शरीर के सामान्य क्रियाओं के लिए ये दोनों तंत्र एक साथ काम करते हैं। (Fig. 11.33)

दोनों ही sympathetic व parasympathetic तंत्र में neurotransmitter acetylcholine है जो preganglionic fibres से release होता है तथा postganglionic fibres में उपस्थित receptors पर क्रिया करता है। जिन अंगों पर ये दो system कार्य करते हैं, उनमें parasympathetic से acetylcholine का secretion व sympathetic system के द्वारा adrenaline/noradrenaline का secretion होता है।

Reflex Action तथा Reflex Arc

यह बहुत तेज पहले से अनुमानित क्रियाओं की शृंखला है जो involuntary होती है। उदाहरण, मांसपेशियों में संकुचन व ग्रंथियों से secretion जो वातावरण में परिवर्तन की प्रतिक्रिया में होता है। मांसपेशियों में स्वतः होने वाले संकुचन का नियंत्रण spinal cord के द्वारा होता है। Painful sensory stimulus की प्रतिक्रिया में जो तुरंत motor action होता है उसे reflex response कहते हैं। (Fig. 11.34)

यह क्रिया sensory receptor, sensory neurons, connecter, association, integrated neuron, motor neuron व effecter के सामंजस्य से होती है। Reflex are (circuit) reflex response की क्रियात्मक इकाई है। यह

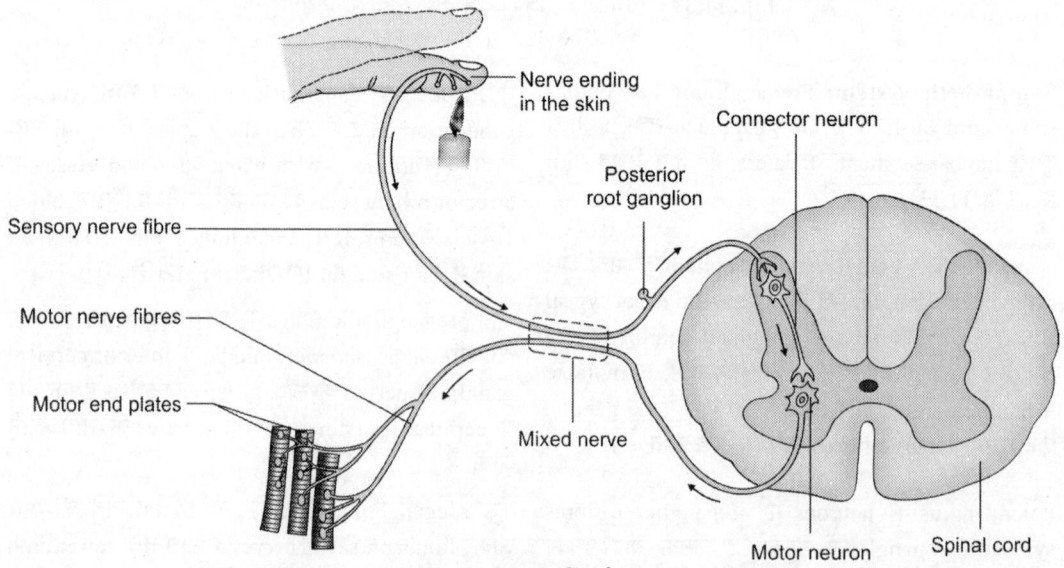

Fig. 11.34 : अतिवर्त चाप

response automatically बिना brain के involvement के शरीर की सुरक्षा के लिए होता है।

Spinal nerve में sensory व motor दोनों प्रकार के fibres होते हैं जिससे ये deep tendon reflex एवं superficial reflex दोनों के लिए arc बनाती है deep tendon reflex muscles के tendon से आरंभ होता है तथा superficial reflex mucosa या cornea या skin से आरंभ होती है।

एक simple reflex जैसे knee jerk reflex में afferent या sensory neuron तथा efferent या motor neuron होते हैं। यह reflex निम्नप्रकार से होता है।

1. Sensory receptors mechanical stimulus को पहचानती है जैसे हथौड़ी से quadrieps muscles के tendon पर चोट करने से।
2. Sensory neurons इन तरंगों को spinal nerve के द्वारा इसे spinal cord में स्थित centre में ले जाती है।
3. यहां पर sensory neurons, anterior horns में उपस्थित motor neurons के साथ synapse बनाते हैं। motor neuron के axon के साथ ये तरंगें spinal nerve द्वारा प्रभावित अंश को विशेषतया इसी muscle को जाती है।
4. ये तरेंगें motor neuron के द्वारा motor end plate जो muscles में होता है को उत्तेजित करते हैं और muscles में संकुचन हो जाता है।

Electroencephalogram (EEG)

इसमें scalp के ऊपर electrode लगाकर brain की विद्युतीय क्रियाओं का record करते हैं इसमें मुख्यतः brain के cortical grey matter की सबसे बाहरी भाग में होने वाली क्रियाऐं ही record होती हैं।

CLINICAL ASPECTS

Nervous system में बहुत सी अनुवांशिक व acquired बीमारियां हो सकती हैं।

Microcephaly

इस स्थिति में बच्चे का सिर बहुत छोटा होता है Skull के sutures स्थायी रूप से जुड़ जाते हैं। Brain बहुत छोटा होता है क्योंकि यह इस skull के अंदर ज्यादा नहीं बढ़ पाता ये बच्चे सामान्यतः mentally retarded होते हैं।

Increased Intracranial Pressure

Cranial cavity के अंदर brain, blood vessels, blood व CSF होता है। इनमें से किसी के भी volume के बढ़ने से intracranial pressure बढ़ जाता है। Intracranial pressure बढ़ने से इसमें blood का बहाव कम होने लगता है जिससे blood के साथ आने वाली oxygen भी कम हो जाती है। यह स्थिति hypoxia कहलाती है जिससे neurons को क्षति पहुंचती है। Intracranial pressure बढ़ने से hypertension, bradycardia व brain का herniation होने की आशंका रहती है।

Hydrocephalus

CSF के बहाव में रुकावट आ जाती है। Ventricles फैलने लगते हैं। Intracranial pressure बढ़ जाता है। इससे neural tissue को क्षति पहुंचती है।

Cerebral Oedema

Brain के cells या बीच के space में द्रव के जमा होने से intracranial pressure बढ़ जाता है। यह चोट, खून के निकलने, infection, ischaemia, hypoxia व tumours के कारण हो सकता है।

Parkinson's Disease

यह extrapyramidal तंत्र में dopamine को release करने वाले neurons के नष्ट होने से होती है। इसमें muscles के movement का नियंत्रण व सामंजस्य समाप्त हो जाता है जिससे muscles में tremors, भाव रहित चेहरा, stooping posture, stiff shuffling gait आदि लक्षण मिलते हैं।

Dementia

यह लगातार बढ़ने, दोबारा ठीक न होने वाली cerebral cortex की क्षति है। इस cortex का आकार भी कम हो जाता है। व्यक्ति की तुरंत की याददाश्त, योजना, किसी क्रिया का कारण सोच पाना, व्यक्तित्व में बदलाव जेसे लक्षण दिखाई पड़ते हैं।

Alzheimer's Disease/Presenile dementia

इस प्रकार की dementia सबसे ज्यादा पाई जाती है। यह स्त्रियों में व 60 साल से ज्यादा उम्र में अधिक पाई जाती है।

Dementia-stroke, encephalitis, AIDS, head injury vitamin B deficiency, renal failure व alcohol पीने वालों में भी अधिक पाई जाती है।

Stroke

यह उस स्थिति में होता है जब किसी vascular disease में रक्त का बहाव अचानक रुक जाये जिससे उसके द्वारा

रक्त आपूर्ति प्राप्त करने वाले भाग में hypoxia हो जाता है। यह 85% व्यक्तियों में cerebral infarction, cerebral artery में thrombosis या embolism या haemorrhage से होता है।

इसमें एक side का शरीर paralyse हो जाता है, बोलने व देखने में भी समस्या आती है।

Head Injury—सिर में चोट या brain में बहुत तेज झटका लगने के परिणामस्वरूप सिर के अंदर रक्त निकलने लगता है। इसे intracranial haemorrhage कहते हैं। इसमें intracranial pressure बढ़ जाता है। यह निम्न प्रकार का होता है।

1. **Extradural haemorrhage: Duramater** व skull bone के बीच रक्त के एकत्र होने को extradural haemorrhage कहते हैं।
2. **Subdural haemorrhage:** Duramater की परतों के बीच रक्त के जमा हो जाने के subdural haemorrhage कहते हैं।
3. **Intracerebral haemorrhage**—Brain के अंदर एक भाग में या पूरे में रक्त के जमा होने के intracerebral haemorrhage, कहते हैं।

Epilepsy

इसका कारण ज्ञात नहीं है परंतु ऐसा समझा जाता है कि head injury के पश्चात इसकी संभावना हो सकती है। इसके लक्षण हैं seizure (दौरा पड़ना)। यह थोड़े-थोड़े समय के लिए होने वाला motor, sensory या psychological समस्या है। इसका attack, brain में उपस्थित neurons से असामान्य electric discharge के द्वारा आता है।

इसका इलाज antiepileptic दवाइयों के द्वारा किया जाता है।

Meningitis

Brain की meninges के inflammation को meningitis कहते हैं। यह रक्त में उपस्थित infection के द्वारा या head injury जिसमें से CSF का leakage हो, के द्वारा होती है। इसके होने का कारण bacteria या virus आदि होते हैं। Bacterial meningitis एक गंभीर स्थिति है जिसमें मृत्यु की दर अधिक है। Viral meningitis में पूर्ण रूप से स्वस्थ होने के chance अधिक होते हैं।

बीमारी के लक्षण हैं बहुत तेज सिर में दर्द, stiff (जकड़न) neck, fever व त्वचा पर लाल निशान।

Encephalitis

यह brain के tissue में bacteria या virus से होने वाला संक्रमण है। यह neuron व neuroglial cells को प्रभावित करता है। जिसमें बाद में necrosis व gliosis जैसी स्थिति हो जाती है नष्ट हुए neuron की स्थान पर दूसरे neurons नहीं बनते, तो brain के उस भाग का कार्य प्रभावित होता है। यह प्रभाव इस बात पर निर्भर करता है कि कितना भाग नष्ट हुआ व किस area का हुआ।

Herpes Zoster

Herpes zoster virus से वयस्कों में zoster (shingles) तथा बच्चों में chickenpox हो जाता है। वर्षों तक यह virus posterior root ganglia में शिथिल पड़ा रहता है। उसके बाद जब यह सक्रिय होता है तो zoster का कारण बनता है। इसमें nerve के course के साथ vesicles बन जाते हैं जो बहुत अधिक painful होते हैं। तथा छूने पर बहुत अधिक sensitive होता है। Infection आमतौर पर एक ही side होता है। intercostal nerve या trigeminal के ophthalmic भाग को प्रभावित करता है।

Poliomyelitis

यह polio virus के संक्रमण के कारण होने वाली बीमारी है। यह virus से संक्रमित व्यक्ति के मल के द्वारा पानी व खाने को दूषित करता है दूषित खाने व पानी के द्वारा यह दूसरे व्यक्तियों में भी फैलता है। आंत से virus रक्त के द्वारा spinal cord के anterior horn cells में फैलता है। ज्यादातर infections में लक्षण नहीं आते या बहुत कम प्रभाव होता है, परंतु 1% से कम संक्रमित व्यक्तियों में anterior horn cells में irreversible क्षति होती है, तथा paralysis हो जाता है। बहुत अधिक प्रभावित व्यक्तियों में respiratory muscles के paralysis के कारण death भी हो सकती है।

Polio ही रोकथाम vaccine के द्वारा संभव है। Polio 2016 भारत से खत्म हो गया है।

Rabies

यह बहुत गंभीर बीमारी है, जिसमें virus axons के द्वारा CNS में पहुंचता है यह rabied dog के काटने से होता है यह virus salivary glands में multiply होकर saliva में एकत्र हो जाते हैं जब ये जानवर किसी को काट लेते हैं तब saliva के द्वारा उसके अंदर जाकर nerves के द्वारा brain में पहुंचते हैं।

लक्षण: ऐसे व्यक्ति जल्दी उत्तेजित होते हैं, पानी से डरते हैं। इन्हें seizurus आते हैं muscles spasm हो जाता है बाद में paralysis व death हो जाती है।

Aphasia: यह दो प्रकार की होती है।

Motor aphasia: इसमें शब्द व वाक्य सही होते हैं परंतु बोलने में प्रवाह नहीं होता।

Sensory aphasia: इसमें शब्द एवं वाक्यों का चुनाव सही नहीं होता।

ये समस्याएं motor व sensory speech areas में क्षति होने के कारण होती है।

Multiple sclerosis: CNS में neurons की myelin sheath के बढ़ते हुए विघटन से यह समस्या उत्पन्न होती है। यह गोरे लोगों में व स्त्रियों में अधिक होती है। Myelin sheath के स्थान पर अनियमित hard scars या plaque बन जाते हैं जो nerve impulses (तरंगों) के आगे बढ़ने में रुकावट बनते हैं।

Skeletal Muscles: दुर्बल हो जाती है असामान्य sensations एक के दो दिखाई देना, गति में 'सामंजस्य का अभाव होना।'

Cerebral palsy fetus में जन्म के समय पर या नवजात शिशु में brain में क्षति हो जाने से muscles का नियंत्रण व सामंजस्य समाप्त हो जाता है।

Spinal cord Injuries

Spinal cord का trauma, tumors व herniated disc के द्वारा क्षति हो सकती है। Paralysis होना इस बात पर निर्भर करता है कि कौन सा भाग व कितना भाग क्षतिग्रस्त इसमें निम्नलिखित स्थितियां हो सकती हैं।

1. Monoplegia: यह एक limb की paralysis है।
2. Diplegia: यह दोनों upper limb या दोनों lower limb की paralysis है।
3. Quadriplegia: चारों limbs की paralysis है।
4. Hemiplegia: एक ओर के upper limb, lower limb व trunk के paralysis को कहते हैं।

Spinal cord injury के परिणामस्वरूप sensation (गर्म-ठंडा, दर्द छूने या दबाने) तथा voluntary movement (इच्छाशक्ति से गति करना) क्षतिग्रस्त भाग से नीचे समाप्त हो जाते हैं।

Spinal Shock: Spinal cord में चोट के तुरंत बाद reflex functions का अस्थायी रूप से समाप्त हो जाता है कुछ minutes से लेकर कुछ महीनों के बीच यह reflex activity धीरे-धीरे वापिस आ जाती है।

Spina Bifida: यह neural canal एवं spinal cord का जन्मजात दोष है। यह सबसे अधिक lumbosacral भाग में होता हे इसमें vertebra की दोनों ओर की arches जुड़ नहीं पाती। पीठ के उस भाग में गड्ढा जेसा दिखाई पड़ता है। कुछ लोगों में उस भाग की skin absent होती हे तथा spinal cord दिखाई देती हे। CSF का रिसाव भी होता हे ऐसे बच्चों में दोनोंlower limb की paralysis, incontinance of urine व faeces (मल मूत्र को रोकने में असमर्थ) तथा बुद्धिहीनता के लक्षण दिखाई देते हैं।

Motor neuron disease: Cerebral cortex, brainstem एवं spinal cord की anterior horn cells में motor neurons के लगातार नष्ट होने को कहते हैं यह वक्तियों विशेषतया पुरुषों में 60 से 70 वर्ष की आयु से होता है। इससे muscles कमजोर हो जाती हें आरंभ में upper limb की तथा बाद में lower limb की भी होने लगती है।

Prolapsed Intervertebral disc: यह vertebrae की bodies के बीच में fibrocartilage की बनी disc होती है जिसका बाहरी भाग annulus fibrosus व central core जो soft gelatinous पदार्थ का बना है जो nucleus pulposus कहलाता है।

Prolapse में nucleus pulposus, annulus fibrosus के क्षीण हुए भाग से बाहर neural canal में आने लगता है यह स्थिति lumbar भाग में सबसे अधिक मिलती है। इस prolapse से spinal nerve root व spinal cord पर दबाव पड़ता हे जो दर्द का कारण बनता है। यह young व्यक्तियों में weight lifting जैसे व्यायाम के कारण भी हो सकता है। (Fig. 11.35)

Tumours: Tumours अधिकतर neuroglial cells में होते हैं क्योंकि neural cells में division नहीं होता, neuroglial cells में होता है।

Diseases of Peripheral Nerves

Neuropathies:यह बीमारियों का वह समूह हे जोperipheral nerves में inflammation के अलावा होती है। यह दो प्रकार की होती है।

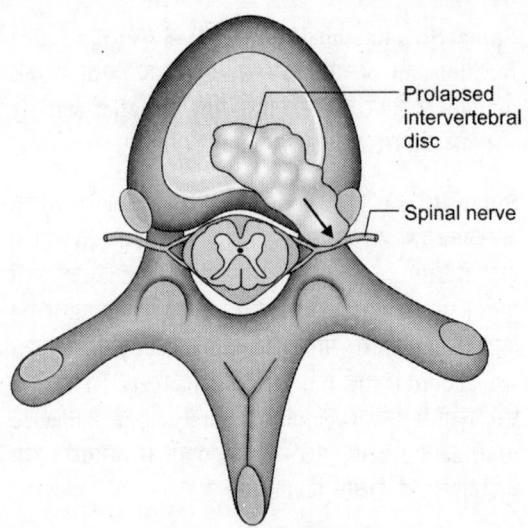

Prolapsed intervertebral disc
Spinal nerve

Fig. 11.35 : स्लिप्ड डिस्क

Polyneuropathy: इसमें neurons का समूह प्रभावित होता है जो metabolic या toxic disorders की स्थिति में होता है। उदाहरण diabetes mellitus, folic acid, vitamin B_{12}, deficiency thiamine deficiency या lead, arsenic और mercury की toxicity के कारण होती है।

Mononeuropathy: Pressure के कारण या ischaemia से होती है।

Erb's paralysis: Brachial plexus के upper trunk में injury से होती है। यह भाग 6 nerve के मिलने का एक स्थान हे इस भाग को क्षति पहुंचने पर upper limb की बहुत सी muscles paralyse हो जाती है जिससे limb adduction extension व pronation की स्थिति में रहता है। जिसे Policeman tip deformity कहते हैं।

Gullian-Barre Syndrome: यह acute, bilateral, लगातार बढ़ने वाली स्थिति है। यह lower limb से आरंभ होकर upper limb, trunk और cranial nerve में फैल जाता है। यह upper respiratory tract infection के 1 से 3 हफ्तों के बाद होता है इसमें बहुत सी nerve का demyelination होता है।

Bell's Palsy: Facial nerve में injury के कारण face की मांस पेशियों की paralysis हो जाती है जिससे प्रभावित side में भाव रहित चेहरा व saliva का बाहर आना आदि है। इसमें recovery कुछ महीनों में पूरी हो जाती है।

CHAPTER

12

विशिष्ट संवेदांग

Special Senses

मनुष्य के शरीर में पाँच special sense organs हैं। ये हैं आँख, कान, नाक, जीभ व त्वचा। ये अंग special sense organs इसलिए कहलाते हैं कि इनका कार्य जैसे आंख से हम देखते, कान से सुनते हैं, जीभ से किसी चीज के स्वाद का पता चलता है व नाक से सूंधने का कार्य होता है। ये सभी विशेष कार्य सिर्फ इन्हीं अंगों से हो सकते हैं इसीलिए इन्हें special sense organs कहते हैं। ये सभी अंग brain के नजदीक में स्थित होते हैं और cranial nerves के द्वारा संचालित होते हैं। ये सारे special sense organ एक दूसरे के साथ, दूसरी muscles व glands के साथ सामंजस्य के साथ काम करते हैं। त्वचा के विषय मेंChapter 8 में बताया गया है।

जीभ/जिह्वा/TONGUE

जीभ मुख के तल में स्थित एक ऐच्छिक पेशीय रचना है। इसके निम्नलिखित कार्य हैं:

1. बोलने में मदद करना
2. भोजन चबाने और उसे निगलने में मदद करना
3. जीभ स्वाद ग्रहण करने का मुख्य अंग है। (Fig. 12.1)

विभिन्न खाने-पीने की दुकानें जैसे पिज्जा हट, डोमिनोज आदि हमारी स्वाद कलिकाओं को खुश करती हैं।

स्वाद कलिकाएँ जीभ की अकुरकों एपीथीलियम, soft palate (epiglottis) में ही होती हैं, पेट में बिल्कुल नहीं होती।

जीभ की मांस पेशियाँ

जीभ में 4 जोड़ी extrinsic मांस पेशियां हैं, जो जीभ को mandible, hyoid bone, styloid process और soft palate से जोड़ती हैं। ये जिह्वा को आगे, पीछे. और नीचे चलाती हें। इसके अतिरिक्त जीभ में 4 जोड़े intrinsic muscles के होते हैं जो उसके आकार को बदलते हैं।

जीभ 3 इंच लंबी है। इसके 2 हिस्से हैं,oral और pharyngeal Oral भाग की एक tip, 2 borders, 2 surfaces हैं। ऊपरी surface अंकुरक या papillae है, की वजह से rough होती है। (Fig. 12.2)

जीभ के आगे के 2/3rd भाग से स्वाद ग्रहण की तंत्रिका facial/VII cranial nerve है।

Vallate papillae में स्थित स्वाद कलिकाओं से ओर पिछले 1/3 भाग से स्वाद ग्रहण तंत्रिका IX/glossopharyngeal nerve है।

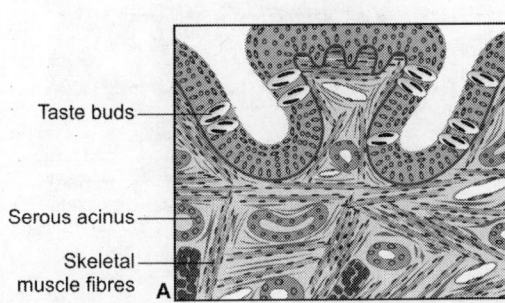

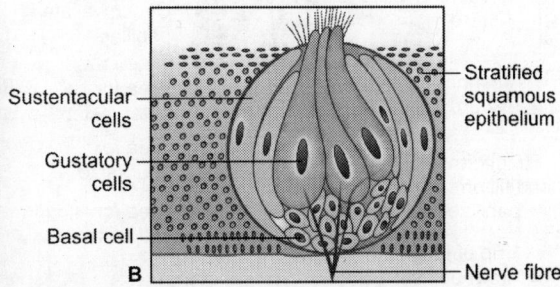

Fig 12.1A and B: A. जीभ की ऊतकीय संरचना; B. स्वाद कलिका

X/vagus nerve सबसे पीछे के भाग से स्वाद व दूसरे संवेदनाओं को ग्रहण करती है।

General Sensation:

आगे के 2/3rd भाग से lingual nerve जो mandibular nerve की branch है; पिछले 1/3rd भाग से glosso-pharyngeal और सबसे पिछले हिस्से से vagus nerve general sensations मस्तिष्क तक ले जाती है।

जीभ में तीन प्रकार की अंकुरक होती हैं–

1. सूत्राकार या filiform papillae—ये अगले दो-तिहाई भाग की सतह पर पाई जाती हैं। ये धागे के समान हैं और सबसे छोटी होती हैं।

2. कवक रूप अंकुरक (fungiform papillae)—ये जीभ के छोर और किनारों पर कवक जैसी दिखाई देती हैं। इनके कुछ स्वाद कलिकाएं होती हैं।

3. परिवृत्त अंकुरक (vallate papillae) ये सबसे कम संख्या में होती है, सिर्फ 8-12 होती है और आसानी से दिखाई दे जाती है। इनमें स्वाद कलिकाएं सबसे ज्यादा होती हैं।(Fig. 12.1)

Basic स्वाद निम्न प्रकार के होते हैं।

मीठा/sweet—जीभ की tip पर

खटटा/sour—जीभ की edges पर surface

नमकीन/salt—जीभ के ऊपर के आगे के भाग में

Bitter/कड़वा umami–जीभ के ऊपर surface के पीछे के भाग में। (Fig. 12.2) जीभ को रक्त आपूर्ति के लिए lingual branch of external carotid artery है। जीभ की veins lingual vein बनाती है जो कि Internal jugular vein में drain करती है।

जीभ से lymph, submandibular and deep cervical lymph nodes में जाता है। Lymph vessels एक तरफ से दूसरी तरफ cross करती है।

Cancer उन व्यक्तियों में ज्यादा पाया जाता है जो चूने लगे पान को बहुत-बहुत घंटों तक मुँह में रखते हैं।

NOSE (नाक)

यह सांस लेने के लिए होती हे इसको गुहा के ऊपरी भाग में सूघने के लिए olfactory nerve cells होती है। इसके दो भाग होते हैं। ''बाह्य nose जो केवल दो nasal bones से बनी होती है तथा nasal cavity. (Fig. 12.3)

वाह्य nose में दो bones के अतिरिक्त cartilages होते हैं चेहरे पर nose के दो छिद्र होते हैं जिन्हें anterior nares कहते हैं।

Nasal Cavity

यह right व left दो भागों में बटी होती है। इसे बांटने वाली मध्य दीवार को nasal septum कहते हैं। Septum पतली bones व cartilage से बनी है तथा mucoperiosteum व mucoperichondrium से ढकी रहता है। यह septum एक ओर को झुका भी हो सकता है।

Nasal cavity पीछे की ओर posterior nares के द्वारा nasopharynx में खुलती है।

Nasal cavity में lateral side की दीवारों में तीन-तीन उभार होते हैं। ये superior, middle व inferior conchae कहलाते

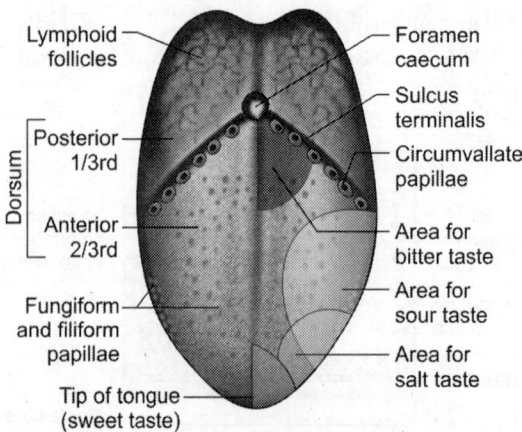

Fig. 12.2: जीभ और स्वाद कलियां (देखें प्लेट 8)

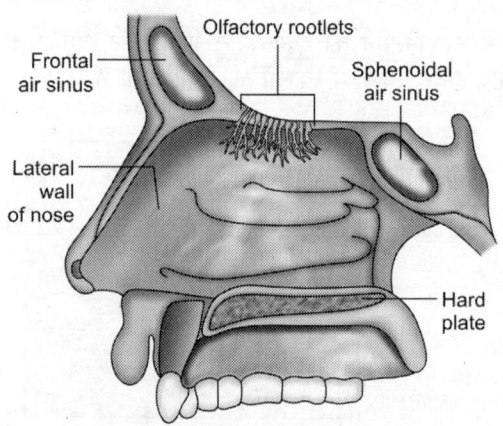

Fig. 12.3 : सूंधने के लिए घ्राण तंत्रिकाएं

हैं। जिससे सतह का area बढ़ जाता है प्रत्येक conchae के नीचे एक meatus होता है।

Paranasal sinuses ये हवा से भरी गुहायें हैं जो sphenoid, ethmoid, frontal व maxillary bones में पाई जाती है। ये sinuses nose की lateral wall में स्थित meatus में खुलते हैं इन sinus के कारण bones का भार कम होता है, ये आवाज में खनक उत्पन्न करते हैं तथा सांस लेते समय हवा का तापमान नियंत्रित करते हैं। (fig. 12.3)

Blood आपूर्ति–Nose की मुख्य artery sphenopalatine है जो maxillary artery की branch है।

Venous drainage—Deoxygenated blood maxillary एवं pterygoid venous plexus में drain होता है।

Lymphatic drainage:—Pharyngeal व deep cervical lymph nodes में होता है।

Nerve Supply—General sensation जैसे pain, touch, pressure आदि trigeminal nerve की branches (ophthalmic व maxillary) के द्वारा ले जाये जाते हैं। जबकि sense of smell के लिए olfactory nerve के fibres होते हैं। ये nerve fibres ethmoid bones में स्थित छिद्रों के द्वारा frontal lobe की निचली सतह पर पहुंचते हैं। जहां ये olfactory bulb से जुड़ते हैं। ये bulb, olfactory tract के साथ निरंतरता में रहते हैं जो temporal lobe के uncus में जाकर समाप्त होते हैं। Smell का संबंध स्वाद से व vagus nerve से भी होता है। जैसे ही अच्छे खाने को सुगंध आती है gastric juice का भी स्राव होने लगता है। मनुष्य 2000 से 4000 विभिन्न प्रकार की गंध को पहचान सकता है।

Adaptation—यह शब्द तब प्रयोग होता है जब व्यक्ति किसी विशेष गंध के संपर्क में लंबे समय तक रहता है जिसके कारण उस गंध के लिए olfactory nerve fibres stimulate होना बंद कर देते हैं।

EAR (कर्ण या कान)

कान सुनने का और शरीर का संतुलन बनाए रखने का काम करते हैं। प्रत्येक कान के तीन भाग होते हैं।

बाह्य कान (External ear) (Figs 12.4 to 12.6)

मध्य कान (Middle ear)

आंतरिक कान (Internal ear)

बाह्य कान–इसके दो भाग हैं–

कर्णपाली/Auricle या pinna

वाह्य गर्ण कुहर (external auditory meatus)

कर्णपाली (Auricle pinna)

यह कान का सिर के पार्श्व से बाहर की ओर निकला हुआ होता है। यह लचीली उपास्थि का बना होता है। इसके ऊपर त्वचा आच्छादित है। कान का बाहरी किनारा helix कहलाता है। Pinna के नीचे के भाग (lobule) जिसमें उपास्थि नहीं होती। Pinna कान की रक्षा करता है। पशुओं में pinna ध्वनि तरंगों को पकड़ने में सहायता करता है। मनुष्य में pinna बिल्कुल भी नहीं हिलता इसलिए ध्वनि तरंगों को पकड़ने के काम नहीं आता। Lobule में बहुत लोग वाली या गहने पहनते हैं। पाली चश्मे की डंडियों का सहारा देती है।

बाह्य कर्ण कुहर (external auditory meatus) यह नली 2.5 सेमी. लंबी है।

यह नली कर्ण पाली से कर्णपटटी कला (tympanic membrane/ear drum) तक जाती है। यह नली सीधी नहीं होती, बल्कि घुमावदार होती है। इसका बाहरी एक तिहाई भाग (8 mm) उपास्थि का बना होता है और अंदर का दो तिहाई (17 mm) भाग अस्थि का बना होता है। बाहर के भाग से त्वगवसीय ग्रंथियां होती हैं। इस हिस्से में बाल भी होते हैं। ये कान में धूल, मिट्टी, कीटाणुओं को जाने से रोकती हैं।(Fig. 12.4)

कर्णपटह (Ear drum/tympanic membrane)

Ear drum वाह्य कान व मध्य कान को अलग करने वाली एक झिल्ली होती है। यह oval shape की होती है। बाहर की surface concave और अंदर का convex surface होता है।

मध्य कान

मध्य कान 1 सेमी. आयत की एक गुहा है जो कि अश्माभ भाग (petrous portion) में स्थित है। यह श्लेष्मिक कला से आस्तरित होती है। इस गुहा में 3 अस्थिकाएं होती हैं। इस गुहा की 6 भित्तियां होती हैं।

बाह्य भित्ति
मध्यवर्ती भित्ति
परचज, ऊर्ध्ववती (छत)
तल, अग्रज, पश्चज भित्तियां

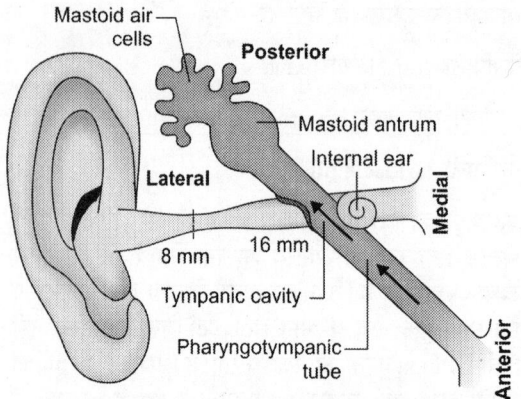

Fig. 12.4 : कर्ण की संरचना

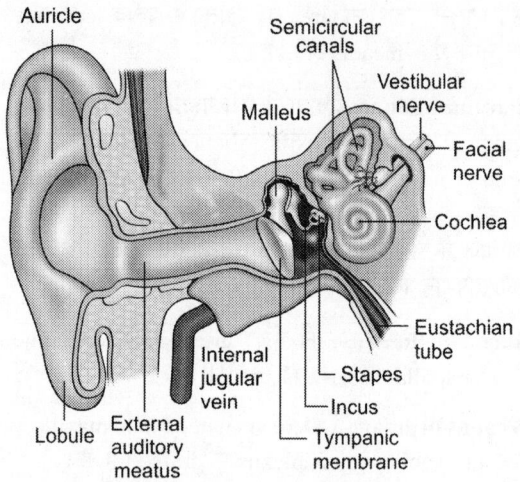

Fig. 12.6 : कर्ण के विभाग

बाह्य भित्ति–यह कर्णपटही कला से बनी होती है।

मध्यवत्ती भित्ति–यह एक पतली परत होती है। इसको मध्य कान और अंतर कान को अलग करती है।

अग्रज भित्ति–इस भित्ति में 2 नली निकलती हैं, एक में Tensor tympani पेशी होती है और दूसरी में नली pharyngotympanic tube होती है।

Physiology of hearing— ध्वनि तरंगों के द्वारा कान में कंपन होता है। Auricle के द्वारा तरंगे external auditory canal की ओर केन्द्रित की जाती है। यह तरंगे tympanic membrane में कंपन उत्पन्न करती है। ये तरंगे tympanic membrane से ear ossicles (Fig. 12.5) के द्वारा गतिामन होकर मध्य कर्ण में हो जाती है। Stapes के foot plate के द्वारा ये तरंगे perilymph से गुजरती है इसका अधिकांश दबाब cochlear duct में होता है जो endolymph से इन तरंगों को pass करता है। इसके परिणामस्वरूप basilar membrane के कंपन व spiral orgen की hair cells में उपस्थित auditory receptors उत्तेजित हो जाता हैं यहां से nerve impulse आठवी cranial nerve के द्वारा brain के auditory centre के जैसा है। यह centre brain के temporal lobe में स्थिति रहता है।

Fig. 12.5 : मध्य कर्ण की कर्णास्थियां

Internal Ear

यह temporal bone के अंदर एक गुहा है यह दो भागों से बनी है जिसमें एक भाग दूसरे के अंदर होता है। इसमें बाहरी गुहा bone की बनी होती हे जिसे bony labyrinth कहते हैं। इस bony labyrinth के अंदर membrane की बनी body labyrinth के आकृति की दूसरी गुहा होती है जिसे membranous labyrinth कहते हैं। Bony व membranous labyrinth के बीच में पानी के समान द्रव भरा रहता है जिसे perilymph कहते हैं Membranous labyrinth के अंदर भी पानी जैसा द्रव उपस्थित रहता है जिसे endolymph कहते हैं (Fig. 12.7 and 12.8) इन दोनों के बीच में कोई संबंध नहीं होता है।

Bony labyrinth में निम्नलिखित भाग होते हैं।

Vestibule: Middle ear के पास वाला फैला हुआ भाग इसकी lateral side की दीवार में oval तथा round windows होती है।

Cochlea: इसका base चौड़ा होता है, जिसके द्वारा यह vestibule के साथ निरंतर रहता है तथा apex संकरा होता है।

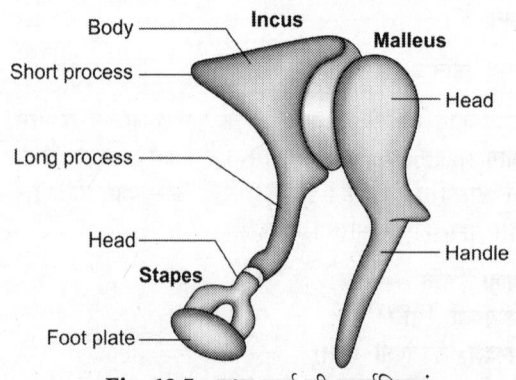

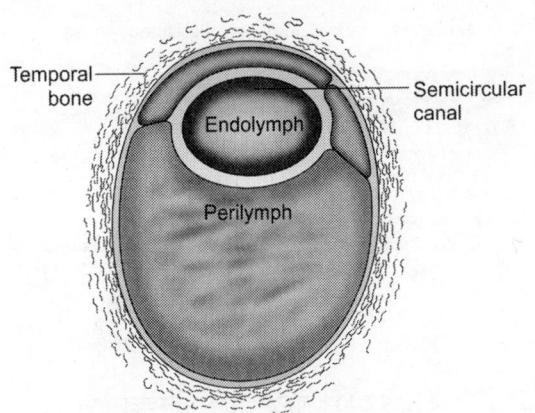

Fig. 12.7 : अर्द्धवृताकार नलिका की काट

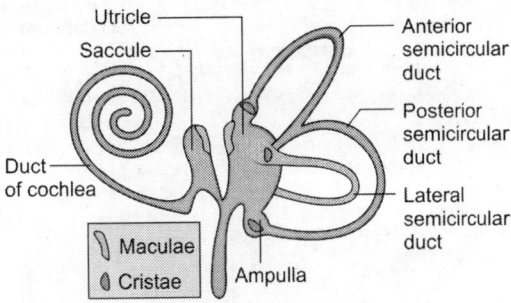

Fig. 12.8 : कला गहन

Semicircular Canals—ये तीन tubes है। जो इस प्रकार से स्थित होती हैं कि तीनों अलग-अलग plane में हों। ये vestibule के साथ निरंतरता में रहती है।

Membranous labyrinth में भी यही तीनों भाग पाये जाते हें परंतु इसके vestibule में utricle व saccule पाये जाते हैं।

Membranous labyrinth में cohlea का कार्य सुनना हे तथा vestibular भाग का कार्य शरीर के balance व posture को maintain करना है।

Cochlea: Bony Cochlea एक shell जैसी रचना है जो एक गोले का 3/4 भाग बनाती है। इसके अंदर membrane की बनी cochlea पाई जाती है। दोनों के बीच में perilymph पाया जाता है। Cochlear duct में basilar membrane पाई जाती है जिसके ऊपर phalangeal cells व rods of Corti स्थित होते हैं। (Fig. 12.9)

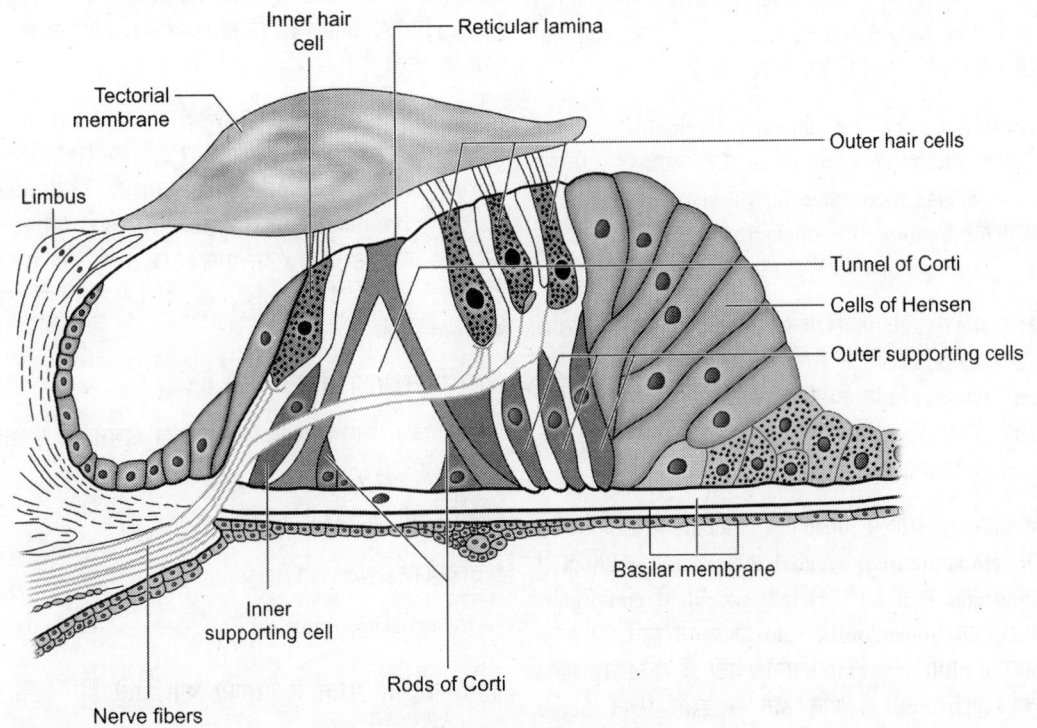

Fig. 12.9 : अंतः कर्ण गहवर

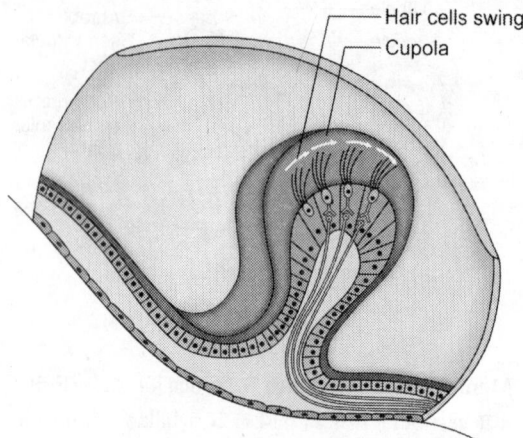

Hair cells swing
Cupola

Fig. 12.10 : वेस्टीब्यूलर भाग

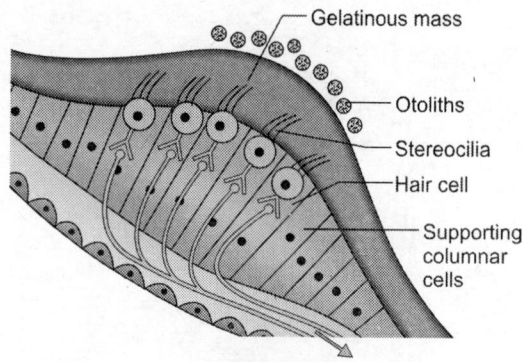

Gelatinous mass
Otoliths
Stereocilia
Hair cell
Supporting columnar cells

Fig. 12.11 : वेस्टीब्यूल का तुम्बिका भाग

Phalangeal cells hair cells को support करती है।

Perilymph के bony cochlea के अंदर घूमने से basilar membrane के अंदर कंपन होता है, जो hair cells को उत्तेजित करते हैं। यह impulse hair cells से nerve fibres spiral ganglion, auditory nerve के द्वारा cochlear nucleus को जाती है। cochlear nucleus से यह medial geniculate body से होती हुई auditory area (जो temporal lobe के ऊपरी भाग में है) में पहुंचती है।

Vestibular part—इसमें lateral, posterior तथा superior तीन semicircular bony canal पाई जाती है। प्रत्येक canal के अंदर membrane की बनी semicircular canal होती है। Semicircular ducts के एक सिरे पर फूले हुए भाग को ampulla कहते हैं। (Fig. 12.10)

Ampulla में gelatin का बना एक mass होता है जिसपर विशेष cells, nerve के सिरों के साथ पाई जाती है। इन cells की आकृति में किसी भी बदलाव की सूचना VIII nerve के vestibular भाग को भेजती है। जहां से यह vestibular nuclei को जाता है जो cerebellum से जुड़े होते हैं।

Vestibular भाग में utricle व saccule पाये जाते हैं। Utricle semicircular canal से, saccule cochlea से connected होती है। Utricle व saccule में end organs होते हैं जो linear equilibrium को बनाये रहते हैं। इसके अंदर otolith membrane पायी जाती है (Fig. 12.11)। विशेष hair cells में गति होने से इसमें स्थित nerve endings, impulse, nerve के vestibular भाग के द्वारा भेजती है। इस प्रकार vestibular nerve, semicircular canals, utricle, saccule से angular and linear equilibrium बनाए रहती हैं।

Arterial supply of internal ear: Labyrinthine artery.

EYE आँख

आँख वह ज्ञानेंद्री हैं जो हमें देखने में मदद करती है। आँख खोपड़ी की orbital cavity से स्थित होती हैं और (optic nerve) द्वितीय कपालीय तंत्रिका प्रकाश-संवेद को मस्तिष्क तक ले जाती है।

आँख लगभग गोलाकार होती है और उसका diameter 2.5 cm होता है। Orbital cavity और eyeball (नेत्र गोलक) के बीच की जगह में adipose tissue होता है। दोनों आँखों का कार्य coordinated ढंग से होता है, जिससे वे एक pair की तरह कार्य करती हैं। हम एक आँख से भी देख सकते हैं, लेकिन गहराई में और distance (दूरी) से देखने में कुछ कमी रह जाती है।

आँख निम्न भागों से बनी होती हैं।

* नेत्रगोलक जिसका कुछ हिस्सा आंख खुलने पर दिखाई देता है (Eyeball)

* मांस पेशियां (Muscles)

* तन्त्रिकाएं (Nerves)

* Lacrimal apparatus

नेत्रगोलक तीन परतों से मिलकर बनी होती है—

1. Outer fibrous layer वाह्य तंतुमय परत : सबसे बाहर की परत को श्वेतपटल (sclera) कहते हैं। यह सफेद रंग

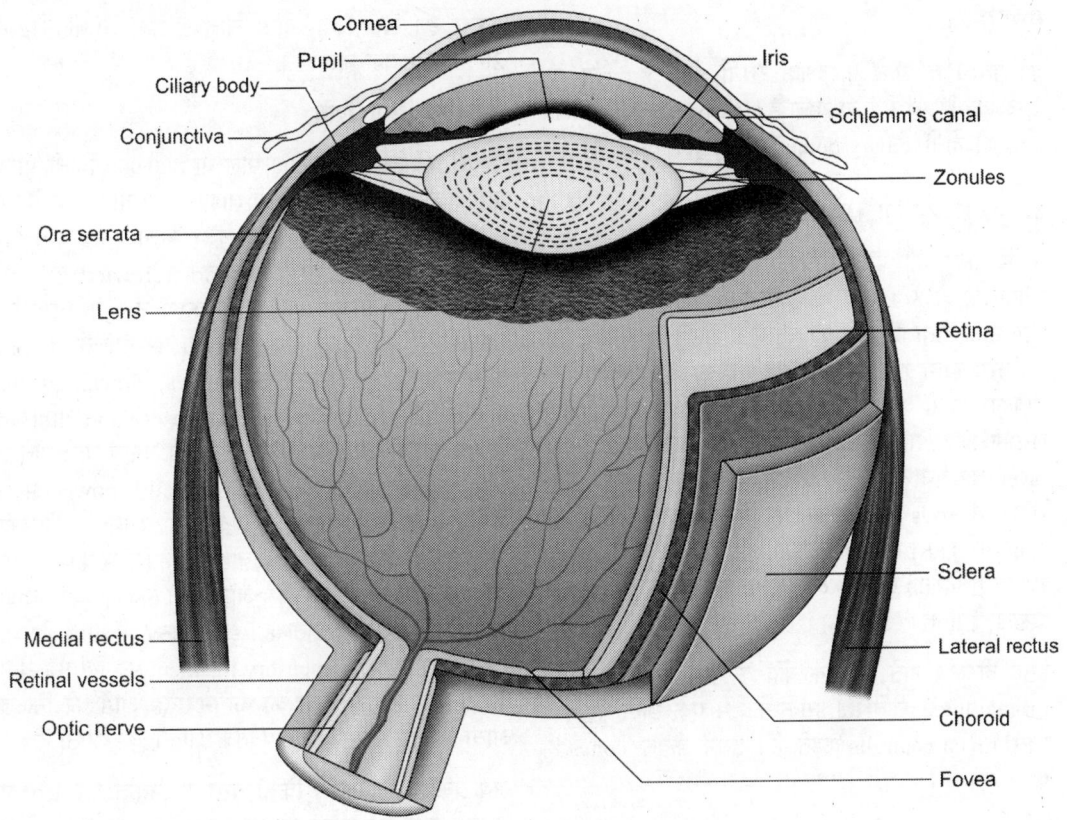

Fig. 12.12 : आंख की एक काट

का होता है और पीछे का $5/6^{th}$ भाग बनाता है। इसमें ऐच्छिक मांस पेशियां insert होती हैं। बाकी आगे का $1/6^{th}$ भाग कार्निया (cornea) बनाता है। cornea पारदर्शी (transparent) होती है और दोनों एक दूसरे के साथ continuous (निरंतर) होते हैं। (Fig. 12.12)

मध्यम वाहिकीय परत (middle vascular layer): इस परत में choroid, ciliary body और iris का समावेश होता है। Choroid में pigments और blood vessels होती है। Ciliary body में ciliary मांस पेशियां, ciliary processes और lens के suspensory ligament होते है।

Iris के centre (केंद्र) में एक छिद्र है जिसे pupil कहा जाता है। इसका साइज आंख में आने वाली रोशनी के हिसाब से बदलता रहता है। ज्यादा रोशनी में pupil छोटा हो जाता है।

Ciliary body, ciliary number (अनैच्छिक तरह की) और स्रावी इपीथीलिम कोशिकाओं से बनी होती है। Ciliary body में suspensory ligament संलग्न रहता है। यह स्नायु lens को कैप्सूल से संलग्न रखता है। Ciliary मांसपेशी के संकुचन और शिथिलन से lens की मोटाई बदलती है। जिससे नेत्र में घुसने वाली रोशनी की किरणों को retina पर केंद्रित करने के लिए उन्हें अपवर्तित (refract) कर सकता है। Ciliary पेशी को 3rd cranial nerve के द्वारा आपूर्ति मिलती है।

स्रावी इपीथीलिम aqueous humour secrete करती है। यह fluid lens के आगे की segment जिसमें posterior (पश्चज कक्ष) chamber (जो lens और iris के बीच में होता है) और anterier chamber (जो iris और cornea के बीच में स्थित है) में होती हैं।

Iris—यह एक वृत्ताकार रचना है, जो कि cornea और lens के बीच में स्थित है। यह दो तरह की पेशी तंतुओं से बनी होती है। Iris रंगीन होती है। इसका रंग उसमें विद्यमान वर्णक कोशिकाओं के ऊपर निर्भर है। Iris के बीच के छिद्र को तारा या पुतली (pupil) कहते हैं। तीव्र प्रकाश में तारा संकुचित हो जाता है, जिससे प्रकाश retina को नुकसान न पहुंचा सके।

लेन्स (Lens)

वह पतुली के पीछे पारदर्शक रचना होती है। लैंस एक पारदर्शक कैप्सूल से घिरा रहता है। (suspensory ligament, lens को दोनों ciliary bodies से लटकाए रहती हैं।

3. दृष्टिपटल/रेटिना (Retina)

सबसे अंदर की परत तंत्रिका-ऊतक की होती है। यह नेत्रगोलक के 3/4 भाग में फैली होती है। इसका पीछे का भाग मोटा होता है, आगे का पतला है और iris के ठीक पीछे यह परत खत्म हो जाता है। यह तंत्रिका कोशिकाओं और तंत्रिका तंतुओं की अनेक परतों से बनता है जो retina के लगभग 3/4 भाग में होते हैं। आगे का भाग सिर्फ 2 (दो) layers का बना होता है और इसके तंत्रिका तंतु नहीं होते। रेटिना में rods के आकार की कोशिकाएं, (lens) और cones के शक्ल की कोशिकाओं, की परत होती है। cones से दिन में दिखाई देता है, रंग दिखाई देते हैं और तीव्र प्रकाश दिखाई देता है।

इसमें दो क्षेत्र होते हैं। एक केंद्र के पास पीला क्षेत्र जिसे macula lutea कहते हैं। इसके केंद्र में एक छोटा गड्ढा है जिसे fovea centralis कहते हैं। इसमें केवल cones ही पाये जाते हैं।

रेटिना के सभी तंत्रिका तंतु दृष्टि-चक्रिका पर अभिसरित होकर दृष्टि-तंत्रिका बनाते हैं। यह तंत्रिका optic canal से गुजरकर optic tract बनाती है वहां से lateral geniculate body में synapse करने के पश्चात hindbrain के occipital lobe में समाप्त होती है।

नेत्र का अग्रज खंड-(anterior segment of eye) अग्रज और पश्चज कक्षों में विभाजित होता है। इन दोनों कक्षों में Aqueous humour होता है। यह द्रव पश्चज कक्ष में secrete होता है। यह lens के आगे बह कर pupil से निकल कर अग्रेज कक्ष में प्रवेश करता है। तब यह canal of Schlemm (जो iris और cornea के कोने में स्थित है) के द्वारा venous blood में बह जाता है। यह द्रव cornea और lens (जिनमें खून नहीं बहता) को nutrients देता है ओर waste products वापिस लेता है।

Lens के पीछे रेटिना तक पश्चज खंड है जिसमें vitreous humour स्थित होता है। यह एक रंगहीन कोमल, पारदर्शक जैली जैसा पदार्थ होता है। यह रेटिना को choroid से चिपका कर रखने में मदद करता है। Eyeball को पिचकने से रोकता है। यह अंतः चाक्षुक दाव को बनाए रखने में मदद करता है। Normally अंतः चाक्षुक दाब 10 mmHg से 20 mmHg तक होता है।

नेत्रों की क्रिया विधि

प्रकाश की किरणें 186000 मील या 300,000 किलो मीटर प्रति सैकण्ड की गति से सीधी लाइन में चलती हैं। ये किरणें जब एक घनत्व वाले माध्यम से दूसरे भिन्न घनत्व वाले माध यम में से गुजरती हैं, तो ये अपवर्तित (refracted) हो जाती हैं या झुक जाती हें। प्रकाश की किरणें नेत्रों के पारदर्शक माध्यमों से गुजरने के बाद ही रेटिना पर पहुंचती हैं। नेत्र के माध्यम है; (नेत्र श्लेष्मा (conjunctiva, cornea, aqueous humour, लैन्स तथा vitreous humour। लैन्स के अतिरिक्त ये सब माध्यम वायु के घनत्व से ज्यादा घनत्व वाले होते हैं और सब की अपवर्तक शक्ति (refractive power) पानी जैसी ही होती है। लेन्स ही एक ऐसी रचना है जिसकी अपवर्तक शक्ति बढ़ती या घटती रहती है। पास की वस्तुओं को देखने के लिए उस पर आने वाले प्रकाश को ज्यादा अपवर्तन की जरूरत होती है। इस अवस्था में ciliary पेशी संकुचित हो कर suspensory ligament पर खिंचाव कम कर देती है जिससे लैन्स का अग्रिम सतह आगे को निकल आता है और लेन्स की अपवर्तक शक्ति बढ़ जाती है।

अब प्रकाश की किरणें किसी वस्तु से निकल कर lens में अपवर्तित हो कर रैटिना की तरफ जाती हैं। वह वस्तु रेटिना पर उल्टी और छोटी प्रकट होती है।

रैटिना में संवेदनशील rods और cones होते हैं। cones दिन में विभिन्न रंगों की पहचान कर सकते हैं। rods मन्द प्रकाश में भी वस्तु को देख सकती हैं। प्रकाश की किरणें cones और rods में स्थित प्रकाश सुग्राही वणर्कों में रासायनिक परिवर्तन (chemical change) लाकर इनको उद्दीप्त करती है। जिससे तंत्रिका आवेग निकलते हैं। ये आवेग दृष्टि-तंत्रिकाओं की मदद से cerebral cortex के occipital lobe (दृष्टि-क्षेत्र) में पहुंच कर संवेदनाएं (sensations) उत्पन्न करती हैं। वहां वस्तुएं सीधी दिखने लगती हैं। दोनों आंखों से देखी हुई वस्तु सिर्फ एक ही दिखाई देती हैं।

नेत्रों का समायोजन (accomodation of the eyes)

मनुष्य के नेत्र विभिन्न दूरियों पर स्थित वस्तुओं को देखने के लिए समायोजित हो जाते हैं। इसमें पुतलियों का छोटा-बड़ा होना बाह्य पेशियों का अभिसरण, और लैन्स (अपवर्तक-शक्ति बढ़ना या घटना) भाग लेते हैं। अगर कोई पास की वस्तु देखता है, जैसे पुस्तक पढ़ता है तो (a) पुतली (pupil) छोटी हो जाती है। (b) दोनों आँखों की वाह्य पेशियां

अभिसरित (cenverge) होती हैं (Fig. 12.13) और (c) लैन्स की अग्रिम सतह आगे की ओर निकल जाती है।

यदि कोई वस्तु 6 मीटर या इससे ज्यादा दूरी पर स्थित है तो लैन्स की focal length (अपवर्तक शक्ति) में बदलाव की जरूरत नहीं होती। बाह्य पेशियों को अभिसरित (convergence) करने की भी जरूरत नहीं होती। दूर की वस्तुओं को देखने में थकावट नहीं होतीं। पास की वस्तु जैसे पुस्तक के शब्द पढ़ने में थकावट होती है।

रैटिना का कार्य

रैटिना में rods और cones होते हैं। शलाकाओं में एक विशिष्ट प्रकाश सुग्राही वर्णक विजुअल पर्पल (visual purple) या रोहड़ोपिस्न होता है। जिसके बनने में विटामिन "A" सहयोग देता है। तीव्र प्रकाश में visual purple विरंजित (bleach) हो जाता है। और अंधेरे में vitamin की मदद से यह पुनः बन जाता है। इसी प्रकार cones में ही एक वर्णक (pigment) होता है, वह भी विरंजित हो जाता है और फिर से बन जाता है।

Binocular Vision

जब हम किसी वस्तु को देखते हैं, वह वस्तु दोनों आंखों मे फर्क से दिखाई देती है। सीधी आंख से वस्तु के सीधे तरफ का ज्यादा हिस्सा देखती है, और उल्टी आंख उल्टी तरफ का हिस्सा ज्यादा देखती है। वस्तु के बीच का हिस्सा दोनों आंखों से दिखाई देता है। दोनों आंखों की तस्वीर (image) सिर्फ एक ही दिखाई देती है।

Binocular vision से हमें वस्तु की गहराई और इसकी दूरी का पता लगता है।

नेत्र की वाह्य (Extraocular) पेशियांः नेत्रगोलक नेत्रकोटरीय गुहा (orbital cavity के अग्रम भाग में स्थित है। पीछे के भाग में पेशियां, उनकी तंत्रिका (nerves) और blood vessels होती हैं। नेत्र की वाह्य पेशियां सात हैं।

1. **पार्श्वीय रैक्टस (lateral rectus):** यह cornea के centre को बाहर की ओर घुमाती है। इसकी तंत्रिका VI कपालीय तंत्रिका या एबड्यूसेंट तंत्रिका है। यह तंत्रिका सिर्फ इसी एक पेशी के लिए होती है।

2. **मध्यवर्ती रैक्टस (medial rectus):** यह नेत्रगोलक को अंदर की तरफ घुमाती हैं। इसकी तंत्रिका III कपालीय तंत्रिका है। (Figs 12.13 and 12.14)

3. **ऊर्ध्ववर्ती रैक्टस (superior rectus):** यह cornea के centre को ऊपर की और अंदर की तरफ घुमाती है। इसकी तंत्रिका भी III कपालीय तंत्रिका है।

4. **अधोवर्ती रैक्टस (inferior rectus):** यह cornea के centre को नीचे और अंदर की ओर धुमाती हैं। इसकी आपूर्ति भी III कपालीय तंत्रिका से होती है।

5. **अधोवर्ती तिर्यक पेशी (inferior oblique):** यह पेशी cornea के centre के। ऊपर ओर बाहर की तरफ ले जाती है। इसकी आपूर्ति भी III कपालीय तंत्रिका से होती है।

6. **ऊर्ध्व तिर्यक पेशी (superior oblique):** यह पेशी cornea के centre को नीचे और बाहर की ओर ले जाती है। इसकी तंत्रिका IV कपालीय तंत्रिका है। एक तंत्रिका एक पेशी के लिए होती है। एक formula LR6S04 Rest 3. इसके लिए उपयुक्त है।

Levator Palpebrals Superioris

यह पेशी ऊपरी eyelid को उठा कर आंख को खोल देती है। इसकी आपूर्ति भी III कपालीय तंत्रिका से होती है।

पेशियां जो पुतली का size घटाती हैं और lens के अग्रम भाग को बाहर की तरफ करती हैं, उनकी आपूर्ति parasympathetic fibres द्वारा होती हे वे III तंत्रिका द्वारा इन पेशियों तक पहुंचते हैं।

LACRIMAL APPARATUS

आंख के अग्रिम भाग में Lacrimal Apparatus होता है। इसका secretion lacrimal fluid है। यह तरल पदार्थ cornea और conjunctiva को सूखने नहीं देता। (Lacri-

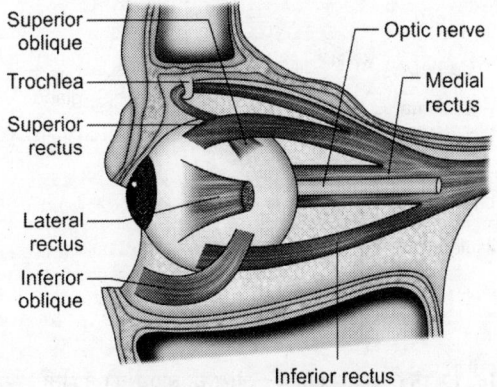

Fig. 12.13 : आंख की पेशियां

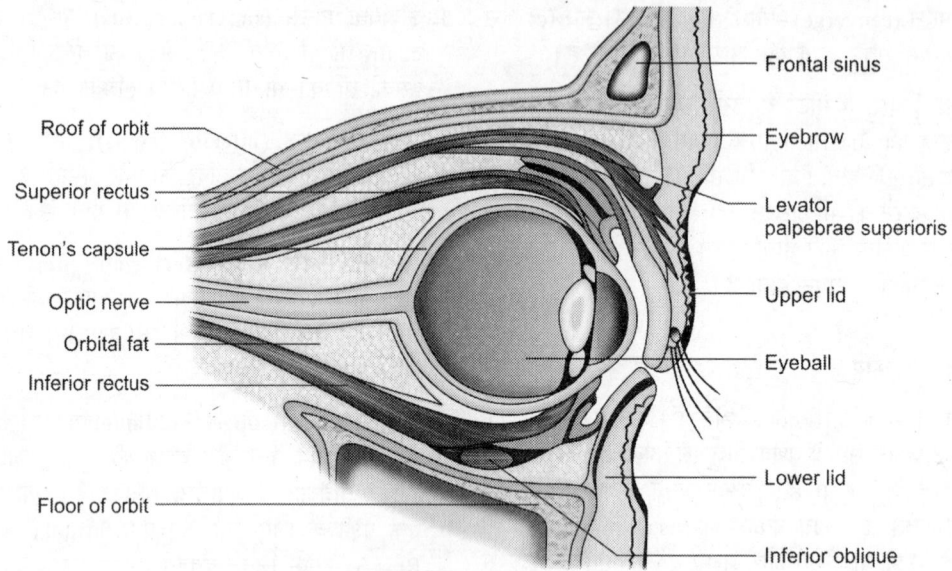

Fig. 12.14 : आंख एवं सहायक संरचनाओं की एक काट

mal apparatus) (अश्रु प्रवाही उपकरण) निम्नलिखित रचनाओं से बनता है।

1. Lacrimal gland व 10 से 15 ducts
2. Conjunctival sac
3. दो अश्रुप्रवाही canaliculi (Fig. 12.15)
4. Lacrimal sac
5. Nasolacrimal duct

अश्रुप्रवाही ग्रंथि हर एक नेत्र गुहा में नेत्र गोलक के ऊपर और पार्श्व (कोने) में स्थित होती है। इसकी शक्ल और size

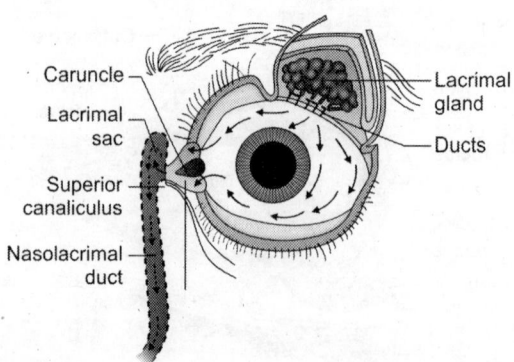

Fig. 12.15: अश्रु उपकरण : आसू के बहाव को दर्शाता हुआ तीर का निशान

बादाम जैसा होता है। इसकी कोशिकाएं स्राव एंपीथीलियम की बनी होती हैं। इस ग्रंथि की 10 से 15 वाहिनियाँ नेत्रश्लेषण कोष के ऊपरी भाग में खुलती हैं। यह ग्रंथि आंसु बनाता है जो कि नेत्रशलेष्मल कोष में आ जाता है।

यहां से आंसू नेत्र के सामने से होते हुए मध्यवर्ती नेत्रकोण की तरफ जाते हैं। यह कार्य आँखों के झपकने (blinking) की सहायता से होता है। आँसू cornea आदि को आक्सीजन और glucose देते हैं तथा carbon dioxide आदि वापिस लेकर मध्यवर्ती नेत्रकोण की ओर जाते हैं। जहाँ पर दो अश्रुप्रवाही सूक्ष्मनलिकाओं के द्वारा आंसू एक अश्रुप्रवाही कोष में एकत्रित होते हैं। इस कोष के नीचे के सिरे से एक Nasoacrimal duct शुरू होकर नासिका गुहा (nasal cavity) में पहुंच कर निम्न शुक्तिका (inferior nasal meatus) के स्तर पर खुलती है। यह वाहिनी 2 सेमी. लंबी होती है।

आँसुओं में जल, लवण और लाइसोजाइम-एन्जाइम होता है जो कि जीवाणुनाशक है। नेत्रश्लेष्मल तरल आँख को तर रखता है।

आँख को गंदगी और धूल से बचाता है और उन्हें साफ रखता है। अगर यह तरल बहुत ज्यादा बनने लगे जैसे चोट की वजह से या भावावेगी अवस्थाओं में, तो यह तरल आंखों से बाहर बहने लगता है, तब इसे आंसू (tears) कहते हैं। अगर यह तरल कम बने तो आंख सूखने लगती हैं, तब artificial tear drops डालनी पड़ती है।

Eyelids and Eyebrows (पलकें और पक्ष्म)

नाजुक और बहुत कीमती आंखों को बचाने के लिए दो पलकें होती हैं। ऊपरी पलक (eyelids) बड़ी और निचली पलक (eyelid) छोटी होती है। पलक (eyelid) के free margin पर eyelashes होती है और कुछ glands भी होते हैं। ऊपरी और निचली पलक (eyelids) के पास आ जाने पर आंख बंद हो जाती है। जब eyelids (पलकें) अलग हो जाती हैं तो आंख खुल जाती हैं जिससे एक हम देख पाते हैं।

आंख के ऊपर भौंहें (eyebrows) होती हैं eyebrows पसीने आदि को आंख में जाने से रोकती हैं।

आंखों से हर इंसान बाहर की दुनिया देख सकता है। अगर डॉक्टर को रैटिना या उसकी artery देखनी हो तो वह ophthalmoscope से अंदर की हालत देख सकता है।

CLINICAL ASPECTS

Tongue

1. **Ulcer**–आमतौर पर tongue की sides में छोटे-बड़े ulcers vitamin B complex की कमी से होते हैं। इस अवस्था में मिर्ची वाला भोजन बहुत अधिक painful होता है यदि यदि ulcer ठीक नहीं होते हैं। तब इन पर ulcers को गंभीरता से लेना आवश्यक है क्योंकि लंबे समय तक रहते के बाद ये cancer में भी परिवर्तित हो सकते हैं।

2. **Ageusia**—Taste का पता न चलना।

   Hypogeusia—Taste का कम पता चलना।

   Dysgeusia—Taste का गलत पता चलना।

Nose

1. **Nasal bone** पर जोर से चोट लगने से इसका fracture हो सकता है। यह fracture होने वाली common bone हैं।

2. **Nasal septum** का एक तरफ को झुका होना deviated nasal septum (DNS) कहलाता है।

3. **Nasal septum** के आगे व नीचे वाला भाग में उंगली से बार-बार रगड़ने पर खून निकलने लगता है। यह भाग "Little's area" कहलाता है। Sinus के infection को sinusitis कहते है जिससे mucous या पानी का स्राव नाक से होने लगता है।

Viral infection में भी नाक बहने लगती है। जिसे common cold कहते हैं यह एक सप्ताह में ठीक हो जाती है।

Conjunctivitis: Conjunctiva को inflammation यह infection या allergy के द्वारा होने वाले अवस्था हैं।

Trachoma: यह conjunctiva का inflammation है जो chlamydea trachomatis के द्वारा होता है। विकासशील देशों में यह अंधेपन का एक बड़ा कारण है जिसे बचाव के द्वारा रोका जा सकता है।

Corneal ulcers ये ulcer cornea के infection के द्वारा बनते हैं।

Glaucoma: Schlemm canal के द्वारा aqueous humour के बहाव के रुक जाने से intraocular pressure बढ़ जाता है जिससे optic nerve के fibres पद दबाव पड़ता हैं और अंधेपन का एक कारण हो सकता है।

Cataract: आंख के lens opaque हो जाते हैं जिससे light को गुजरने में interference होता है। व्यक्ति का धुंधला दिखाई देने लगता है। इसको lens बदलवाकर ठीक किया जा सकता है।

Retinal detachment: Retina की अंदर की परतो का बाहरी परत से अलग होना। इसका उपचार surgery के द्वारा किया जा सकता है।

Retinitis pigmentosa: यह अनुवांशिक रोग है जिससे retina में degeneration हो जाता है। यह मुख्यतः rods का प्रभावित करता है। जिससे dim light में दिखाई नहीं देता (night blindness)।

Squint: सामान्यतः दोनो आँख एक साथ एक ही ओर को धूमती हैं, परंतु extraoccular muscles की paralysis में यह अलग-अलग घूम सकती है जिसे squint कहते हैं इसके द्वारा double vision या diplopia भी हो सकता है।

Myopia (Near sightedness) इसके लिए concave lens लगाये जाते हैं।

Hypermetropia: इसमें convex lens लगाये जाते हैं।

Astigmatism: Cornea के दोनों ओर का curvature में फर्क हैं इसको cylindrical lens के द्वारा ठीक किया जा सकता है।

Diseases of Ear

1. **Otitis externa:** External auditory meatus से infection होने या फुंसी बन जाने को कहते हैं।

Otitis media: संकरी middle ear cavity के inflammation को कहते हैं यह infection throat से भी आ सकता हैं यदि इसका सही इलाज नहीं किया जाये तो यह meningitis का कारण भी हो सकता है।

Otosclerosis: Stapes की foot plate का oval window के साथ चिपक जाना otosclerosis कहलाता है। जिससे sound wave internal ear में नहीं पहुंचती ओर सुनाई देना बंद हो जाता है।

Deafness सही से सुनाई नहीं देना।

CHAPTER

13

कंकाल तंत्र
Skeletal System

कंकाल तंत्र के अंतर्गत bones तथा cartilages का अध्ययन किया जाता है।

Bones (अस्थियां): Bone शरीर का सबसे कठोर tissue (ऊतक) है। जिसमें जल 25%, कार्बनिक पदार्थ 25% तथा अकार्बनिक पदार्थ मुख्यतः कैल्शियम फॉस्फेट 50% होते हैं।

Bones के कार्य

1. Bones शरीर को एक निश्चित आकार प्रदान करती है।
2. Bones शरीर के बहुत से अंगों को सहारा तथा सुरक्षा प्रदान करती है। जैसे कपालास्थि (cranium) मस्तिष्क को, वक्ष पिंजड़ा (thoracic cage) हृदय एवं फेफड़ों को सुरक्षा प्रदान करते हैं।
3. Bones (अस्थियों) से ही मांसपेशियां तथा कंडराएं (tendons) जुड़ी रहती हैं। जिससे चलने फिरने में शरीर का हिलाने में सहायता मिलती है।
4. Bones (अस्थियों) के अस्थि मज्जा में RBC, WBC तथा Platelets का निर्माण होता है।
5. Bones (अस्थियां) एक दूसरे के साथ joint बनाती हैं जिससे शरीर को गति मिलती है।
6. Bones, कैल्शियम एवं फॉस्फोरस आदि minerals का संचित भंडार है।

Classification of Bones (कंकाल का वर्गीकरण)

Position के अनुसार

1. **Axial skeleton** (अक्षीय कंकाल)—उदाहरण-खोपड़ी, छाती तथा कशेरूकदंड (See Fig. 1.2)
2. **Appendicular skeleton** (अनुबंधी कंकाल)—अनुबंधी कंकाल में अंस मेखला, श्रोणी मेखला तथा ऊपरी भुजा एवं निचली भुजा को सम्मिलित किया गया है।

CLASSIFICATION OF BONES
According to Shape (आकृति के अनुसार अस्थियों का वर्गीकरण)

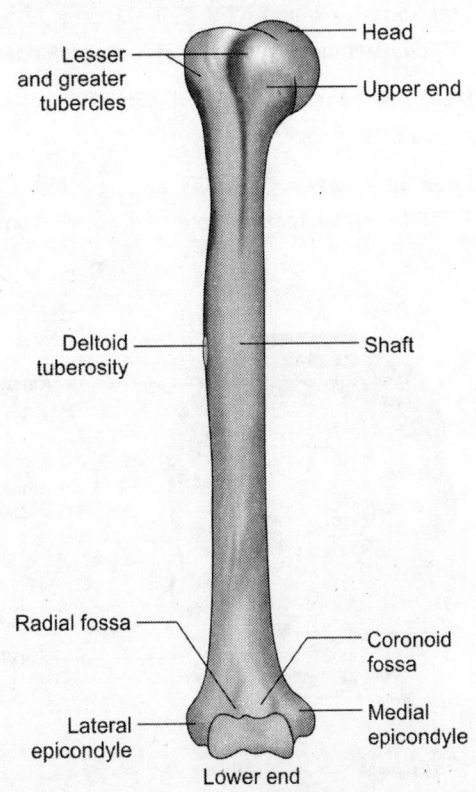

Head
Lesser
and greater
tubercles
Upper end
Deltoid
tuberosity
Shaft
Radial fossa
Coronoid
fossa
Lateral
epicondyle
Medial
epicondyle
Lower end

Fig. 13.1: लम्बी अस्थि

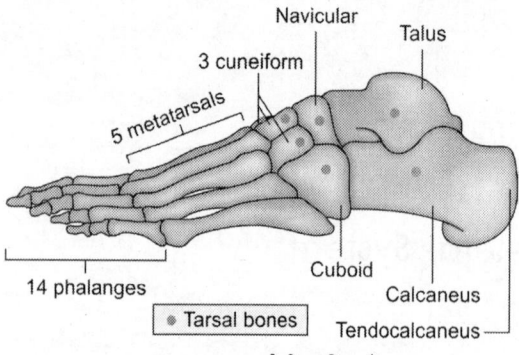

Fig. 13.2: छोटी अस्थियाँ

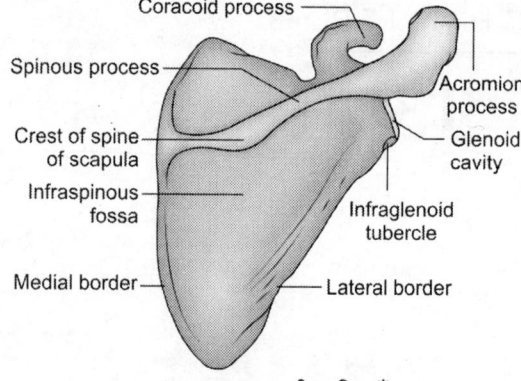

Fig. 13.3: चपटी अस्थियाँ

1. **Long bones**: इनके दो सिरे तथा बीच में एक shaft होती है। उदाहरण—humerus, femur, tibia (Fig. 13.1)

2. **Short bones**: ये छोटे आकार की bones हैं। उदाहरण—carpal व tarsal bones (Fig. 13.2)

3. **Long short bones**: ये छोटी long bones हैं। उदाहरण—metatarsal तथा metacarpal bones.

4. **Flat bones**: ये bones चपटी होती हैं। (Fig. 13.3) उदाहरण—sternum, skull bones तथा scapula.

5. **Irregular bones**: अनिश्चित आकृति वाली bones हैं। उदाहरण—vertebrae

6. **Pneumatic bones**: इनके अंदर air space होते हैं। उदाहरण—frontal, maxilla, sphenoid, ethmoid, air spaces को sinus कहते हैं और इनके infection को sinusitis कहते हैं। (Fig. 13.4)

7. **Sesamoid Bones**—कुछ tendons में होती हैं। उदाहरण—patella or knee cap जो कि घुटनों के सामने की हड्डी हैं। (See Fig. 1.2) Patella bone quadriceps femoris के tendon में होती है।

Structure (संरचना) के अनुसार वर्गीकरण

1. **Compact या solid bones** उदाहरण—long bone की shaft. (Fig. 13.5)

2. **Cancellous or Spongy Bones**—में bone marrow के लिये ज्यादा जगह होती है। उदाहरण—long bones के सिरे। (Fig. 13.5)

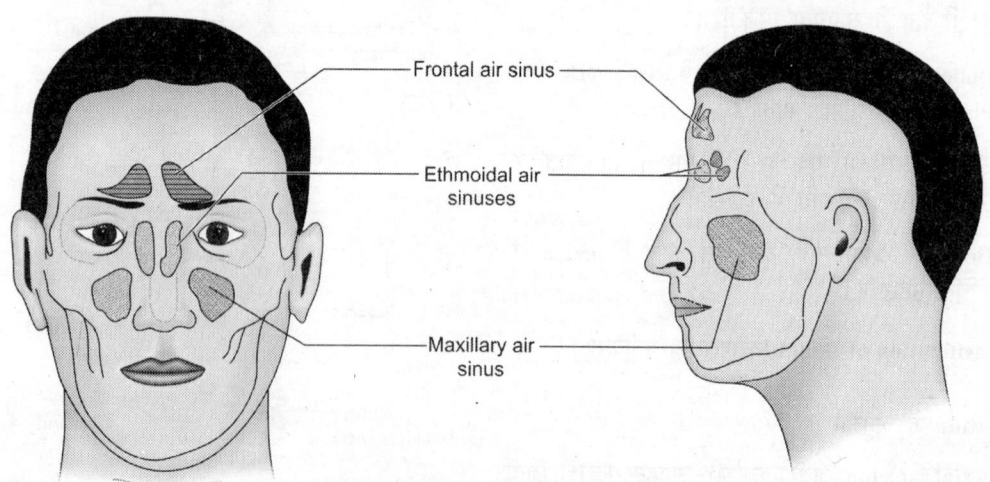

Fig. 13.4: वायवीय हड्डियां तथा नासिका संबंधी साइनस

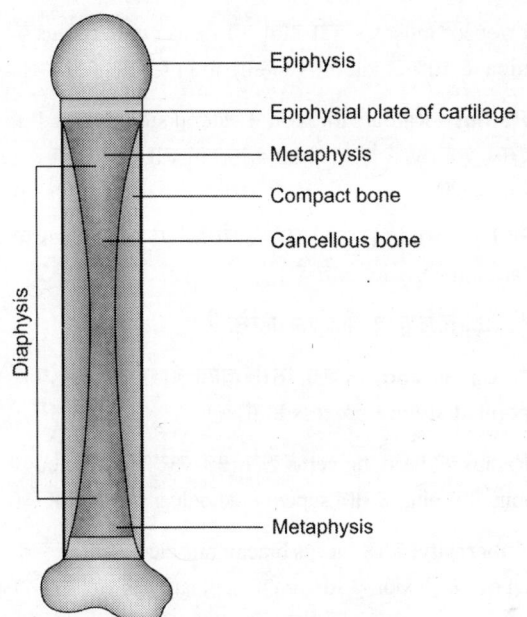

Fig. 13.5: विकासशील अस्थि के हिस्से

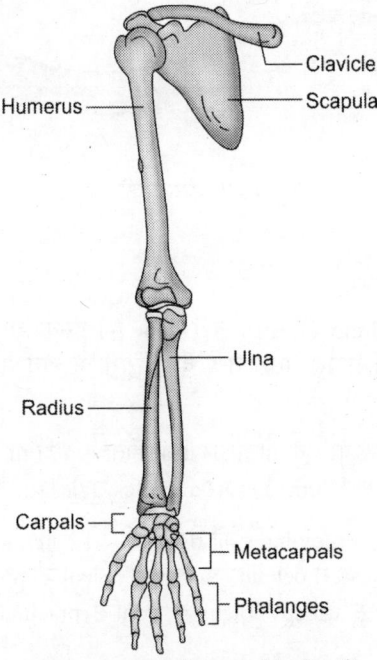

Fig. 13.6: ऊपरी भुजा की अस्थियाँ

BONES OF APPENDICULAR AND AXIAL SKELETON APPENDICULAR SKELETON में

shoulder girdle के साथ ऊपरी भुजा एवं pelvic girdle के साथ निचली भुजा की bones का अध्ययन किया जाता है।

BONES OF SHOULDER GIRDLE AND UPPER LIMBS

Shoulder girdle व ऊपरी भुजा की bones

* Shoulder girdle में (scapula व clavicle) दो bones हैं (Fig. 13.6)

* कंधे से कोहनी तक के हिस्से को arm कहते हैं। Arm में एक humerus bone होती है।

* कोहनी से कलाई तक का हिस्सा forearm है जिसमें radius व ulna दो bones हैं।

* हाथ में 8 carpal bones हैं 5 metacarpal bones व 14 phalanges हैं।

Scapula: चपटी तिकोनी bone है जो back के ऊपरी हिस्से में laterally स्थित है। (fig. 13.3)

Surface: scapulla के 2 surface (सतह) है। आगे की ओर

Angles (कोण): Superior, inferior व lateral तीन angles हैं। Lateral angle पर glenoid cavity स्थित होती है। यह glenoid cavity humerus के head से articulate करके shoulder joint बनाती है।

Borders: Scapula के 3 Borders है, medial, lateral तथा superior

3. Processes

1. **Coracoid process:** इससे pectoralis minor, biceps brachii का छोटा सिरा व coracobrachialis जुड़े रहते हैं।

2. **Spinous process:** Deltoid व trapezius इस process से जुड़ी रहती है।

3. **Acromion process:** Deltoid व trapezius इस process से जुड़ी रहती है। Deltoid muscle में intra-muscular injection दिया जाता है।

Clavicle: आकृति के अनुसार clavicle का वर्गीकरण long bones में किया गया है इसके दो सिरे हैं medial व lateral (Fig. 13.7) medial सिरा sternum के साथ joint बनाता है lateral सिरा acromion process के साथ। इसको medial 2/3 व lateral 1/3 में बांटा जाता है। Medial 1/2 से pectoralis major व sternocleidomastoid muscles जुड़ी रहती है।

Lateral 1/3 part पर deltoid व trapezius जुड़ी हुई होती है। Trapezius का काम कंधे उचकाना है।

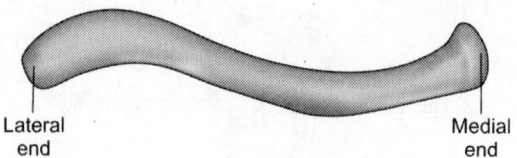

Lateral end
Medial end

Fig. 13.7: हँसली की अस्थि

Humerus

Upper limb की सबसे बड़ी bone है। इसके दो सिरे हैं ऊपरी व निचला सिरा तथा दोनों सिरों के बीच में shaft होती है।

ऊपरी सिरे पर एक गोलाकार head होता है व दो tubercles होते हैं। इन tubercles पर muscles जुड़ी रहती है।

Shaft लंबी व cylinder की तरह होती है। Lateral side के मध्य में shaft से deltoid जुड़ी रहती है। Shaft की posterior surface से triceps brachii व front से brachialis जुड़ी रहती है।

Lower end (निचला सिरा) पर lateral व medial epicondyles व radial एवं coronoid fossae आगे में होते हैं। तथा olecranon fossa पीछे होता है। Medial epicondyle से flexor muscles व lateral epicondyle से extensor muscles जुड़ी होती है। Lower end, radius व ulna के साथ में elbow (कोहनी) joint बनाता है।

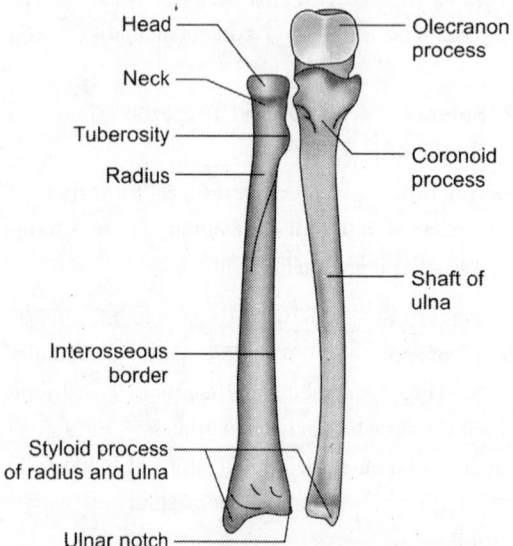

Head
Neck
Tuberosity
Radius
Interosseous border
Styloid process of radius and ulna
Ulnar notch
Olecranon process
Coronoid process
Shaft of ulna

Fig. 13.8: बाईं तरफ की रेडियस एवं अलना (आगे से देखने पर)

Radius - Radius, forearm में lateral side में होती है। इसमें एक ऊपरी सिरा, shaft व एक निचला सिरा होता है। Fig. 13.8)

* **Upper end** (उपरी सिरा): उपरी सिरे में head, neck व radial tuberosity आते हैं।

* **Shaft** लंबा व बीच का हिस्सा है।

* **Lower end** (निचला सिरा) चौड़ा होता है इसमें एक pointed styloid process होता है।

Radius का head, humerus के निचले सिरे के साथ elbow joint तथा ulna के साथ superior radioulnar joint बनाता है।

Tuberosity: इससे biceps brachii muscle जुड़ी होती हैं जो elbow के flexion व forearn के supination में सहायक है।

Shaft: Anterior concave surface से flexor muscle जुड़ी होती है जो उंगलियों के flexion में मदद करती है। Posterior surface से extensor muscles जुड़ी होती है जो उंगलियों के extension के लिये काम करती है।

Lower end (निचला सिरा)–Carpal bones के साथ wrist joint बनाता है व ulna के साथ inferior radioulnar joint बनाता है।

Ulna

Forearm में medial side की bone है। Upper end में हुक जैसा olecranon process व एक coronoid process है। Coronoid process पर brachialis muscle जुड़ी रहती है। Olecranon process से triceps brachii जुड़ी होती है। (Fig. 13.8)

Lower end पर गोल head व नीचे के तरफ projecting styloid process होता है।

Shaft: Anterior surface से उंगलियों के flexor जुड़े होते हैं व posterior surface से extensors जुड़े होते हैं।

Full extension में olecranon process, olecranon fossa में fit हो जाता है व full flexion में coronoid process coronoid fossa में fit हो जाता है।

HAND

Wrist में 8 carpal bones होती है जो 2 rows में पायी जाती है (Fig. 13.9)

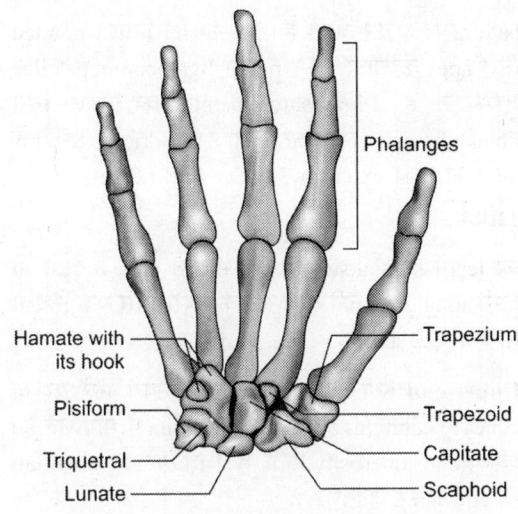

Fig. 13.9: कलाई, हाथ व अंगुलियों की अस्थियाँ

Proximal row में scaphoid, lunate, triquetral व pisiform bones हैं।

Distal row में trapezium, trapezoid, capitate व hamate होती है।

Proximal row की bones wrist joints तथा distal row की bones carpometacarpal joints बनाने में भाग लेती है।

हाथ के कंकाल में 5 metacarpal bones होती है 14 phalanges होती है। जिसमें अंगूठे में दो तथा प्रत्येक उंगली में तीन Phalanges हैं।

BONES OF PELVIC GIRDLE AND LOWER LIMB (FIG.13.10)

Hip bone व sacrum से pelvic girdle बनती है

HIP BONE के तीन भाग हैं। Ilium, ischium, pubis

Ilium उपर की ओर, ischium पीछे की और व pubis आगे व निचले भाग में होती है दो pubic bones के बीच joint को pubic symphysis कहते हैं।

Hip bone के lateral side में एक cup की shape का fossa, acetabulum होता है। Acetabulum के साथ femur का head, hip joint बनाता है। Acetabulum पर ही ilium, ischium व pubis आकर मिलती हैं (Fig. 13.11)

Ilium जोकि plate जैसी bone है sacrum के साथ articulate करके sacroiliac joint बनाती है। Ilium में दो सतह होती

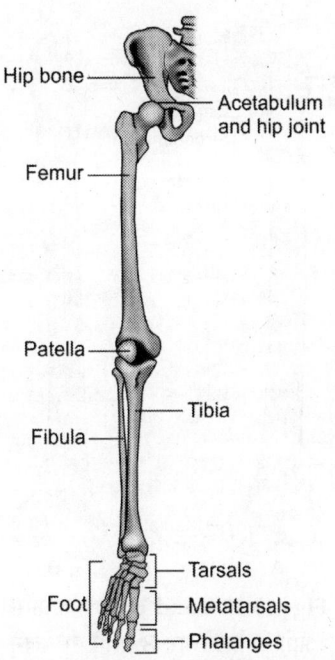

Fig. 13.10: जिचली भुजा की अस्थियाँ

हैं, lateral सतह से gluteal muscles जुड़ी रहती हैं। इस सतह को gluteal सतह भी कहते हैं। Intramuscular injection लगाने के लिए gluteus region की lateral side एक सुरक्षित भाग है।

Medial surface दो भाग में बंटी होती है: Iliac fossa sacropelvic surface है।

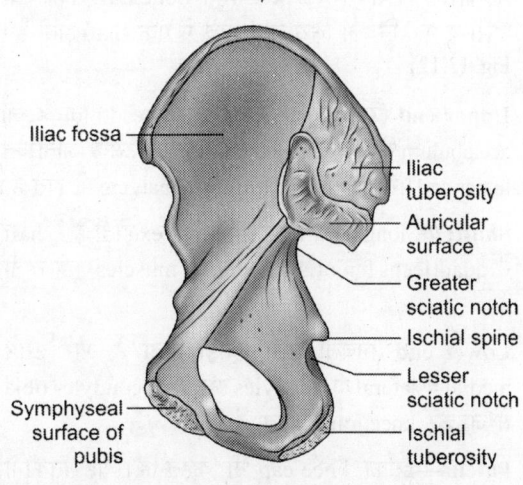

Fig. 13.11: बाएँ नितम्ब की अस्थि

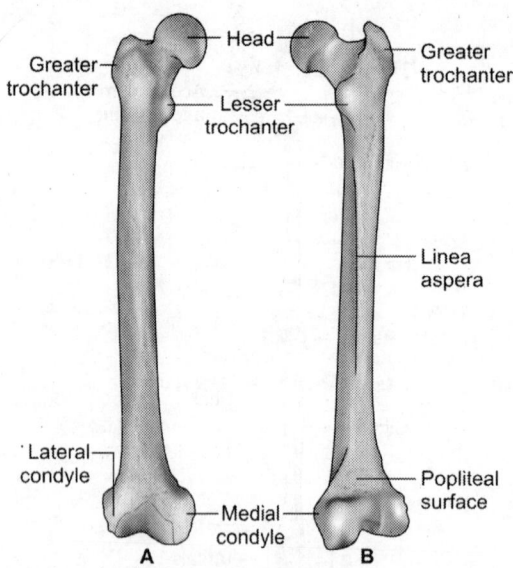

Figs 13.12A and B: दाईं जांघास्थि
A. आगे से देखने पर B. पीछे से देखने पर

Ischium जोकि hip bone का निचला व पिछला भाग बनाता है। इसकी tuberosity में जांघ के पिछले भाग के muscles जुड़ी रहती है।

Pubis से thigh के medial side की muscles जुड़े होते हैं। Ischium व pubis के बीच में एक foramen होता है जिसे obturator foramen कहते हैं।

Femur

यह शरीर की सबसे बड़ी व मजबूत bone है। इसका एक उपरी व एक निचला सिरा तथा बीच में एक shaft होती है। Fig. 13.12)

Upper end (उपरी सिरा) में गोलाकार head होता है जो acetabulum के साथ hip joint बनाता है, उसके अतिरिक्त upper end पर greater and lesser trochanters भी होते है।

Shaft: यह long व आगे की side convex होती है। shaft से quadriceps femoris व adductor muscles जुड़ी रहती है।

Lower end (निचला सिरा) चौड़ा होता है और उसमें medial व lateral दो condyles होते हैं ये condyles tibia से जुड़कर knee joint बनाते हैं।

Patella—इसको knee cap भी कहते हैं। यह तिकोनी sesamoid bone हे जो quadriceps femoris muscles के tendon में होती है। Quadriceps muscles के चारों भाग patella पर आकर जुड़ते हैं। Patella का निचला pointed सिरा apex कहलाता है। Apex से ligamentum patellae जुड़ा रहता है। Ligamentum patellae का निचला सिरा tibial tuberosity पर जाकर जुड़ता है Quadriceps femoris घुटने की मुख्य extensor है। (See Fig. 1.2)

TIBIA

यह leg में medial side पर एक मजबूत bone है इसमें भी दूसरी long bones की तरह से एक उपरी सिरा एक निचला सिरा व एक shaft है। (Fig. 13.13)

Upper end (उपरी सिरा): Tibia के उपरी सिरे पर दो concave condyles होते हैं जो knee joint में भाग लेते हैं। एक tibial tuberosity होती है जिस पर ligamentum patelle जाकर जुड़ता है।

Lower end (निचला सिरा): निचला सिरा talus के साथ articulate (संधि) करके ankle joint बनाता है। निचले सिरे पर medial side में नीचे की ओर एक projection होता है इसे medial malleolus कहते हैं। यह skin से भी आसानी से देखा व feel किया जा सकता है।

Shaft—यह लंबी व cylindrical होती है। lateral border interosseous membrane के द्वारा fibula से जुड़ती है। Medial surface को skin के through feel किया जा

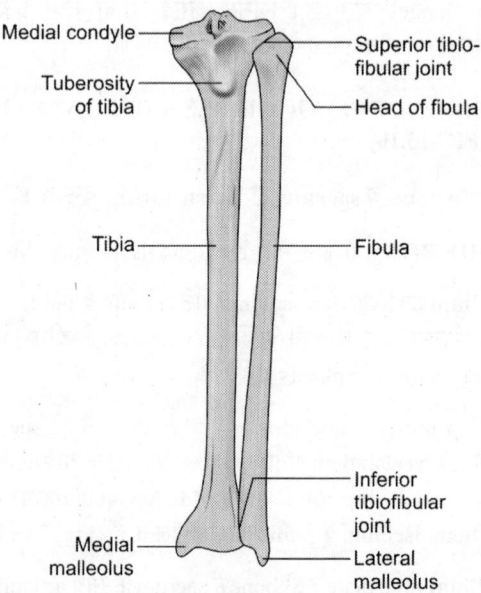

Fig. 13.13: बाईं टिबिया और फिबुला (आगे से देखने पर)

सकता है जबकि lateral सतह पर tibialis anterior muscle जुड़ी होती है।

FIBULA

यह cylinder की तरह लंबी bone है यह muscles को attachment देती है।

इसमें upper end lower end व दोनों ends के बीच में shaft होती है।

Lower end: पर lateral malleolus है जो talus के साथ ankle joint बनाने से भाग लेता है व tibia के साथ inferior tibiofibular joint बनाता है।

Upper end tibia के साथ superior tibiofibular joint बनाता है।

Shaft: Interosseous membrane के द्वारा tibia से जुड़ी होती है।

THE FOOT

Foot में 7 tarsal, 5 metatarsal व 14 phalanges होती हैं।

Tarsal bones: 7 होती हैं ये size में carpal bones से बड़ी है। इनके नाम हैं–calcaneum, talus, cuneiform (3), navicular व cuboid इनमें calcaneum सबसे बड़ी है वह heel बनाती है और एक महत्त्वपूर्ण Tendon tendo-calcaneus इससे जुड़ा रहता है। यह foot का plantar flexion करता है। (Fig. 13.10)

Talus: यह calcaneum से size में छोटी होती है यह ankle joint व subtalar joint बनाती है। इसपर कोई muscle attach नहीं होता। दूसरी अन्य tarsal bones में navicular पर tibialis posterior and medial cuneiform पर tibialis anterior तथा peroneus longus जुड़ी होती हैं।

Melatarsal bone: ये 5 bones हैं इनकी गिनती medial से lateral side की जाती है। पहली metatarsal सबसे ज्यादा मोटी व मजबूत होती है।

Phalanges: ये बहुत छोटी bones है Big toe या hallux या 1st toe में 2 phalanges होते हैं। Proximal व distal व अन्य digits में 3 phalanges, proximal, middle व distal होती है।

ARCHES OF FEET

पैर की bones से bridge के जैसी संरचना बनती है जोकि muscles व ligament से सहारा लेकर longitudinal व transverse arches बनाती है। इन arches से body weight distribute होता है। यह arches शरीर को आगे बढ़ाने में spring की तरह कार्य करती है। Nerves व vessels को सुरक्षा भी प्रदान करती है। Medial longitudinal arch ऊंची और अधिक गतिमान होत है। यह calcaneun, talus, तीनों cuneiform व पहले तीन metatarsals से बनती है।

Lateral longitudinal arch यह नीची व कम गतिमान होती है। यह calcaneus, cuboid और चौथे, पांचवे metatarsal से बनती है।

Transverse arches—एक पैर में आधी arch बनती है और दोनों पैर एक साथ रखने पर ये arch पूर्ण होती है।

BONES OF AXIAL SKELETON

ये Bones शरीर के मध्य में होती और शरीर का अक्ष बनाती हे ये bones निम्नलिखित हैं।

1. Skull with six ossicles व mandible के साथ
2. Hyoid bone
3. Sternum
4. बारह जोड़ी/Ribs (12×2)
5. Vertebral column

SKULL

अक्षीय कंकाल का सबसे उपरी भाग हे इसमें 28 bones हैं, जिसमें से 8 bones, brain box व 14 bones face बनाती है। 6 ear ossicles जिसमें प्रत्येक कान में तीन हैं। Brain box के उपरी भाग को vault या cap व निचले भाग को base कहते हैं। Skull में कुछ bones जोड़े में व कुछ एकल होती है, जो दी गई Table 13.1 में दर्शायी गयी हैं।

Brain Box: यह brain को सुरक्षित रखता हे इसमें bones एक दूसरे के साथ sutures द्वारा joint बनाती है। इसकी bones में बहुत से छिद्र होते हें जिनसे nerves तथा blood vessels pass होती है।

Frontal bone: यह ललाट (forehead) बनाती है यह parietal, ethmoid व nasal bones के साथ joints बनाती है। Frontal व parietal bones के बीच के joint को coronal suture कहते हैं। Frontal bone में air sinus होते हैं और ये orbit की छत बनाती है।

Parietal bones: ये paired होती है दोनों तरफ की parietal bones एक दूसरे के साथ sagittal suture के द्वारा संधि बनाती है। (Fig. 13.14)

Table 13.1 : Showing bones of skull and face

Skull cap व base (8)	Paired	Unpaired
	Parietal	Frontal
	Temporal	Occipital
		Sphenoid
		Ethmoid
Ossicles (6)	Malleus, incus, stapes	
Face (14)	Zygomatic	Vomer
	Maxilla	Mandible
	Nasal	
	Inferior nasal concha	
	Lacrimal	
	Palatine	

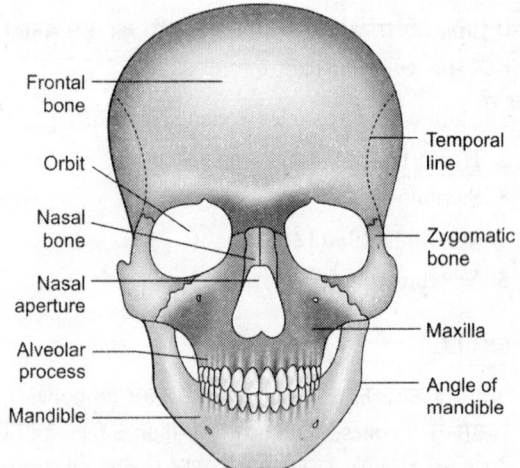

Fig. 13.14: खोपड़ी का अग्र से देखने पर

Frontal bone के साथ coronal suture, temporal bone के साथ squamous suture and ocipital bone के साथ lambdoid suture बनाती है।

Temporal Bones: ये bones जोड़े में व कान के उपर स्थित हैं। इसी bone में मध्य व अंतः कर्ण भी होता हे कान के पीछे की तरफ इस bone का एक process होता है जिसे mastoid process कहते हैं। Temporal bone, zygomatic bone से articulate करके zygomatic arch बनाती है। यह mandible से articulate करके tempromandibular joint बनाती है। (Fig. 13.15)

Occipital bone—यह single bone है और skull का पश्च भाग व पश्च भाग का तल बनाती है। इसमें skull का

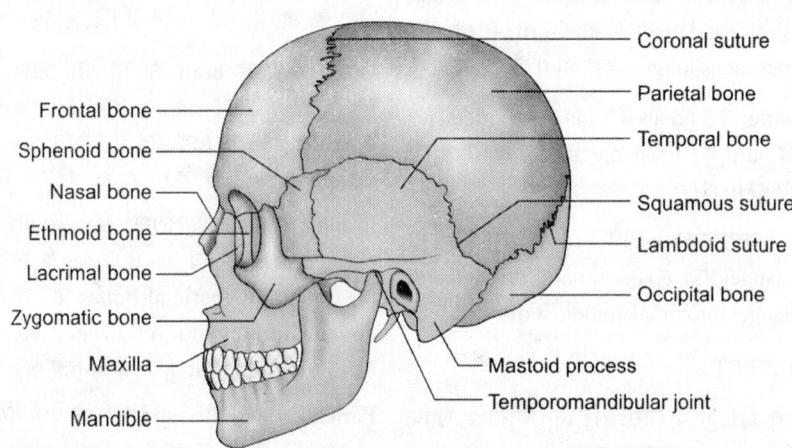

Fig. 13.15: खोपड़ी पार्श्व से देखने पर

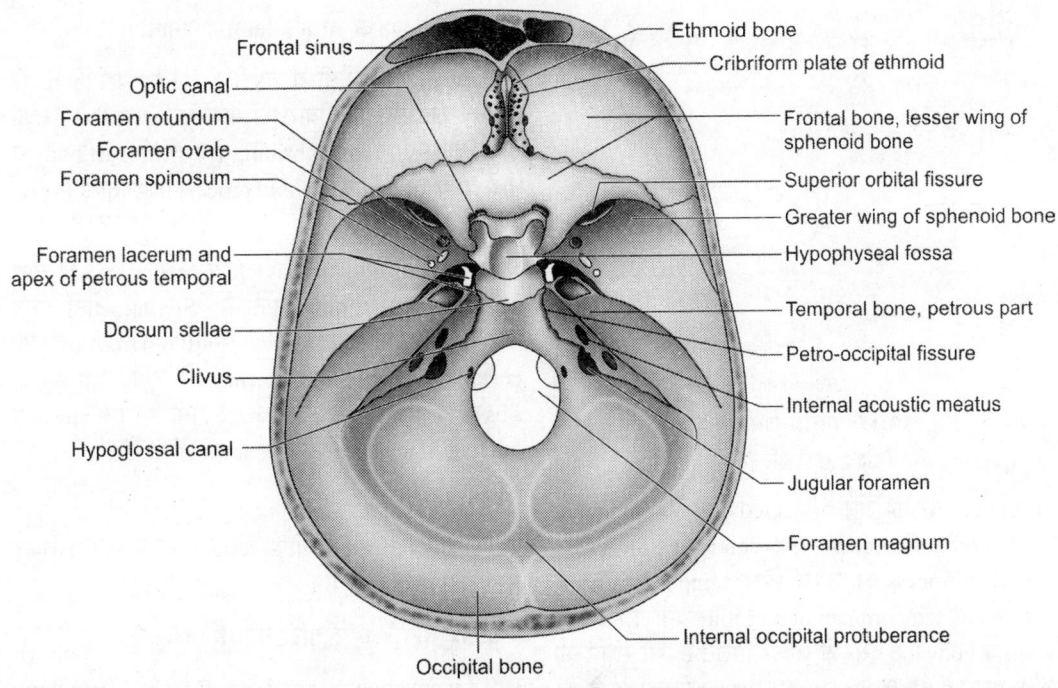

Frontal sinus
Optic canal
Foramen rotundum
Foramen ovale
Foramen spinosum
Foramen lacerum and apex of petrous temporal
Dorsum sellae
Clivus
Hypoglossal canal

Ethmoid bone
Cribriform plate of ethmoid
Frontal bone, lesser wing of sphenoid bone
Superior orbital fissure
Greater wing of sphenoid bone
Hypophyseal fossa
Temporal bone, petrous part
Petro-occipital fissure
Internal acoustic meatus
Jugular foramen
Foramen magnum
Internal occipital protuberance

Occipital bone

Fig. 13.16: कराटि खात

सबसे बड़ा छिद्र होता है जिसे foramen magnum कहते हैं जिसके द्वारा medulla oblongata निकलकर spinal cord के रूप में नीचे जाता है।

Occipital bone के दो condyles होते हैं जो atlas (प्रथम कशेरुका) के साथ joint बनाते हैं।

Sphenoid: यह single bone है जो कि butterfly से मिलती-जुलती होती हे तथा skull का base बनाती है। Pituitary gland, sphenoid bone में स्थित होती है। इसके बड़े व छोटे पंखों के बीच में एक बड़ा superior orbital fissure होता है, जिसके द्वारा nerve व vessels गुजरती हैं। इस bone में sphenoidal air sinuses होते हैं। (Fig. 13.16)

Ethmoid: यह बहुत हल्की व एकल bone है यह orbit की medial well में स्थित है और इसमें ethmoidal air cells के तीन sets होते हैं। यह nasal septum व nasal cavity की छत भी बनाती है।

Zygomatic Bones: ये जोड़े में होती है तथा cheek bone कहलाती है ये temporal व maxilla bones के साथ joint बनाती हैं।

Maxilla या उपरी जबड़ा—ये bones जोड़े में होती है इनके अंदर हवा से भरे हुए maxillary air sinuses होते हैं। Air

sinus व उपर के दांतों की nerve एक ही होती है इसलिए sinusitis का दर्द दांतों में व दांतों का दर्द sinus में महसूस होता है।

Nasal bone: ये जोड़े में होती है तथा नाक का ऊपर का हिस्सा बनाती हैं।

Inferior nasal concha ये जोड़े में होती है, नाक की lateral wall बनाती है।

Lacrimal bones ये paired bones है तथा orbit की medial wall बनाती हैं।

Palatine bones: ये L के आकार की bones हैं जो कि जोड़े में पायी जाती है यह maxilla के palatine process के साथ मिलकर कठोर तालू को बनाती हैं।

Vomer: एकल bone है जो nasal bones के साथ मिलकर nasal septum बनाती है।

Mandible: यह चेहरे की एकल व मजबूत bone है यह skull की अकेली bone है जो move करती हे इसके एक आधे भाग में 8 दांत होते हैं (Fig. 13.17)। इसमें एक body व दो rami होती है। Body घोड़े की नाल के आकार की होती

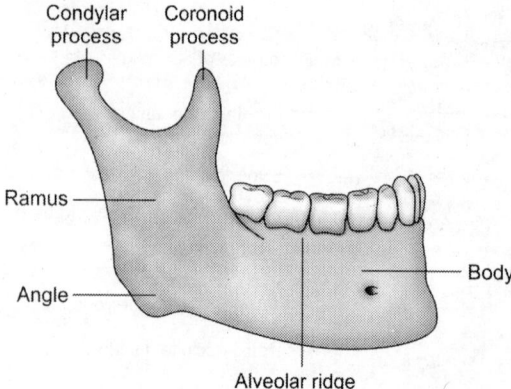

Fig. 13.17: निचले जबड़े की अस्थि (पार्श्व से देखने पर)

है। Ramus उपर की ओर projected होता है। Mandible में एक coronoid process, एक condylar process है। Condylar process का उपरी सिरा temporal bone के साथ मिलकर temporomandibular joint बनाता है। जहां ramus व body एक दूसरे से जाकर मिलते हैं उस स्थान को angle कहते हैं। Inferior alveolar nerve निचले जबड़े की nerve है।

Hyoid Bones: यह छोटी एकल bone है जो mandible व thyroid cartilage के बीच स्थित है। Pharynx, tongue व neck की कुछ muscles इस bone से जुड़ी रहती है। यह किसी भी bone के साथ joint नहीं बनाती।

Sternum: यह अकेली व चपटी bone है। यह thoracic cavity की आगे की दीवार का मध्य भाग बनाती है इसका ऊपर वाला भाग manubrium, बीच वाला part body व नीचे वाला छोटा भाग xiphoid process कहलाता है। (Fig. 13.18)

Manubrium दोनों side clavicle के medial ends के साथ sternoclavicular joint बनाता है। Sternum दोनों तरफ ऊपर की सात ribs के साथ joints बनाता है ये ribs (पसलियां) costal cartilage के द्वारा sternum से जुड़ी रहती है। दो ribs के बीच में intercostal space होती है। इस space में intercostal muscles की तीन layers होती हैं।

RIBS

ये 12 जोड़े होते हैं। ये पीछे vertebral column से लेकर आगे की ओर जाती है।

Ribs को तीन sets में बांटा गया है। (fig. 13.18)

1. True or vertebrosternal ribs: ये thoracic vertebrae से sternum तक जाती हैं। इस वर्ग में ऊपर की सात ribs आती हैं।

False or vertebrochondral ribs: ये नीचे वाली thoracic vertebrae से लेकर costal margin तक जाती हैं इस वर्ग में आठवीं, नवीं और दसवीं ribs आती हैं।

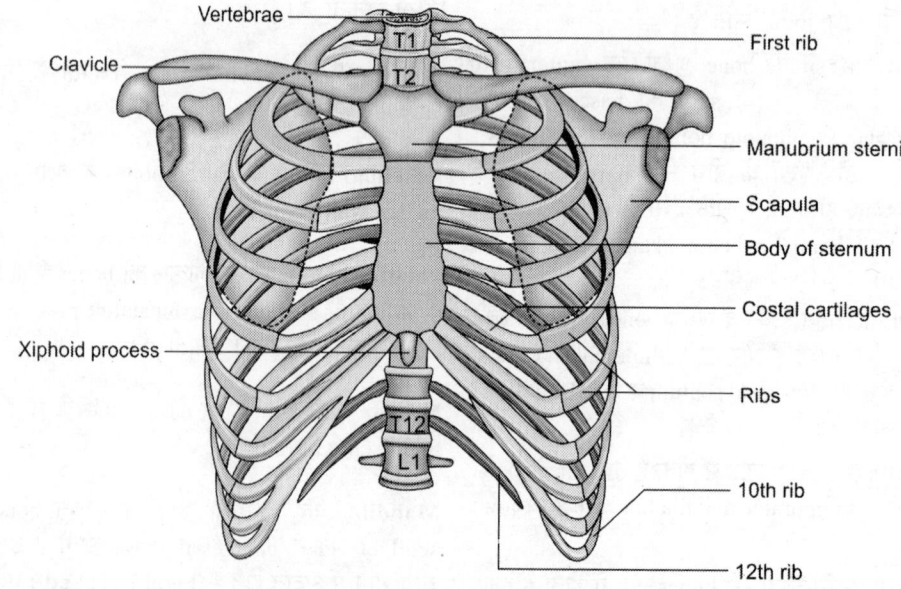

Fig. 13.18: वक्ष पिंजड़ा (अग्र से देखने पर)

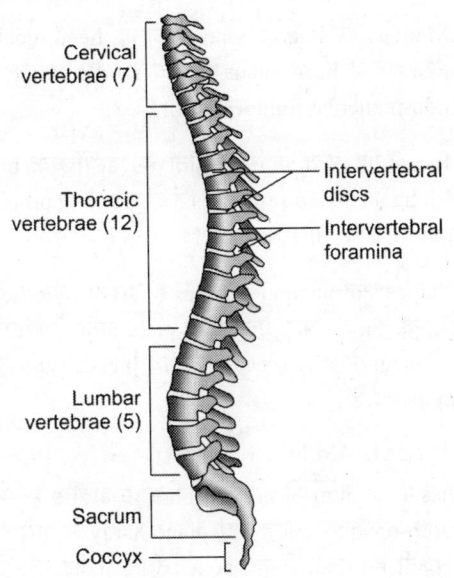

Fig. 13.19: कशेरुक दंड

Floating or vertebral ribs: इन ribs का आगे का सिरा free होता है sternum या costal margin से नहीं जुड़ता इस वर्ग में ग्यारहवीं व बारहवीं ribs आती हैं।

दो तरफ की ribs के साथ sternum व thoracic vertabrae से thoracic cavity बनती है जो heart, lungs को सुरक्षित रखती है। इसके अलावा liver व stomach के अधिकतर भाग को भी सुरक्षा प्रदान करती है। Ribs के निचले border के साथ costal groove होता है। जिसमें intercostal nerve, artery व vein रहती है।

VERTEBRAL COLUMN: यह दंड अनियमित आकार की vertebras से बना है। यह शरीर का मध्य अक्ष बनाती

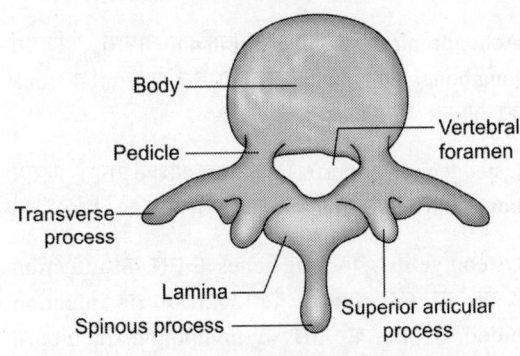

Fig. 13.20: लम्बर कशेरुका (ऊपर से देखने पर)

है। Vertebrae की body के बीच में fibrocartilage की बनी intervertebral disc होती है। (Fig. 13.19)

बच्चों में 33 vertebrae व बड़ों में 26 vertebrae होती है, ये 5 भागों में बटती है। Cervical (7), thoracic (12), lumbar (5), sacrum (1) coccyxl (1). Sacrum पांच sacral vertebrae के आपस में जुड़ने व coccyx चार coccygeal vertebrae के जुड़ जाने से बनती हैं।

Typical vertebra: इसमें आगे की ओर एक body होती है, पीछे की ओर बाहर को निकले हुए 2 pedicles होते हैं। (Fig. 13.20) Pedicles से laterally दोनों side transverse processes निकले होते हैं lamina चपटी प्लेट जैसी होती है व पीछे की ओर मध्य में जाकर जुड़ती है। यहीं से पीछे की ओर spinous process निकलता है। Vertebrae का body, pedicles व lamina के बीच में एक छिद्र होता है जिसे vertebral foramen कहते हैं। सारे vertebral foramina मिलकर vertebral canal बनाते हैं जिसमें एक महत्त्वपूर्ण अंग spinal cord स्थित होता है। यह spinal cord तीन परतों वाली meninges से घिरी होती है। ये तीन पर्तें हैं। Dura mater, arachnoid mater व pia mater, dura mater व arachnoid mater केवल दूसरी sacral vertebra तक ही पहुंचती है और pia mater, coccyx पर जाकर समाप्त होती है।

Cervical vertebrae: Cervical vertebrae के transverse process में एक छिद्र होता है। तीसरी cervical vertebra से लेकर छठी cervical vertebra तक typical cervical vertebrae है। पहली, दूसरी व सातवीं cervical vertebrae, atypical होती हैं। पहली cervical vertebra को atlas तथा दूसरी को axis कहते हैं। Atlas अंगूठी के आकार की होती है। Axis vertebra में ऊपर की ओर दांत के आकार का odontoid process निकला रहता है यह process atlas की अगली arch के साथ joint बनाता हे जिसपर rotational movement होता है। (Fig. 13.21)

2. **Thoracic vertebrae:** 2nd to 9th thoracic vertebrae दोनों ओर दो-दो ribs से articulate करती हैं।

3. **Lumbar vertebrae:** ये पांच होती हैं और आकार में बड़ी होती हैं। इनके transverse process छोटे होते हैं।

4. **Sacral vertebrae:** पांच sacral vertebrae आपस में जुड़कर एक sacrum बनाती है। यह pelvic cavity की पिछली boundary बनाती है दोनों ओरsacrum, ilium के साथ articulate कर sacroiliac joint, उपर पांचवीं lumbar vertebra से व नीचे की ओर coccyx से articulate करती है।

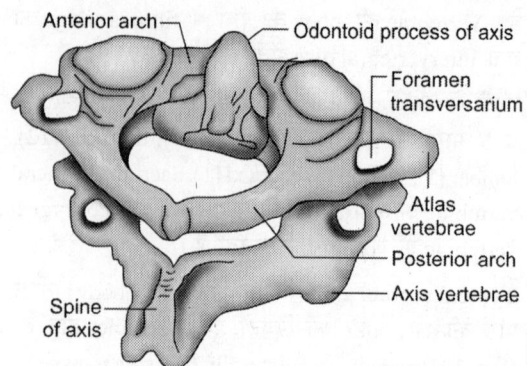

Fig. 13.21: एटलस और एक्सिज कशेरुकाओं की सन्धि

5. Coccygeal vertebrae: ये चार vertebrae जुड़कर एक coccyx बनाती है इनका human में कोई महत्त्वपूर्ण कार्य नहीं है।

Vertebrae की bodies के बीच में cartilage की intervertebral discs होती हैं। ये cervical भाग में पतली व lumbar में मोटी होती है। ये shock absorber की तरह कार्य करती है। Disc का बाहरी भाग annulus fibrosus व आंतरिक soft भाग nucleus pulposus कहलाता है। जब vertebral column को side से देखते हैं तो दोvertebrae के pedicles के बीच में छिद्र दिखाई देते हैं। जिन्हें intervertebral foramen कहते हें। इन foramen से spinal nerves निकलती है।

Vertebrae के बीच में ligament होते हैं जो इनको अपनी सही position में रखते है। Back की muscles जैसे erector spinae, semispinalis, multifidus भी vertebral column को support देती है तथा movement में भी सहायता करती हैं। Vertebral column में flexion, extension, lateral flexion व rotation movement होते हैं।

Functions (कार्य)

1. Vertebral column, spinal cord को सुरक्षा प्रदान करता है।

2. Vertebral column यह shoulder girdle, upper limb, ribs, pelvic girdle व lower limb की muscles जुड़ी होती है।

Curvature: Cervical व lumbar आगे की ओर convex तथा thoracic व sacral आगे की तरफ concave होती है।

Ossicles of middle ear: Ossicles मध्य कर्ण की बहुत छोटी-छोटी bones हैं, ये ossicles के नाम malleus, incus व stapes हैं।

1. Malleus यह lateral bone है जिसमें head, neck व handle होते हैं head, incus के साथ saddle variety का incudo-malleolar joint बनाता है।

2. Incus: यह मध्य में स्थित होता है। इसमें एक body और long and short processes हैं इसका long process, stapes के साथ संधि करता है।

3. Stapes: यह medial ossicles है इसका एक head, neck, दो limbs और एक foot plate होती है। इसका head, incus के long process के साथ Incudo-stapedial joint बनाता है।

CLINICAL ASPECTS

Bones में calcium की बहुत अधिक मात्रा होती है इसीलिए ये radio-opaque होती है और plane X-ray के द्वारा देखी जा सकती है। बच्चों में जब bones लंबाई में बढ़ रही होती है तो दोनों सिरों के पास X-ray में काले space होते हैं ये cartilage की plate के कारण दिखाई देते हैं। Puberty के बाद यह cartilage bone में बदल जाता है। इन काले धब्बों से fracture का संदेह नहीं होना चाहिए।

Bone's के radiograph (X-ray) से fracture किस type का है, किस जगह है, व उसके जुड़ने का भी पता लगाया जाता है। Fracture दो तरह के होते हैं।

1. Simple: Bone fracture के बाद skin से बाहर नहीं आती।

2. Compound: Fracture के बाद bone का सिरा skin के बाहर दिखता है।

Fracture की जगह पर plaster लगाने से bone के सिरे को स्थिर कर दिया जाता है जो fracture के जुड़ने में सहायक है।

Achondroplasia: यह एक अनुवांशिक बीमारी है जिसमें long bones की growth कम होती है तथा skull व trunk का आकार सामान्य होता है।

Osteogenesis Imperfecta: यह अनुवांशिक रोग है जिसमें bones आसानी से fracture हो जाती है।

Osteomyelitis: यह long bones के सिरे का infection है जो अधिकतर बच्चों में देखा जाता है। यह infection blood या skin के द्वारा या compound fracture के द्वारा होता है यह *Staphylococcus aureus* नामक bacteria से होता है अगर यह प्रारंभिक stage में

diagnose कर लिया जाये तो antibiotics से इसका इलाज संभव है।

(Bone के टूटने को Fracture कहते हैं।)

Vitamin D deficiency: Vitamin D की कमी से बच्चों में rickets नाम की बीमारी होती है। और बड़ों में osteomalacia हो जाता है। Vitamin D, calcium व phosphorus के absorption और उसके bone में proper deposition के लिए महत्त्वपूर्ण है।

Osteoporosis: यह सामान्यतः महिलाओं में व 45 साल की उम्र के बाद होती है। Bones में calcium की कमी हो जाती है।

Osteoporosis से bones में दर्द व fracture हो जाता है। महिलाओं में osteoporosis, menopause के बाद hormones के level में बदलाव के कारण होती है। इसीलिए menopause के बाद महिलाओं में calcium व hormonal therapy की सलाह दी जाती है। बच्चों में exercise व भरपूर कैल्शियम युक्त खुराक से भी osteoporosis से बचा जा सकता है।

Neoplasm: Primary malignant जिसमें मुख्य है। Osteosarcoma जबकि मुख्य benign tumour osteochondroma है। Secondary tumour का स्रोत prostate, breast व lung में होता है वहाँ से tumour cells आकर bone में secondary tumour बनाती है।

Spina Bifida: यह vertebral column में होने वाली जन्मजात कमी है जिसमें vertebrae की laminae आपस में जुड़ नहीं पाती हैं। कुछ cases में meninges बाहर की ओर उभरी होती है जिससे लकवा व मूत्राशय के ऊपर से नियंत्रण खत्म हो जाता है।

Scoliosis: Vertebral column एक side को झुक जाता है।

Kyphosis: पीछे की ओर thoracic भाग के curve के बहुत ज्यादा बढ़ जाने को कहते हैं।

Lordosis: Lumbar भाग के curve के आगे की ओर बहुत बढ़ने को कहते हैं।

Flat foot and pes cavus:

Flat foot: इसमें arch की ऊंचाई कम होती है।

Pes cavus: Arch की ऊंचाई असामान्य तौर पर अधिक होती है।

JOINTS

दो या अधिक bones अथवा cartilages के आपस में आकर जुड़ने के स्थान को joint कहते हैं।

Joints पर bone गतिशील होती है व grow (बढ़ना) करती है। Bones के joint बनाने से cranial cavity, thoracic cavity आदि बनते हैं। Thoracic cavity के joints की गति से श्वसन में सहायता मिलती है।

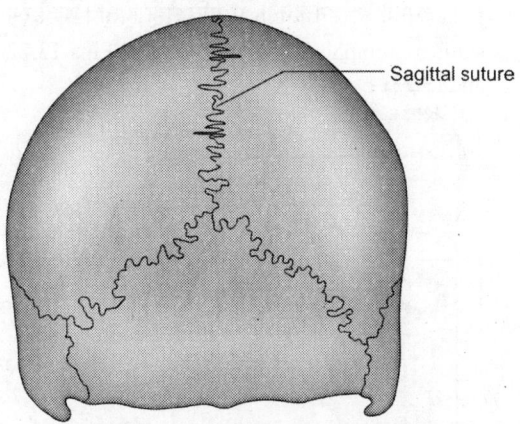

Sagittal suture

Fig. 13.22: खोपड़ी पीछे से देखने पर

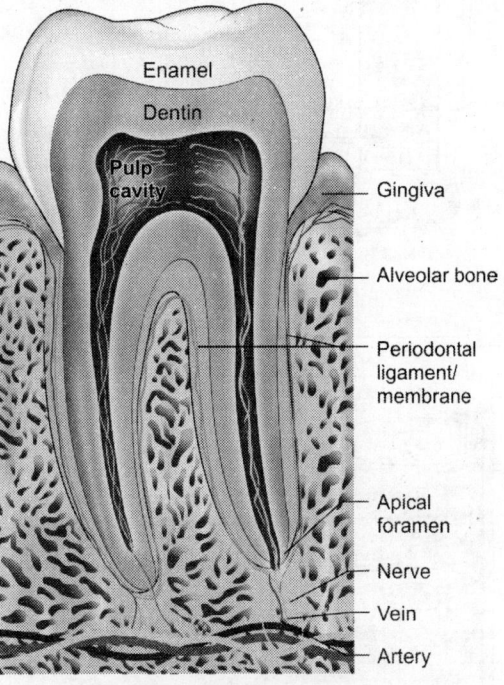

Enamel
Dentin
Pulp cavity
Gingiva
Alveolar bone
Periodontal ligament/ membrane
Apical foramen
Nerve
Vein
Artery

Fig. 13.23: दांत की संरचना

TYPES OF JOINTS

(A) संरचना के आधार-संरचना के आधार पर joints को मुख्यतः तीन वर्गो में बांटा गया है।

1. Fibrous joints
2. Cartilaginous joint
3. Synovial joint

1. Fibrous joint: इसमें bones fibres के द्वारा जुड़कर joint बनाती है। इन joints में गति नहीं होती। उदाहरण sutures, gomphosis व syndesmosis (Figs 13.22 and 13.23)

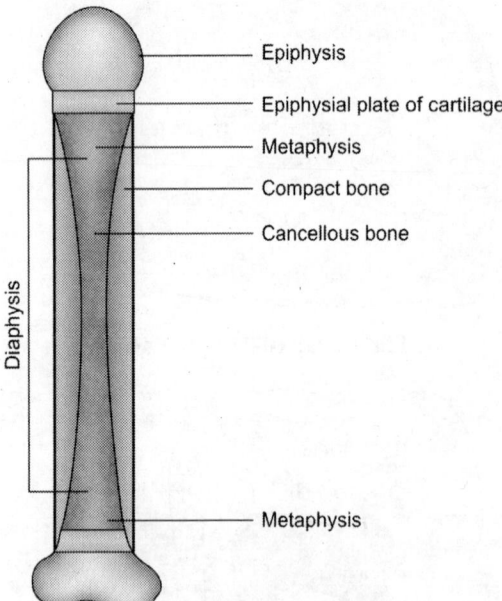

Fig. 13.24: उपास्थि संधि

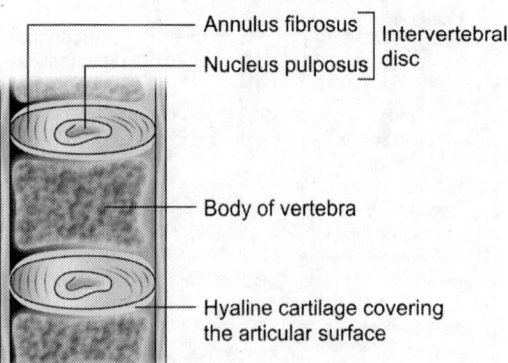

Fig. 13.25: उपास्थि संधि

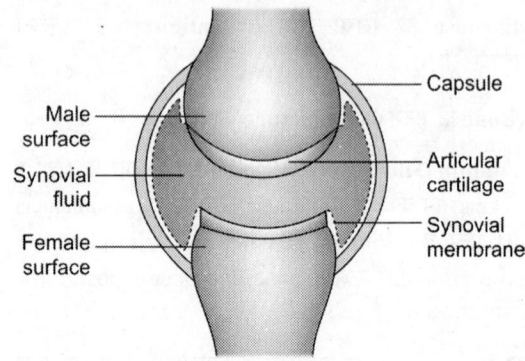

Fig. 13.26: साइनोवियल संधि

2. Cartilaginous Joint: इन joints में joint बनाने वाली bones के joint बनाने वाले हिस्सों के बीच में cartilage की plate होती है ये दो प्रकार के होते हैं।

a. **Primary cartilaginous joint**—ये joints अस्थायी होते हैं। उदाहरण diaphysis व epiphysis के बीच में joint (Fig. 13.24)

b. **Secondary Cartilaginous**—ये स्थायी joints हैं और शरीर की मध्य रेखा में होते हैं। उदाहरण—pubic symphysis, vertebrae की bodies के बीच में joints इन joints में bone के joint बनाने वाले सिरों के बीच में fibrocartilage की plate या disc होती है। (Fig. 13.25)

3. Synovial Joint

इस प्रकार के joint में जिसे स्थान पर bones एक दूसरे के साथ जुड़ती है उनके मध्य में एक तरल पदार्थ synovial fluid भरा होता है। ये joint बनाने वाली bones को चिकना बनाये रहता है व आपस में घर्षण से बचाता है। (Fig. 13.26)

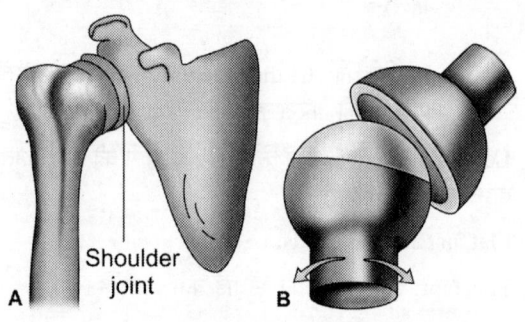

Fig. 13.27: बहुअक्षीय गेंद व गड्ढ़ा संधि

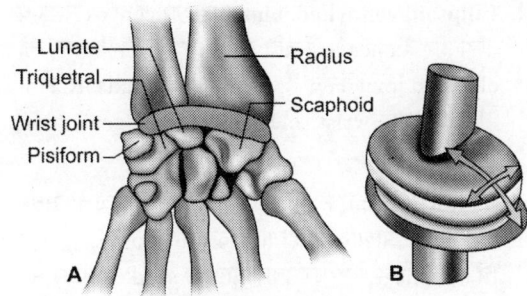

Fig. 13.28: द्विअक्षीय

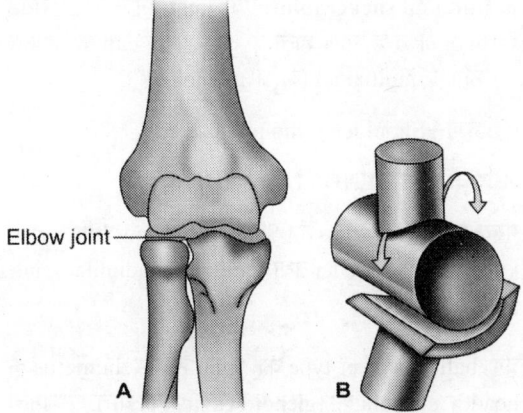

Fig. 13.29: एक अक्षीय हिन्ज संधि

गतिशीलता के आधार पर वर्गीकरण—इस आधार पर joints को तीन वर्गों में बांटा गया है।

1. Immovable (अचल) joint or synarthrosis — उदाहरण—Fibrous joints

2. Slightly movable (अल्पचल) Joint or amphi-arthrosis: cartilaginous joints

उदाहरण

3. Freely movable joint (पूर्वचल संधि) diarthrosis - synovial joints. (Fig. 13.27)

Synovial Joints—Bones के संधि बनाने वाले सिरे capsule (जो fibres का बना होता है) ढके व जुड़े रहते हैं। capsule की भीतरी सतह पर synovial membrane की परत होती है। Synovial membrane में synovial fluid भरा होता है। Bone के जो भाग joint बनाते हैं वे hyaline or articular cartilage से ढके रहते हैं। Ligaments, muscles व tendons से joint को अतिरिक्त स्थायित्व मिलता है ये joint अक्ष पर गति के अनुसार निम्न प्रकार के हैं:

1. **Uniaxial joint:** इन joints पर एक ही axis (अक्ष) में गति संभव है उदाहरण—hinge joint, rotatory joint (Fig. 13.29)

2. **Biaxial joint:** इन joints पर दो axis (अक्ष) पर गति संभव है उदाहरण—wrist joint, metacarpophalangeal joint (Fig. 13.28)

3. **Multiaxial joint:** इन joints में दो से ज्यादा axis (अक्ष) पर भी गति संभव है। उदाहरण—shoulder joint, hip joint (Fig. 13.27)

Joint बनाने वाली सतह के आकार के आधार पर synovial joint निम्न प्रकार के होते हैं। Fig. 13.27)

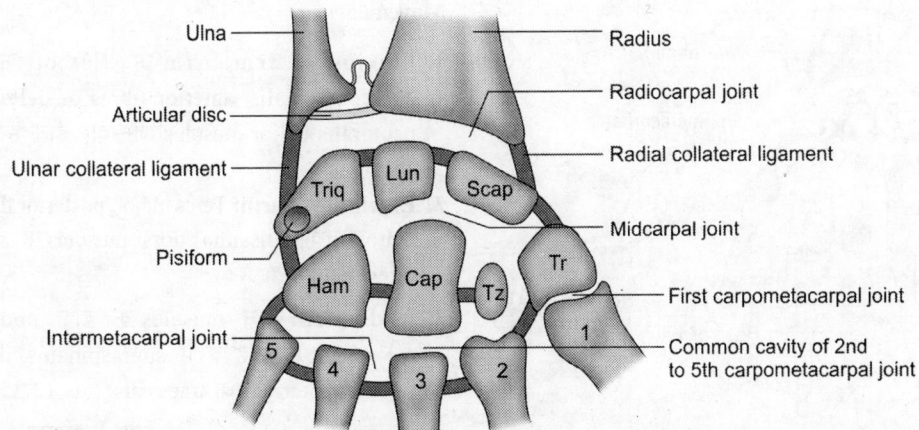

Fig. 13.30: संसर्पी संधि

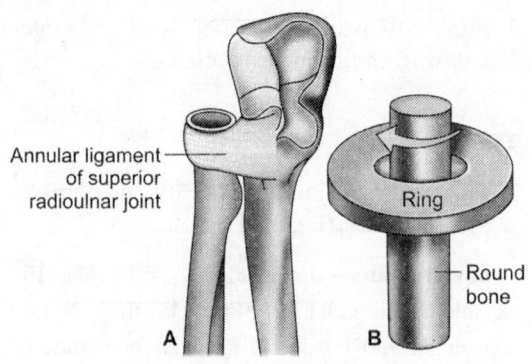

Annular ligament
of superior
radioulnar joint
Ring
Round
bone
A
B

Fig. 13.31: कील संधि

1. **Plane joint or gliding joint:** संधि बनाने वाली सतह flat होती हैं। ये सतह एक दूसरे के ऊपर फिसलती है। उदाहरण–midcarpal (Fig. 13.30) acromioclavicular Joint.
2. **Hinge joint:** एक सतह convex व दूसरी concave होती है ये केवल एक axis में गति कर पाते हैं। उदाहरण–Elbow व ankle joint (Fig. 13.29)
3. **Pivot or rotatory joint**—एक bone की संधि बनाने वाली गोलाकार सतह दूसरी bone के द्वारा बनाये गये घेरे से joint बनाती है यह घेरा आंशिक रूप से bone व आंशिक रूप से ligament से बनता है। इसमें होने वाली गति को rotation कहते हैं और ये long axis पर होता है। उदाहरण–atlanto-axial, superior radioulnar joints. (Fig. 13.31)

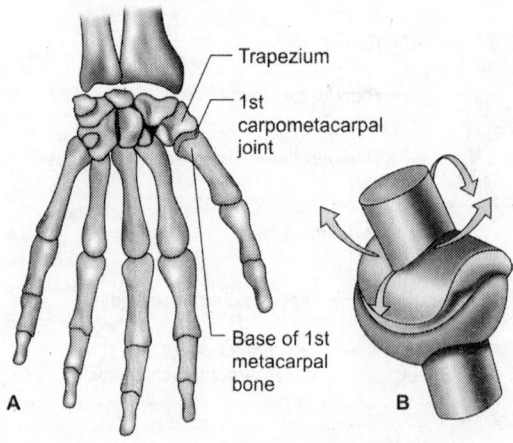

Trapezium
1st
carpometacarpal
joint
Base of 1st
metacarpal
bone
A
B

Fig. 13.32: अवतलोत्तक संधि

4. **Ellipsoid/condyloid joint:** अंडाकार convex सतह व अंडाकार concave सतह के साथ joint बनाने को ellipsoid joint कहते हैं। इसमें गति दो axis पर होती है उदाहरण–wrist, metacarpophalangeal joint. (Fig. 13.28)
5. **Saddle joint:** एक bone की joint बनाने वाली सतह saddle के आकार की होती है व दूसरी bone उससे ऐसे fit हो जाती है जेसे घुड़सवार घोड़े के saddle (जीन) में। यह multiaxial (बहुअक्षीय) joint है। उदाहरण–प्रथम carpometacarpal joint (Fig. 13.32)
6. **Ball and socket joint:** एक joint बनाने वाली सतह ball की तरह गोल होती है और दूसरी cup के आकार की। ये multiaxial (बहुअक्षीय) joint है।

उदाहरण–Shoulder व hip joint

शरीर के मुख्य SYNOVIAL JOINTS

मुख्य Synovial joints हैं। Shoulder, elbow, hip, wrist, knee, ankle, subtalar तथा temporomandibular joint.

Shoulder Joint

यह ball व socket type का joint है यह humerus के head व scapula की glenoid cavity के बीच में बनता है। यह joint अत्याधिक गतिशील है नीचे की और joint capsule के ढीला होने से भी गति में सहायता मिलती है। Humerus के head व scapula की glenoid cavity के आकार में असमानता होने के कारण यह जोड़ कम स्थायी है इसका स्थायित्व glenoidel labrum rotation cuff, corcoacromial ligament से बढ़ जाता है। (Fig. 13.33)

Movements

1. **Flexion of arm:** Arm के flexion के लिए coracobrachialis, anterior fibres of deltoid तथा pectoralis major muscles जिम्मेदार होते हैं। (Fig. 13.34)
2. **Extension of arm:** Teres major, posterior fibres of deltoid तथा latissimus dorsi muscles के द्वारा यह movement होता है।
3. **Abduction:** जिन muscles के द्वारा abduction movement होता है वे हैं supraspinatus, deltoid, serratus anterior तथा trapezius (Fig. 13.35)
4. **Adduction:** Adduction के लिए जिम्मेदार muscles है। Subscapularis teres major, latissimus dorsi,

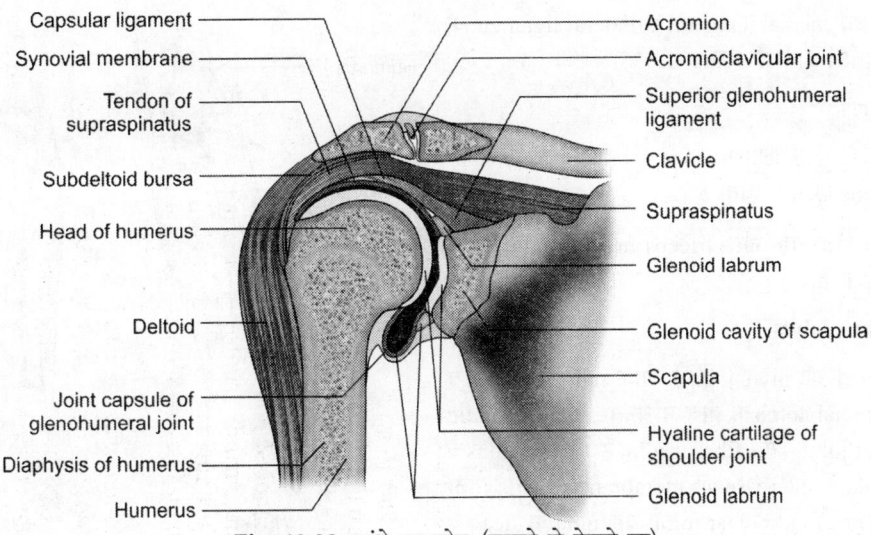

Capsular ligament
Synovial membrane
Tendon of supraspinatus
Subdeltoid bursa
Head of humerus
Deltoid
Joint capsule of glenohumeral joint
Diaphysis of humerus
Humerus

Acromion
Acromioclavicular joint
Superior glenohumeral ligament
Clavicle
Supraspinatus
Glenoid labrum
Glenoid cavity of scapula
Scapula
Hyaline cartilage of shoulder joint
Glenoid labrum

Fig. 13.33: कंधे का जोड़ (सामने से देखने पर)

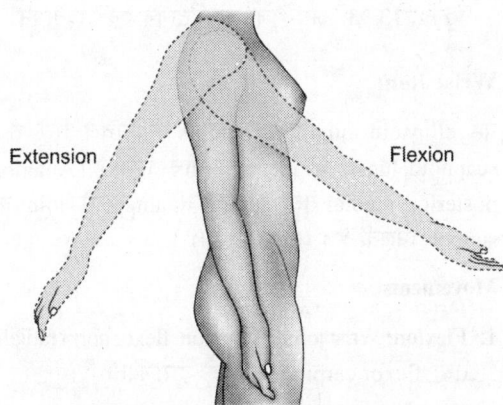

Extension   Flexion

Fig. 13.34: भुजा का क्रम आकुंचन और प्रसारण

subscapularis and anterior fibres of deltoid.

5. Medial rotation: Shoulder joint पर medial rotations pectoralis major, teres major, lattissimus dorsi, तथा deltoid के anterior fibres से होता है।

Lateral rotation: Shoulder joint पर lateral rotation के लिए infraspinatus, teres minor व deltoid के posterior fibres जिम्मेदार होते हैं।

Elbow Joint

यह hinge joint है जोकि humerus के निचले सिरे, ulna की trochlear notch a radius के head के बीच बनता है।

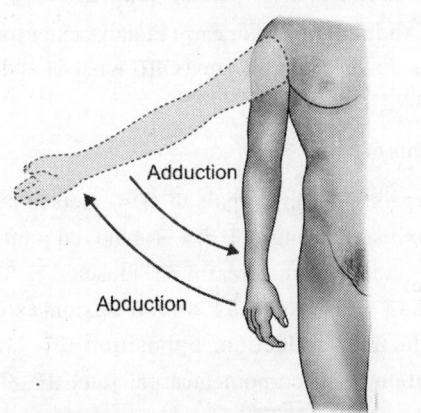

Adduction

Abduction

Fig. 13.35: भुजा का अपवर्तन एवं अभिवर्तन

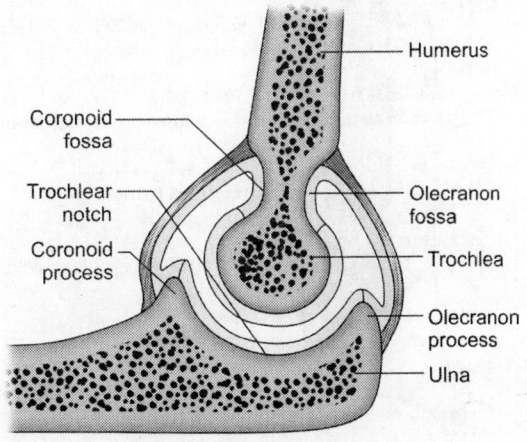

Coronoid fossa
Trochlear notch
Coronoid process

Humerus
Olecranon fossa
Trochlea
Olecranon process
Ulna

Fig. 13.36: कुहनी का जोड़ (कट देखने पर)

इस joint को medial व lateral collateral ligament के द्वारा मजबूती मिलती है। (Fig. 13.36)

Movements

1. **Flexion:** यह brachialis, biceps, brachii तथा brachi-oradialis के द्वारा होता है।
2. **Extension:** यह गति triceps brachii muscles के द्वारा होती है।

Radioulnar Joints

(i) Proximal; यह pivot joint है जोकि radius के head व ulna की radial notch के बीच में बनता है। (ii) Middle radioulnar joint—यह fibrous joint है जिसमें radius व ulna की shaft, interosseous membrane के द्वारा जुड़ती है। (iii) Distal radioulnar joint: यह ulna के head व radius की ulnar notch के बीच बनता है। (Fig. 13.37)

Movements:

1. **Supination:** यह movement, supinator और biceps brachii के द्वारा होता है।
2. **Pronation:** Pronator teres व pronator quadratus के द्वारा होता है। (Fig. 13.38)

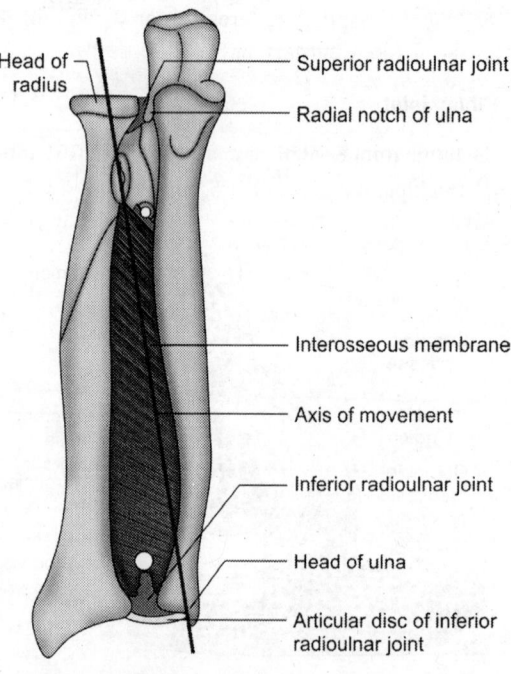

Fig. 13.37: रेडियो अल्वर संधि

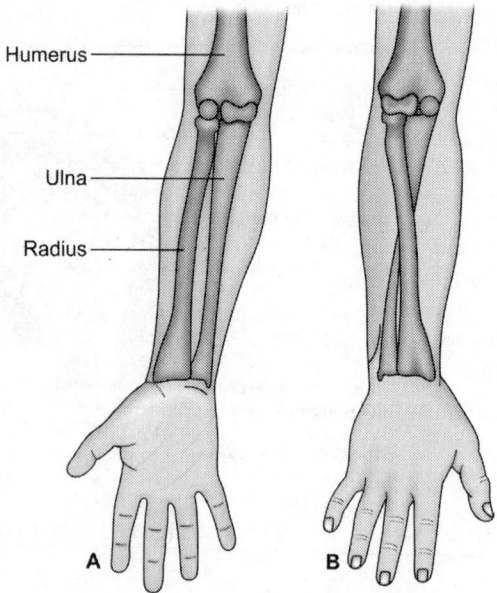

Fig. 13.38: अग्र भुजा का उत्तानन एवं अवतानन

Wrist Joint

यह ellipsoid joint है जो radius के निचले सिरे तथा scaphoid, lunate, triquetral के बीच बनता है। Anterior, posterior, medial तथा lateral ligament से joint को support मिलती है। (Fig. 13.30)

Movements

1. **Flexion:** Wrist joint का flexion, flexor corpi radialis तथा flexor carpi ulnaris के द्वारा होता है।
3. **Adduction:** Flexor तथा extensor carpi ulnaris muscles के द्वारा wrist का adduction होता है।
4. **Abduction:** Flexor carpi radialis, extensor carpi radialis longus एवं brevis द्वारा wrist की abduction होता है।

Joints of hand

Carpals एवं metacarpals के बीच metacarpals एवं proximal phalanges में बीच में synovial joint होते हैं इन joints में गति forearm को muscles के फैलने व सिकुड़ने के कारण होती है। अंगूठे के flexion, extension abduction, adduction, opposition एवं circum-duction प्रथम corpometacarpal joint पर होते हैं। (Fig. 13.32) उंगलियों का adduction एवं abduction Fig. 13.39 में दर्शाया गया है।

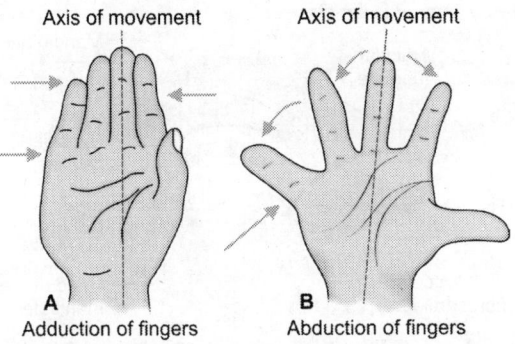

Fig. 13.39: उंगलियों का अपवर्तन एवं अभिवर्तन

Hip Joint

यह ball एवं socket joint हैं जो femur के head एवं hip bone के cup जैसे गडढे acetabulum के बीच बनता है। Acetabular labrum व ligaments इसको स्थायित्व प्रदान करते हैं। (Fig. 13.40)

Movements

1. **Flexion:** Psoas major, iliacus, rectus femoris एवं sartorius muscles से hip joint का flexion होता है।
2. **Extension:** Gluteus maximus एवं hamstrings के द्वारा होता है।
3. **Abduction:** यह गति gluteus medius, minimus एवं sartorius के द्वारा होती है।
4. **Adduction:** Adductor magnus, longus, brevis, pectineus एवं gracilis के द्वारा यह movment होती है।
5. **Medial rotation:** इस प्रकार की गति के लिए gluteus medius, minimus के अग्र भाग के fibres तथा adductors जिम्मेदार होते हैं।
6. **Lateral rotation:** यह गति piriformis, obturator internus एवं externus तथा quadratus femoris के द्वारा होती है।

Knee Joint

यह hinge joint है जो femur के निचले सिरे पर condyles एवं tibia के ऊपरी सिरे के condyles के बीच बनता है। Femur के condyles की अग्र सतह patella के साथ संधि करती है। यह शरीर का सबसे बड़ा joint है। इस संधि के

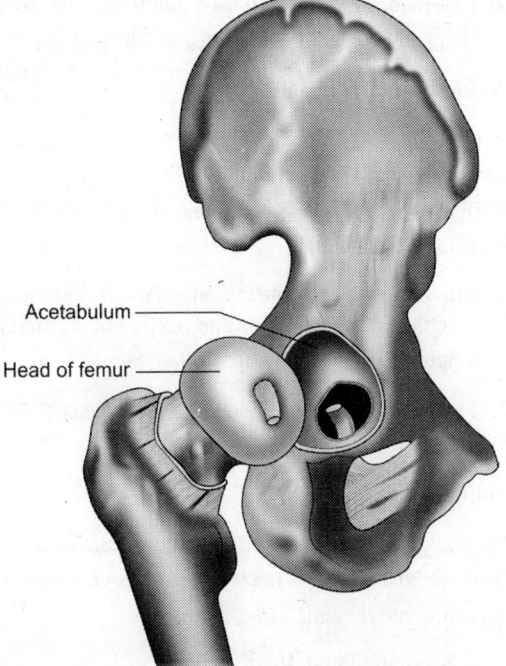

Fig. 13.40: कुल्हे के जोड़ की एक काट

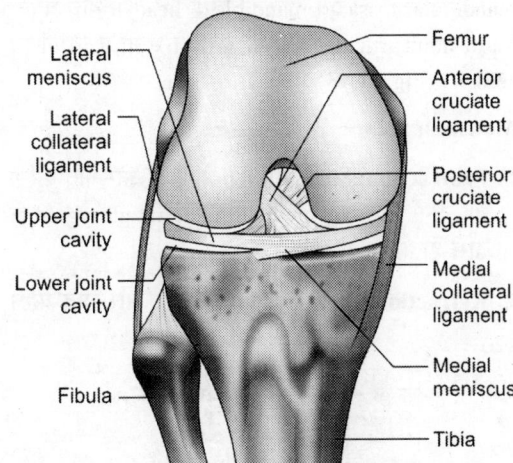

Fig. 13.41: घुटने का जोड़ काट को आगे से देखने पर

मुख्य digaments हैं cruciate, medial एवं lateral collateral, menisci जो quadriceps femoris के tendons के साथ joint को स्थायित्व प्रदान करते हैं। (Fig. 13.41)

Movements

1. **Flexion:** Knee joint का flexion, gastrocnemius तथा hamstring muscles के द्वारा होता है।

2. **Extension:** Extension के लिए quadriceps femoris जो कि जांघ के अग्रभाग में होती है जिम्मेदार है।

Ankle Joint

Hinge joint है जो tibia के निचले सिरे, medial malleolus, fibula के निचले सिरे lateral malleolus एवं talus के बीच बनता है। चारों ओर से यह ligaments के द्वारा सुदृढ़ रहता है। (Fig. 13.42)

1. **Movements**: 1. Dorsiflexion—Tibialis anterior, extensor digitorum longus, extensor hallucis longus से dorsiflexion होता है।
2. **Plantar flexion:** Gostrocnemius and soleus के द्वारा plantar flexion होता है।

Subtalar Joint

यह joint, talus की निचली सतह व calcaneum की ऊपरी सतह के बीच बनता है। इस joint पर eversion एवं inversion movements होते हैं।

Temporomandibular Joint

यह condylar type का joint है जोकि temporal bone के mandibular fossa एवं mandible के head के बीच बनता है। यह joint articular disc के द्वारा दो भागों में विभाजित रहता है। (Fig. 13.43)

Movement

1. **Protraction:** Mandible का आगे की ओर गति करना यह दोनों ओर की medial एवं lateral pterygoid के द्वारा होता है।
2. **Retraction:** Mandible के पीछे की ओर गति करने

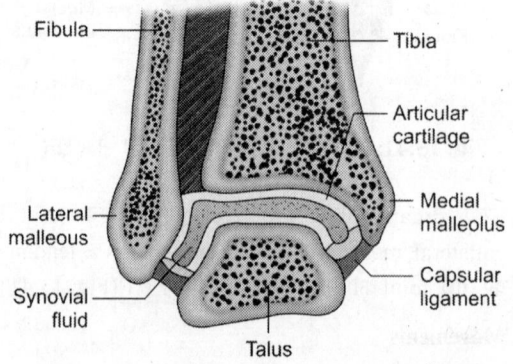

Fig. 13.42: टखने की संधि (काट आगे से देखने पर)

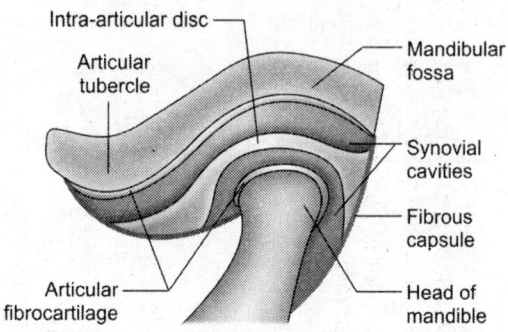

Fig. 13.43: संधि

को retraction कहते हैं। यह temporalis के द्वारा होता है।

Elevation: मुंह बंद करने के लिए निचले जबड़े को ऊपर उठाना। यह क्रिया masseter, medial pterygoid एवं temporalis muscles के द्वारा होती है।

4. **Depression:** (Opening of mouth) ये lateral plerygoid, digastric एवं mylohyoid के द्वारा होता है।
5. **Side to side movement:** यह movement दोनों तरफ के medial एवं lateral pterygoid muscles के द्वारा होता है।

CLINICALASPECTS

Sprain एवं strain (खिचाव) ligaments के क्षतिग्रस्त होने से होता है।

Dislocation and subluxation

Joint बनाने वाली bone को अपनी जगह से पूर्ण रूप से खिसक जाने को dislocation (विस्थापन) कहते हैं। व आंशिक रूप से खिसकने को subluxation कहते हैं। बच्चों में radial head व बड़ों में shoulder joint मुख्यतः dislocate (विस्थापित) होते हैं।

Osteoarthritis

यह एक non-inflammatory क्षयकारी रोग है जो आयु से संबंधित विकार है जो कि बड़े व शरीर का वजन संभालने वाले joints जैसे knee, hip, spine को मुख्य रूप से प्रभावित करता है। इसमें जोड़ों का cartilage क्षतिग्रस्त हो जाता है। परिणामस्वरूप bones आपस में टकराती है जिससे जोड़ों में तीव्र पीड़ा होती है। Bones के joint के पास वाले किनारे पर अतिरिक्त bone (osteophyte) बन जाती है।

Rheumatoid Arthritis

यह एक chronic inflammatory autoimmune रोग है इसमें synovial membrane के साथ heart, blood vessels तथा skin भी प्रभावित होती है । यह महिलाओं मुख्यतः 30-55 वर्ष की आयु में अधिक होता है । इससे ग्रसित लोगों के blood में rheumatoid factor मिलता है । सामान्यतः इसमें हाथ और पैर के छोटे joints प्रभावित होते हैं । जैसे metacarpophalangeal joints एवं proximal inter-phalangeal joint. इस रोग से जोड़ों में सूजन आ जाती है तथा articular cartilage का क्षय होने लगता है । रोगी pain व deformity की शिकायत करता है ।

Ankylosing Spondylitis

यह भी autoimmune inflammatory रोग है परंतु इसमें rheumatoid factor नहीं पाया जाता है । यह सामान्यतः sacroiliac joint, spine तथा बड़े joint जैसे hip व shoulder को प्रभावित करता है । इसमें sacroiliac व vertebral joint का अस्थिकरण हो जाता है । यह पुरुषों में एवं 20-40 वर्ष आयु में आमतौर पर होता है ।

Acute Septic Arthritis

इसमें जोड़ bacteria के संक्रमण से ग्रसित हो जाते हैं यह संक्रमण रक्त के द्वारा फैलता है । बच्चों में यह अधिक होता है । इस बीमारी को फैलाने वाला bacteria *staphylococcus aureus* है । इसमें रोगी को तेज ज्वर, जोड़ों में सूजन तथा चलने फिरने में कठिनाई होती है ।

Gout

यह एक Inflammatory विकार है जोकि joints व tendons में sodium urate के कण एकत्र होने से होता है । यह पुरुषों में अधिक होता है । जिन लोगों के blood में uric acid बढ़ा होता है वह अधिक उत्पाद या कम उत्सर्जन के कारण हो सकता है । Uric acid, nucleic acids के टूटने से बननेवाला उत्पाद है । इसमें सामान्यतः प्रथम metatarsophalangeal joint, ankle, knee, wrist एवं elbow joint प्रभावित होते हैं ।

CHAPTER

14

पेशी तंत्र
Muscular System

Muscles विशेषतः सिकुड़ने एवं फैलने की विलक्षण क्षमता के लिए जानी जाती है। इन्हीं के फैलने एवं सिकुड़ने से शरीर में गति उत्पन्न होती है। कुल शरीर के वजन का 50% muscles से बनता है।

Muscle Tissue में चार विशेषताएं होती है।

1. **Electrical excitability:** Muscles में संवेदनाओं की प्रतिक्रिया के लिए action potential उत्पन्न होता है।
2. **Contractility:** संकुचन या सिकुड़ने का गुण
3. **Extensibility: muscles** के फैलने की विशेषता है।
4. **Elasticity:** इस योग्यता से muscle फैलने एवं सिकुड़ने के बाद अपनी मूल आकार में आ जाती है।

वर्गीकरणः Muscles तीन प्रकार की होती हैं।

1. Skeletal या striped या voluntary
2. Smooth या unstriped या involuntary
3. Cardiac

SKELETAL MUSCLE

जैसा कि नाम से ही पता चलता है कि इस तरह की muscles, skeleton पर जुड़ती है। इनकी nerve spinal या somatic nerve है। इन muscles का सिकुड़ना व फैलना हमारी इच्छा के अनुसार होता है इसीलिए इन्हें voluntary (एच्छिक पेशियां) muscles भी कहते हैं। जब हम microscope से इनका अध्ययन करते हैं तो इनमें रेखाएं या धारियां दिखाई देती हैं जिसके कारण इनको striped muscles (धारियों वाली पेशियां) भी कहते हैं। इनके muscles fibres बेलनाकार व नुकीले सिरे वाले होते हैं। प्रत्येक muscle fibre में बहुत से nuclei होते हैं जोकि परिधि की ओर पाये जाते हैं। प्रत्येक muscle fibre पर हल्के एवं गहरे transverse bands होते हैं। हलकी धारियां actin तथा गहरी धारियां myosin नामक protein से बनी होती हैं। प्रत्येक muscle fibre, endomysium नाम की झिल्ली से घिरी होती है। Muscle fibres का bundle, perimysium से घिरे रहते हैं तथा बहुत से bundle एक साथ मिलकर muscle बनाते हैं जो epimysium से घिरी होती है। वह स्थान जहां पर nerve fibre, muscle के contact में आता है, neuromuscular junction कहलाता है। (Fig. 14.1) शरीर में इन muscles की संख्या सबसे ज्यादा होती है और ये विभिन्न जोड़ों की गति प्रदान करती है।

उदाहरणः Biceps brachii, deltoid, rectus femoris

Smooth Muscle

ये अरेखित या बिना धारी वाली muscles है। ये muscles मनुष्य की इच्छा के आधीन नहीं होती क्योंकि ये autonomic nervous system से regulate होती हैं। ये muscles आंत, मूत्राशय एवं प्रजनन तंत्र में पायी जाती है। इन muscles के fibres लंबे spindle के आकार के होते हैं जिनके केंद्र में एक nucleus होता है जो spindle आकृति का होता है।

Cardiac Muscle

इस प्रकार की muscles, heart में पायी जाती हैं। ये धारियों वाली muscles होती है जोकि autonomic nervous system के द्वारा supplied है। हम कह सकते हैं कि heart muscles में आंशिक रूप से skeletal व smooth muscles के गुण पाये जाते हैं। Cardiac muscles छोटे cylinder के आकार की होती है ये branched fibres है जिससे आसपास के fibres के साथ जुड़ी होती है। दो fibres के जोड़ पर intercalated disc होती है।

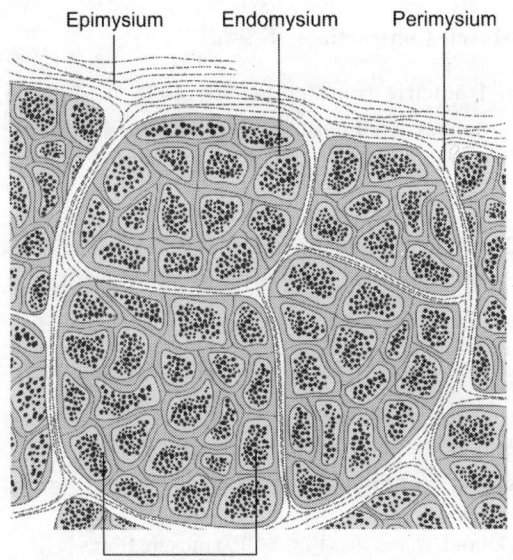

Epimysium
Endomysium
Perimysium
Muscles fibres

Fig. 14.1: ऐच्छिक पेशी की संरचना

Muscles के कार्य

1. Skeletal muscles joints को गति देती है जिससे चलने, लिखने, खाने आदि कार्य होते हैं।
2. Diaphragm श्वसन की मुख्य muscle है।
3. Larynx की muscles बोलने में काम आती है।
4. पाचन तंत्र की smooth muscles के द्वारा digestion वं absorption में सहायता मिलती है।
5. मूत्राशय की smooth muscles के संकुचन से urine बाहर आता है उसी समय पर मूत्राशय का sphincter भी खुल जाता है।
6. Heart की cardiac muscles जो myocardium बनाती है, oxygenated blood को arteries में pump करता है।

Skeletal Muscle Fibres

प्रत्येक muscle fibre, sarcolemma नाम की झिल्ली से घिरा होता है। Muscle fibre के अंदर cytoplasm होता है जिसे sarcoplasm कहते हैं। Sarcoplasm में myofibrils होते हैं जो एक श्रेणी में लगे होते हैं। इन myofibrils की संख्या प्रत्येक muscle fibre में भिन्न होती है प्रत्येक filament (तंतु) contractile protein का बना होता है।

Proteins: ये myosin, actin, tropomysin and troponin जिनसे muscles में contraction होता है। प्रत्येक myofibril में dark व light bands होते हैं। (Fig. 14.2)

Light band के मध्य में एक narrow dark line-Z-line होती है जिसपर protein filament लगा होता है। दो Z-lines के बीच का स्थान sarcomere है। Sarcomere, skeletal muscle की functional unit होती है।

Sarcoplasm में myofibrils के अतिरिक्त mitochondria, glycogen एवं myoglobin होता है।

Myofibril में sarcomere की श्रेणी होती है तथा sarcomere में actin व myosin filaments होते हैं।

Muscular Contraction and Fatigue

Contraction के समय myosin (thick) एवं actin (thin) तंतुओं की लंबाई नहीं बदलती बल्कि actin के myosin के ऊपर खिसकने से muscles की लंबाई कम हो जाती है। (Fig. 14.2)

Motor Unit

एक motor neuron एवं muscle fibres जिन्हें यह neuron, आपूर्ति करता है को motor unit कहते हैं।

संख्या भिन्न हो सकती है। आंख और अंगुली की motor unit में 6 से 60 muscle fibres होते हैं। जो महीन कार्यों

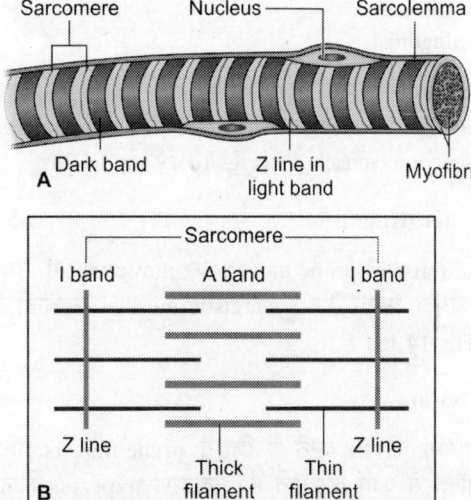

Sarcomere
Nucleus
Sarcolemma
Dark band
Z line in light band
Myofibrils
A
Sarcomere
I band
A band
I band
Z line
Z line
Thick filament
Thin filament
B

Figs 14.2A and B: A. रेखी पेशीय ऊत्तक; B. सार्को मीयर

के लिए उपयोग में आती है। टांग की muscle में 1000 muscle fibres की motor unit होती है।

Muscle Fatigue (थकान)

जब कोई व्यक्ति बहुत अधिक व्यायाम करता है उसकी सारी ऑक्सीजन पोषक तत्वों के oxidation के द्वारा शरीर को ऊर्जा प्रदान करने को उपयोग में आ जाती है। Muscle glycogen के द्वारा lactic acid बनाता है जो muscle में जमा हो जाती है। इसके फलस्वरूप पेशिया थक जाती है। जिसको muscle fatigue कहते हैं।

व्यायाम के पश्चात कुछ समय तक व्यक्ति तेज-तेज सांसें लेता है जिससे उपयोग में आयी ऑक्सीजन की कमी पूरी हो जाती है और lactic acid पुनः ग्लूकोज और उसके बाद glycogen में परिवर्तित हो जाती है।

Muscle tone: Muscle tone में muscles आंशिक रूप से संकुचन की अवस्था में होती है। यह शरीर के posture के लिए महत्वपूर्ण है। Smooth muscle में यह tone आंत तथा रक्त वाहिनियों में बहुत महत्त्वपूर्ण है।

कार्य के अनुसार Muscles का वर्गीकरण

Prime movers

ये मुख्य muscles हैं जिनसे इच्छित movement होता है। उदाहरण brachialis से elbow पर flexion होता है।(Fig. 14.19)

Antagonist

ये muscles मुख्य muscles के movement के विपरीत कार्य करती है। उदाहरण triceps brachii, brachialis की antagonist muscle है। (Figs 14.19 and 14.20)

Synergistic

जो muscles prime movers के movement में उसकी सहायता करती है, Synergistic muscles कहलाती है। (Fig. 14.18)

Fixators

ये अंग को fix करते हैं जिससे prime movers अधिक शक्ति से कार्य कर पाते हैं। उदाहरण trapezius के द्वारा shoulder girdle के fix होने पर deltoid अधिक सामर्थ्य से shoulder को abduct करती है।

Muscle Contractions के प्रकार

1. Isometric contraction: इस प्रकार के muscle contraction में muscles fibres की लंबाई नहीं बदलती। Muscle मे केवल तनाव बढ़ता है। उदाहरणः पीठ की muscles.
2. Isotonic contraction: इसमें muscles से tone समान रहता है, परन्तु myscle fibres की लम्बाई कम हो जाती है।

उदाहरण—ऊपरी भुजा और नीचे की भुजा के muscles।

Shape (आकृति) के आधार पर

Deltoid, trapezius (Fig. 14.17) muscle fibres दिशा के आधार पर एवं rectus abdominis के fibres सीधी line में होते हैं। (Fig. 14.13)

Muscles की स्थिति के आधार पर, supraspinatus (scapula के spine के ऊपर)

Muscles के head की संख्या के आधार पर biceps (दो heads (Fig. 14.18)

Triceps brachii (तीन heads) (Fig. 14.20)

कार्य के आधार पर

A dductor, abductor, flexor, etc.

Parts of the skeletal muscle

a. **Origin:** Muscles की कम गति वाला सिरा origin कहलाता है।

b. **Insertion:** Muscles का अधिक गति वाला सिरा insertion कहलाता है। (Fig. 14.18)

c. **Belly:** Origin एवं insertion के बीच का fleshy भाग belly कहलाता है।

d. **Tendon:** मजबूत cord जैसा भाग जिसके हास muscle bones से जुड़ी रहती है।

e. **Aponeurosis:** चपटे आकार के tendon जो एक sheet की तरह हो aponeurosis कहलाते हैं।

उदाहरणः Palmar aponeurosis

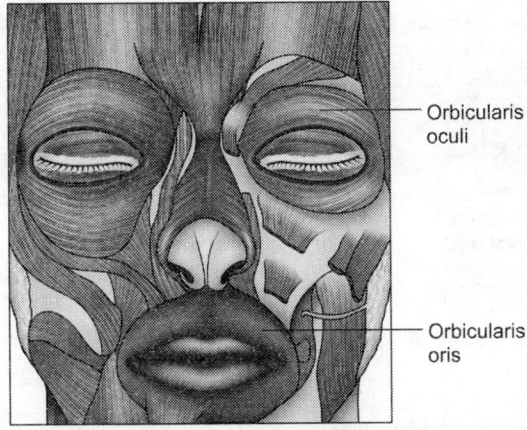

Fig. 14.3: चेहरे की पेशियाँ

शरीर की मुख्य Muscles

MUSCLES OF HEAD, NECK

a. **Orbicularis oculi:** ये orbit में eye के चारों ओर घेरे के आकार में होती है। (Fig. 14.3)

b. **Nasal muscles:** नथूने ज्यादा खोलने व थोड़ा बंद करने का कार्य करती है।

c. **Orbicularis oris:** यह muscle मुंह के चारों ओर होती है। यह muscle होठों को बंद करने का कार्य करती है।

d. **Platysma:** ये subcutaneus muscle गरदन में होती है।

e. **Auricularis muscles**—ये muscles बाह्य कर्ण में होती है।

f. **Occipitofrontalis**—ये scalp की muscles हैं।

चेहरे की कुछ muscles जैसे zygomaticus major मुस्कुराने के तथा Buccinator सीटी बजाने के काम आती है।

इन सारी चेहरे की muscles की facial nerve से आपूर्ति होती है।

Muscles of Mastication: ये चार muscles होती हैं।

Temporalis: इसकी origin temporal fossa तथा insertion, mandible के coronoid process पर होता है। इसका कार्य निचले जबड़े को ऊपर उठाना व पीछे खींचना है। (Fig. 14.4)

Masseter: इसकी origin zygomatic arch की भीतरी सतह से होती है। Insertion mandible के ramus की बाहरी सतह पर होता है। इसका कार्य mandible को ऊपर उठाना है। (Fig. 14.5)

Medial pterygoid: इसकी origin, lateral pterygoid plate की medial surface से होती है एवं इसका insertion mandible के angle की भीतरी सतह पर होता है। इसके द्वारा निचला जबड़ा ऊपर की ओर आगे की ओर एवं दायें बायें गति करता है।

Lateral pterygoid—यह lateral pterygoid plate की बाहरी सतह से originate होती हे एवं इसका insertion mandible की neck में होता है। ये muscle निचले जबड़े को नीचे की ओर खींचती हे जिससे मुंह खोलने मे मदद मिलती है। यह निचले जबड़े को पीछे एवं दायें बायें गति के लिए भी आवश्यक है। (Fig. 14.6)

Muscles of mastication की आपूर्ति mandibular nerve से होती है।

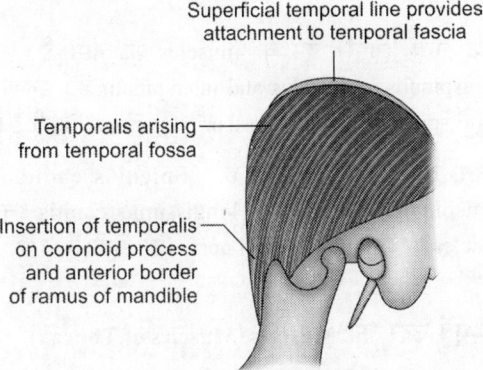

Superficial temporal line provides attachment to temporal fascia

Temporalis arising from temporal fossa

Insertion of temporalis on coronoid process and anterior border of ramus of mandible

Fig. 14.4: कनपटी के पेशी

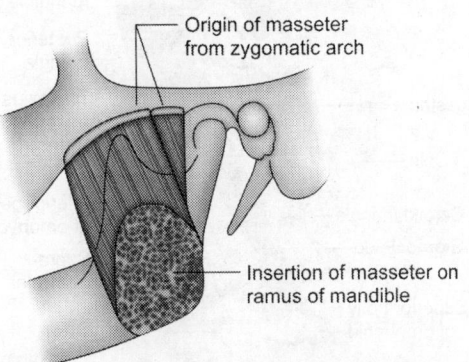

Origin of masseter from zygomatic arch

Insertion of masseter on ramus of mandible

Fig. 14.5: चर्वणक पेशी

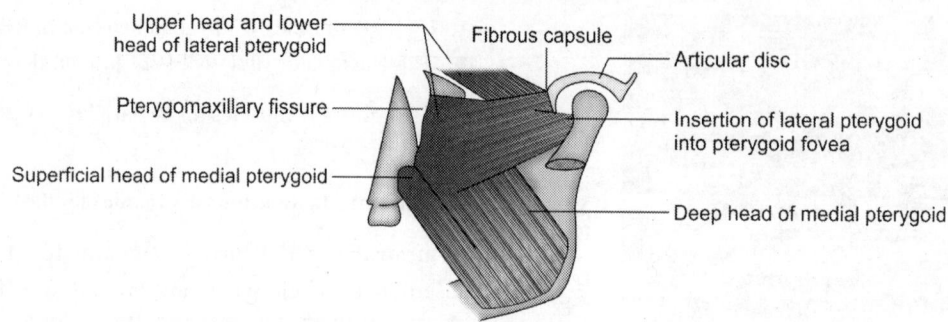

Fig. 14.6: टैरीगाइड पेशियाँ

Muscles which move the Head

Sternocleidomastoid: इस muscle की origin, clavicle एवं sternum से होती है और temporal bone के mastoid process पर insertion होता है। जब दाईं ओर की muscle में संकुचन होता है तो chin बाईं ओर को घूमती हे और बाईं ओर की muscle से यह दाईं ओर को घूमती है। इस muscle की आपूर्ति spinal accessory nerve से होती है। (Fig. 14.7)

Prevertebral muscls: ये छोटे-छोटे muscles vertebrae की bodies और उनके transverse processes के बीच में होते हैं। ये गर्दन को आगे की ओर झुकाते हैं। इनकी आपूर्ति cervical plexus की शाखाओं से होती है।

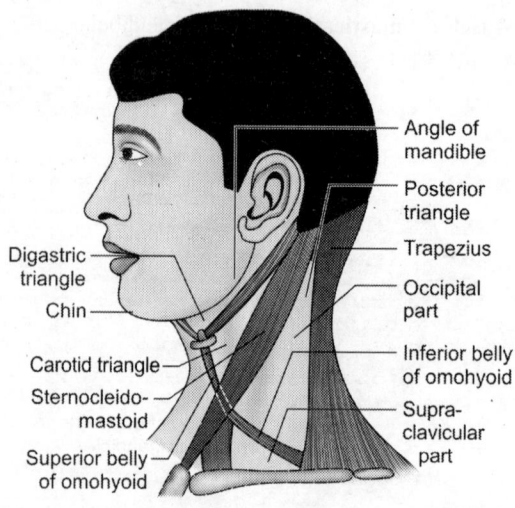

Fig. 14.7: ग्रीवा की पेशियाँ

गरदन के Muscles

Sternocleidomastoid के बारे में पूर्व में बता दिया है।

Trapezius: यह muscle occipital हड्डी, ligamentum nuchae, 7th cervical vertebra की spine, सारे thoracic vertebrae की spines से शुरू होता है। इसका insertion clavicle के lateral 1/3rd हिस्से में, acromion process and spine of scapula में होता है। इसकी आपूर्ति spinal accessory से होती है।

इसके ऊपरी fibres, कंधों को उचकाते हैं, बीच के fibres scapula को retract करते हैं, और नीचे के fibres कंधे को 90°–180° की abduction में सहायता करते हैं।

Muscles of the Back

Back के muscles काफी मजबूत होते हैं। ये हमें सीधा खड़े होने में मदद करते हैं। इनके origins और insertions बहुत सारे होते हैं। ये एक दूसरे को overlap भी करते हैं। ये मांस पेशियां sacrum से शुरू होकर खोपड़ी तक पहुंचती हैं।

इसके नीचे (गहरे) ग्रुप के muscles का नाम है – Semispinalis, multifidus and interspinalis है। इनकी आपूर्ति spinal nerves की dorsal primary rami से होती है।

गरदन को अन्य muscle हैं। Splenius capitis, semispinalis capitis, तथा longissimus capitis इन muscles की आपूर्ति cervical nerves से होती है।

वक्ष एवं उदर की Muscles (Muscles of Thorax)

External intercostal, internal intercostal, innermost intercostal ये muscles तीन परतों में होती हैं। intercostal

शब्द दो ribs के बीच की जगह को कहते हैं तथा इस जगह में पायी जाने वाली muscles को intercostal muscles कहते हैं। (Fig. 14.8) शरीर में 12 जोड़ी ribs होती हैं एवं इनके बीच में 11 intercostal spaces होते हैं। इन muscles की आपूर्ति intercostal nerves तथा vessels से होती है। ये nerves एवं vessels subcostal grooves में पायी जाती हैं।

MUSCLES OF THE ANTERIOR ABDOMINAL WALL

Abdominal (उदर) wall की muscles: ये muscles परतों में होती है।

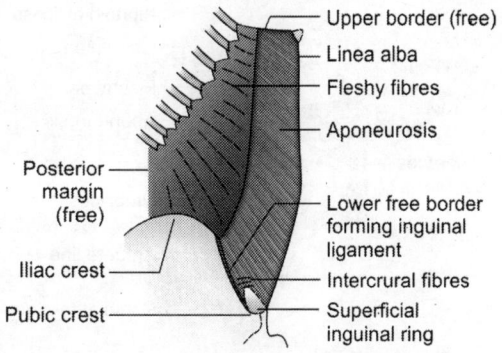

Fig. 14.8: पर्शुकान्तर पेशियाँ

Fig. 14.9: पर्शुकान्तर पेशियाँ, धमनी, शिराएँ एवम् तंत्रिकाएँ

Fig. 14.10: बाह्य तिर्यक पेशी

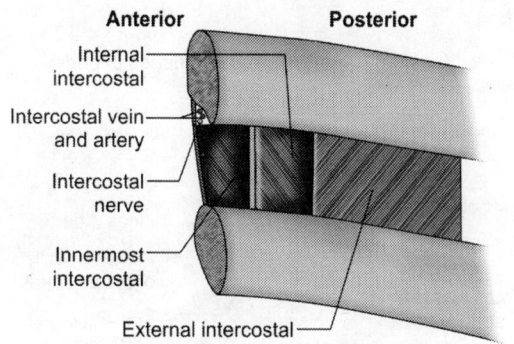

a. **External oblique:** यह पांचवीं से बारहवीं पसली से originate होकर linea alba, iliac crest पर insert होती है। Anterior superior iliac spine एवं pubic tubercles के बीच में इस muscles की aponeurosis से inguinal ligament बनता है। (Fig. 14.10)

b. **Internal oblique:** यह muscle inguinal ligament iliac crest, lumbar fascia से originate होकर linea alba तथा अंतिम चार ribs के cartilage पर insert होती है। (Fig. 14.11)

c. **Transversus abdominis:** इसकी origin, inguinal ligament, iliac crest तथा सातवीं से बारहवीं ribs की भीतरी सतह से होती है। यह linea alba में inserted होती है।

ये muscles, expiration के समय उदरगुहा पर दबाव डालती है। उदरगुहा के अंगों को अपने स्थान पर रोक कर रखती है। इनकी आपूर्ति छठी से बारहवीं thoracic nerve से होती है। (Fig. 14.12)

d. **Rectus abdominis:** इसकी origin, pubic bone से होती है तथा पांचवीं, छठी व सातवीं ribs के cartilage में inserted हो जाती है। यह मध्य रेखा के दोनों तरफ होती है यह vertebral column के flexion में सहायक है। इसकी आपूर्ति निचली छहः thoracic nerve से होती है। (Fig. 14.13)

Rectus Sheath

यह external oblique, internal oblique एवं transversus abdominis की aponeuroses से बनती है। यह sheath rectus abdominis को घेरे रहती है और उसको अपनी जगह पर रोककर रखती है। (Fig.14.14)

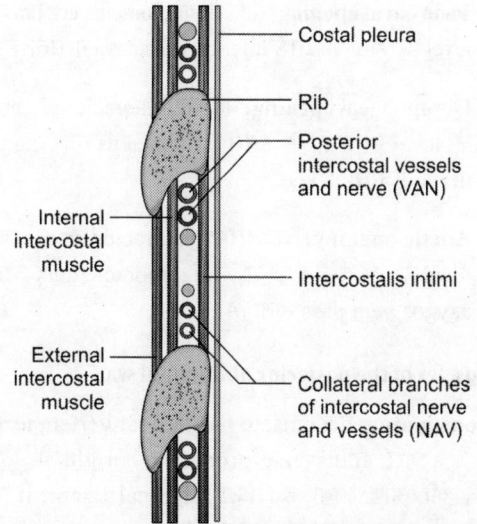

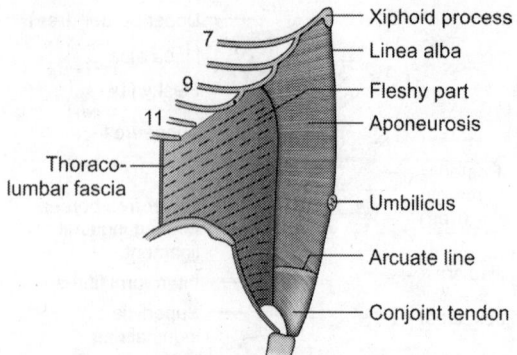

Fig. 14.11: आंतरिक त्रियक पेशी

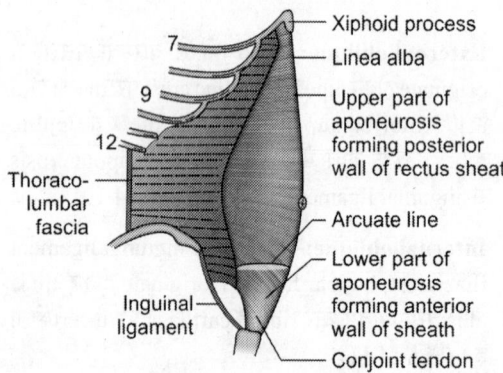

Fig. 14.12: अनुमस्थ समोदरी पेशी

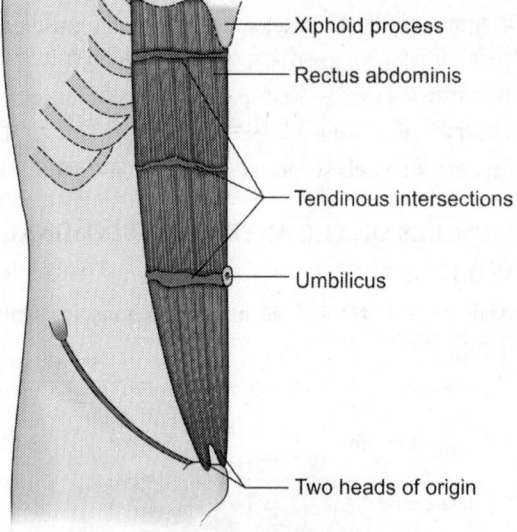

Fig. 14.13: समोदरी पेशी

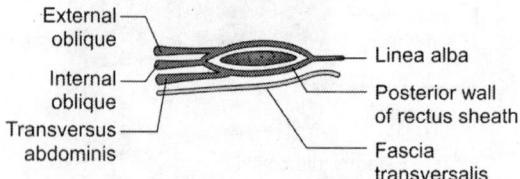

Fig. 14.14: उदरीय भित्ति की पेशियाँ ऊपरी 3/4

वक्ष एवं उदर के बीच की muscles

Diaphragm

यह dome के आकार की musculotendinous संरचना जो thoracic cavity को abdominal cavity से अलग करती है। यह सातवीं से बारहवीं पसली की अंदरूनी सतह, xiphoid process एवं lumbar vertebrae से originate होकर मध्य भाग के tendinous भाग में insert होती है (Fig. 14.15)। श्वसन में inspiration के समय diaphragm नीचे की ओर गति करता है। जिससे thoracic cavity लंबाई में बढ़ जाता है। परिणाम स्वरूप ऑक्सीजन-युक्त हवा lungs में आती है। Expiration के समय diaphragm शिथिल होकर ऊपर की ओर आ जाता है जिससे thoracic cavity का आकार लंबाई में घट जाता हे इसके फलस्वरूप deoxygenated air बाहर निकलती है diaphragm 60% श्वसन के लिए उत्तरदायी है। Diaphragm की nerve आपूर्ति phrenic nerve से होती है।

Openings (छिद्र) of diaphragm

1. **Vena caval opening:** यह आठवीं thoracic vertebra के level पर होती है इससे inferior vena cava गुजरती है।
2. **Oesophageal opening:** यह दसवीं thoracic vertebra के level पर होती है इससे oesophagus एवं vagus nerve गुजरती है।
3. **Aortic opening:** यह बारहवीं thoracic vertebra के level पर होती है। इससे aorta, thoracic duct तथा azygos vein pass होती है।

Muscles of the posterior abdominal wall

Psoas major: यह muscle 1–5 lumbar vertebrae के bodies और transverse process से origin ले कर नीचे की ओर जाता है। फिर inguinal ligament के नीचे से जाता हुआ femur के lesser trochanter में insert होता है।

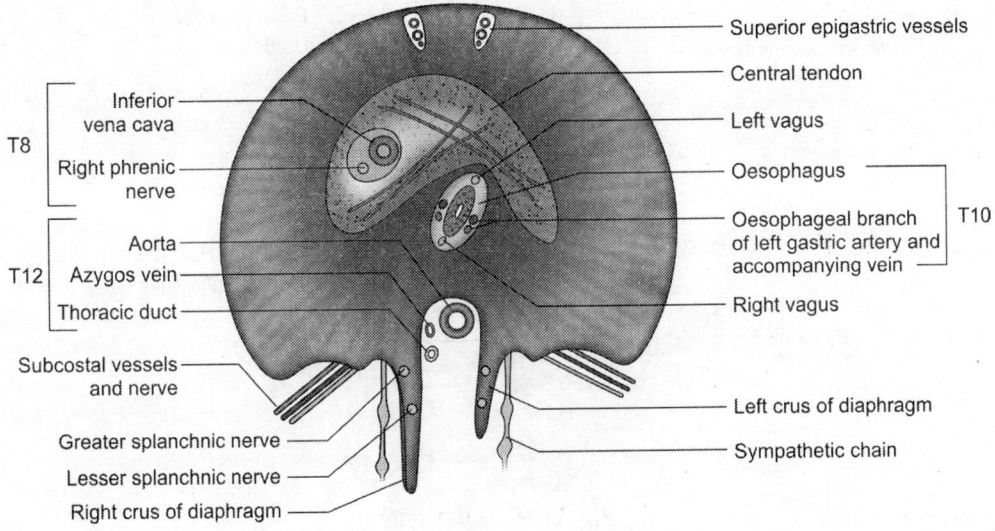

Superior epigastric vessels
Central tendon
Left vagus
Oesophagus
Oesophageal branch of left gastric artery and accompanying vein
T10
Right vagus
Left crus of diaphragm
Sympathetic chain
T8
Inferior vena cava
Right phrenic nerve
T12
Aorta
Azygos vein
Thoracic duct
Subcostal vessels and nerve
Greater splanchnic nerve
Lesser splanchnic nerve
Right crus of diaphragm

Fig. 14.15: ड़ायाफ्राम पेशी

Iliacus: यह muscle hip bone के iliac fossa से origin ले कर psoas major के बाहरी तरफ रहता है और उसी के साथ insert होता है।

ये दोनों muscles जांघ को उदर की ओर खींचते हैं तथा उदर को जांघ की ओर झुकाते हैं। इनकी आपूर्ति lumbar nerves और femoral merve से होती है।

1. Quadratus lumborun: यह muscle iliac crest से origin लेकर 12th rib के अंदर की तरफ insert होता है। यह vertebral column को एक तरफ झुका सकता है। इसकी आपूर्ति lumbar nerves से होती है।

Pelvic cavity की muscles

Pelvic cavity दोनों hip bone तथा sacrum से बनती है इसका inlet, abdominal cavity के साथ continuation में होता है। Pelvic outlet पर muscles का बना एक pelvic diaphragm होता है। इस diaphragm में female में तीन openings होती है। एक urethra के लिए, एक vagina के लिए तथा एक anal canal के लिए। Male में ये openings दो होती है। एक urethra के लिए, एक anal canal के लिए (Fig. 14.16)

Pelvic diaphragm आगे की ओर levator ani तथा पीछे की ओर coccygeus से बनती है। ये levator ani एवं coccygeus muscles, abdomen तथा pelvis के अंगों को सहारा देती है। Pelvic diaphragm की nerve आपूर्ति चौथी तथा पांचवीं sacral nerve से होती है।

MUSCLES OF UPPER LIMB

Shoulder Girdle को गति देने वाली muscles

(a) Trapezius: इस muscle की origin occipital bone, ligamentum nuchae, सातवीं cervical vertebra तथा सभी thoracic vertebrae के spinous process से होती है। Insertion, clavicle के lateral भाग एवं scapula के acromion एवं spinous process पर होता है। यह muscle कंधे उचकाने, scapula को पीछे खींचने तथा 90–180° abduction के लिए serratus anterior के साथ मिलकर scapula को घुमाने का कार्य करती है। इस muscle की nerve आपूर्ति spinal accessory nerve से होती है।

(b) **Levator scapulae:** यह scapula के medial border के ऊपरी हिस्से से जुड़ी रहती है इसका कार्य scapula को ऊपर खींचना है। इस muscle की nerve आपूर्ति nerve to rhomboids से होती है।

d. **Serratus anterior:** इसकी origin ऊपर की आठ ribs से होती है तथा insertion, medial border एवं inferior angle के costal aspect पर होता है। यह scapula को आगे की ओर खींचती है जिससे scapula chest wall से चिपका रहता है यह trapezius के साथ मिलकर 90–180° abduction में सहायक है। इसकी आपूर्ति nerve to serratus anterior से होती है। (Fig. 14.17)

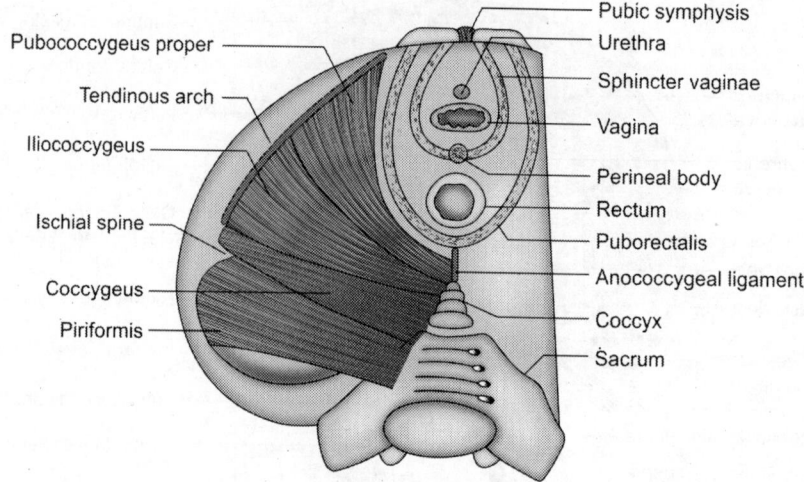

Fig. 14.16: लीवेटर एनाई

Pectoralis minor: यह एक तिकोनाकार muscle तीसरी से लेकर पांचवीं पसली से originate होकर scapula के coracoid process पर जाकर insertion होती है। यह shoulder girdle को नीचे की ओर खींचती है। इसकी आपूर्ति pectoral nerves से होती है।

Pectoralis major: इसकी origin, clavicle sternum व एक से छठे costal cartilages से होती है तथा insertion humerus के bicipital groove के lateral lip पर होता है। यह shoulder joint पर flexion, adduction तथा medial rotation कराती है। (Fig. 14.17)

Latissimus dorsi: यह बड़ी muscle है जो lower limb की bones को upper limb की bones के साथ जोड़ती है। इसकी origin iliac crest, सातवीं से बारहवीं thoracic vertebrae के spine तथा नीचे वाली तीन ribs से होती है और इसका insertion humerus में bicipital groove के फर्श पर होता है।

यह muscle कंधे के adduction, extension तथा medial rotation में सहायक है।

इसकी nerve आपूर्ति brachial plexus की posterior cord की branch से होती है।

Teres major: इसकी origin scapula के lateral border के निचले भाग तथा inferior angle की dorsal सतह से होती है तथा insertion humerus में bicipital groove के medial lip पर होता है।

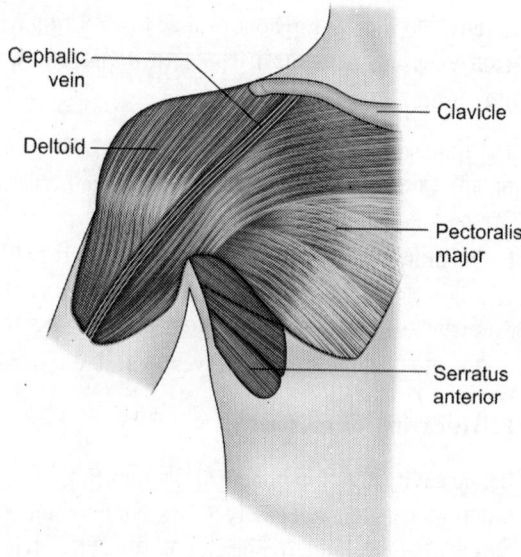

Fig. 14.17: पैक्टोरोलिस मेजर एवं डैल्टोएड

इसका कार्य तथा nerve आपूर्ति lattisimus dorsi के समान है।

Deltoid: यह एक बहुत महत्त्वपूर्ण तिकोनी muscle है जो कंधे को गोलाकृतिक देती है। यह clavicle के lateral भाग से तथा scapula से acromion process एवं spinous process से originate होती है। इसका insertion humerus की lateral surface की deltoid tuberosity पर होता है। (Fig. 14.17) इस muscle का कार्य कंधे का abduction (0–90°), flexion, extension करना है। इसकी nerve

आपूर्ति axillary nerve से होती है । इस muscle के मध्य में intramuscular injection लगाया जाता है ।

Rotator cuff की muscles

Supraspinatus, infraspinatus, teres minor तथा subscapularis ये चारों rotator cuff की muscles हैं । इन चारों muscles के tendons, shoulder joint के capsule के साथ जुड़ जाते हैं तथा joint को स्थायित्व प्रदान करते हैं ।

Muscles of the arm

Arm के अग्र भाग में biceps brachii, brachialis और coracobrachialis तीन muscles होती हैं । इन तीनों की nerve आपूर्ति musculocutaneus nerve से होती है ।

Biceps brachii

इसके long एवं short दो heads होते हैं । ये दोनों heads, scapula से originate होते हैं मिलकर एक muscle belly बनाते हैं । इस muscle का insertion, radius की radial tuberosity पर होता है । (Fig. 14.18)

यह muscle कोहनी के जोड़ पर flexion कराती है । Forearm का supination एवं पेंच कसने जैसी गति के लिए भी उत्तरदायी है ।

Brachialis

इसकी origin humerus की shaft के अगले भाग से होती है तथा insertion ulna के coronoid process की अगली सतह पर होता है यह कोहनी के जोड़ पर मुख्य flexor का कार्य करती है । (Fig. 14.19)

Arm के पश्च भाग में triceps brachii नाम की muscle होती है ।

Triceps brachii

इस muscle के तीन heads होते हैं । Long, lateral एवं medial. Long head की उत्पत्ति scapula से, medial एवं lateral head की humerus के posterior सतह से होती है ।

इसका insertion ulna के olecranon process की ऊपरी सतह पर होता है । (Fig. 14.20)

इसका कार्य कोहनी के जोड़ का extension है इसकी आपूर्ति radial nerve से होती है ।

Forearm की muscles: Forearm का अग्र भाग flexor compartment तथा पश्च भाग extensor compartment कहलाता है ।

Muscles of Forearm

Flexor Compartment

ये muscles, superficial एवं deep दो धड़ों में बांटी जाती है । कुल आठ flexors में पांच superficial (Fig. 14.21) तथा तीन deep होती (Fig. 14.22) है । 1½ Muscles की

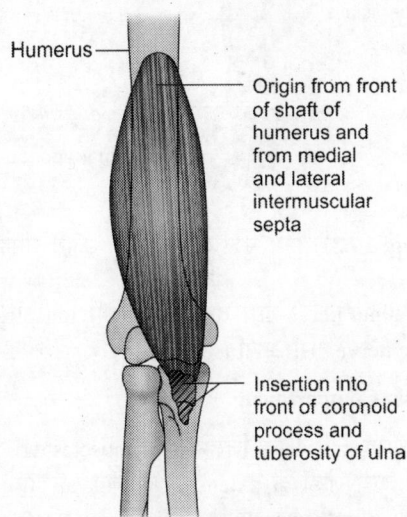

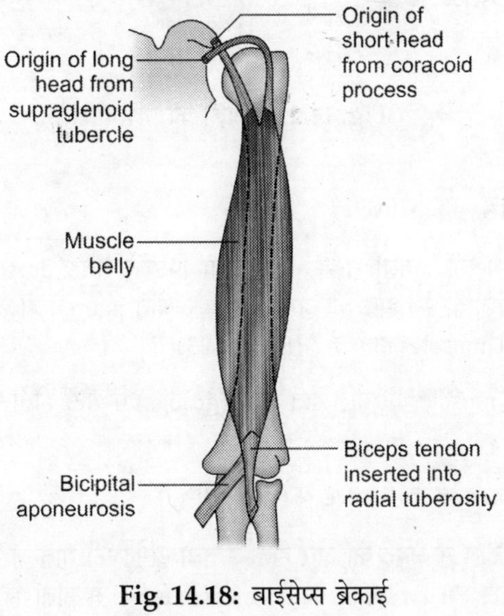

Fig. 14.18: बाईसेप्स ब्रेकाई   **Fig. 14.19:** ब्रेकिएलिस

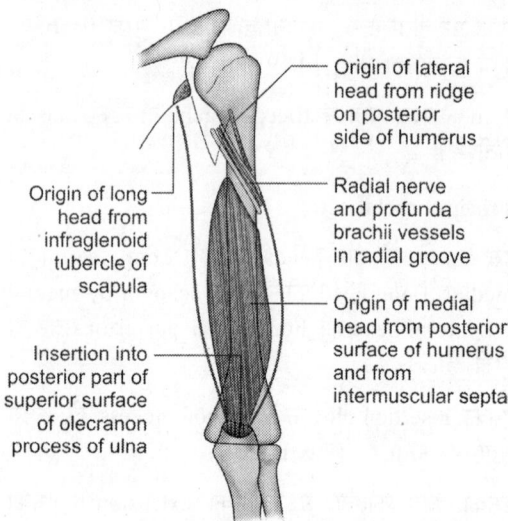

Origin of lateral head from ridge on posterior side of humerus
Radial nerve and profunda brachii vessels in radial groove
Origin of long head from infraglenoid tubercle of scapula
Origin of medial head from posterior surface of humerus and from intermuscular septa
Insertion into posterior part of superior surface of olecranon process of ulna

Fig. 14.20: ट्राइसेप्स ब्रेकाई

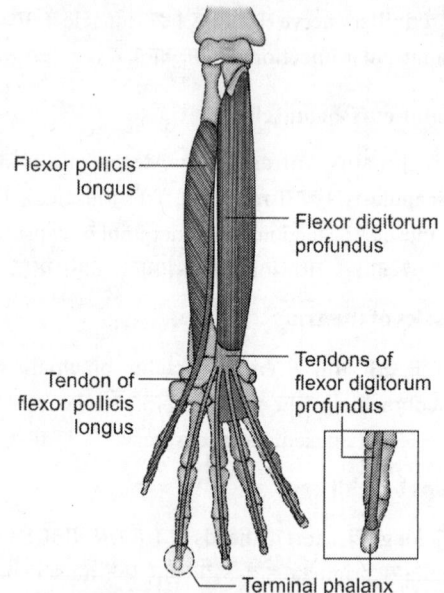

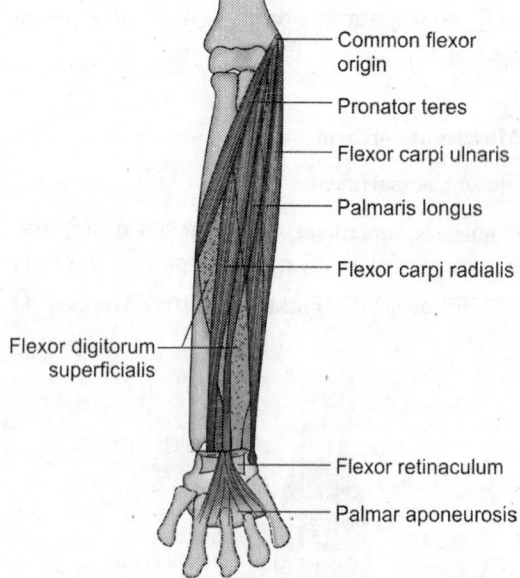

Common flexor origin
Pronator teres
Flexor carpi ulnaris
Palmaris longus
Flexor carpi radialis
Flexor digitorum superficialis
Flexor retinaculum
Palmar aponeurosis

Fig. 14.21: अग्र भुजा की पेशियाँ : ऊपरी समूह

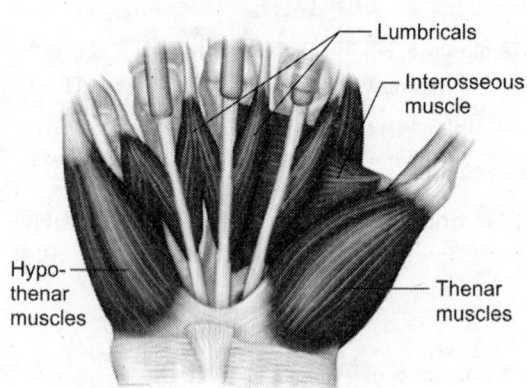

आपूर्ति ulnar nerve द्वारा तथा अन्य सभी muscles की median nerve द्वारा आपूर्ति होती है।

Extensor Compartment

ये कुल बारह muscles हैं जिसमें से नौ muscles wrist एवं हाथ के अन्य जोड़ों के extension के लिए उत्तरदायी हैं। इन सभी muscles की आपूर्ति radial nerve की branch से होती है।

Flexor pollicis longus
Flexor digitorum profundus
Tendon of flexor pollicis longus
Tendons of flexor digitorum profundus
Terminal phalanx

Fig. 14.22: अग्र भुजा की पेशियाँ : गहरा समूह

Lumbricals
Interosseous muscle
Hypo-thenar muscles
Thenar muscles

Fig. 14.23: हथेली की पेशियाँ

हाथ की Muscles

हाथ की अगली सतह palm तथा पिछली सतह dorsum कहलाती है। हाथ की अगली सतह अर्थात् palm में ही हाथ की muscles होती है। (Fig. 14.23)

ये muscles निम्नलिखित धड़ों (groups) में बंटी होती हैं।

Thenar eminence की muscles

ये हाथ में अंगूठे की ओर होती है तथा अंगूठे की गति के लिए उत्तरदायी है। इनकी आपूर्ति median nerve से होती है।

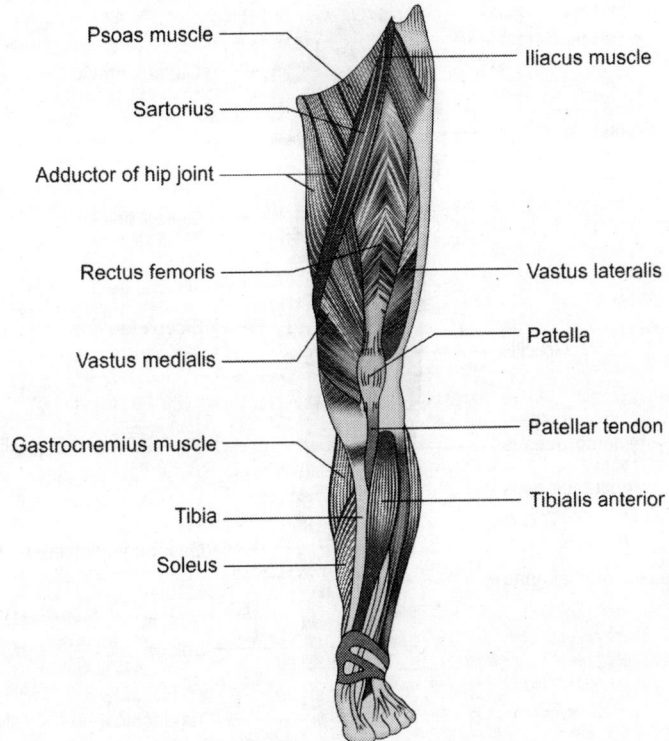

Psoas muscle — Iliacus muscle

Sartorius —

Adductor of hip joint —

Rectus femoris — — Vastus lateralis

Vastus medialis — — Patella

Gastrocnemius muscle — — Patellar tendon

Tibia — — Tibialis anterior

Soleus —

Fig. 14.24: निचली भुजा की पेशियाँ आगे से देखने पर

Hypothenar eminence की muscles: ये छोटी उंगली की ओर होती है। ये छोटी उंगली को गति देती है तथा इनकी nerve आपूर्ति ulnar nerve से होती है।

Interossei muscles: ये metacarpal bones के बीच में होती है। इनमें चार palmar interossei व चार dorsal interossei होती है। ये उंगलियों के adduction तथा abduction के लिए कार्य करती है।

MUSCLES OF LOWER LIMB

ये चार भागों में बांटी गई हैं।

1. Thigh region   2. Gluteal region

3. Leg region   4. Sole region

Muscles of thigh

ये तीन groups में विभाजित है।

 (i) Extensor or anterior (Fig. 14.24)

 (ii) Flexor or posterior (Fig. 14.25)

 (iii) Adductor or medial

Extensor or anterior compartment

इस compartment में vastus lateralis, vastus inter-medius, vastus medialis तथा rectus femoris होती हैं जिनको एक साथ quadriceps femoris कहा जाता है। इस compartment की एक और muscle होती है जिसे Sartorius कहते हैं। Sartorius शरीर की सबसे लंबी muscle है। Quadriceps femoris का कार्य knee joint का extension है (Fig. 14.24) Sartoris का कार्य hip का flexion, thigh का lateral rotation व knee का flexion है इसीलिए इसको पालथी muscle भी कहते हैं।

Flexor or posterior compartment—इसमें चार muscles होती है जिन्हें hamstring कहते हैं। ये muscles biceps femoris, semitendinosus, semimembranosus एवं part of adductor magnus है। ये knee joint का flexion कराती है। इनकी nerve आपूर्ति sciatic nerve से होती है। (Fig. 14.25)

ADDUCTOR या MEDIAL COMPARTMENT

इसमें चार muscles होती हैं: adductor longus, adductor

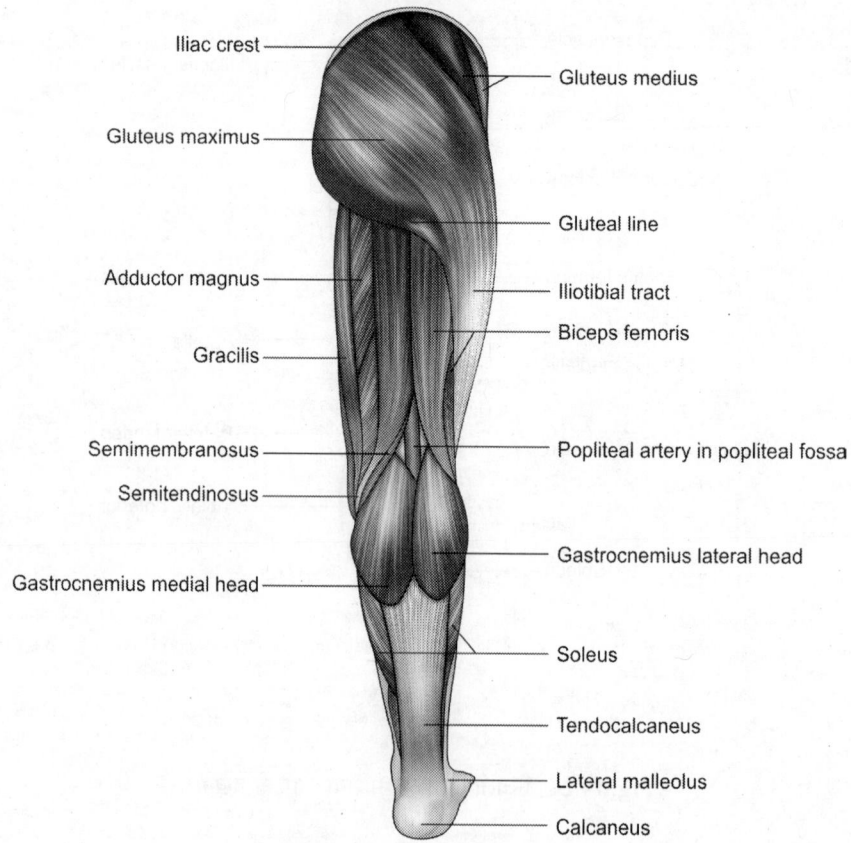

Iliac crest

Gluteus maximus

Adductor magnus

Gracilis

Semimembranosus

Semitendinosus

Gastrocnemius medial head

Gluteus medius

Gluteal line

Iliotibial tract

Biceps femoris

Popliteal artery in popliteal fossa

Gastrocnemius lateral head

Soleus

Tendocalcaneus

Lateral malleolus

Calcaneus

Fig. 14.25: निचली भुजा की पेशियाँ पीछे से देखने पर

brevis, part of adductor magnus और gracilis. इनका कार्य thigh का adduction है। एवं nerve आपूर्ति obturator nerve से होती है।

Gluteal region की muscles

Gluteus maximus: इसकी origin sacrum, coccyx तथा ilium की gluteal सतह के पिछले भाग से होती है तथा insertion femur की gluteal tuberosity तथा iliotibial tract में होता है। यह muscle, hip joint की मुख्य extensor है। (Fig. 14.25)

इसकी nerve आपूर्ति inferior gluteal nerve से होती है।

Gluteus medius और **gluteus minimus**—ये दोनों muscles, hip bone की gluteal surface से originate होकर greater trochanter पर insert होती है। इनका मुख्य कार्य दूसरी ओर के lower limb जब वह जमीन के ऊपर होता है सहारा देना है।

Muscles of leg region: Leg में तीन compartments होते हैं।

a) **Extensor** or Anterior Compartment—इसमें चार muscles होती हैं। Tibialis anterior, extensor hallucis longus, extensor digitorum longus एवं peroneus tertius, ये muscles, ankle joint का dorsiflexion करती हैं। इनकी nerve आपूर्ति deep peroneal nerve से होती है। (Fig. 14.24)

b) **Flexor** या Posterior Compartment—इसमें superficial एवं deep muscles होती है।

(i) **Superficial muscles**—ये हैं gastrocnemius, soleus और plantaris के इन सभी muscles के tendons आपस में जुड़कर एक शक्तिशाली tendocalcaneus or Achilles tendon बनता है जो

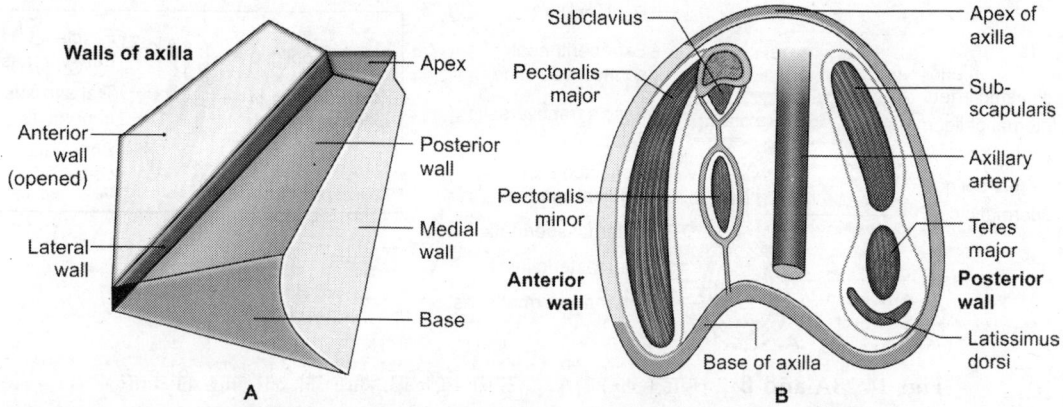

Figs 14.26A and B: बगल A. बगल B. आगे की और पीछे की दीवारें

चलने एवं दौड़ने में सहायक है। इनकी nerve आपूर्ति tibial nerve से होती है। (Fig. 14.25)

(ii) Deep muscles—इनकी Flexor संख्या चार है—ये popliteus, flexor hallucis longus, flexor digitorum longus एवं tibialis posterior हैं।

c) Peroneal या Lateral Compartment—इसमें केवल दो muscles हैं। Peroneus longus एवं peroneus brevis इनसे पैर का eversion होता है इनकी आपूर्ति superficial peroneal nerve से होती है।

SOLE REGION

पैर के Sole में muscles की चार तह होती हैं।

इन muscles की आपूर्ति lateral एवं medial plantar nerves से होती है।

ANATOMICAL SPACES

Axilla: यह arm तथा thoracic cage के बीच में pyramid के आकार की जगह है इसमें brachial plexus एवं इसकी शाखाएं, axillary artery अपनी शाखाओं के साथ axillary vein एवं lymph nodes होते हैं। (Figs 14.26 A and B)

Cubital fossa: यह elbow joint के सामने की ओर होता है इसमें निम्नलिखित संरचनाएं पायी जाती हैं। (Fig. 14.27)

* Median nerve
* Brachial artery
* Biceps brachii का tendon
* Radial nerve

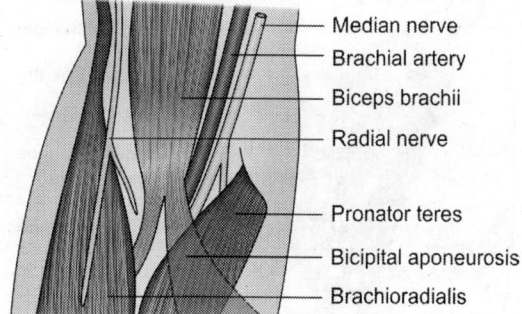

Fig. 14.27: क्यूबिटल फौसा

Inguinal Canal

यह 3.5 cm लंबी canal, inguinal ligament के एकदम ऊपर abdomen की muscles के बीच में होती है। इसकी दो opening होती हैं जिनमें एक deep व एक superficial है। इसकी एक अगली तथा एक पिछली दीवार होती है। एक roof तथा floor होता है। Inguinal hernia इसी canal या openings के द्वारा होता है। (Fig. 14.28)

Femoral Triangle

यह तिकोनाकार जगह thigh के ऊपरी हिस्से में medial side की तरफ होती है इसकी boundaries inguinal ligament, sortorius एवं adductor longus से बनती है। इसमें निम्नलिखित संरचनाएं होती हैं।

* Femoral artery एवं इसकी शाखाएं (Fig. 14.29)
* Femoral vein
* Femoral nerve

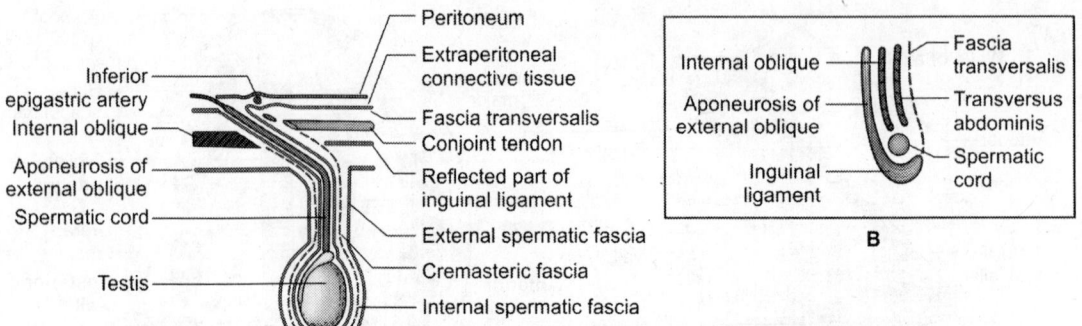

Figs 14.28A and B: इन्वाइन कैनाल A. ऊपरी निचलीB. आगे की और पीछे की दीवारें

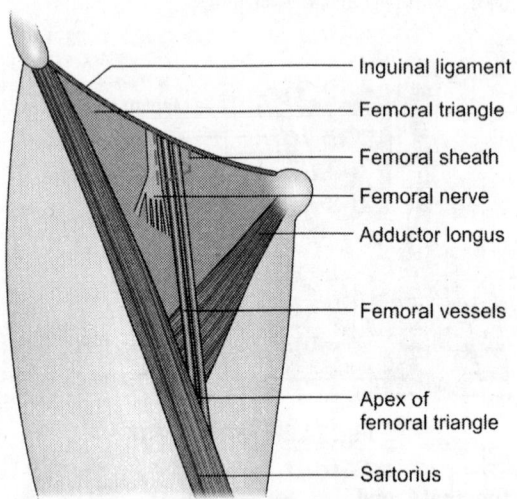

Fig. 14.29: फैमोरल त्रिभुज

* Inguinal lymph node

Subsortorial/adductor canal

यह canal, thigh की medial side मे होती है तथा femoral triangle के apex एवं adductor hiatus के बीच में होती है इसमें femoral vessels, saphenous nerve तथा nerve to vastus medialis पाये जाते हैं।

Popliteal fossa

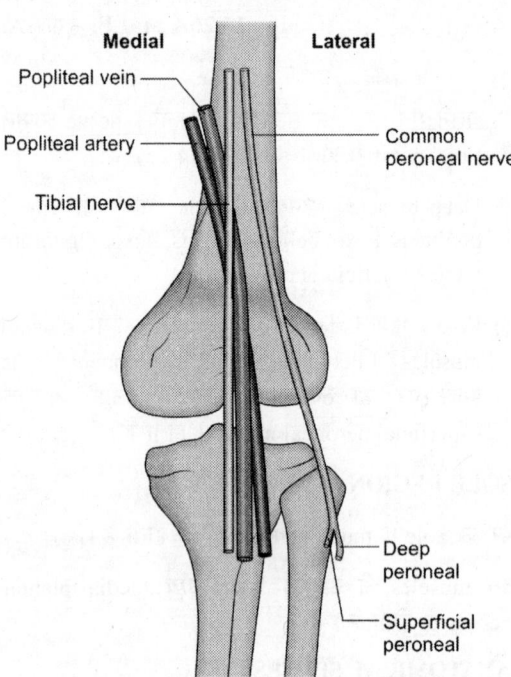

यह knee joint की back मे होता है यह diamond के आकार का होता है इसमें निम्नलिखित संरचनाएं होती हैं। (Fig. 14.30)

Fig. 14.30: पौपालिटियल फौसा के अंतर्वस्तु अंश

(i) Popliteal vessels
(ii) Tibial nerve
(iii) Common peroneal nerve.

संदर्भ Index